计算机辅助设计——UG NX

于文强　彭　勃　主　编

王　英　王利利　张俊玲　副主编

清華大学出版社

北　京

内 容 简 介

本书是根据中共中央、国务院印发的《中国教育现代化 2035》和中央政治局审议通过的《国家“十四五”期间人才发展规划》的改革精神，为适应具有国际竞争能力的工程人才培养的需要而编写。本书侧重于软件操作和机械设计过程的训练，选用较新的UG NX 12.0版本，力求满足现代机械工业对人才设计能力培养要求的需要，系统详尽地介绍了UG NX建模知识，并通过实例介绍了产品零件有限元分析以及运动仿真的基础知识。针对机械设计教学的需要，最后一章系统阐述了一级圆柱齿轮减速器的设计过程，使学生能系统地掌握机械设计过程和软件使用技巧。

本书可作为高等学校机械类及相关专业“机械三维设计”课程教材，也可作为UG NX爱好者自学和工程技术人员参考用书。

图书在版编目(CIP)数据

计算机辅助设计：UG NX/于文强，彭勃主编. 一北京：清华大学出版社，2023.4
ISBN 978-7-302-62450-9

Ⅰ. ①计… Ⅱ. ①于… ②彭… Ⅲ. ①计算机辅助设计—应用软件 Ⅳ. ①TP391.72

中国国家版本馆 CIP 数据核字(2023)第 016984 号

责任编辑：陈冬梅　桑任松
封面设计：李　坤
责任校对：徐彩虹
责任印制：宋　林
出版发行：清华大学出版社
网　址：http://www.tup.com.cn, http://www.wqbook.com
地　址：北京清华大学学研大厦 A 座　　邮　编：100084
社 总 机：010-83470000　　邮　购：010-62786544
投稿与读者服务：010-62776969, c-service@tup.tsinghua.edu.cn
质量反馈：010-62772015, zhiliang@tup.tsinghua.edu.cn
课件下载：http://www.tup.com.cn, 010-62791865
印 装 者：三河市铭诚印务有限公司
经　销：全国新华书店
开　本：185mm×260mm　　**印　张**：16.25　　**字　数**：387 千字
版　次：2023 年 4 月第 1 版　　**印　次**：2023 年 4 月第 1 次印刷
定　价：49.80 元

产品编号：073263-01

前　言

为满足机械工程人才培养的要求和现代工业企业对工程师素质能力的需要，本书系统介绍了 UG NX 12.0 的内容体系，适时恰当地加入现代工业设计的案例，同时融入与工程实践相关的设计性问题，并提供优化设计的全部过程，使学生不仅可以学到机械三维软件工具的基础应用，同时训练其具有从事现代机械工业设计的基本能力，成为名副其实的机械设计专业人才。

本书详细介绍了 UG NX 12.0 的常用功能，注重实际应用和技巧训练相结合。本书共分为 12 章，第 1～10 章详细介绍了 UG NX 基本的建模功能，第 11 章通过实例介绍了 UG NX 有限元分析以及运动仿真功能，第 12 章系统阐述了最基本的一级圆柱齿轮减速器的设计过程。各章主要内容如下。

第 1 章介绍了 UG NX 的界面内容和视图的运用，为设计的入门内容。

第 2 章介绍基本实体的构建，内容包括基本特征的构建、基本体素建模和布尔运算等。

第 3 章介绍参数化草图建模，详细讲解了 UG NX 中草图的应用。

第 4 章介绍扫描特征的创建，内容包括拉伸、回转和扫掠的使用。

第 5 章介绍创建设计特征，内容包括创建孔特征和建立凸台、腔体、键槽等。

第 6 章讲解基准的创建，展示了基准面和基准轴的各种创建方式。

第 7 章介绍创建细节特征，表现了倒角、倒圆的设置，还有抽壳、拔模的应用，以及镜像特征和阵列特征的使用。

第 8 章介绍表达式与部件族，内容包括创建和编辑表达式、创建抑制表达式和部件族。

第 9 章介绍装配建模，内容包括建立装配体模型、从底向上设计方法和装配上下文设计。

第 10 章介绍创建工程图，主要讲解了工程图的管理、剖视图的创建、工程图的标注与编辑等内容。

第 11 章介绍 CAE 分析，通过静态分析、疲劳分析、运动仿真等方面的实例来讲解 UG NX 的高级仿真模块内容，也是使读者对 UG NX 有一个全方位的认识和理解。

第 12 章则是通过以工业生产中常见的减速箱为例，展示了从设计零部件到装配体，再到力学分析和运动仿真，讲解了工业生产中常用的设计流程，可使读者感受到作为现代工业产品设计人员工作的基本内容。

本书是根据中共中央、国务院印发的《中国教育现代化 2035》和中央政治局审议通过的《国家“十四五”期间人才发展规划》的改革精神，为适应具有国际竞争能力的工程人才培养需要而编写的。

本书由山东理工大学于文强、彭勃，青海大学机械工程学院王英，内蒙古工业大学王利利，淄博市技师学院张俊玲等多位高校一线教师合作编写，其他兄弟院校的部分同人也为教材的出版做了大量的工作，在此表示衷心的感谢！

由于编者水平有限，书中难免存在一些缺点和不足之处，恳请读者多提宝贵意见。

编　者

目　录

第 1 章　UG NX 12.0 设计基础

UG NX 是一种交互式计算机辅助设计、计算机辅助制造和计算机辅助工程(CAD/CAM/CAE) 系统。

UG NX 的功能被分为各个通用的“应用模块”。这些应用模块由一个名为“NX 基本环境”的必备应用模块提供支持。每个 UG NX 用户均必须安装 UG NX 基本环境，而其他应用模块则是可选的，并且可以按用户的需要进行配置。

UG NX 是一个全三维的双精度系统，该系统允许用户精确地描述几乎任何几何形状。通过组合这些形状，可以设计、分析、保存和制造各种产品。

通过任意的 UG NX 应用模块(如建模、制图、加工或仿真)或被 UG NX 支持的任意外部应用模块，都可以随时使用 UG NX 部件文件中包含的数据。UG NX 还支持以多种格式导出数据，以供其他应用模块使用。

1.1　UG NX 应用初探

本节简要介绍操作界面的应用、文件的打开和保存以及鼠标的应用技巧等。

1.1.1　UG NX 操作界面简介

UG NX 采用图形用户界面，在设计上简单易懂，用户只要了解各部分的位置与用途，就可以充分运用系统的操作功能，给自己的设计工作带来方便。UG NX 的工作界面如图 1-1 所示。

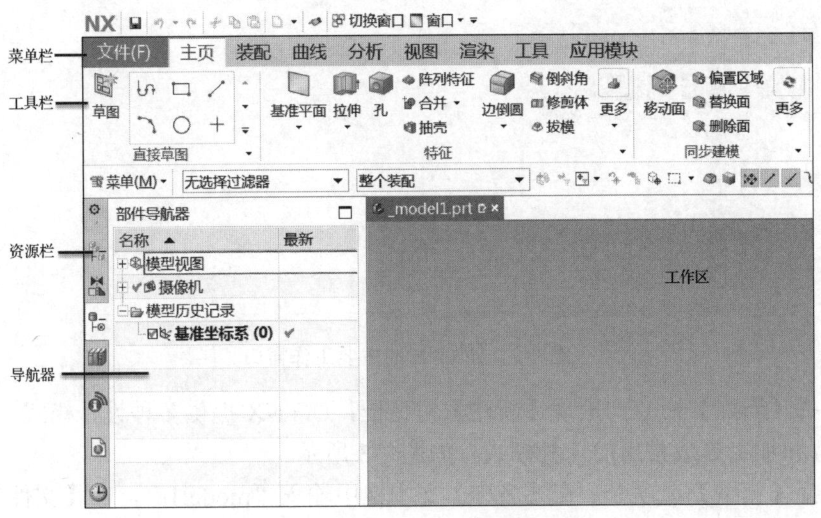

图 1-1　UG NX 的工作界面

在工作界面中主要包括菜单栏、工具栏、资源栏、导航器和工作区等。

菜单栏包含了 UG NX 软件的所有功能命令。系统将所有的命令及设置选项予以分类，分别放置在不同的菜单项中，以方便用户的查询及使用。

UG NX 环境中还包含了丰富的工具按钮，它们按照不同的功能分布在不同的工具栏中。每个工具栏中的工具按钮都对应着不同的命令，而且工具按钮都以图形的方式直观地表现了该工具的功能，当光标放在某个工具按钮上时，系统还会显示出该工具的名称，这样可以免去用户在菜单中查找命令的工作，更方便用户的使用。

提示栏主要用来提示用户如何操作。执行每个命令时，系统都会在提示栏中显示用户必须执行的动作，或者提示用户要执行的下一个动作。状态栏主要用来显示系统或图形的当前状态。

1.1.2 实例：启动 UG NX

1. 操作要求

掌握软件启动、退出的方法。对 UG NX 软件的界面布局、菜单和命令功能有初步的了解，能进行基本的操作。

2. 操作步骤

(1) 启动软件。

① 选择【开始】|【所有程序】| Siemens NX 12.0 | NX 12.0 命令，启动 NX 12.0，打开 UG NX 的工作窗口，如图 1-2 所示。

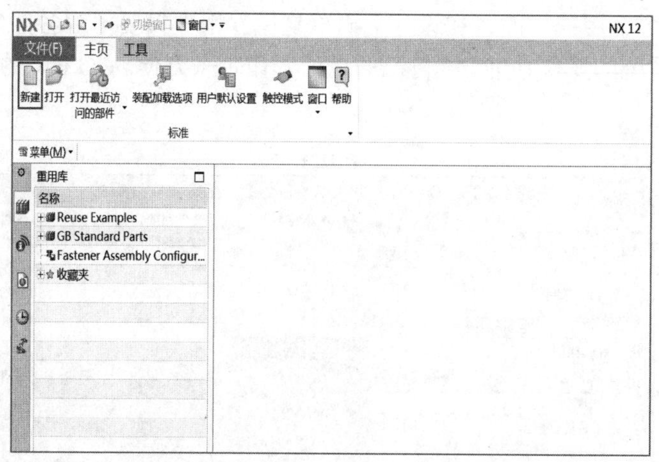

图 1-2　UG NX 的主要工作窗口

② 选择【新建】命令，出现【新建】对话框，UG NX 提供多种设计模式，其中模型、图纸、仿真和加工是最常用的 4 种模式，如图 1-3 所示。

③ 选择【模型】选项卡，在【名称】文本框中输入“model1”，在【文件夹】文本框中选择“D:\ Program Files\ Siemens\NX 12.0\UGII\”，单击【确定】按钮，可进入模型模块窗口，如图 1-3 所示。

(2) 观察主菜单栏。

未打开文件之前，观察主菜单状况。建立或打开文件后，再次观察主菜单栏状况，如图 1-4 所示。

(3) 观察下拉式菜单。

单击每一项下拉菜单条，如图 1-5 所示。选择所需选项进入工作界面。

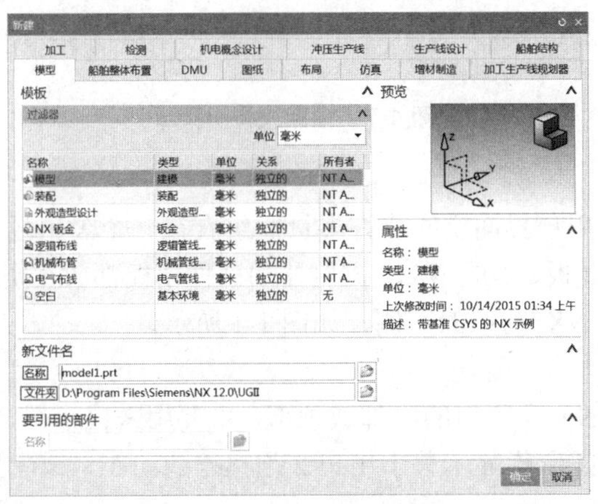

图 1-3　【新建】对话框

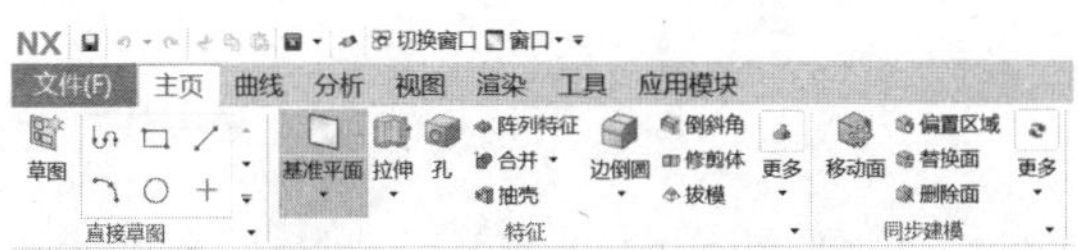

图 1-4　打开文件后的主菜单栏

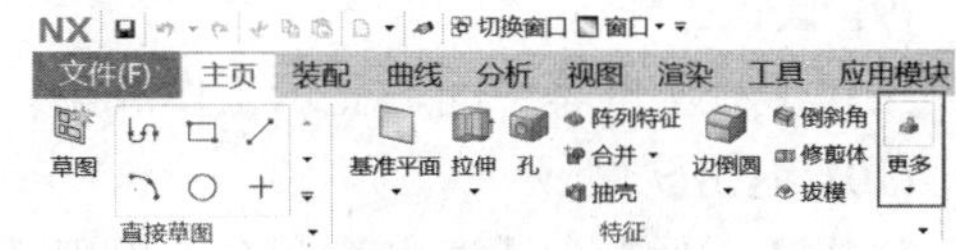

图 1-5　下拉式菜单

(4) 调用快捷菜单。

将光标放在工作区任何一个位置，按下鼠标右键，出现快捷菜单，如图 1-6 所示。

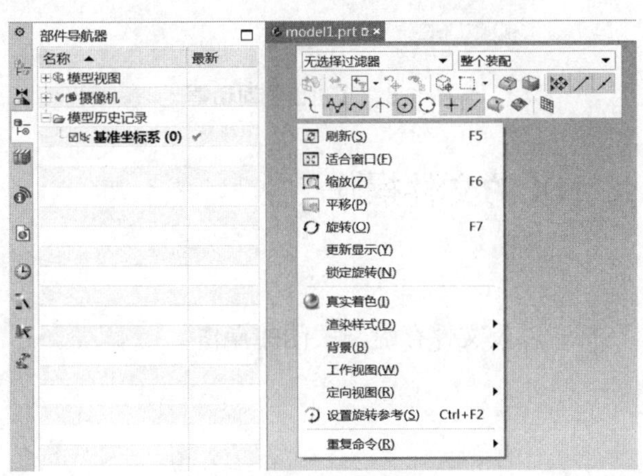

图 1-6　右键快捷菜单

(5) 调用推断式弹出菜单。

推断式弹出菜单提供另一种访问选项的方法。当按下鼠标右键时，会根据选择在光标位置周围显示推断式弹出菜单(最多出现 8 个图标)，如图 1-7 所示。这些图标包括经常使用的功能和选项，可以像从菜单中选择一样选择它们。

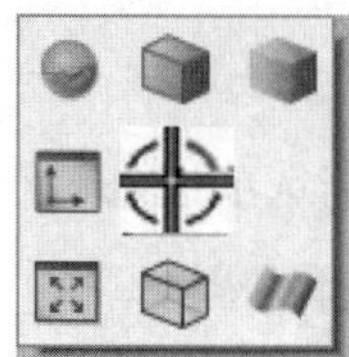

图 1-7　推断式弹出菜单

(6) 观察资源栏。

资源栏利用很小的用户界面空间将许多页面组合在一个公用区域中。UG NX 将所有导航器窗口、历史记录资源板、集成 Web 浏览器和部件模板都放在资源栏中。在默认情况下，系统将资源栏置于 UG NX 窗口的左侧，如图 1-1 所示。

(7) 观察提示栏。

提示栏显示在 UG NX 主窗口的底部或顶部，主要用来提示用户如何操作。执行每个命令步骤时，系统都会在提示栏显示关于用户必须执行的动作，或者提示用户下一个动作。

(8) 观察状态栏。

状态栏主要用来显示系统及图元的状态，给用户可视化的反馈信息。

(9) 认识工作区。

工作区处于屏幕中间，显示工作成果。

(10) 退出软件。

选择【文件】|【退出】命令，出现【退出】对话框，如图 1-8 所示，单击【是-保存并退出】按钮，退出软件系统。

图 1-8　【退出】对话框

1.1.3　实例：UG NX 的文件操作

1. 操作要求

掌握文件的建立、打开以及文件存盘与关闭的操作。

2. 操作步骤

(1) 新建文件。

① 选择【文件】|【新建】命令或单击【标准】工具栏上的【新建】按钮，出现【新建】对话框，如图 1-3 所示。

② 在【新建】对话框中，单击所需模板的【类型】选项卡(如【模型】或【图纸】)。【新建】对话框显示选定选项卡的可用模板，在【模板】列表框中选择所需的模板。

③ 在【名称】文本框中输入新的名称。

④ 在【文件夹】文本框中输入指定目录，或单击打开文件夹按钮以浏览并选择目录。

⑤ 选择单位为【毫米】。

⑥ 完成定义新部件后，单击【确定】按钮。

(2) 打开文件。

① 选择【文件】|【打开】命令或单击【标准】工具栏上的【打开】按钮，出现【打开】对话框，如图 1-9 所示。

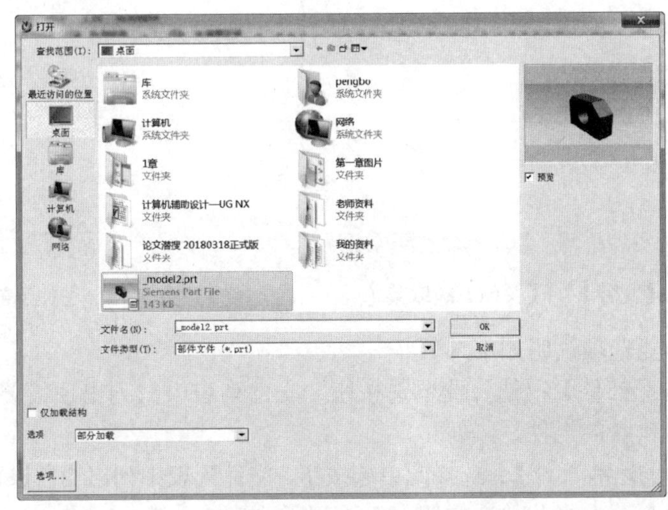

图 1-9　【打开】对话框

② 【打开】对话框显示所选部件文件的预览图像。使用该对话框可查看部件文件，而不用先在 UG NX 会话中打开它们，以免打开错误的部件文件。双击要打开的文件，或从文件列表框中选择文件并单击 OK 按钮。

③ 如果知道文件名，在【文件名】文本框中输入部件名称，然后单击 OK 按钮。如果 UG NX 找不到该名称的部件，则会显示一条出错消息。

(3) 保存文件。

保存文件时，既可以保存当前文件，也可以另存文件，还可以保存显示文件或对文件实体数据进行压缩。

① 选择【文件】|【保存】命令或单击【标准】工具栏上的【保存】按钮，可直接对文件进行保存。

② 选择【文件】|【保存】|【保存选项】命令，出现【保存选项】对话框，如图 1-10 所示。在这里可以对保存选项进行设置。

图 1-10　【保存选项】对话框

(4) 关闭文件。

① 完成建模工作以后，需要将文件关闭，以保证所做工作不会被系统意外修改。选择【文件】|【关闭】命令出现的级联菜单中的命令可用来关闭文件，如图 1-11 所示。

② 如果关闭某个文件时，则应当选择【选定的部件】命令，出现【关闭部件】对话框，

如图 1-12 所示。

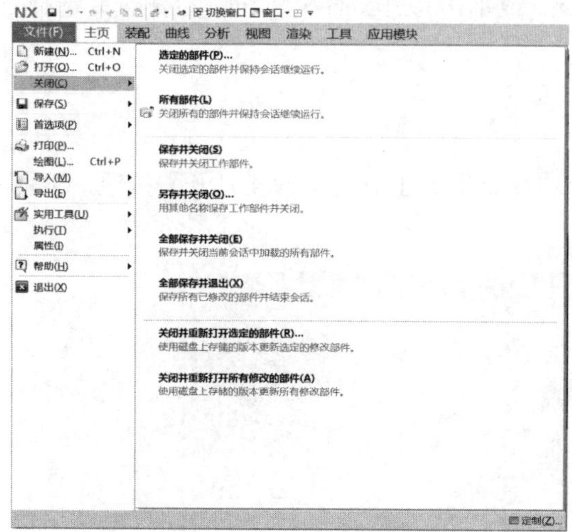

图 1-11 【文件】|【关闭】级联菜单

图 1-12 【关闭部件】对话框

对话框中各功能选项说明如下。

- 【顶层装配部件】：选择此单选按钮，文件列表中只列出顶级装配文件，而不列出装配中包含的组件。
- 【会话中的所有部件】：选择此单选按钮，文件列表中列出当前进程中的所有文件。
- 【仅部件】：选择此单选按钮，仅关闭所选择的文件。
- 【部件和组件】：选择此单选按钮，如果所选择的文件为装配文件，则关闭属于该装配文件的所有文件。
- 【关闭所有打开的部件】：单击此按钮，将关闭所有打开的部件。

1.1.4 鼠标与键盘的使用

1. 鼠标的操作方法

UG NX 支持 2 键和 3 键鼠标。本书以 3 键鼠标为例，其操作方法如下。

(1) 左键(MBl)。

① 单击鼠标左键用于选择图中的对象或选择菜单项。

② 双击鼠标左键相当于进行功能操作后按 Enter 键确定。

(2) 中键(MB2)。

① 单击鼠标中键相当于按 Enter 键确定。

② 滚动中键可以对图形进行实时缩放。

③ 在图形区域按住中键并拖动，可以旋转视图。

(3) 右键(MB3)。

在不同的区域位置单击鼠标右键(一般简称右击)，弹出相应的快捷菜单，方便实时操作。

2. UG NX 中键盘上的功能键

F5 ——刷新。

F6 ——窗口缩放。

F7 ——图形旋转。

F8 ——定向于图形最接近的标准视图。

Home ——图形以三角轴测图显示。

End ——图形以等轴测图显示。

Ctrl+D/Delete ——删除。

Ctrl+Z ——取消上一步操作。

Ctrl+B ——隐藏。

Ctrl+Shift+B ——互换显示与隐藏。

Ctrl+J ——改变图形的图层、颜色及线型等。

Ctrl+Shift+J ——预设置图形的图层、颜色及线型等。

Shift+MBl ——取消已选取的某个图形。

Shift+MB2/MB2+MB3 ——平移图形。

Ctrl+MB2/MB1 +MB2 ——放大/缩小。

1.2　视图的运用

在设计过程中，需要经常改变视角来观察模型，调整模型以线框图或着色图来显示，有时也需要多幅视图结合起来分析。观察模型不仅与视图有关，也和模型的位置、大小相关联。观察模型常用的方法有放大、缩小、旋转、平移等，而多幅视图是通过【布局】选项来实现的。

UG NX 软件中观察模型的常用方法有以下 3 种。

(1) 直接在【视图】工具栏中单击需要的视图按钮。

(2) 在工作区中单击鼠标右键，在弹出的快捷菜单中选择需要的命令。

(3) 直接利用鼠标中键的功能观察模型。

1.2.1　观察模型的方法

在设计中常常需要通过观察模型来粗略检查模型设计是否合理，UG NX 软件提供的视图功能可让设计者方便、快捷地观察模型。【视图】工具栏如图 1-13 所示。

图 1-13　【视图】工具栏

1.2.2 模型的显示方式

在【视图】工具栏中，单击【着色】按钮右边的下三角按钮，弹出【视图着色】下拉菜单，可以从中选择着色模式，常用着色的效果如图 1-14 所示。

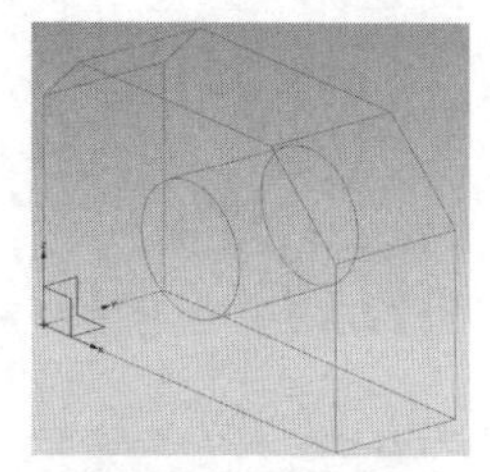

(a) 静态线框

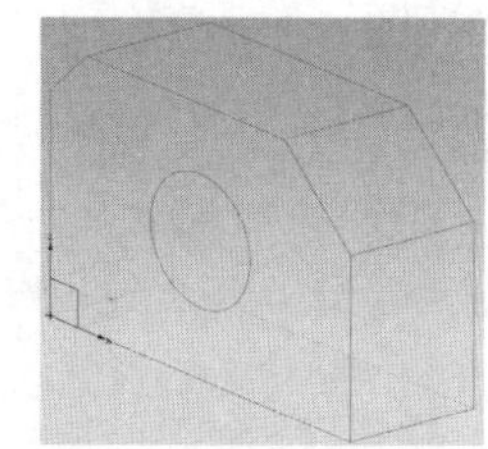

(b) 带有淡化边的线框

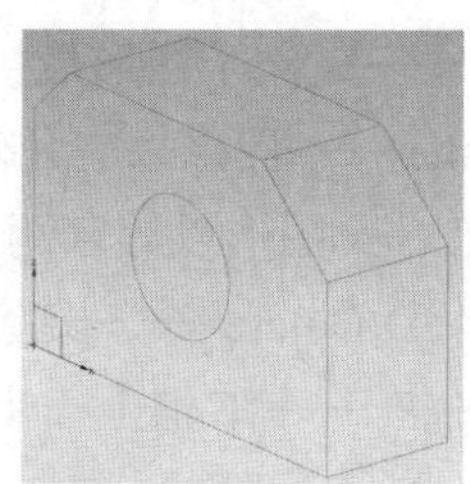

(c) 带有隐藏边的线框

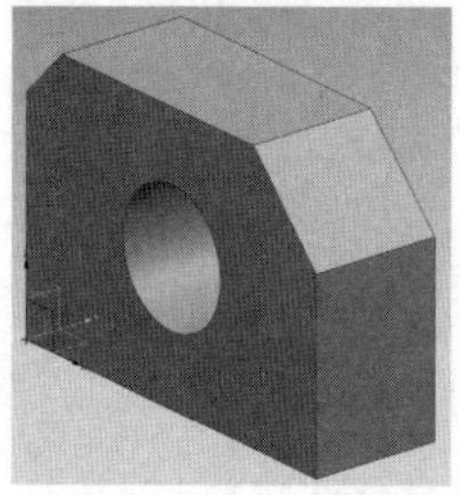

(d) 带边着色

(e) 着色

(c) 艺术外观

图 1-14 各种显示状态的效果

1.2.3 模型的查看方向

在【视图】工具栏中，单击【等轴测】按钮右边的下三角按钮，弹出【视图显示】下拉菜单，如图 1-15 所示。

利用其中【俯视图】、【前视图】、【仰视图】、【左视图】、【右视图】的命令可分别得到 5 个基本视图方向，如图 1-16 所示。

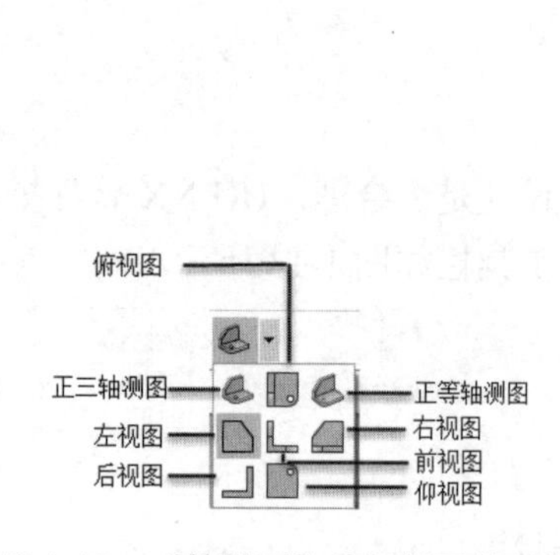

图 1-15 【等轴测】按钮的下拉菜单

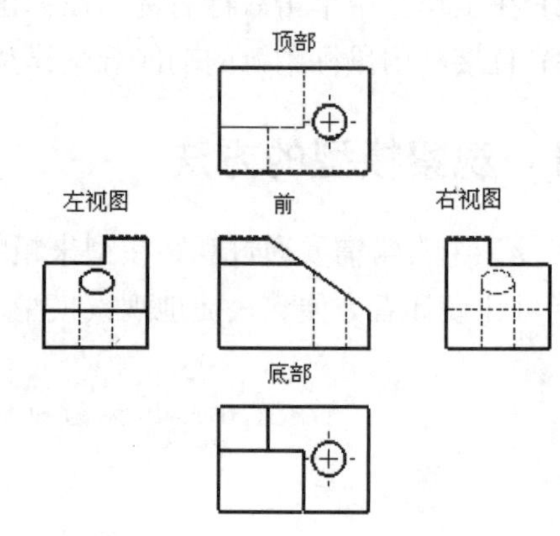

图 1-16 5 个基本视图方向

1.2.4　模型视图的新建布局

在 UG NX 12.0 版本中，模型的视图可以分成多个部分，而每个部分都显示出一种不同的观察图形的方向。在【视图】工具栏中，单击【更多】工具按钮，在【视图布局】下选择【新建布局】选项，如图 1-17 所示。

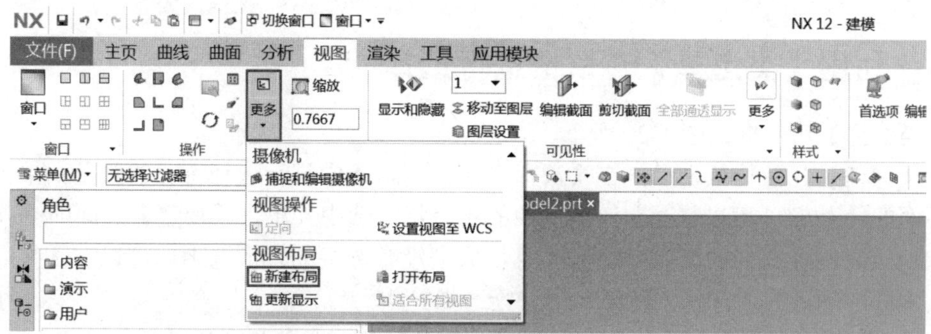

图 1-17　打开新建布局

弹出的【新建布局】对话框如图 1-18 所示，在【布置】下拉列表中，任意选择一种布局方式，然后在下方更改每个视图的观察方向。设置完成后的视图效果如图 1-19 所示。

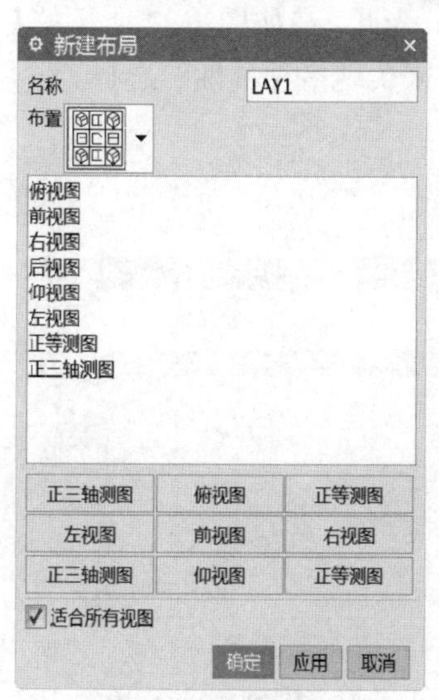

图 1-18　【新建布局】对话框

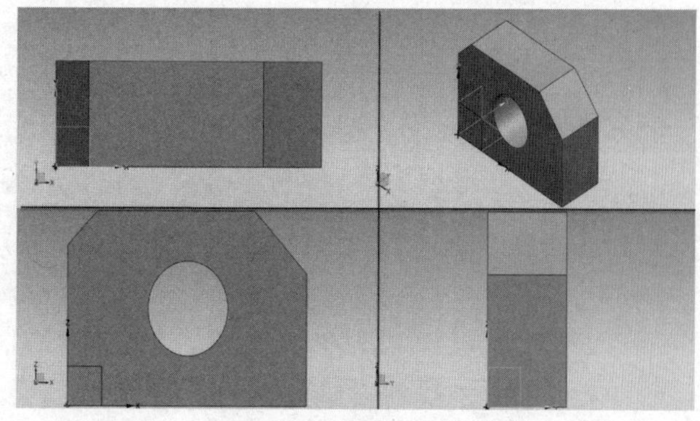

图 1-19　多视图布局效果

1.3　特征的选择方式

在设计过程中，需要经常选择特征进行隐藏、改变形状或放大、缩小等操作。在选择特征的同时也要考虑到选择的准确性及时效性，因此，UG NX 软件基于不同的设计需要，对特征的选择功能提供了人性化的设置。

UG NX 软件常用选择特征的方法有以下 3 种。

(1) 直接选择可以看到的特征。

(2) 利用【类选择】对话框中的选项对特征进行分类选择。

(3) 利用【选择】工具栏中的选项对特征进行分类选择。

提示：直接选择特征常用于简单或单一的模型，而利用【类选择】对话框或【选择】工具栏可以按工作的需要进行分类，可快捷、方便地选择。

1.3.1 利用【类选择】对话框进行选择

【类选择】对话框如图 1-20 所示。

在选择任意几何特征之后，在【选择对象】显示条中显示选择特征的数量。单击【全选】后面的按钮，可以将当前绘图区中的所有特征选中。单击【反选】后面的按钮，可以取消所有已经选择的所有特征，并且将原来没有选中的特征选中。可以在【按名称选择】文本框中输入需要选择的特征名称进行选择。

在【过滤器】选项区域中，可以按用户指定的特征类型筛选所需特征。

(1) 【类型过滤器】：用来指定所筛选的特征类型。

选择该过滤方式可以打开【按类型选择】对话框，如图 1-21 所示，其中提供了十几种类型可供选择。同时单击【细节过滤】按钮，可以进行细节性的过滤筛选。在筛选特征时可能会遇到这种情况，就是所筛选的特征具有多种特征属性。为此，在如图 1-22 所示的【按类型选择】对话框中选择属性时，可以根据图中的各种类型来实现多种属性的选择。

图 1-20 【类选择】对话框

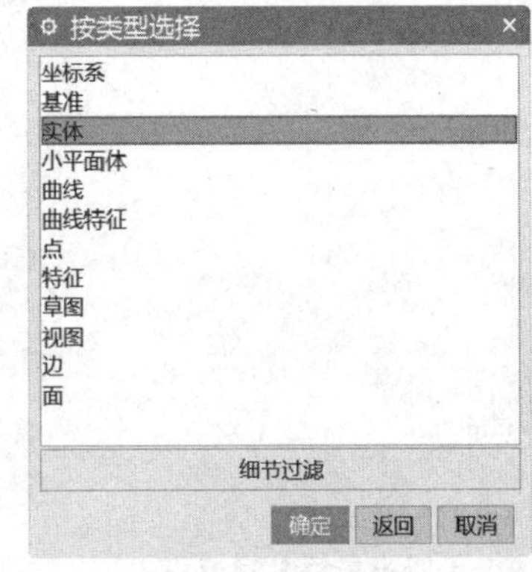

图 1-21 【按类型选择】对话框

(2) 【图层过滤器】：用来指定所筛选的特征所在的图层。

单击(图层过滤器)按钮后弹出如图 1-22 所示的【按图层选择】对话框。在其中选择某个图层，接着单击【确定】按钮返回到上一级对话框中，再单击【全选】后面的按钮，这样就能把该图层中的所有特征选中。

(3) 【颜色过滤器】：用来指定所筛选特征的颜色。

单击(颜色过滤器)按钮弹出如图 1-23 所示的【颜色】对话框，在其中选择某种颜色，单击【确定】按钮返回到上一级对话框中，接着单击【全选】后面的按钮，这样就把该图层中的所有特定颜色的特征选中。

(4) 【属性过滤器】：通过筛选属性进行特征的筛选。

单击该按钮，可以打开如图 1-24 所示的【按属性选择】对话框，在其中可以指定所筛选的特征属性。

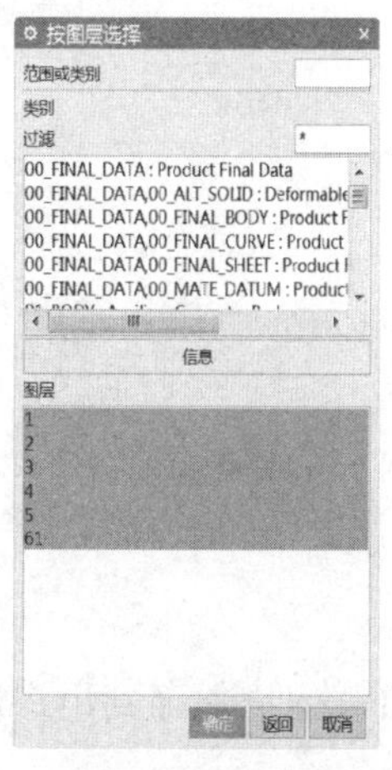

图 1-22　【按图层选择】对话框

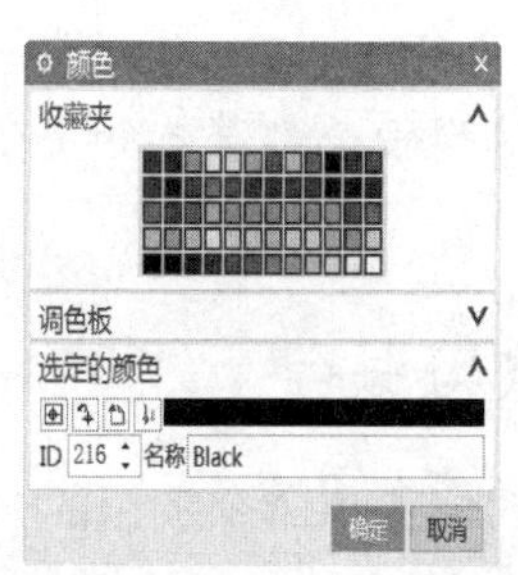

图 1-23　【颜色】对话框

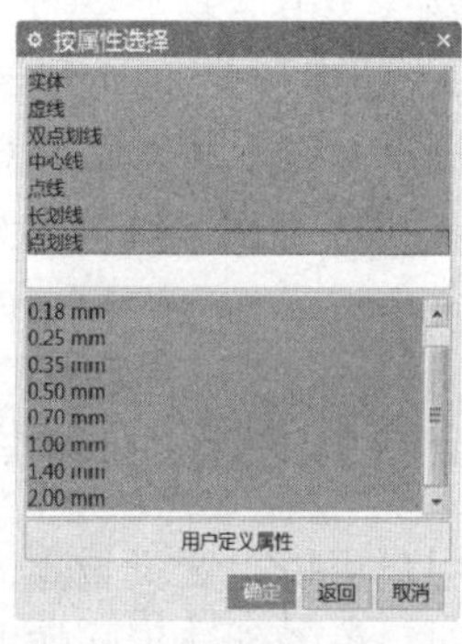

图 1-24　【按属性选择】对话框

(5) 【重置过滤器】：单击此按钮可以将前面所设置的过滤器取消。

1.3.2　利用【选择】工具栏

默认情况下，【选择】工具栏会显示在 UG NX 窗口顶部的工具栏下，如图 1-25 所示。

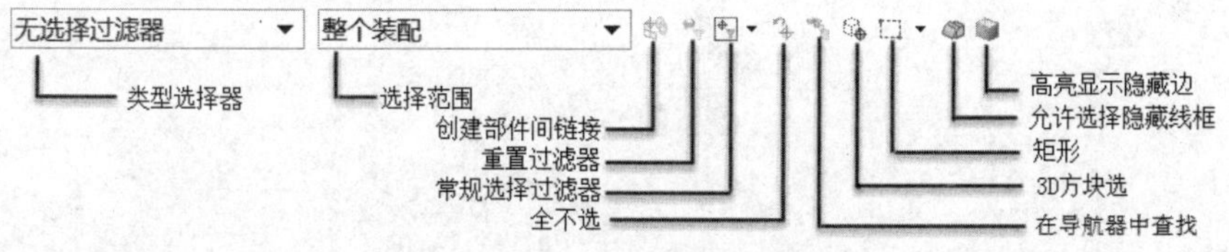

图 1-25　【选择】工具栏

【选择】工具栏提供各种方法对可选对象进行过滤。这可简化选择属于特定类型、颜色和图层等的对象的操作。为了方便选择操作，【选择】工具栏还提供了多个按钮，如全选、全不选以及全部(选定的除外)。可以通过添加和移除项来定制【选择】工具栏，也可以更改【选择】工具栏的位置。

1.4　使 用 角 色

UG NX 提出了一个新的用户接口——“角色”，能够让用户自定义所需要的工具栏和菜单。

1.4.1 默认角色

系统提供了 4 种“默认角色”，如图 1-26 所示。

① 高级：比基本功能提供更多的菜单选项和工具栏。

② CAM 高级功能：提供全部菜单和更多的工具栏，适用于高级用户。

③ CAM 基本功能：提供最少的菜单和工具栏，适用于新用户或者使用次数不多的用户。

④ 基本功能：工具栏的数量较少，但包含全部菜单命令。

提示：对于初次使用 UG NX 的用户，建议使用带全部菜单的基本功能角色。高级用户可以选择带全部菜单和更多工具的高级角色。

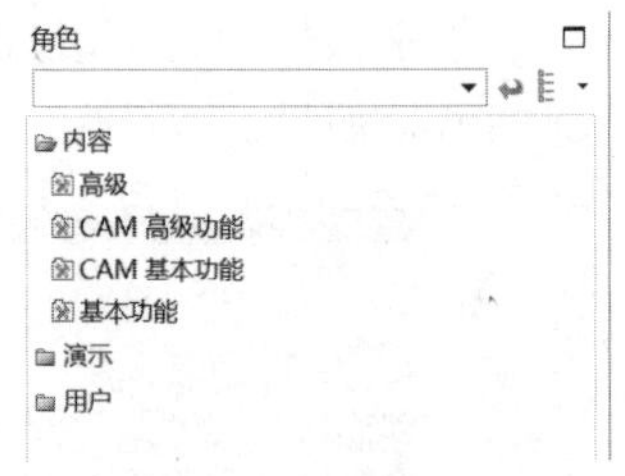

图 1-26 默认角色

1.4.2 角色的创建、修改与保存

用户可以自定义设置工具栏的位置和命令按钮的布置，并将其信息保存到用户新建角色中。角色的创建步骤如下。

(1) 在角色导航器任意空白位置右击，在弹出的快捷菜单中选择【新建用户角色】命令，如图 1-27 所示，弹出【角色属性】对话框。

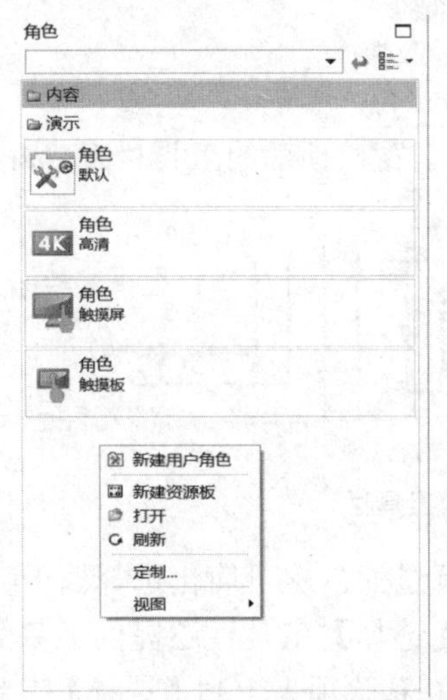

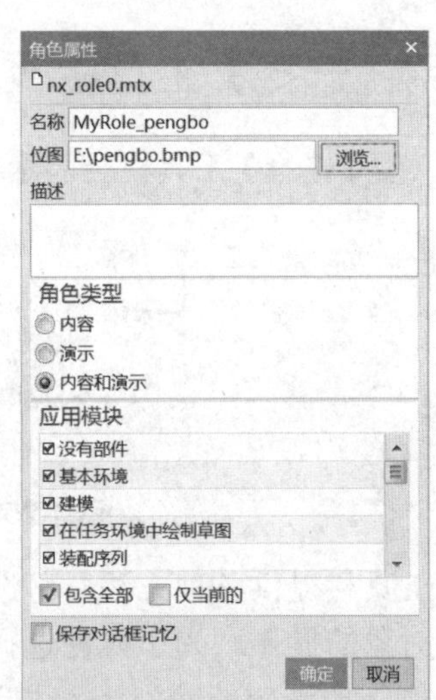

图 1-27 新建用户角色

(2) 完成定制角色，单击【确定】按钮，【角色】导航器会多出【用户】这组选项，如图 1-28 所示。

(3) 修改工具栏的位置和命令按钮的布置，如图 1-29 所示。

(4) 右击新建的用户角色“MyRole”，在弹出的快捷菜单中选择【编辑】命令，弹出【角色属性】对话框，选中【使用当前会话布局和设置】单选按钮，如图 1-30 所示，单击【确定】按钮。

(5) 切换角色，检查修改后的角色。

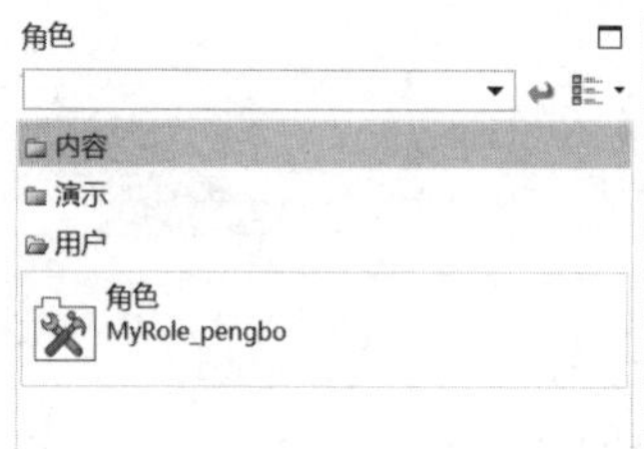

图 1-28　用户组

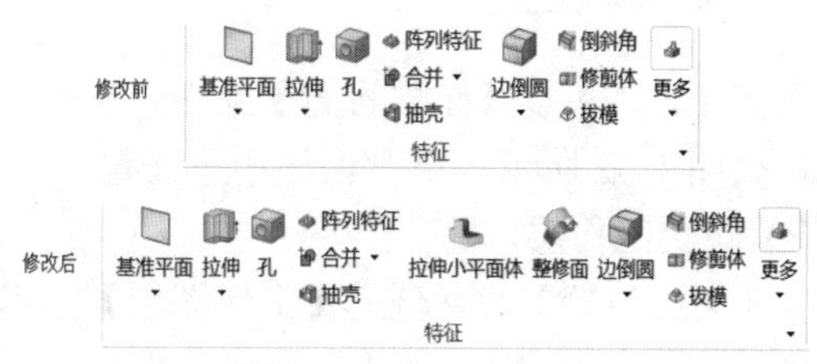

图 1-29　修改工具栏的设置

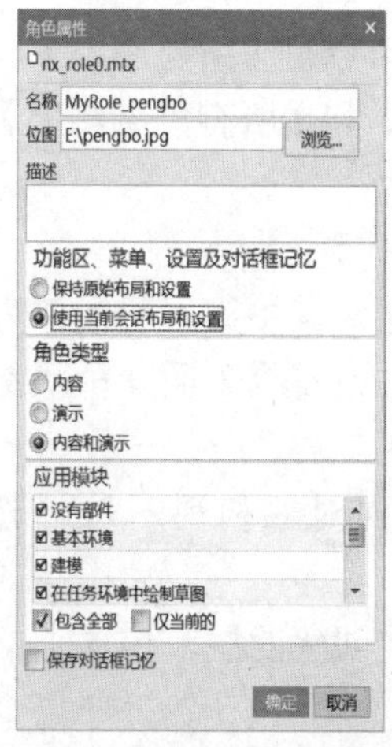

图 1-30　保存对工具栏所做的修改

1.5　层 的 操 作

“层”的相关命令位于【格式】菜单和【视图】工具栏上，如图 1-31 所示。

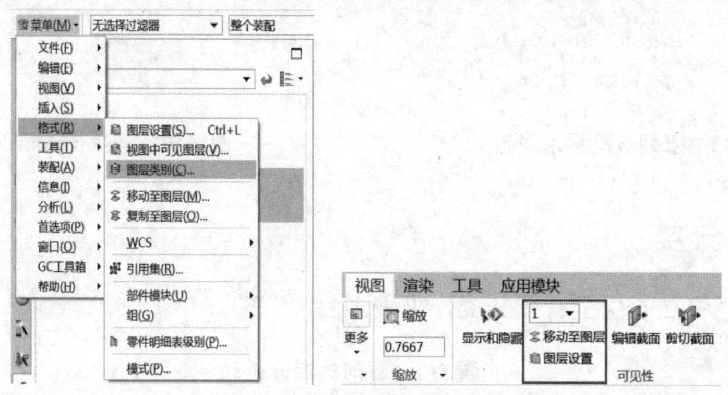

图 1-31　【格式】菜单和【视图】工具栏

UG NX 提供“层”给用户使用，以控制对象的可见性和可选性。

“层”是系统定义的一种属性，就像颜色、线型和线宽一样，是所有对象都有的。

1.5.1 层的设置

选择【视图】|【图层设置】命令，出现【图层设置】对话框，如图 1-32 所示，引对话框用于设置层状态。

(1) 设置工作层。

在【图层设置】对话框的【工作图层】文本框中输入层号(1～256)，按 Enter 键，则该层变成工作层，原工作层变成可选层，单击【关闭】按钮，完成设置。

(2) 显示。

【图层】列表框中显示的层，可以是【所有图层】、【含有对象的图层】、【所有可选图层】和【所有可见图层】，如图 1-33 所示。

(3) 图层控制。

在 UG NX 中，系统共有 256 层。其中第 1 层被作为默认工作层，256 层中的任何一层可以被设置为下面 4 种状态中的一种。

① 设为可选——该层上的几何对象和视图是可选择的(必可见的)。

② 设为工作层——这是对象被创建的层，该层上的几何对象和视图是可见的和可选的。

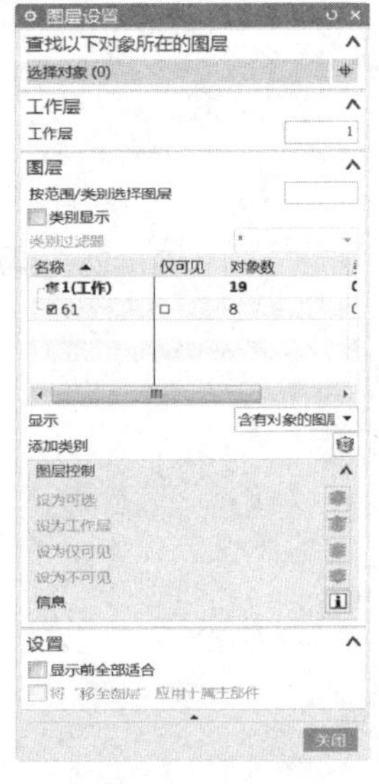

图 1-32 【图层设置】对话框

③ 设为仅可见——该层上的几何对象和视图是只可见的，但不可选择。

④ 设为不可见——该层上的几何对象和视图是不可见的(不可选择)。

在【图层设置】对话框的【图层控制】选项卡中设置图层的状态，每个层只能有一种状态，如图 1-34 所示。

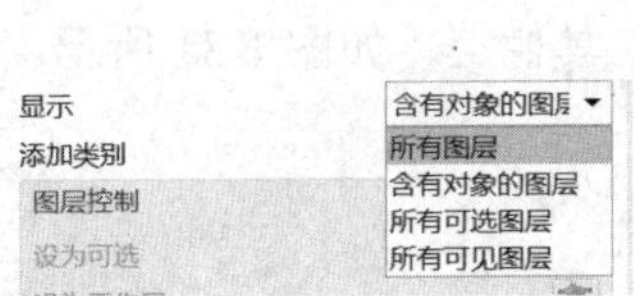

图 1-33 层列表框显示设置

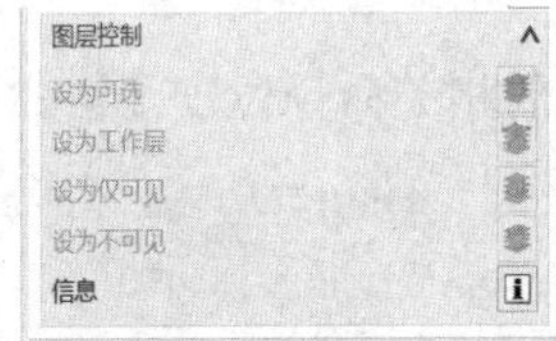

图 1-34 层列表框显示设置

1.5.2 层的分类

UG NX 已经将 256 层进行了分类，见表 1-1。

表 1-1 层的标准分类

层的分配	层类名	说明
1～10	SOLIDS	实体层
11～20	SHEETS	片体层

续表

层的分配	层类名	说明
21～40	SKECHES	草图层
41～60	CURVES	曲线层
61～80	DATUMS	基准层
91～256	未指定	

(1) 选择【格式】|【图层类别】命令，出现【图层类别】对话框，在【类别】文本框中输入层类别名，如“Temp”，如图 1-35 所示。

(2) 单击【创建/编辑】按钮，出现【图层类别】对话框，在【范围或类别】文本框中输入分类范围，如“101-120”，如图 1-36 所示，按 Enter 键。或在【图层】列表框中选择图层，单击【确定】按钮。

说明：*在【图层类别】对话框中的【图层】列表框中按住左键并拖动鼠标可连续选择多层。*

1.5.3　移动至层

选择【格式】|【移动至图层】命令，出现【类选择】对话框，选择要移动的对象，单击【确定】按钮，出现【图层移动】对话框，在【目标图层或类别】文本框中输入层名，如图 1-37 所示，单击【应用】按钮，则选择移动的对象移动至指定的层。单击【选择新对象】按钮，返回【类选择】对话框，继续选择其他要改变层的对象。

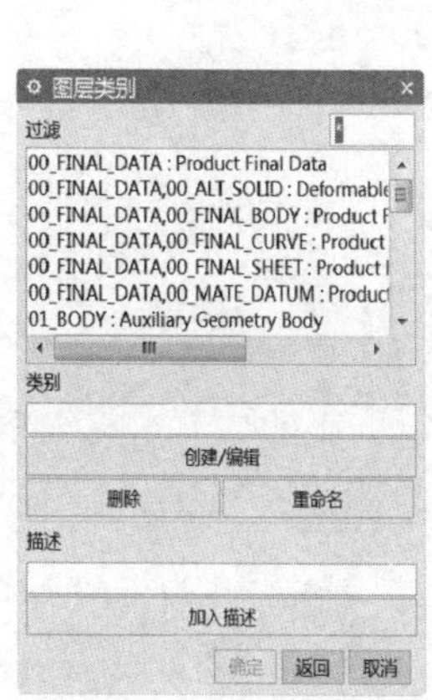

图 1-35　【图层类别】对话框(1)

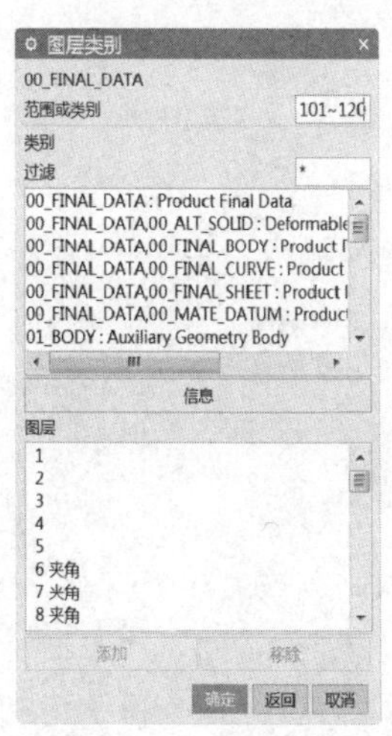

图 1-36　【图层类别】对话框(2)

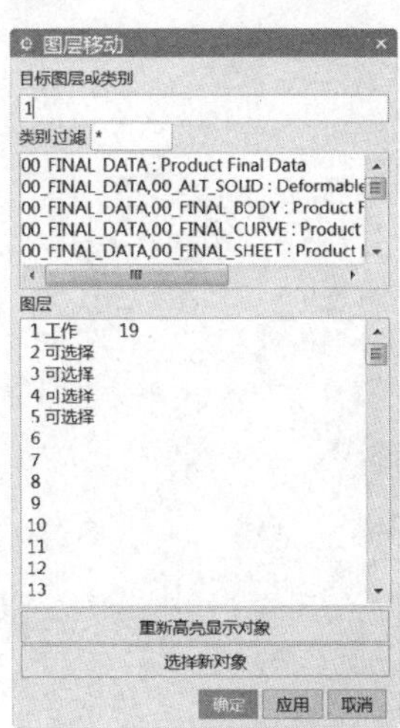

图 1-37　【图层移动】对话框

练　习　题

1. 填空题

(1) 视图工具栏包括____、____、____、____、____、____、____、____、____。

(2) ____菜单列表实现了视图方向的切换，视图方向可以从模型的各个方向观看模型。

(3) 着色列表包括_____、____、____、____、____、____。

2. 选择题

(1) 在 UG NX 12.0 中，系统共有(　　)层。

A. 255　　B. 256　　C. 250

(2) 通过(　　)命令可查看对象数量。

A. 插入——图层设置　　B. 编辑——图层设置　　C.格式——图层设置

3. 判断题(对的打“√”，错的打“×”)

(1) 工具栏上的命令按钮无法添加。　　(　　)

(2) 草图层被设置在 61～80 层。　　(　　)

4. 简答题

(1) 如何新建一新部件？如何保存？

(2) 如何设置背景颜色？

第 2 章　基本实体的构建

UG NX 的实体特征功能应用是 CAD 领域内新一代建模技术，它结合了传统建模和参数化建模的优点，具有相关的参数化功能，是一种性能良好的“复合建模”操作工具。在 UG NX 系统中，实体特征分为基本体素特征、扫描特征、基准特征、成形特征、用户自定义特征和特征操作。

2.1　基于特征的建模

零件三维模型是由带时间戳记的特征组成的，带轮的模型组成如图 2-1 所示。

图 2-1　带轮的模型

2.1.1　基于特征的实体建模过程

UG NX 基于特征的实体建模过程应尽量与零件的实际加工相一致，如图 2-2 所示。零件采用切削加工，在建模时也应采用相应的切除材料的方法进行建模，如图 2-2 所示。

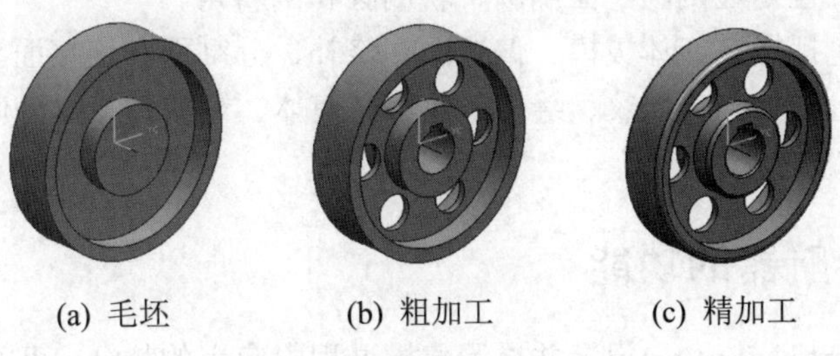

(a) 毛坯　　(b) 粗加工　　(c) 精加工

图 2-2　仿真零件的加工过程

1. 毛坯

用作毛坯的成形特征，如图 2-3 所示。

① 体素特征(Primitive Feature)：包括长方体、圆柱、圆锥和球。

② 扫描特征(Swept Feature)：由草图曲线拉伸、旋转、沿路径扫描生成。

2. 粗加工

用于仿真粗加工过程的特征，如图 2-4 所示。

① 从毛坯减去材料的特征：包括孔、腔体、键槽和割槽。

② 向毛坯添加材料的特征：包括圆台、凸垫、凸起和三角形加强筋。

③ 用户定义特征(User Defined Feature)：可添加或减去材料。

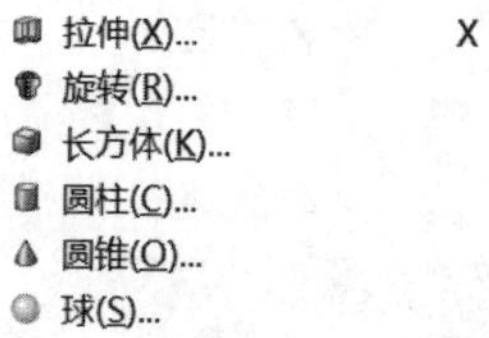

拉伸(X)...　　X
旋转(R)...
长方体(K)...
圆柱(C)...
圆锥(O)...
球(S)...

图 2-3　用作毛坯的成形特征

孔(H)...
凸台（原有）(B)...
腔（原有）(P)...
垫块（原有）(A)...
凸起(M)...
偏置凸起(F)...
键槽（原有）(L)...
槽(G)...
筋板(I)...
晶格(E)

图 2-4　用于仿真粗加工过程的特征

3. 精加工

用于仿真精加工过程的特征，如图 2-5 所示。

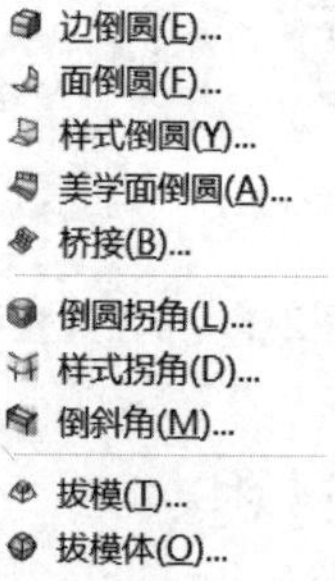

边倒圆(E)...
面倒圆(F)...
样式倒圆(Y)...
美学面倒圆(A)...
桥接(B)...
倒圆拐角(L)...
样式拐角(D)...
倒斜角(M)...
拔模(T)...
拔模体(O)...

图 2-5　用于仿真精加工过程的特征

① 边缘操作：包括边倒圆、面倒圆、软倒圆和倒斜角。

② 面操作：包括拔模、体拔模、偏置面、修补、分割面和连接面。

③ 体操作：包括抽壳、螺纹、缝合、包裹几何体、缩放体、拆分体、修剪体和实例特征。

2.1.2　部件导航器的功能

部件导航器(Part Navigator)记录并显示建模过程中应用的特征，可将特征按照建立的顺序排列(按时间戳记排列)。通过部件导航器，可以控制模型显示的视图，还可以了解、编辑模型用到的特征以及表达式等数据，也可以选择、组织与控制部件的特征，而部件导航器除了名称面板外，还有相关性、细节、预览 3 个子面板，如图 2-6 所示。

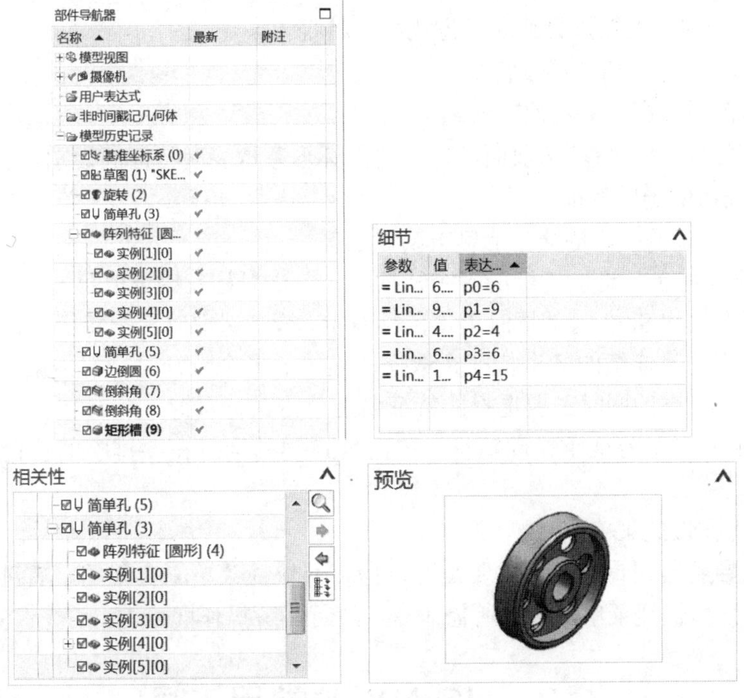

图 2-6　部件导航器

1. 部件导航器的功能

(1) 通过部件导航器，可以选择不同方向的模型视图，如俯视图、前视图、正等测视图、正视图等。

(2) 通过部件导航器，可以观察用户建立的表达式，也可以对表达式进行编辑。

(3) 通过部件导航器，可以识别模型的不同特征，了解模型特征建立的顺序。从部件导航器中选择一个特征，选择的特征将在图形区中高亮显示；同样，从图形区选择的特征其名称也将在模型导航器中高亮显示。

(4) 通过部件导航器，可以观察模型特征的信息，如层、创建者、创建时间、修改及修改时间。

(5) 通过部件导航器选择与特征名关联的选择框☑，可以抑制特征，也可以从图形屏幕临时显示特征。当一个特征的选择框有对号时，该特征显示在图形区中。

(6) 通过部件导航器，可以执行各种编辑功能。在部件导航器中，双击一个特征可以执行编辑功能；也可选择一个特征，然后右击，系统弹出快捷菜单，显示软件提供的相关编辑功能。另外，部件导航器的【细节】面板提供所选特征的详细参数，在【细节】面板可修改这些参数，如图 2-6 所示。

(7) 部件导航器的依附子面板，提供可视化的父-子关系表示，用户可以观察相关特关系并对特征进行编辑。

2. 特征树的基本操作

(1) 在特征树中用图标描述特征。

⊕、⊖：分别代表以折叠或展开方式显示特征。

☑：表示在图形窗口中显示特征。

□：表示在图形窗口中隐藏特征。

、等：在每个特征名前面，以彩色图标形象地表明特征的类别。

(2) 在特征树中选取特征。

① 选择单个特征：在特征名上单击鼠标左键。

② 选择多个特征：选取连续的多个特征时，单击鼠标左键选取第一个特征，在连续的最后一个特征上按住 Shift 键的同时单击鼠标左键，或者选取第一个特征后，按住 Shift 键的同时移动光标来选择连续的多个特征。选择非连续的多个特征时，单击鼠标左键选取第一个特征，按住 Ctrl 键的同时在要选择的特征名上单击鼠标左键。

③ 从选定的多个特征中排除特征：按住 Ctrl 键的同时在要排除的特征名上单击鼠标左键。

(3) 编辑操作快捷菜单。

利用部件导航器编辑特征，主要是通过操作其快捷菜单来实现的。右键单击要编辑的某特征名，将弹出快捷菜单，选择所需命令，进行相应操作即可。

2.2 UG NX 的常用工具

UG NX 系统中许多命令都涉及一些基本工具，如点构造器、矢量构造器、坐标系构造器等。通过本节学习，熟练掌握这部分内容。

2.2.1 点构造器

在三维建模过程中，一项必不可少的任务是确定模型的尺寸与位置。而【点】构造器就是用来确定三维空间位置的一个基础的和通用的工具。

点构造器的功能体现在【点】对话框中，常常是根据建模的需要自动出现的。当然，点构造器也可以独立使用，直接创建一些独立的点对象。下面以直接创建独立的点对象为例进行介绍。需要说明的是，不管以哪种方式使用点构造器，其对话框及其功能都是一样的。【点】构造器对话框及其选项功能如图 2-7 所示。

1. 用点的捕捉方式建立点

(1) 自动判断的点。该选项取决光标所指的位置。可以代表下列任意选项：光标点、现有点、端点、控制点以及圆弧/椭圆中心等。

① 光标点。该选项用于光标在屏幕中的任意点。

② 现有点。该选项用于选取已经建立的点。

③ 端点。该选项用于选取已经建立的直线、圆弧、二次曲线以及其他曲线的端点。

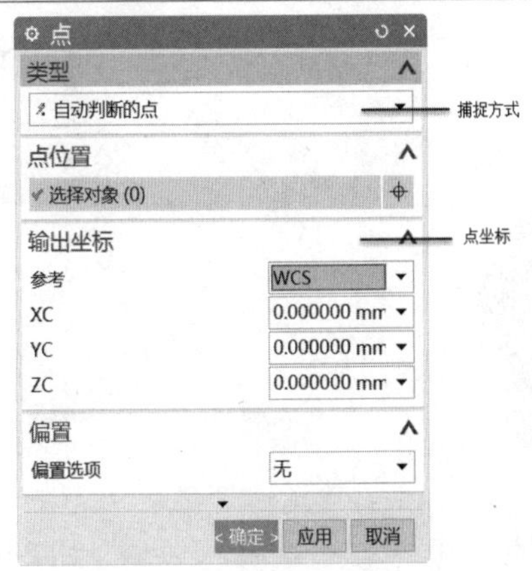

图 2-7　【点】构造器对话框

④ 控制点。该选项用于选取现有点、圆弧的中点和端点、二次曲线的端点、圆心、直线的中点和端点、样条曲线的极点、中点和端点。控制点与几何对象的类型有关，将光标移动到欲选取的控制点，即可选中靠近光标点的控制点。

⑤ 交点。该选项用于选取在两条曲线的交点或一条曲线和一个曲面或平面的交点。

⑥ 圆弧中心/椭圆中心/球心。该选项用于选择圆弧、椭圆、圆或椭圆边界或球的中心点。

(2) 圆弧/椭圆上的角度。该选项用于选取圆弧或椭圆上的点，角度以 X 轴的正方向为参考方向，逆时针方向为正。

(3) 象限点。该选项用于鼠标选取在一个圆弧或一个椭圆的四分点。

(4) 点在曲线/边上。该选项用于在曲线或边上选取一个点。

(5) 两点之间。该选项用于在两点之间选取一个点。

2. 输入创建点的坐标值

在【点】构造器中，有设置点坐标的 XC、YC、ZC 三个文本框。用户可以直接在文本框中输入点的坐标值，单击【确定】按钮，系统会自动按照输入的坐标值生成点。

2.2.2　实例：以捕捉方式创建点

1. 操作要求

创建如图 2-8 所示的点，体会角度点捕捉方式。

2. 操作步骤

(1) 打开文件。

打开“Examples\ch2\Case2.1.2.prt”文件。

(2) 创建点。

① 选择【菜单】|【插入】|【基准/点】|【点】命令，打开【点】对话框，在【类型】下拉列表框中选择【圆弧中心/椭圆中心/球心】选项，在工作区域选中圆，如图 2-9 所示。

② 单击【确定】按钮，创建如图 2-8 所示的点。

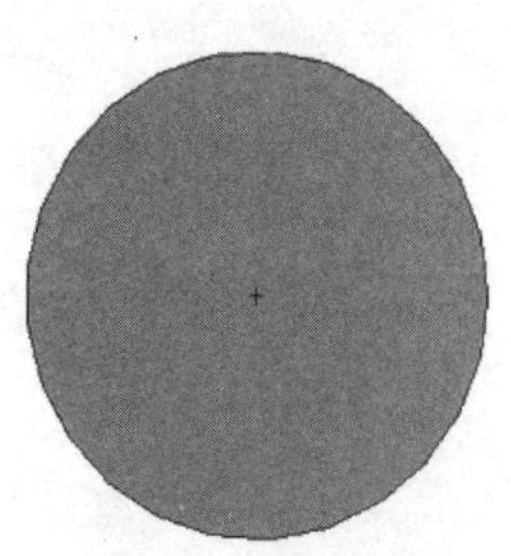

图 2-8　要创建的点

图 2-9　【点】构造器

2.2.3　实例：以两点之间位置的方式创建点

1. 操作要求

任意创建两个参考点，再创建一个中点，如图 2-10 所示。

2. 操作步骤

(1) 新建文件。

打开“Examples\ch2\Case2.1.3.prt”文件。

(2) 创建点。

① 选择【插入】|【基准/点】|【点】命令，打开【点】对话框，在【类型】下拉列表框中选择【光标位置】选项，先创建任意一点，单击【应用】按钮。再按照上面的步骤创建任意一点，单击【确定】按钮。

② 在【类型】下拉列表框中选择【两点之间】选项，在【%位置】输入框中输入 50，如图 2-11 所示，单击【应用】按钮，创建如图 2-10 所示两点之间的中点。

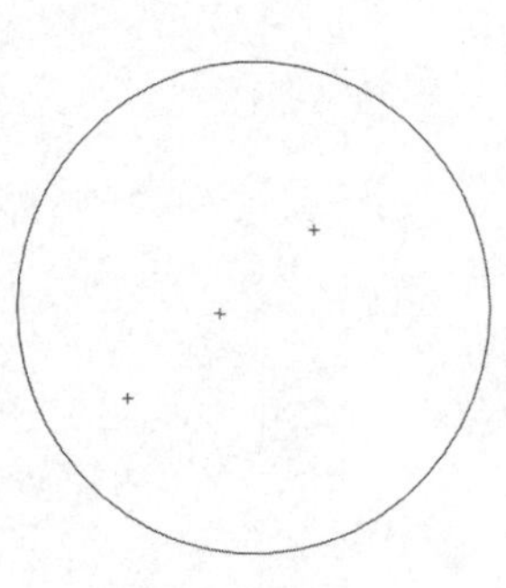

图 2-10　两点之间创建点

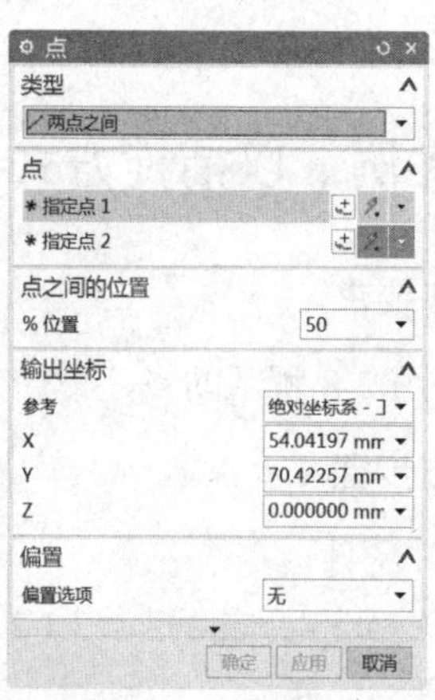

图 2-11　在【点】对话框中输入位置百分比

2.2.4　矢量构造器

很多建模操作都要用到矢量，用以确定特征或对象的方位，如圆柱体或圆锥体的轴线方向、拉伸特征的拉伸方向、旋转扫描特征的旋转轴线、曲线投影方向、拔斜度方向等。要确定这些矢量，都离不开矢量构造器。

矢量构造器用于构造一个单位矢量，矢量的各坐标分量只用于确定矢量的方向，其幅值大小和矢量的原点不保留。

一旦构造了一个矢量，在图形显示窗口将显示一个临时的矢量符号。通常操作结束后该矢量符号即消失，也可利用视图刷新功能消除其显示。

矢量构造器的所有功能都集中体现在【矢量】对话框中，如图 2-12 所示。

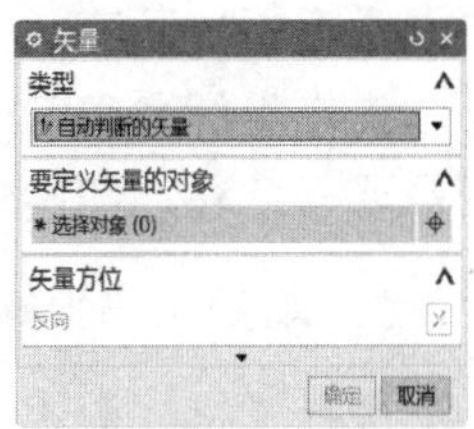

图 2-12　【矢量】对话框

用户可以用以下 15 种方式构造一个矢量。

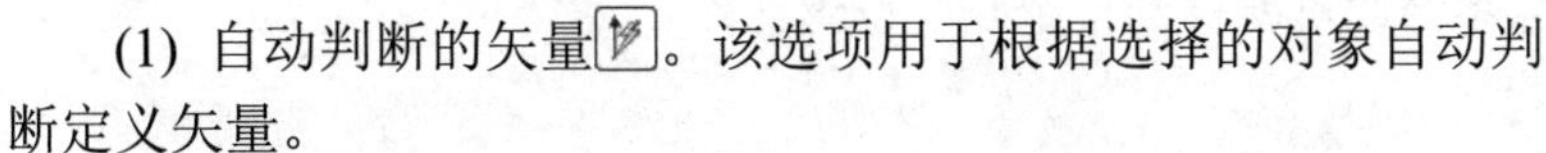

(1) 自动判断的矢量。该选项用于根据选择的对象自动判断定义矢量。

(2) 两点。该选项在任意两点之间指定一个矢量。

(3) 与 XC 成一角度。该选项用于在 XC-YC 平面中，在从 XC 轴成指定角度处指定一个矢量。

(4) 边/曲线矢量。该选项用于在曲线、边缘或圆弧起始处指定一个与该曲线或边缘相切的矢量。如果是完整的圆，软件将在圆心并垂直于圆面的位置处定义矢量。如果是圆弧，软件将在垂直于圆弧面并通过圆弧中心的位置处定义矢量。

(5) 在曲线矢量上。该选项用于在曲线上的任一点指定一个与曲线相切的矢量。可按照圆弧长或百分比圆弧长指定位置。

(6) 面的法向。该选项用于指定一个平行于平面的法线或平行于圆柱面的轴的矢量。

(7) 平面法向。该选项用于指定一个平行于基准面法向的矢量。

(8) 基准轴。该选项用于指定一个与基准轴的轴平行的矢量。

(9) XC 轴。该选项用于指定一个与现有 CSYS 的 XC 轴或 *X* 轴平行的矢量。

(10) YC 轴。该选项用于指定一个与现有 CSYS 的 YC 轴或 *Y* 轴平行的矢量。

(11) ZC 轴。该选项用于指定一个与现有 CSYS 的 ZC 轴或 *Z* 轴平行的矢量。

(12) XC 轴。该选项用于指定一个与现有 CSYS 的负方向 XC 轴或负方向 *X* 轴平行的矢量。

(13) YC 轴。该选项用于指定一个与现有 CSYS 的负方向 YC 轴或负方向 *Y* 轴平行的矢量。

(14) ZC 轴。该选项用于指定一个与现有 CSYS 的负方向 ZC 轴或负方向 *Z* 轴平行的矢量。

(15) 按系数。该选项用于按系数指定一个矢量。

注意：单击【矢量方向】按钮，即可在多个可选择的矢量之间切换。

矢量操作通常出现在创建其他特征时需要指定方向的时候，系统自动调出矢量构造器创建矢量。

2.2.5 工作坐标系

坐标系主要用来确定特征或对象的方位。在建模与装配过程中经常需要改变当前工作坐标系，以提高建模速度。

UG NX 系统中用到的坐标系主要有两种形式，分别为绝对坐标系(absolute coordinate system，ACS)和工作坐标系(work coordinate system，WCS)，它们都遵守右手螺旋法则。

绝对坐标系(ACS)：也称模型空间，是系统默认的坐标系，其原点位置和各坐标轴线的方向永远保持不变。

工作坐标系(WCS)：是系统提供给用户的坐标系，也是经常使用的坐标系，用户可以根据需要任意移动和旋转，也可以设置属于自己的工作坐标系。

1. 改变工作坐标系原点

选择【格式】|WCS|【原点】命令后，出现【点】对话框，提示用户构造一个点，指定一点后，当前工作坐标系的原点就移到指定点的位置。

2. 动态改变坐标系

选择【格式】|WCS|【动态】命令后，当前工作坐标系如图 2-13 所示。从图上可以看出，共有 3 种动态改变坐标系的标志，即原点、移动手柄和旋转手柄，对应的有 3 种动态改变坐标系的方式。

(1) 用鼠标选取原点，其方法如同改变坐标系原点。

(2) 用鼠标选取移动手柄，比如 ZC 轴上的，则显示如图 2-14 所示的非模式对话框。这时既可以在距离文本框中通过直接输入数值来改变坐标系，也可以通过按住鼠标左键沿坐标轴拖动坐标系。在拖动坐标系过程中，为便于精确定位，可以设置捕捉单位，如 5.0，这样每隔 5.0 个单位距离，系统自动捕捉一次。

(3) 用鼠标选取旋转手柄，比如 XC-YC 平面内的，则显示如图 2-15 所示的非模式对话框。

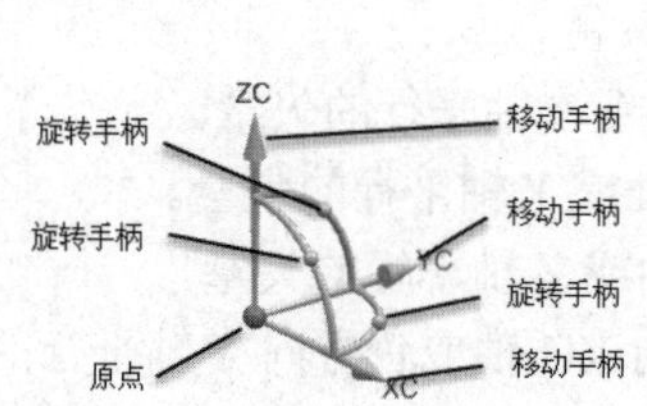

图 2-13 工作坐标系临时状态

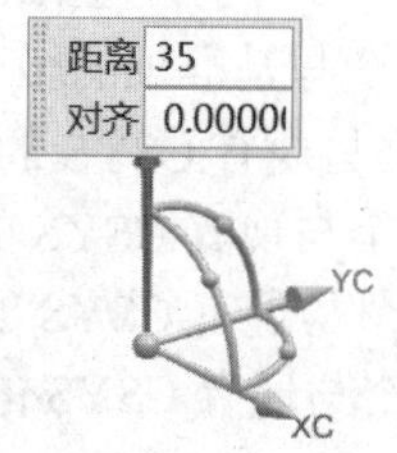

图 2-14 移动非模式对话框

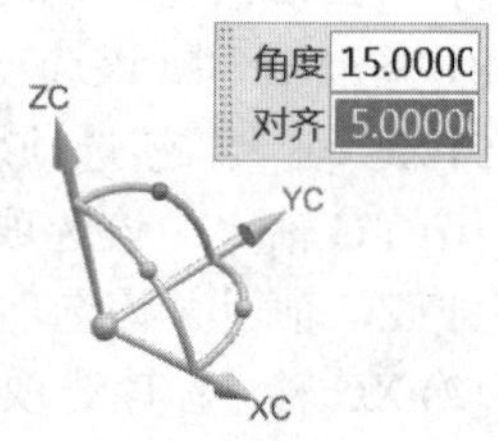

图 2-15 旋转非模式对话框

这时既可以在角度文本框中通过直接输入数值来改变坐标系，也可以通过按住鼠标左键在屏幕上旋转坐标系。在旋转坐标系过程中，为便于精确定位，可以设置捕捉单位，如 5.0，这样每隔 5.0 个单位角度，系统自动捕捉一次。

3. 旋转工作坐标系

选择【格式】|WCS|【旋转】命令后，出现【旋转工作坐标系】对话框，如图 2-16 所示。选择任意一个旋转轴，在【角度】文本框中输入旋转角度值，单击【确定】按钮，

可实现旋转工作坐标系。旋转轴是 3 个坐标轴的正、负方向，旋转方向的正向由右手螺旋法则确定。

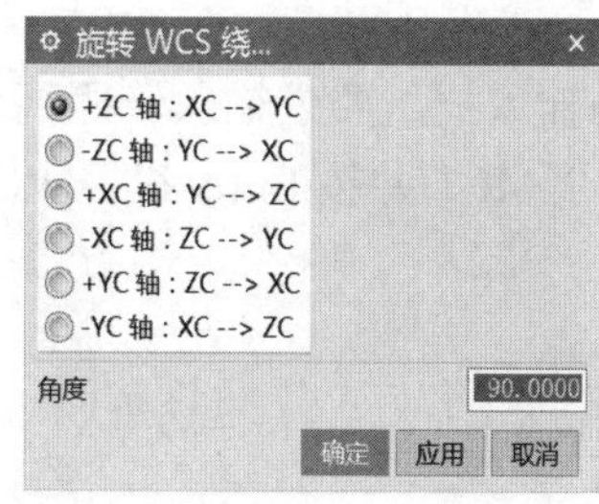

图 2-16　【旋转工作坐标系】对话框

4. 更改 XC 方向

选择【格式】|WCS|【更改 XC 方向】命令后，出现【点】构造器，提示用户指定一点(不得为 ZC 轴上的点)，则原点与指定点在 XC-YC 平面的投影点的连线为新的 XC 轴。

5. 更改 YC 方向

选择【格式】|WCS|【更改 YC 方向】命令后，出现【点】构造器，提示用户指定一点(不得为 ZC 轴上的点)，则原点与指定点在 XC-YC 平面的投影点的连线为新的 YC 轴。

6. 显示

选择【格式】|WCS|【显示】命令后，控制图形窗口中工作坐标系的显示与隐藏属性。

7. 保存

选择【格式】|WCS|【保存】命令后，将当前坐标系保存下来，以后可以引用。

2.2.6　实例：操纵工作坐标系

1. 操作要求

操纵工作坐标系(WCS)的各种方法。

2. 操作步骤

(1) 打开文件。

打开“Examples\ch2\Case2.1.6.prt”文件，如图 2-17 所示。

图 2-17　Case2.1.6.prt

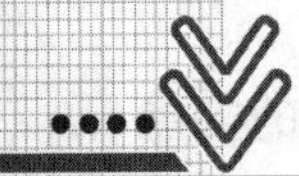

(2) 移动工作坐标系。

① 选择【格式】|WCS|【动态】命令或单击【实用工具】工具栏上的【WCS 动态】按钮。

② 选择平移手柄，出现动态输入框，要求输入一距离值，如图 2-18 所示。

③ 在【距离】文本框中输入“-40”并按 Enter 键。WCS 的原点不变，坐标系沿 ZC 轴平移了-40mm，如图 2-19 所示。

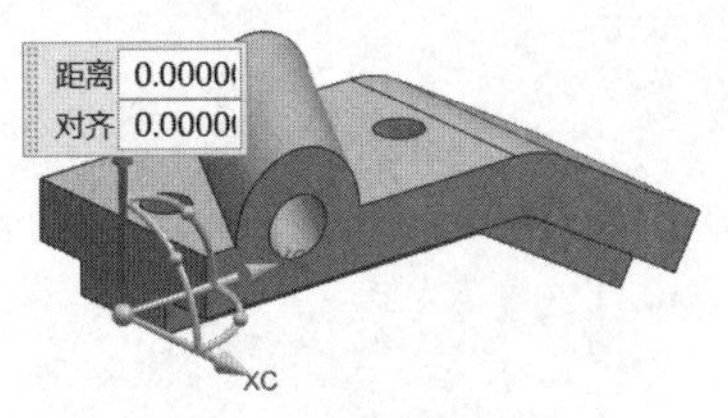

图 2-18 出现动态输入框

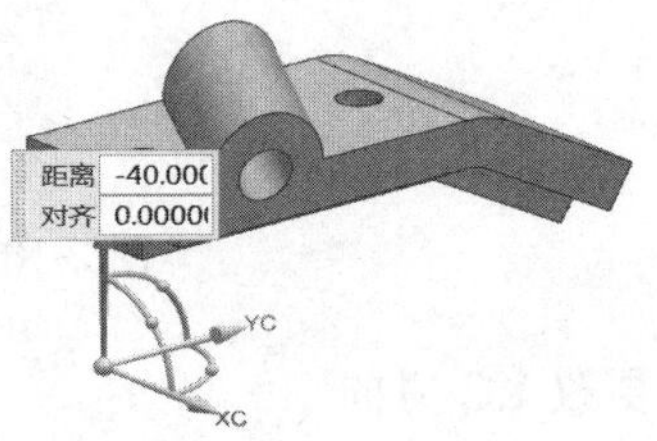

图 2-19 旋转工作坐标系

(3) 改变工作坐标系的原点。

① 选择【格式】|WCS|【动态】命令或单击【实用工具】工具栏上的【WCS 动态】按钮。

② 确保【启用捕捉点】中的【控制点】按钮是激活的，如图 2-20 所示。

③ 选择上顶面边缘的中点，单击鼠标左键，如图 2-21 所示。

图 2-20 【启用捕捉点】工具栏

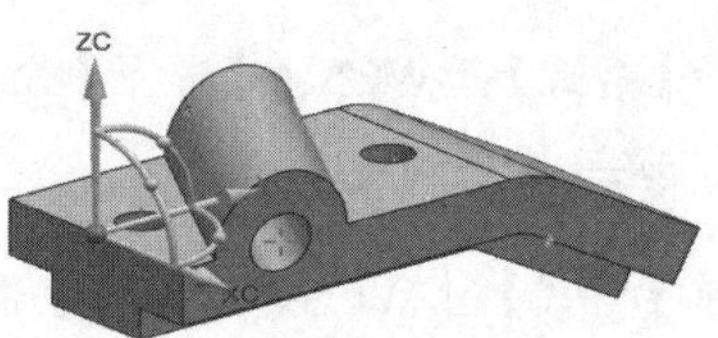

图 2-21 选择上顶面边缘的中点

④ 单击鼠标中键。

(4) 旋转工作坐标系。

① 选择【格式】|WCS|【动态】命令或单击【实用工具】工具栏上的【WCS 动态】按钮。

② 选择旋转手柄。出现动态输入框，要求输入一角度或捕捉角，如图 2-22 所示。

③ 在【角度】对话框中输入“-70”并按 Enter 键。WCS 的原点不变，坐标系绕 XC 轴旋转了 70°，如图 2-23 所示。

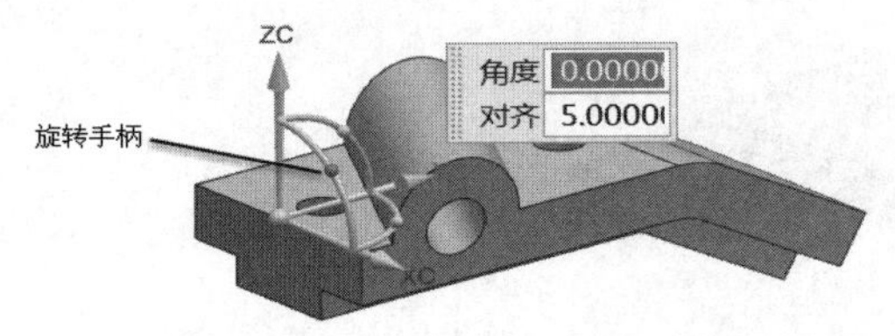

图 2-22 输入一个角度或捕捉角

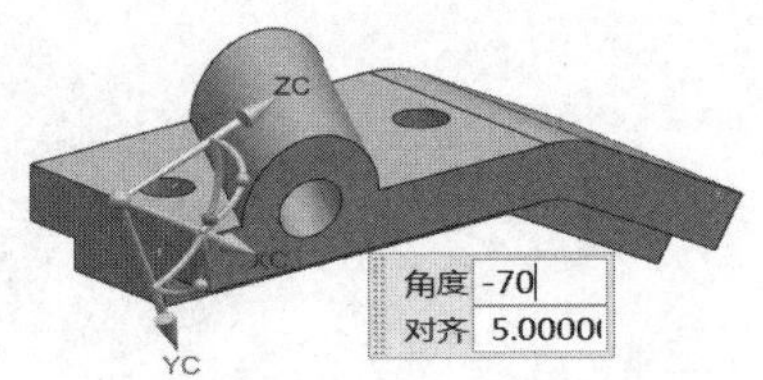

图 2-23 旋转工作坐标系

④ 单击鼠标中键。

(5) 反转 XC 轴方向。

① 选择【格式】|WCS|【动态】命令或单击【实用工具】工具栏上的【WCS 动态】按钮。

② 双击 XC 轴的手柄，或选择【格式】|WCS|【旋转】命令，选中+XC，并在输入框中输入 180，单击【确定】按钮，如图 2-24 及图 2-25 所示。

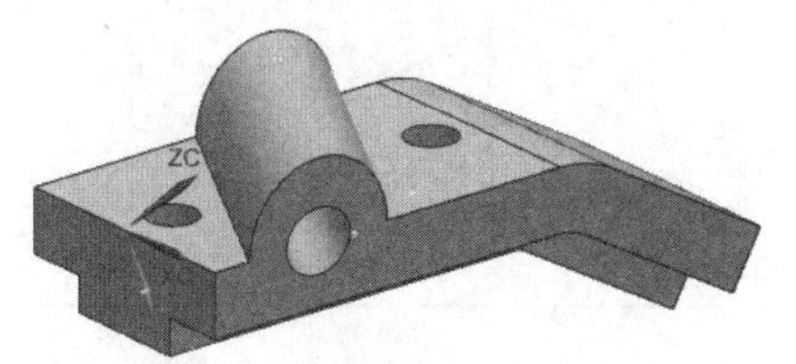

图 2-24　反转 XC 轴方向(1)

图 2-25　反转 XC 轴方向(2)

(6) 改变 WCS 的方位。

① 选择【格式】|WCS|【动态】命令或单击【实用工具】工具栏上的【WCS 动态】按钮。

② 选择 XC 手柄，再单击【矢量】构造器中的按钮，出现【矢量】对话框，在【类型】下拉列表框中单击【两点】选项，在图形区域选取两点，如图 2-26 所示。

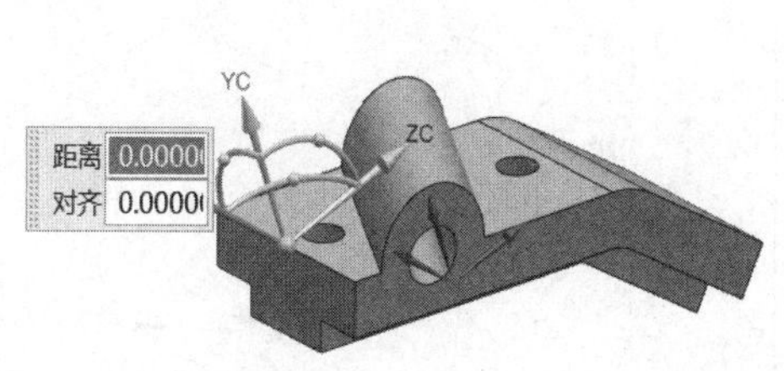

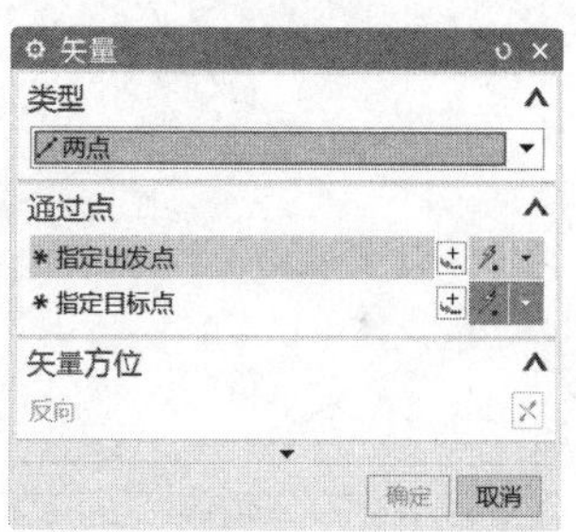

图 2-26　改变 XC 方向

③ 单击【确定】按钮。

(7) 不存储，关闭部件。

2.3　基本体素特征

体素特征指的是可以独立存在的规则实体，它可以用作实体建模初期的基本形状，具体包括长方体、圆柱、圆锥体和球体 4 种。

2.3.1　长方体

长方体——允许用户通过指定方位、大小和位置创建长方体体素。选择【插入】|【设计特征】|【长方体】命令，出现【长方体】对话框，如图 2-27 所示。系统提供 3 种创建

长方体的方式。

(1) ：原点和边长，允许通过定义每条边的长度和顶点来创建长方体，如图 2-28 所示。

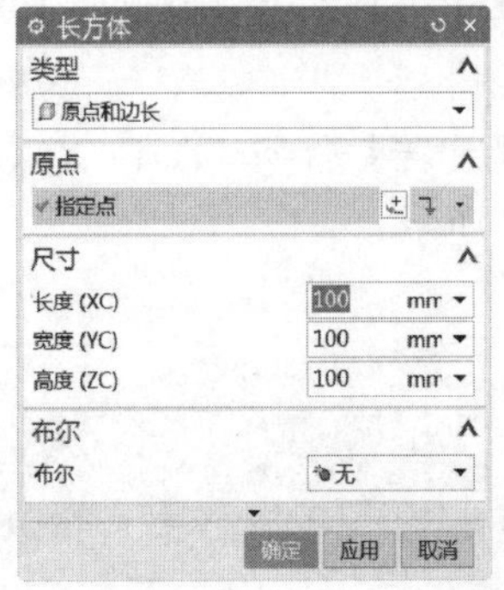

图 2-27 【长方体】对话框

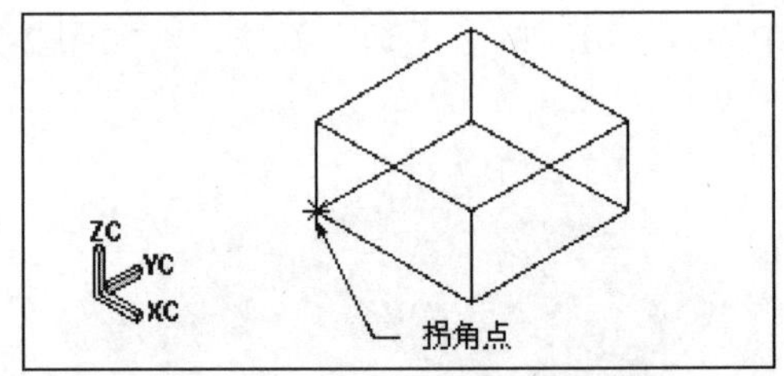

图 2-28 用原点和边长方式创建长方体

(2) ：两个点、高度，允许通过定义底面的高度和两个对角点来创建长方体，如图 2-29 所示。

(3) ：两个对角点，允许通过定义两个代表对角点的 3D 体对角点来创建长方体，如图 2-30 所示。

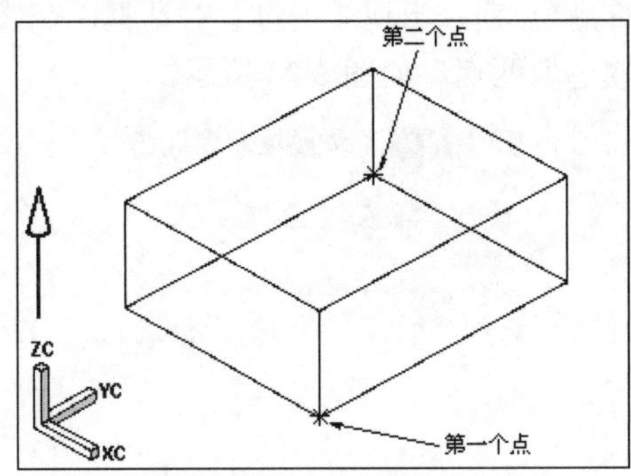

图 2-29 用两个点、高度方式创建长方体

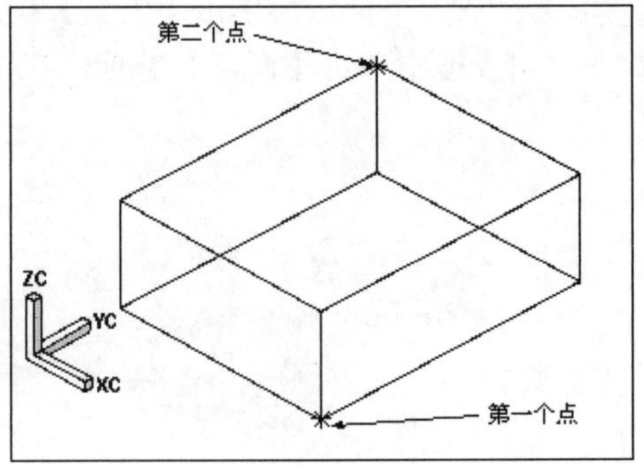

图 2-30 用两个对角点方式创建长方体

2.3.2 圆柱

圆柱——允许用户通过指定方位、大小和位置创建圆柱体素。选择【插入】|【设计特征】|【圆柱体】命令，出现【圆柱】对话框，如图 2-31 所示。系统提供两种创建圆柱的方式。

(1) 轴、直径和高度——允许通过指定方向矢量并定义直径和高度值来创建实体圆柱，如图 2-32 所示。

(2) 高度和圆弧——允许通过选择圆弧并输入高度值来创建圆柱。如图 2-33 所示。

图 2-31 【圆柱】对话框

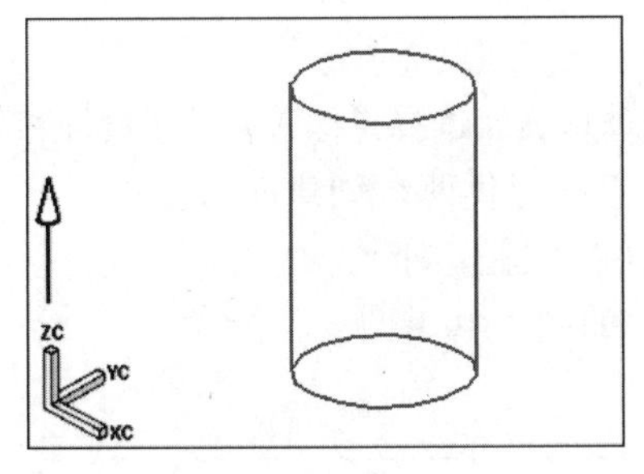

图 2-32　用轴、直径和高度方式创建圆柱

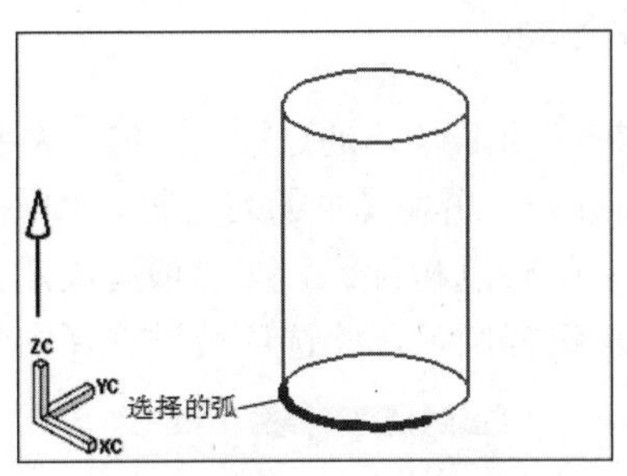

图 2-33　用高度和圆弧方式创建圆柱

2.3.3　圆锥

圆锥——允许用户通过指定方位、大小和位置创建圆锥体素。选择【插入】|【设计特征】|【圆锥】命令，出现【圆锥】对话框，如图 2-34 所示。系统提供 5 种创建圆锥的方式。

(1) 直径和高度。通过定义底部直径、顶部直径和高度值创建圆锥实体，如图 2-35 所示。

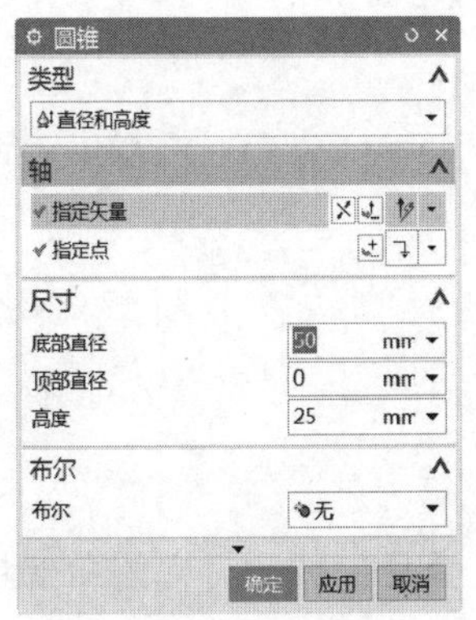

图 2-34　【圆锥】对话框

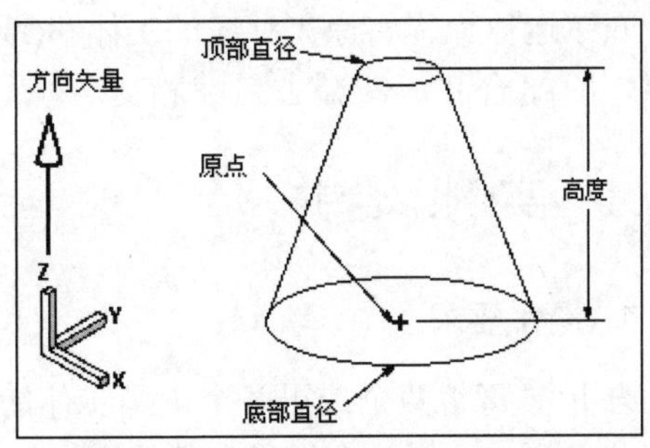

图 2-35　用直径和高度创建圆锥

(2) 直径和半角。定义底部直径、顶部直径和半角的值创建圆锥实体，如图 2-36 所示。

(3) 底部直径、高度、半角。此选项通过定义底部直径、高度和半顶角值创建圆锥实体。

(4) 顶部直径、高度、半角。此选项通过定义顶部直径、高度和半顶角值创建圆锥实体。

(5) 两共轴的圆弧。此选项通过选择两条圆弧创建圆锥实体，如图 2-37 所示。

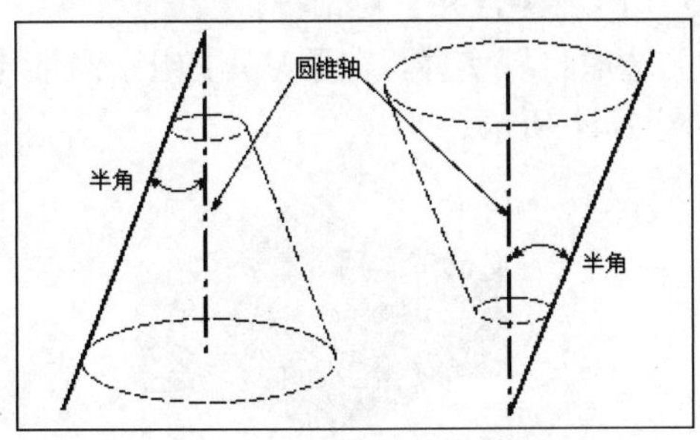

图 2-36　用直径和半角方式创建圆锥

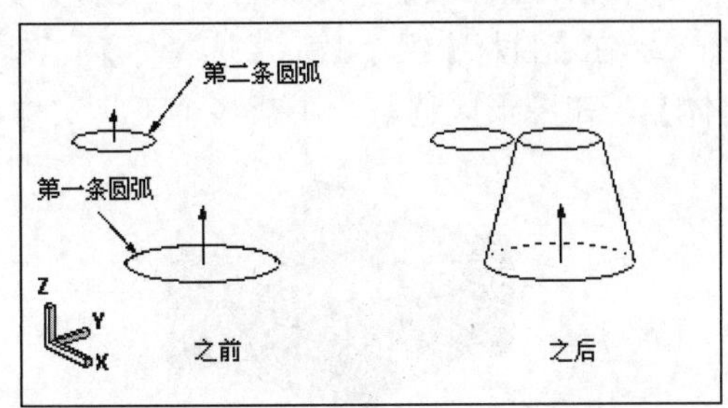

图 2-37　用两共轴的圆弧方式创建圆锥

2.3.4 球

球——允许用户通过指定方位、大小和位置创建球体素。选择【插入】|【设计特征】|【球】命令，出现【球】对话框，如图 2-38 所示。系统提供两种创建球的方式。

(1) 中心点和直径。此选项通过定义直径值和中心点创建球。

(2) 选择圆弧。此选项通过选择圆弧来创建球，如图 2-39 所示。

图 2-38 【球】对话框

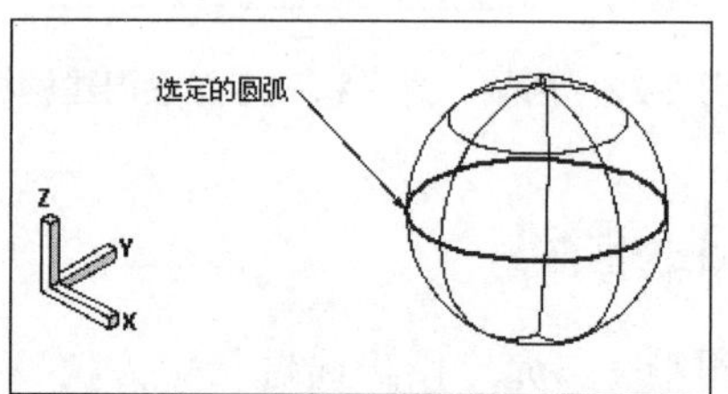

图 2-39 用选择圆弧方式创建球

2.4 布 尔 操 作

布尔运算允许将原先存在的实体和(或)多个片体结合起来，在现有的体上应用以下布尔运算，即合并、减去和相交。

2.4.1 实例：合并

1. 操作要求

合并可将两个或更多个工具实体的体积组合为一个目标体。目标体和工具体必须重叠或共享面，这样才会生成有效的实体。

2. 操作步骤

(1) 打开文件。

打开“Examples\ch2\Case2.4.1.prt”文件，如图 2-40 所示。

(2) 合并。

① 选择【插入】|【组合】|【合并】命令，出现【合并】对话框。

② 在【目标】组中激活【选择体】，在图形区选取目标实体，在【刀具】组中激活【选择体】，在图形区选取一个或多个工具实体，如图 2-41 所示。

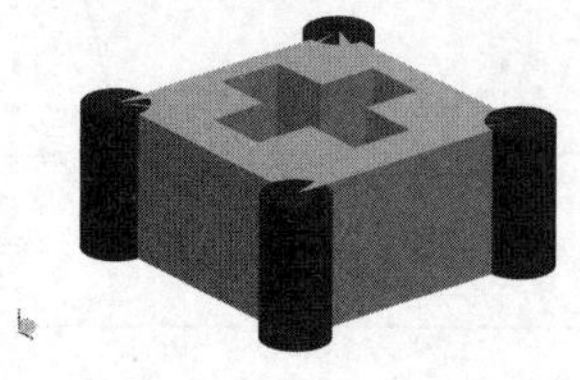

图 2-40 合并实例

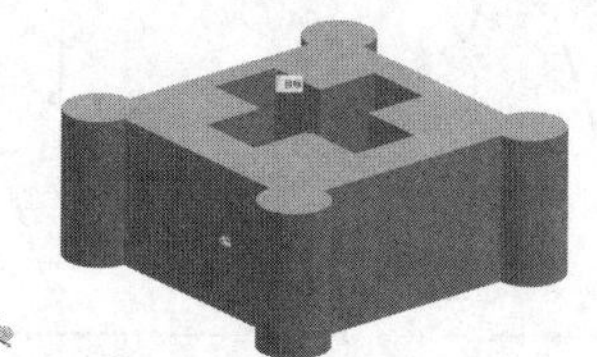

图 2-41 选定的目标体——刀具体

- 要保存未修改的目标体副本，在【设置】组中选中【保持目标】复选框。
- 要保存未修改的工具体副本，在【设置】组中选中【保持工具】复选框。

(3) 完成合并。

单击【确定】或【应用】按钮，完成将目标体与 4 个工具体的体积合并，结果如图 2-42 所示。

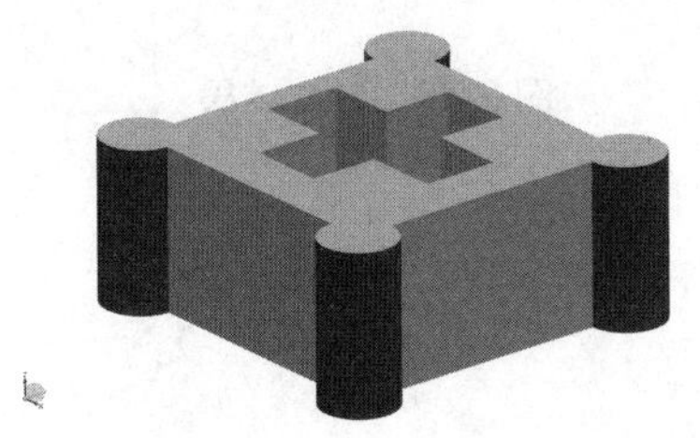

图 2-42　合并结果

2.4.2　实例：减去

1. 操作要求

减去可从目标体中移除一个或多个工具体的体积，目标体必须为实体，工具体通常为实体。

2. 操作步骤

(1) 打开文件。

打开“Examples\ch2\Case2.4.2.prt”文件，如图 2-43 所示。

(2) 减去。

① 选择【插入】|【组合】|【减去】命令，出现【减去】对话框。

② 在【目标】组中激活【选择体】，在图形区域选取目标实体，在【刀具】组中激活【选择体】，在图形区域选取一个或多个工具实体，如图 2-44 所示。

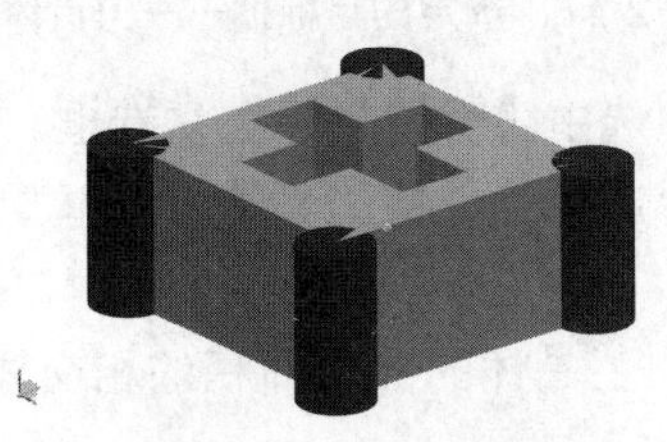

图 2-43　减去实例

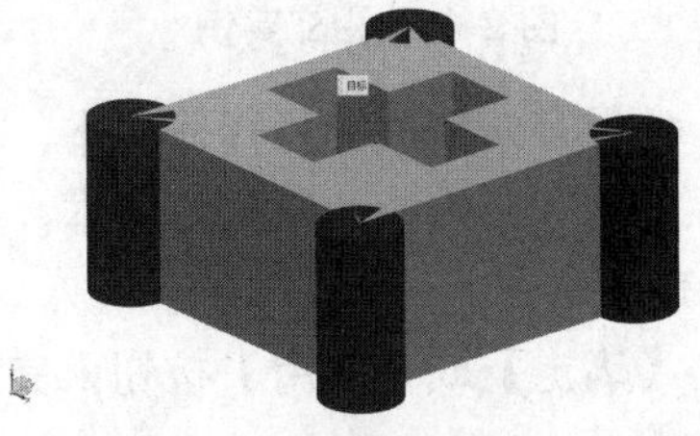

图 2-44　选定的目标体——刀具体

- 要保存未修改的目标体副本，在【设置】组中选中【保持目标】复选框。
- 要保存未修改的工具体副本，在【设置】组中选中【保持工具】复选框。

(3) 完成减去。

单击【确定】或【应用】按钮，完成从目标体减去 4 个工具体的体积，结果如图 2-45 所示。

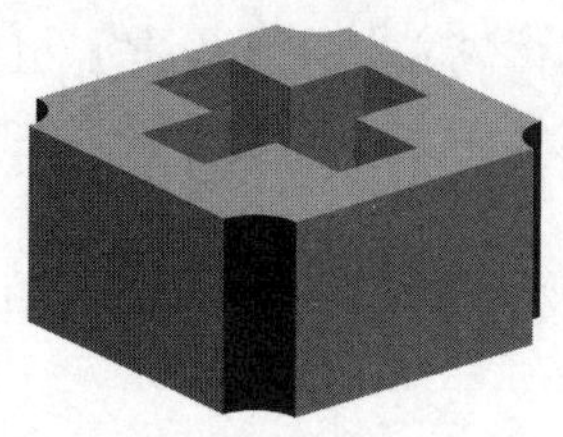

图 2-45　减去结果

2.4.3　实例：相交

1. 操作要求

相交可创建包含目标体与一个或多个工具体的共享体积或区域的体。可以将实体与实体、片体与片体以及片体与实体相交，而不能将实体与片体相交。

2. 操作步骤

(1) 打开文件。

打开“Examples\ch2\Case2.4.3.prt”文件，如图 2-46 所示。

(2) 相交。

① 选择【插入】|【组合】|【相交】命令，出现【相交】对话框。

② 在【目标】组中激活【选择体】，在图形区选取目标实体，在【刀具】组中激活【选择体】，在图形区域选取一个或多个工具实体，如图 2-47 所示。

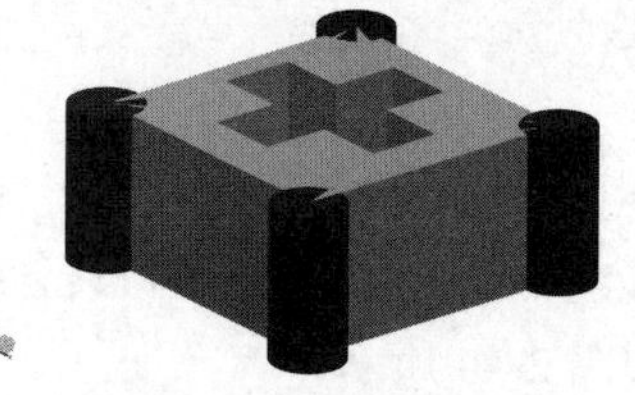

图 2-46　相交实例

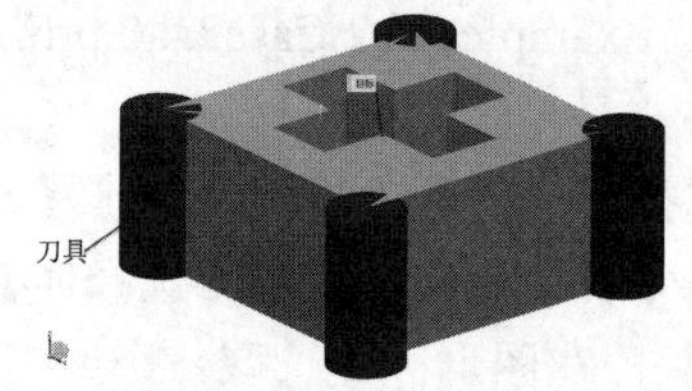

图 2-47　选定的目标体——刀具体

- 要保存未修改的目标体副本，在【设置】组中选中【保持目标】复选框。
- 要保存未修改的工具体副本，在【设置】组中选中【保持工具】复选框。

(3) 完成相交。

单击【确定】或【应用】按钮，完成包含目标体和工具体的共享体积的相交体，结果如图 2-48 所示。

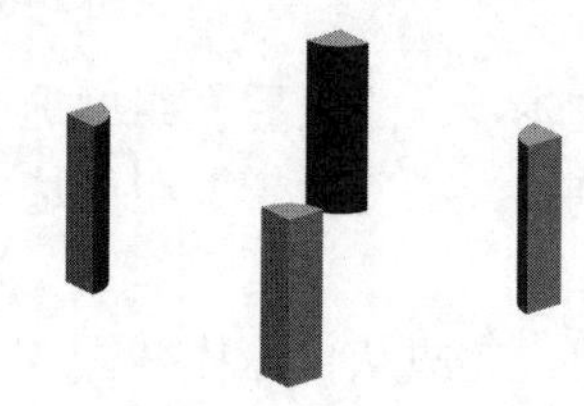

图 2-48　相交结果

2.4.4　布尔错误报告

(1) 所选的工具实体必须与目标实体具有交集，否则在相减时会弹出出错消息提示框，如图 2-49 所示。

图 2-49　消息提示框

(2) 当使用减去命令时，工具体的顶点或边可能不和目标体的顶点或边接触，因此，生成的体会有一些厚度为零的部分。如果存在零厚度，则会显示“非歧义实体”的出错信息，如图 2-50 所示。

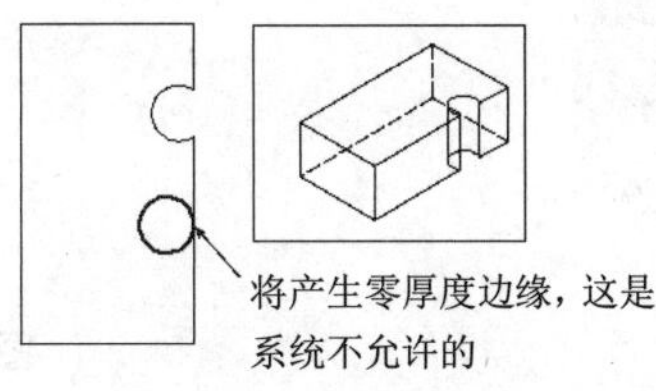

图 2-50　产生错误

提示：可通过微小移动工具栏(大于建模距离公差)解决此问题。

2.4.5　实例：建立基本体素，练习放置、旋转工作坐标

1. 操作要求

(1) 建立一个 100×100×100 的长方体，位置位于 X=50，Y=50，Z=0 处。

(2) 在 4 个角处各建立一个直径为 20、高为 100 的圆柱，做布尔差的运算。

(3) 在长方体的顶面中心创建一个圆锥，顶部直径为 50，底部直径为 25，高度为 25，做布尔和的运算。

(4) 用 4 种方法编辑圆锥的直径，由 60 改为 40。

① 在导航器中的目录树上找到圆锥的特征，双击。

② 在导航器中的目录树上找到圆锥的特征，单击右键编辑参数。

③ 在导航器中的目录树上找到圆锥的特征，在细节栏编辑参数。

④ 在实体上直接单击并高亮显示圆锥特征，双击。

(5) 将该体颜色改为绿色，并放置在 10 层中。

(6) 将 PART 文件等轴测放置后存盘。

2. 操作步骤

(1) 新建文件。

新建“Examples\ch2\Case2.4.5.prt”文件。

(2) 创建长方体。

选择【插入】|【设计特征】|【长方体】命令，出现【长方体】对话框，选择【原点和边长】类型，单击【点】构造器中的按钮，出现【点】对话框，在【坐标】选项卡的 XC 文本框中输入 50、YC 文本框中输入 50，ZC 文本框中输入 0，单击【确定】按钮，在【尺寸】选项卡的【长度】输入 100、【宽度】输入 100、【高度】输入 100，单击【确定】按钮，创建长方体，如图 2-51 所示。

(3) 创建圆柱。

选择【插入】|【设计特征】|【圆柱】命令，出现【圆柱】对话框，选择【轴、直径和高度】类型，采用默认矢量方向，选择边角为基点，在【尺寸】选项卡的【直径】输入 20、【高度】输入 100，单击【确定】按钮创建圆柱，如图 2-52 所示。用同样方法创建其余 3 个圆柱。

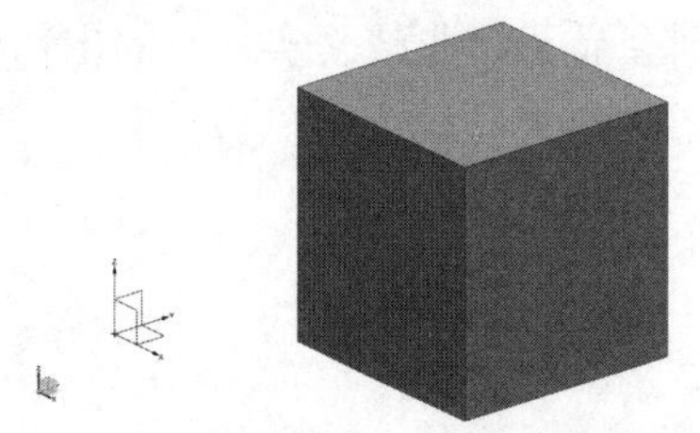

图 2-51　创建长方体

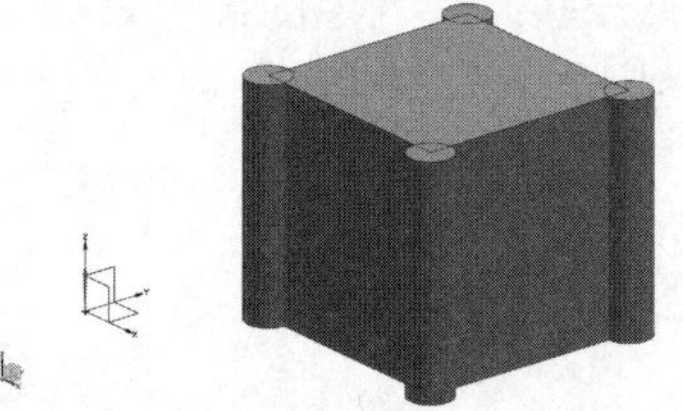

图 2-52　创建 4 个圆柱

(4) 减去。

选择【插入】|【组合】|【减去】命令，出现【减去】对话框，在【目标】组中单击【选择体】，在图形区域选取长方体，在【刀具】组中单击【选择体】，在图形区域选取 4 个圆柱，单击【确定】按钮，如图 2-53 所示。

(5) 重新定位 WCS。

① 选择【格式】| WCS |【动态】命令或单击【实用工具】工具栏上的【WCS 动态】按钮，选择上顶面边缘的中点，单击鼠标左键，如图 2-54 所示。

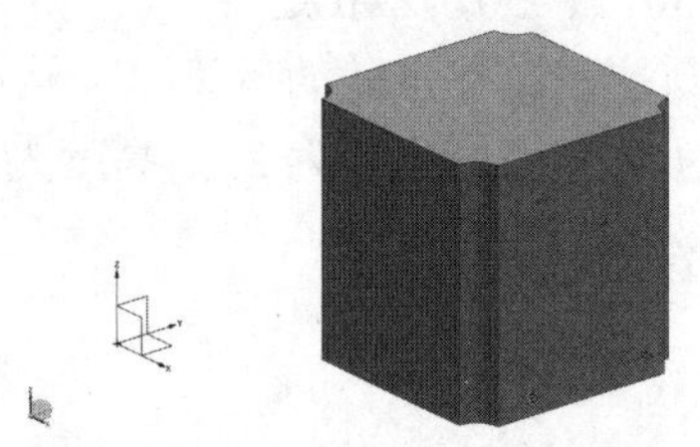

图 2-53　减去结果

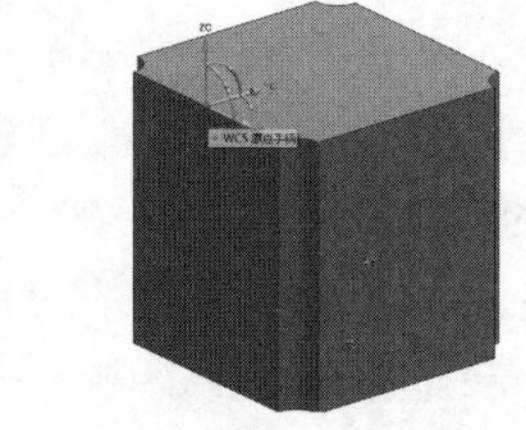

图 2-54　改变工作坐标系的原点

② 选择平移手柄，出现动态输入框，在【距离】输入中输入“50”并按 Enter 键，如图 2-55 所示，单击鼠标左键。

(6) 创建圆锥。

选择【插入】|【设计特征】|【圆锥】命令，出现【圆锥】对话框，选择【直径和高度】类型，采用默认矢量方向、默认基点，在【尺寸】选项卡的顶部【直径】输入 50，底部【直径】输入 25，【高度】输入 25，单击【确定】按钮，创建圆锥，如图 2-56 所示。

(7) 合并。

选择【插入】|【组合】|【合并】命令，出现【合并】对话框，在【目标】组中单击【选择体】，在图形区域选取长方体，在【刀具】组中单击【选择体】，在图形区域选择圆锥，单击【确定】按钮，完成合并。

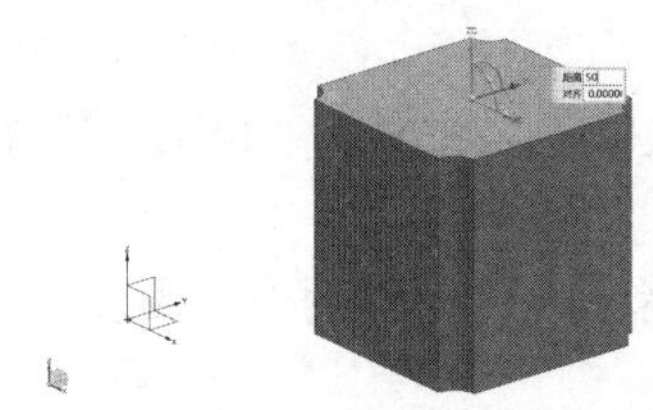

图 2-55　出现动态输入框

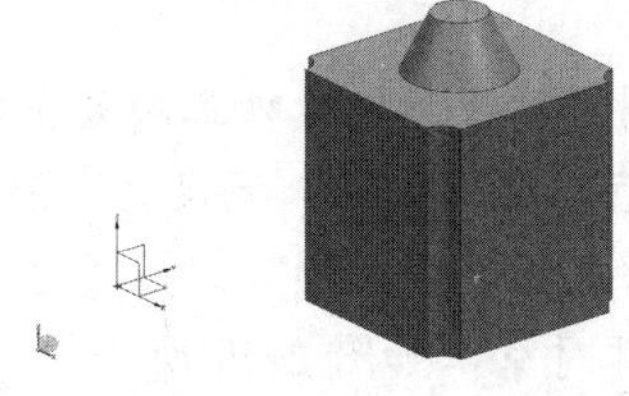

图 2-56　创建圆锥

(8) 用 4 种方法编辑球的直径，由 50 改为 40。

- 在导航器中的目录树上找到球的特征，双击。
- 在导航器中的目录树上找到球的特征，单击右键编辑参数。
- 在导航器中的目录树上找到球的特征，在细节栏编辑参数。
- 在实体上直接单击并高亮显示球特征，双击。

(9) 设置对象颜色。

选择【编辑】|【对象显示】命令，出现【类选择】对话框，选择所见实体，单击【确定】按钮，出现【编辑对象显示】对话框，在【基本】选项卡中单击【颜色】，出现【颜色】对话框，选择绿色，单击【确定】按钮，返回【编辑对象显示】对话框，单击【确定】按钮。

(10) 设置层。

选择【格式】|【移动至图层】命令，出现【类选择】对话框，选择所见实体，单击【确定】按钮，出现【图层移动】对话框，在【目标图层或类别】文本框输入“10”，单击【确定】按钮。

(11) 查看信息。

选择【信息】|【对象】命令，出现【类选择】对话框，选择所见实体，单击【确定】按钮，出现【信息】消息框，如图 2-57 所示。

图 2-57　【信息】消息框

练 习 题

操作题

(1) 分别沿着3个坐标轴正向矢量方向，和由点“0，0，0”指向点“1，1，1”的矢量方向，创建直径为“10”、高度为“25”的圆柱体，如图2-58所示。

(2) 将两个直径为“10”、高度为“25”的圆柱体对象和一个球体对象，通过布尔操作形成一个实体对象，如图2-59所示。

(3) 将两个相交的直径为“10”、高度为“25”的圆柱体对象，通过布尔操作形成一个实体对象，如图2-60所示。

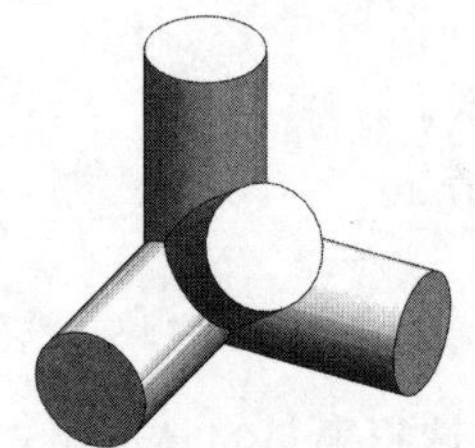

图2-58 练习题1用图

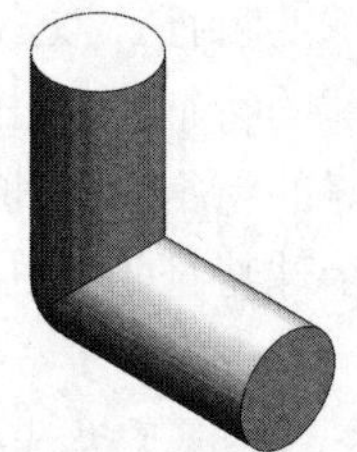

图2-59 练习题2用图

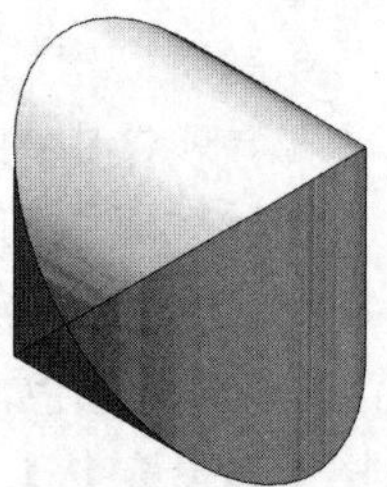

图2-60 练习题3用图

(4) 根据三视图建造模型，如图2-61至图2-64所示。

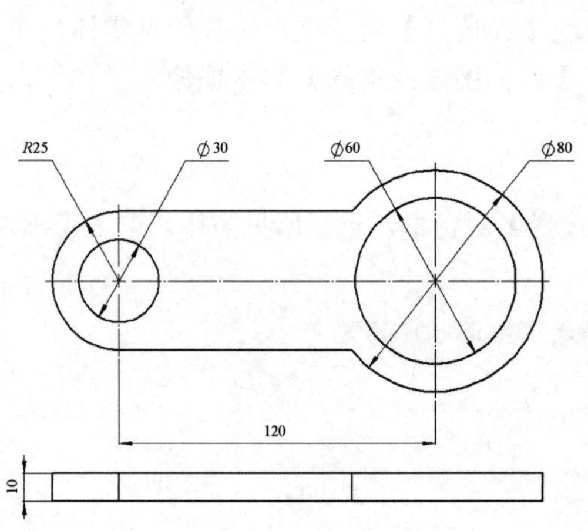

图2-61 练习题4用图(1)

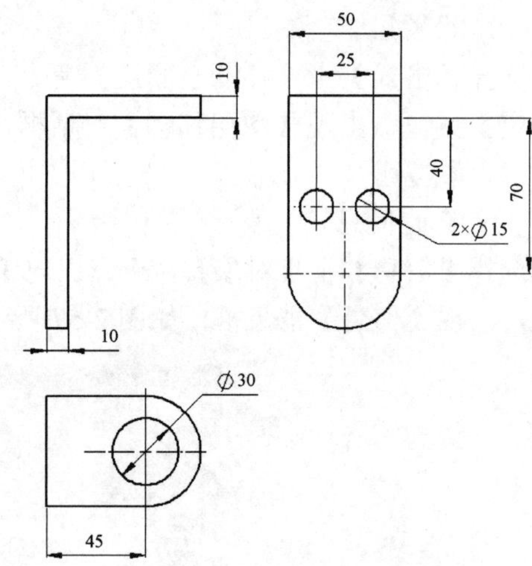

图2-62 练习题4用图(2)

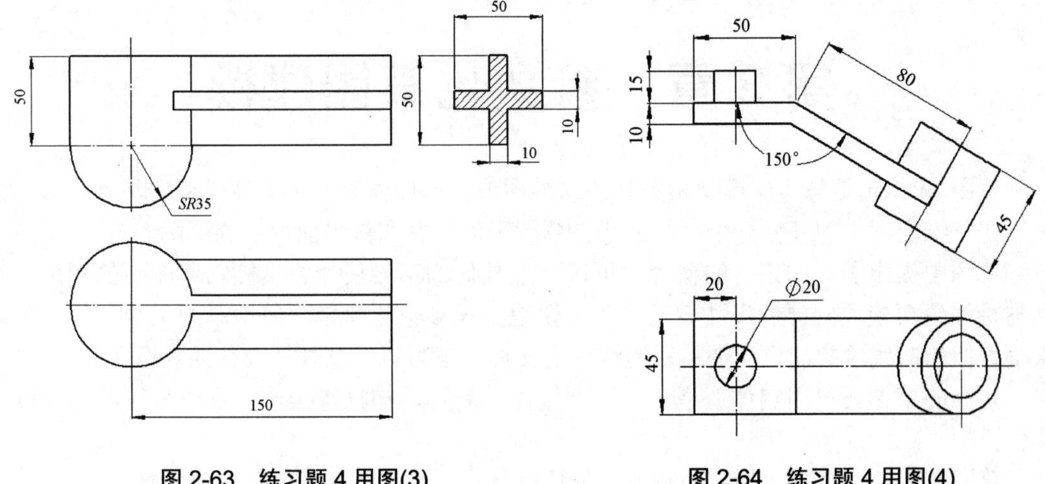

图 2-63　练习题 4 用图(3)

图 2-64　练习题 4 用图(4)

第 3 章　参数化草图建模

草图(Sketch)是与实体模型相关联的二维图形，一般作为三维实体模型的基础。该功能可以在三维空间中的任何一个平面内建立草图平面，并在该平面内绘制草图。

草图中提出了“约束”的概念，可以通过几何约束与尺寸约束控制草图中的图形，实现与特征建模模块同样的尺寸驱动，并方便地实现参数化建模。应用草图工具，用户可以绘制近似的曲线轮廓，再添加精确的约束定义后，就可以完整表达设计的意图了。

建立的草图还可用实体造型工具进行拉伸、旋转、扫描等操作，生成与草图相关联的实体模型。

草图在特征树上显示为一个特征，且特征具有参数化和便于编辑修改的特点。

3.1 草 图 概 述

UG NX 二维草图的工作界面非常直观和人性化，用户可以很好地进行人机交互操作，且所有操作都是通过菜单栏、工具按钮和对话框来实现。这极大地方便了初学者学习，而且在很大程度上提高了设计师的工作效率。

3.1.1 草图与层

在建立草图时，应将不同的草图对象放在不同的图层上，以便于草图管理，放置草图的图层为 21～40 层。在一个草图平面上创建的所有曲线，被视为一个草图对象。应当在进入草图工作界面之前设置草图所要放置的层为当前工作图层。一旦进入草图工作界面，就不能设置当前工作图层了。

说明：在创建草图之后，可以将草图对象移至指定层。

3.1.2 使用草图的目的和时间

(1) 曲线形状较复杂，需要参数化驱动。

(2) 具有潜在的修改和不确定性。

(3) 使用 UG NX 的成形特征无法构造形状时。

(4) 需要对曲线进行定位或重定位。

(5) 模型形状较容易由拉伸、旋转或扫掠建立时。

3.1.3 草图创建步骤

草图创建步骤如下。

(1) 首先要确定需要几个草图和怎样才能把特征建立起来。

(2) 确定在什么地方建立草图平面，并创建草图平面。

(3) 为了便于管理，草图的命名和放置的图层要符合有关规定。

(4) 检查和修改草图参数设置。

(5) 快速手绘出大概的草图形状或将外部几何对象添加到草图中。

(6) 按照要求对草图先进行几何约束，然后再加上尽可能少的尺寸约束。

(7) 利用草图建立所需要的特征。

(8) 根据建模情况编辑草图，最终得到所需要的模型。

3.2　创建和进入草图

通过本节学习，掌握如何创建草图以及进入已经存在的草图。

3.2.1　创建草图

创建草图的工作包括为要建模的特征或部件建立设计意图，使用公司标准去设置计划建立草图的层，检查和修改草图参数预设值，建立草图附着平面、选择水平参考方向及命名草图。

1. 设置草图工作图层

在开始【草图】工作之前，首先设置【草图】工作图层。选择【格式】|【图层设置】命令或单击【实用工具】工具栏上的【图层设置】按钮，出现【图层设置】对话框，设置第 21 层为草图工作层。

2. 选择草图附着平面

草图工作平面是绘制草图对象的平面。在一个草图中创建的所有草图几何对象(曲线或点)都是在该草图工作平面上的。单击【草图】按钮，出现【创建草图】对话框，如图 3-1 所示。

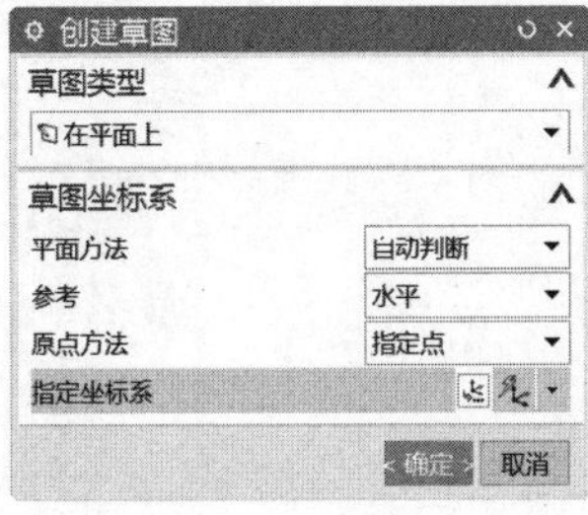

图 3-1　【创建草图】对话框

利用该功能可在自动判断、现有的平面、创建平面，创建基准坐标系建立草图工作平面。在【草图类型】下拉列表框中选择【在平面上】选项，在绘图区选择一个附着平面。

为确保草图的正确空间方位与特征间相关性，建议以下几点。

(1) 从零开始建模时，第一张草图的平面选择为工作坐标系平面，然后拉伸或旋转建立毛坯，第二张草图的平面应选择为实体表面。

(2) 在已有实体上建立草图时，如果安放草图的表面为平面，可以直接选取实体表面；

如果安放草图的表面为非平面，可先创建相对基准面，再选基准面为草图平面。

3. 选择水平参考方向

选择水平参考方向即指定草图参考方向。如果在坐标平面上设置草图工作面，可不必在表面上设置草图参考方向，系统自动用坐标轴的方向作为草图的参考方向。如果是在实体表面或片体表面上设置草图工作平面，则在选择草图平面后，可以使用系统自动判断的参考方向，当然也可以自行设置水平参考方向。

单击【创建草图】对话框中的【确定】按钮。进入草图环境，草图生成器会自动使视图朝向草图平面，并启动【轮廓】命令，如图 3-2 所示。

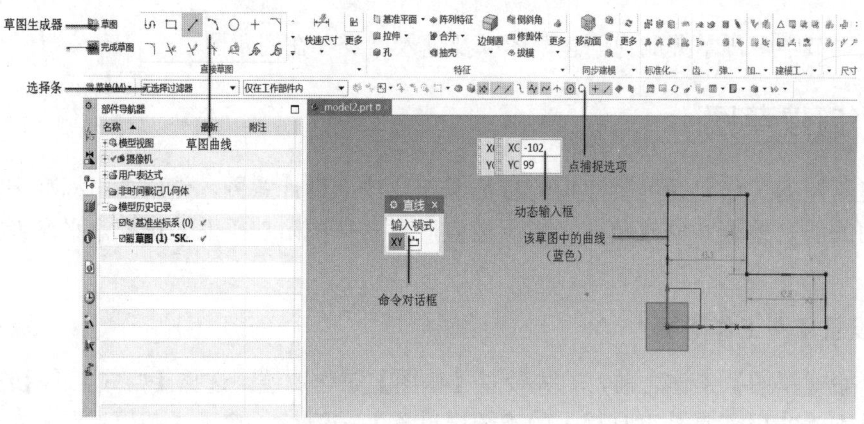

图 3-2　草图生成器界面

3.2.2　进入现有草图

在工作界面左上方的工具栏中单击【草图】按钮，进入创建草图模式时，双击部件导航器的列表框，列表框中列出现有草图的名称，双击草图名，即可在该草图上进行编辑，如图 3-3 和图 3-4 所示。

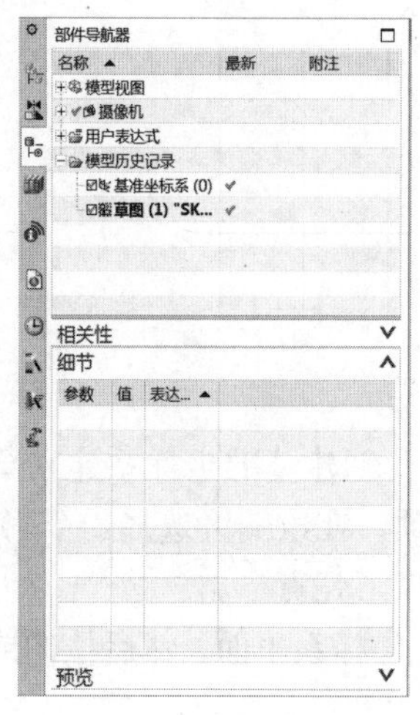

图 3-3　进入已存在草图

图 3-4　创建草图

3.2.3　退出草图

要退出草图生成器，按 Ctrl+Q 组合键或单击【草图生成器】中的【完成草图】按钮。

3.3　绘制基本几何图形

本节将介绍基本几何图形的绘制，包括轮廓线、直线、弧、圆、矩形、椭圆和曲线等。通过学习基本几何图形的绘制方法和技巧，并加以灵活运用，就能绘制出各式各样的二维几何图形。

【草图曲线】工具栏图标及其含义如图 3-5 所示。

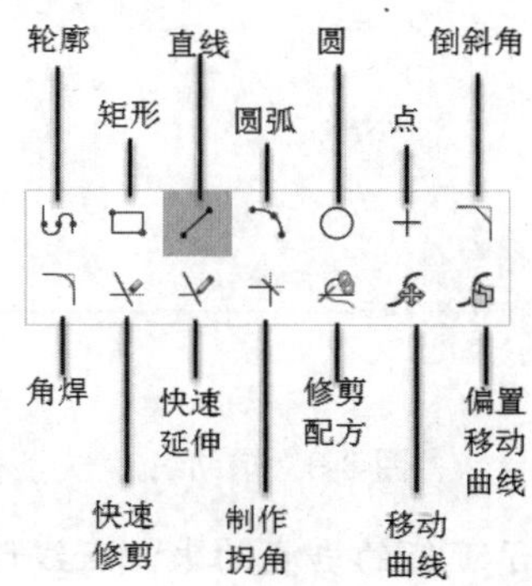

图 3-5　【草图曲线】工具栏

3.3.1　创建轮廓曲线

轮廓曲线可以创建首尾相连的直线和圆弧串，作为模式的圆弧；即上一条曲线的终点变成下一条曲线的起点，如图 3-6 所示。

(1) 直线—圆弧过渡。

通过按住并拖动鼠标左键，可以从创建直线转换为创建圆弧；还可以通过选择直线或圆弧图标选项来改变创建曲线的类型。从一条直线过渡到圆弧，或从一个圆弧过渡到另一个圆弧，如图 3-7 所示。

(2) 圆弧成链。

在轮廓线串模式下，创建圆弧后轮廓选项将切换为直线模式。要创建一系列成链的圆弧，双击【圆弧】选项，如图 3-8 所示。

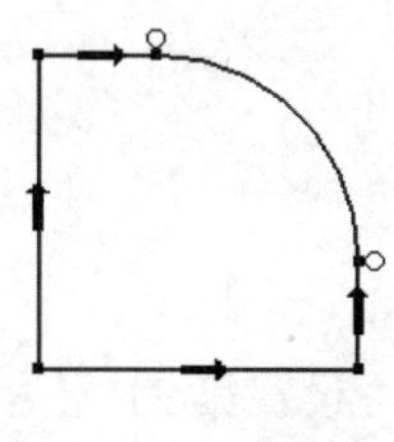

图 3-6　轮廓曲线

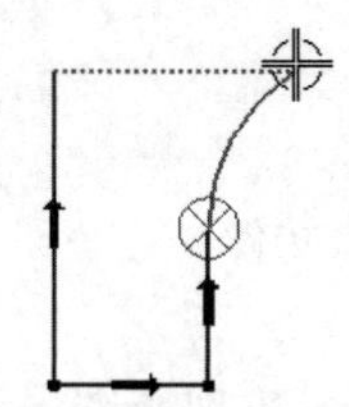

图 3-7　从直线过渡到圆弧

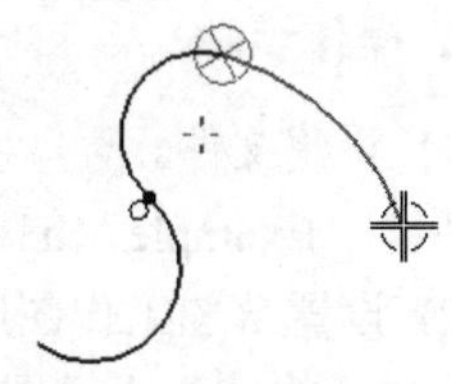

图 3-8　圆弧成链

3.3.2 辅助线

辅助线指示与曲线控制点的对齐情况，这些点包括直线端点和中点、圆弧端点以及圆弧和圆的中心点。创建曲线时，可以显示两类辅助线，如图 3-9 所示。

(1) 辅助线 A 采用虚线表示，自动判断约束的预览部分。如果此时所绘线段捕捉到这条辅助线，则系统会自动添加“垂直”的几何关系。

(2) 辅助线 B 采用点线表示，它仅仅提供了一个与另一个端点的参考，如果所绘制线段终止于这个端点，则不会添加“中点”的几何关系。

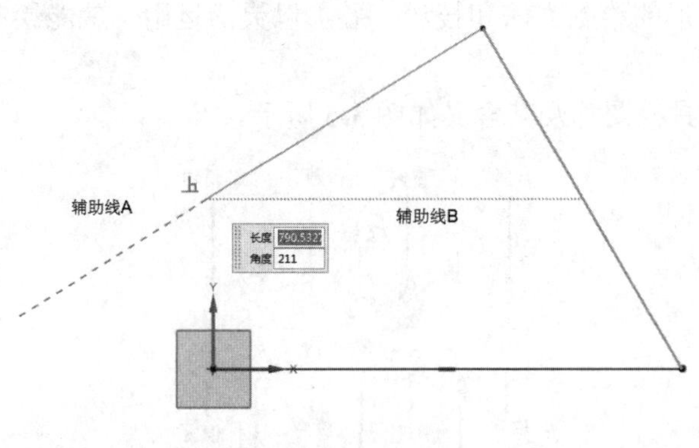

图 3-9 辅助线

说明：虚线形式的辅助线表示可能的垂直约束；点线形式的辅助线表示与中点对齐时的情形。

3.3.3 实例：创建基本草图

1. 操作要求

使用轮廓曲线，完成如图 3-10 所示的近似草图。

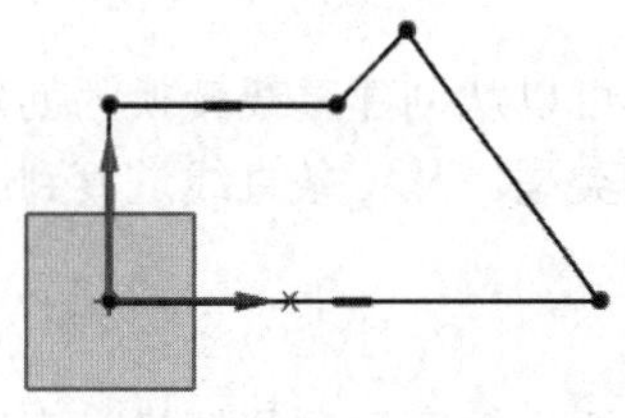

图 3-10 近似草图

2. 操作步骤

(1) 新建文件。

新建“Examples\ch3\Case3.3.3.prt”文件。

(2) 设置草图工作图层。

选择【格式】|【图层设置】命令，出现【图层设置】对话框，设置第 21 层为草图工作层。

(3) 新建草图。

单击【草图】按钮，出现【创建草图】对话框，在【平面选项】下拉列表框中选择【现有的平面】选项，在绘图区域选择一个附着平面。单击【创建草图】对话框中的【确定】按钮，进入草图环境，草图生成器自动使视图朝向草图平面，并启动【轮廓】命令。

(4) 命名草图。

在【草图名称】输入框中输入“SKT_21_First”。

(5) 绘制草图。

① 绘制水平线。从原点绘制一条水平直线，如图 3-11 所示，在光标中出现 ⟶ 形状的符号，这表明系统将自动给绘制的直线添加一个“水平”的几何关系，而文本框中的数字则显示了直线的长度，单击确定水平线的终止点。

注意：创建草图过程中，不需要严格定义曲线的参数，只需大概描绘出图形的形状即可，再利用相应的几何约束和尺寸约束进行精确控制草图的形状。草图创建完全是参数化的过程。

② 绘制具有一定角度的直线。从终止点开始，绘制一条与水平直线具有一定角度的直线，单击确定斜线的终止点，如图 3-12 所示。

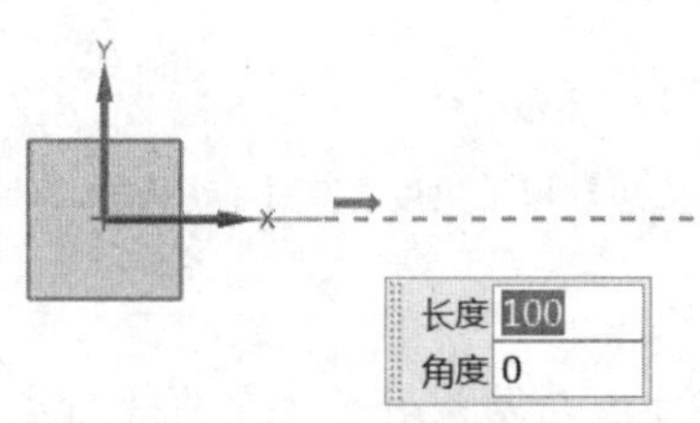

图 3-11　绘制水平线

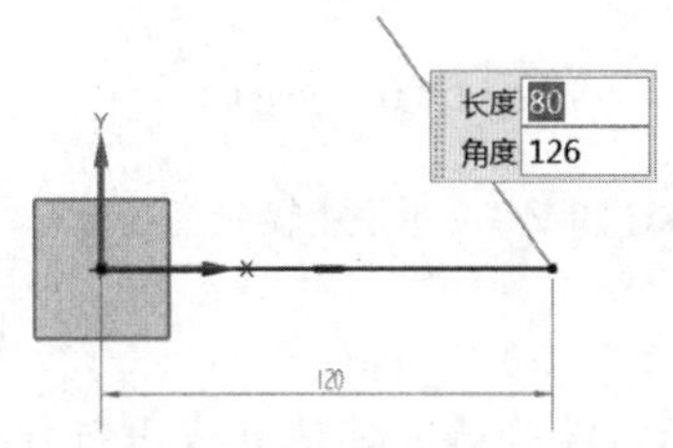

图 3-12　绘制具有一定角度的直线

③ 利用辅助线绘制垂直线。移动光标到与前一条线段垂直的方向，系统将显示出辅助线，这种辅助线用虚线表示，如图 3-13 所示。单击确定垂直线的终止点，当前所绘制的直线与前一条直线将会自动添加“垂直”几何关系。

④ 利用作为参考的辅助线绘制直线。如图 3-14 所示的辅助线在绘图过程中只起到了参考作用，并没有自动添加几何关系，这种辅助线用点线表示，单击确定水平线的终止点。

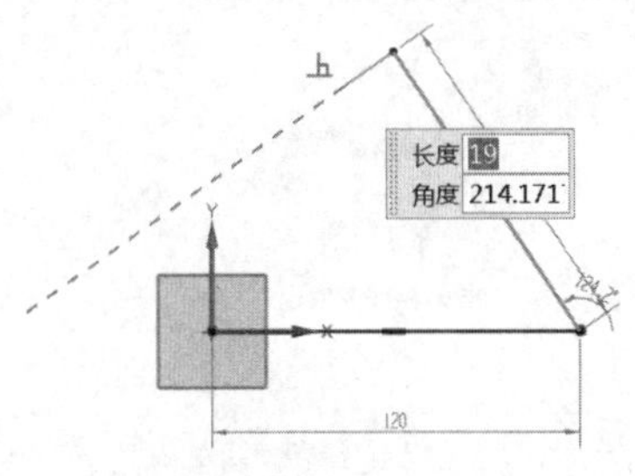

图 3-13　利用虚线绘制垂直线

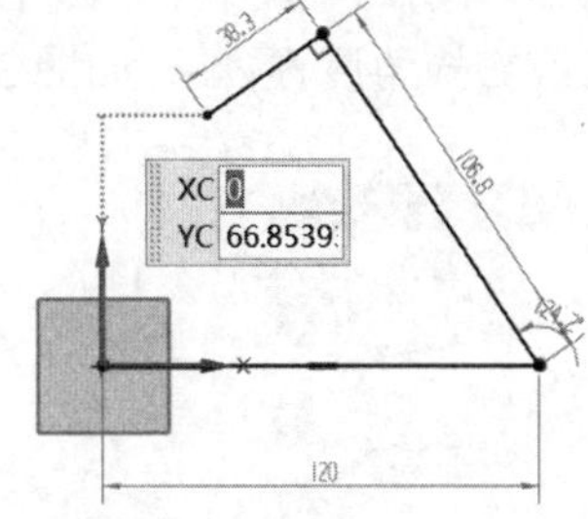

图 3-14　利用作为参考的辅助线绘制直线

⑤ 封闭草图。移动光标到原点，单击确定终止点，如图 3-15 所示。

⑥ 结束草图绘制。单击【草图生成器】中的【完成草图】按钮。

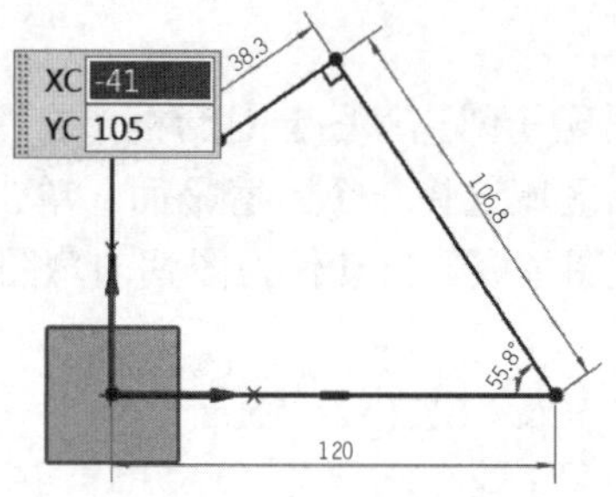

图 3-15　封闭草图

3.3.4　创建直线

绘制水平、垂直或任意角度的直线。选择直线命令，【直线】工具栏的坐标模式激活，通过在 XC、YC 文本框中输入值，或设置【捕捉】工具栏的自动捕捉定义直线起点。确定直线起点后，【直线】工具栏参数模式激活，通过在【长度】、【角度】文本框中的输入值，或设置【捕捉】工具栏的自动捕捉定义直线终点，如图 3-16 所示。

在 XC 和 YC 文本框中输入直线起点　　在【长度】和【角度】文本框中输入直线终点

图 3-16　绘制直线

提示： 要创建与其他直线平行或垂直的直线，通过输入参数或单击鼠标左键来定义直线的起始点。确保在【自动约束】设置对话框中选定了平行和垂直约束。将光标移动到目标直线上，然后移动光标直至看到适当的约束。当创建直线时，如果相切约束在【自动约束】设置对话框中是打开的，则它可以捕捉所有类型的曲线或边，包括直线、圆弧、椭圆、二次曲线和样条的相切线。

3.3.5　创建圆弧

可通过三点(端点、端点、弧上任意一点或半径)画弧；也可通过中心点和端点(中心点、端点、端点或扫描角度)画弧，如图 3-17 所示。

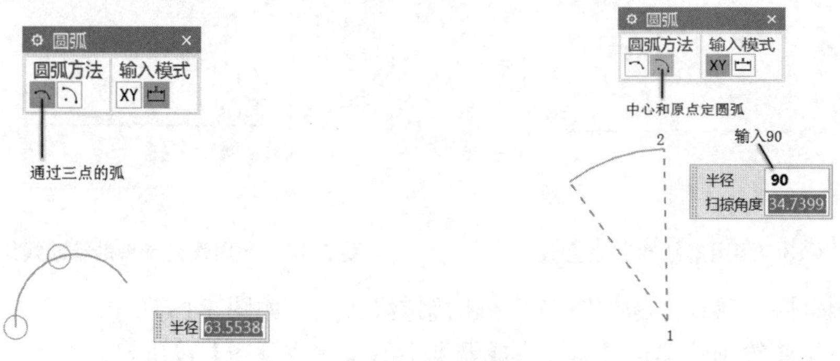

图 3-17　绘制圆弧

技巧：三点画弧时，在指定第一、第二点后，默认第三点为圆弧上两点之间。此时，移动鼠标滑过一点，则该点变为弧上一点，第三点为另一端点，如图 3-18 所示。

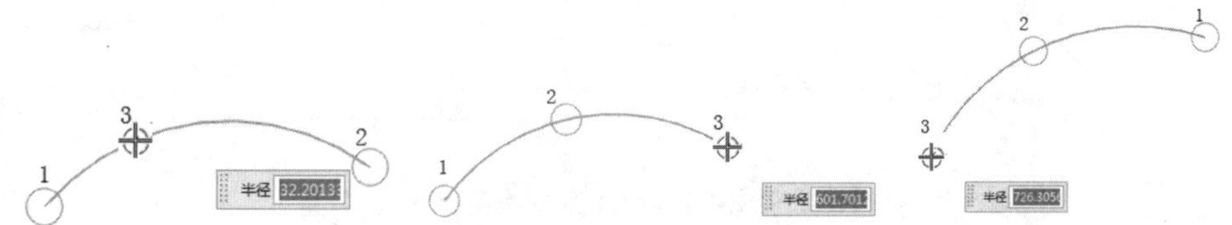

图 3-18　用三点画弧

说明：如果指定了半径或扫描角度，指定的第二、第三点仅仅是确定弧两个端点的方位，而不会是实际通过的点，如图 3-19 所示。

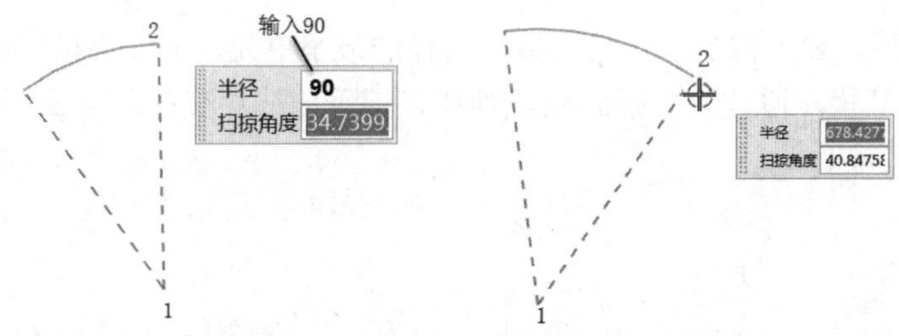

图 3-19　用中心点和端点画弧

3.3.6　创建圆

通过中心和半径(或圆上一点)画圆，或通过三点(或两点和直径)画圆，如图 3-20 所示。

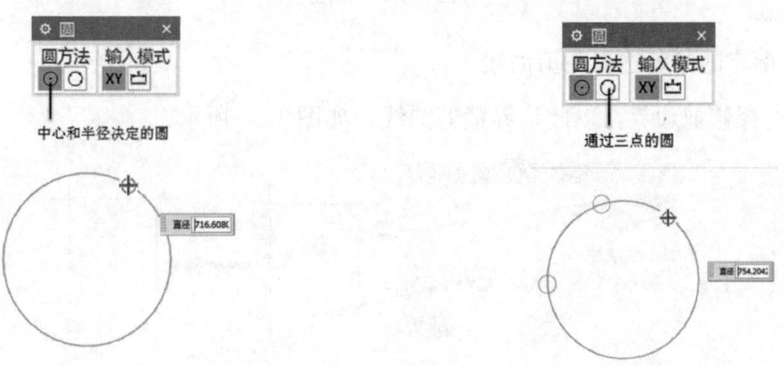

图 3-20　绘制圆

3.3.7　创建派生线条

创建一条直线的偏移平行线，或两条不平行直线的角平分线，或两条平行直线的中线，如图 3-21 所示。

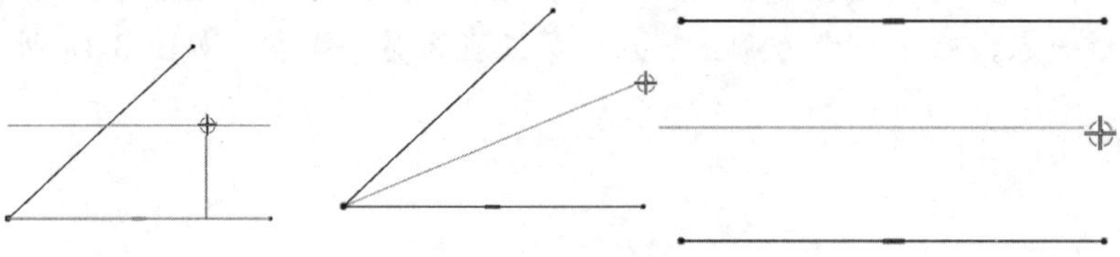

图 3-21　创建派生线条

3.3.8　快速裁剪

1. 快速裁剪或删除选择的曲线段

以所有的草图对象为修剪边，裁剪掉被选择的最小单元段。如果按住鼠标左键并拖动，鼠标指针变为铅笔状，通过徒手画曲线，则和该徒手曲线相交的所有曲线段都被裁剪掉，如图 3-22 所示。

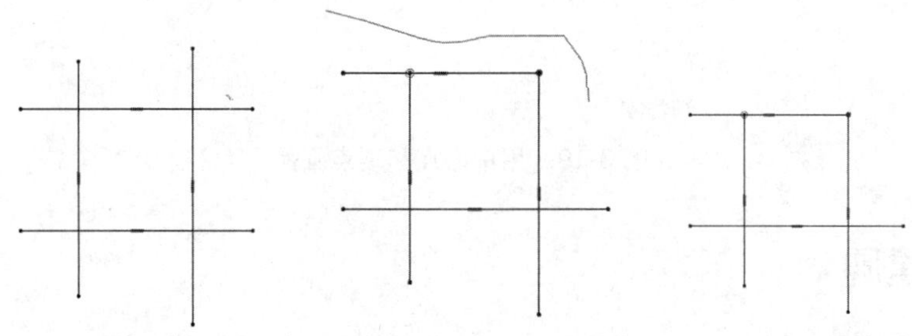

图 3-22　快速裁剪

2. 以指定的修剪边界裁剪曲线

通过选择修剪边界，以此边界裁剪曲线，如图 3-23 所示。

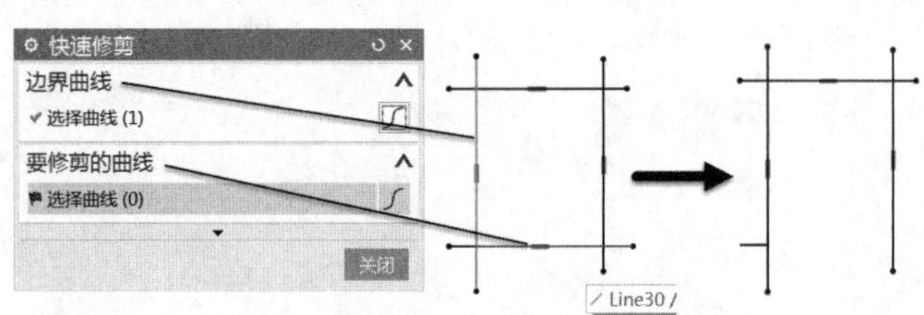

图 3-23　指定修剪边界裁剪曲线

3.3.9　快速延伸

快速延伸可以将曲线延伸到它与另一条曲线的实际交点或虚拟交点处。通过将光标置于曲线上方可预览延伸；通过按下鼠标左键并拖动可修剪多条曲线，如图 3-24 所示。

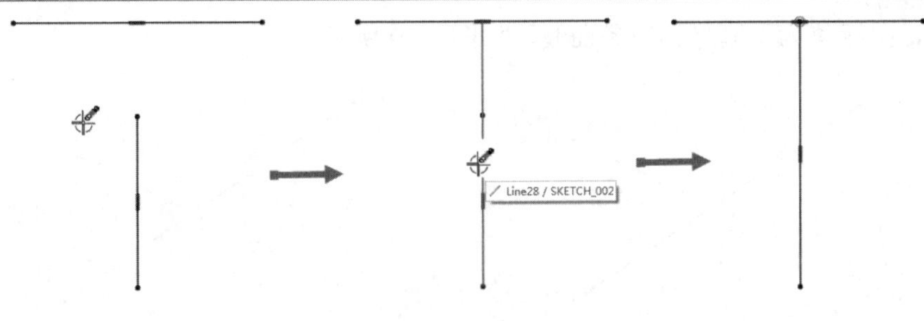

图 3-24　快速延伸

3.3.10　制作拐角

通过将两条输入曲线延伸或修剪到一个交点处来制作拐角，如图 3-25 所示。

说明：如果【创建自动判断的约束】选项处于打开状态，UG NX 会在交点处创建一个重合约束。

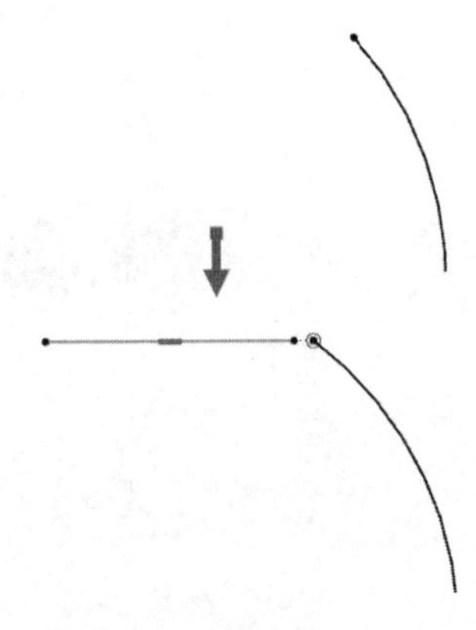

图 3-25　制作拐角

3.3.11　圆角

1. 创建两个曲线对象的圆角

分别选择两个曲线对象或将光标选择球指向两个曲线的交点处同时选择两个对象，然后拖动光标确定圆角的位置和大小(半径以步长 0.5 跳动)，如图 3-26 所示。

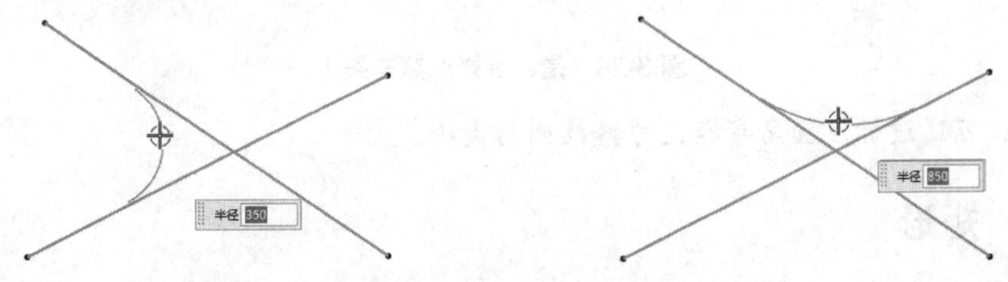

图 3-26　创建两条曲线的圆角

2. 徒手曲线选择圆角边界

选择圆角命令后，如果按住鼠标左键并拖动，光标变为铅笔状，通过徒手画曲线，选择倒角边，则圆弧切点位于徒手曲线和第一倒角线交点处，如图 3-27 所示。

3. 是、否修剪圆角边界

圆角工具栏中有两种裁剪圆角的方式，分别为裁剪圆角的两曲线边和不裁剪圆角的两曲线边，如图 3-28 所示。

4. 是否修剪第三边

选择两条边后，再选择第三条边，约束圆角半径。在圆角工具栏中，图标为删除第三条曲线、图标为不删除第三条曲线，如图 3-29 所示。

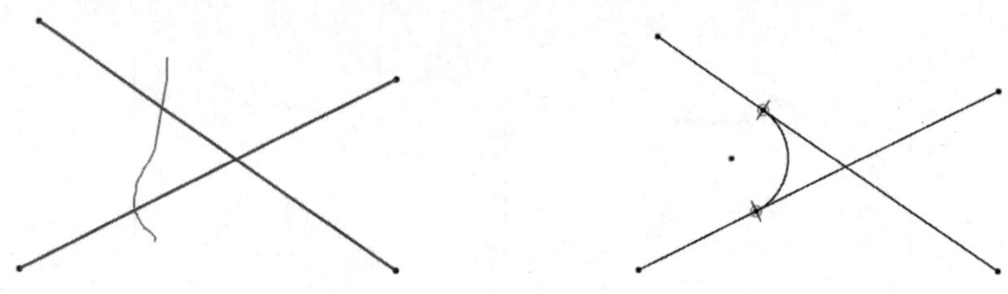

图 3-27　徒手曲线选择圆角边界

图 3-28　是、否修剪圆角边界

图 3-29　是、否修剪第三条边

说明：可通过标注圆角半径尺寸修改圆角大小。

3.3.12　矩形

可通过两角点绘制矩形，或三角点绘制矩形，或中心点、边中点、角点绘制矩形，如图 3-30 所示。

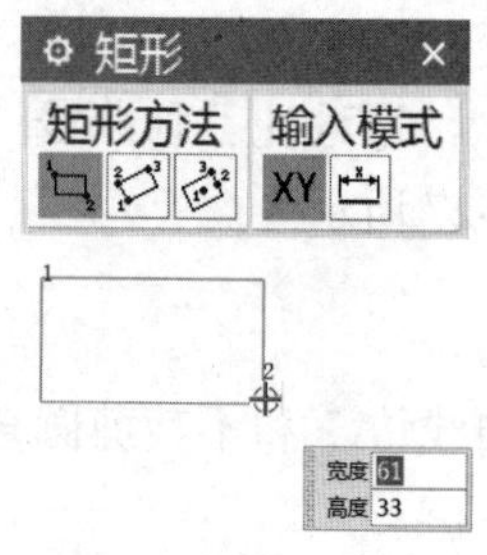

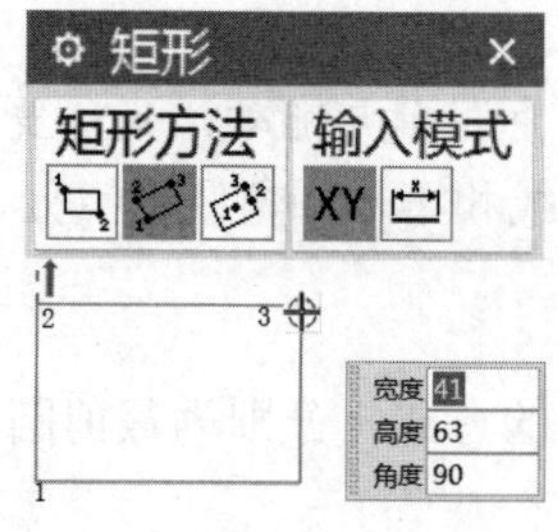

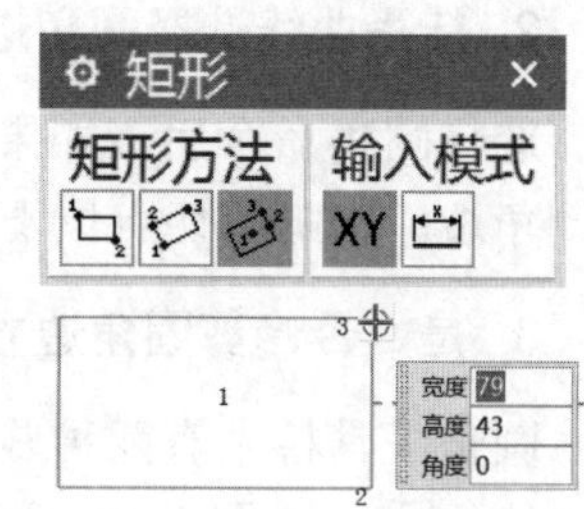

图 3-30　绘制矩形的三种方法示例

技巧：首先选择一种创建矩形的方法，指定第一点，通过设置矩形宽度、高度、角度值创建矩形，无须选择第二点和第三点。角度为第一点到第二点连线的矢量方向和 XC 轴正方向的夹角。

3.3.13　正多边形

【多边形】对话框如图 3-31 左图所示。通过选择【中心点】，确定多边形的边数，输入外接圆半径或内切圆半径创建正多边形。

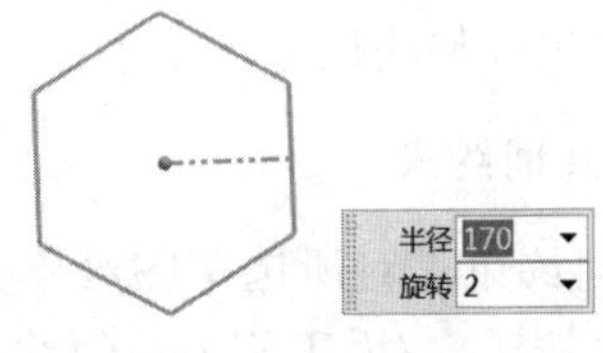

图 3-31　创建多边形

3.3.14　艺术样条

【艺术样条】对话框如图 3-32 所示。可通过点或根据极点创建样条曲线。

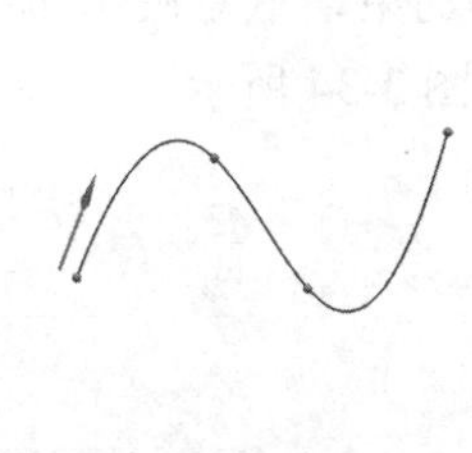

(a) 通过点创建样条曲线

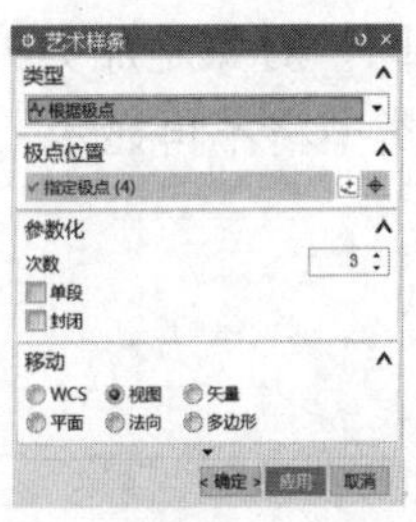

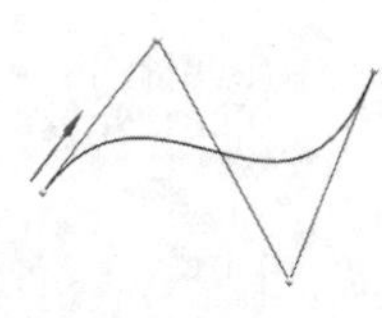

(b) 根据极点创建样条曲线

图 3.32　【艺术样条】对话框及其应用示例

3.4　草 图 约 束

草图约束分为尺寸约束和几何约束。尺寸约束用于约束草图特征的尺寸，几何约束用于约束草图特征之间的几何关系，约束特征时可以两种约束混合使用，【草图约束】工具栏图标及含义如图 3-33 所示。

草图约束

几何约束	设为对称
快速尺寸	线性尺寸
径向尺寸	角度尺寸
周长尺寸	显示所有约束
显示草图自动尺寸	

图 3-33 【草图约束】工具栏的图标及其含义

3.4.1 几何约束

几何约束用于定位草图对象和确定草图对象之间的相互关系。给草图对象施加几何约束的方法有两种。

① 手工施加几何约束。

② 自动产生几何约束。

1. 手工施加几何约束

手工施加几何约束是对所选草图对象指定某种约束的方法。单击【草图约束】工具栏上的【几何约束】按钮(手工施加几何约束)，各草图对象显示自由度符号，表明当前存在哪些自由度没有定义：有 *X*、*Y* 方向两个自由度；有 *X* 方向一个自由度；有 *Y* 方向一个自由度。随着几何约束和尺寸约束的添加，自由度符号逐步减少。当草图全部约束以后，自由度符号全部消失。

(1) 选择单一特征手工添加约束。

选择要创建约束的曲线，选择一条曲线(或选择一条直线)，则所选曲线会加亮显示，同时弹出可约束的选项工具栏；单击【水平】按钮，则所选直线变为水平，可约束的选项工具栏消失。如果要对同一对象施加另外的约束，重复操作即可，如再次选择已经水平约束的直线，已经约束的类型将不再显示，如图 3-34 所示。

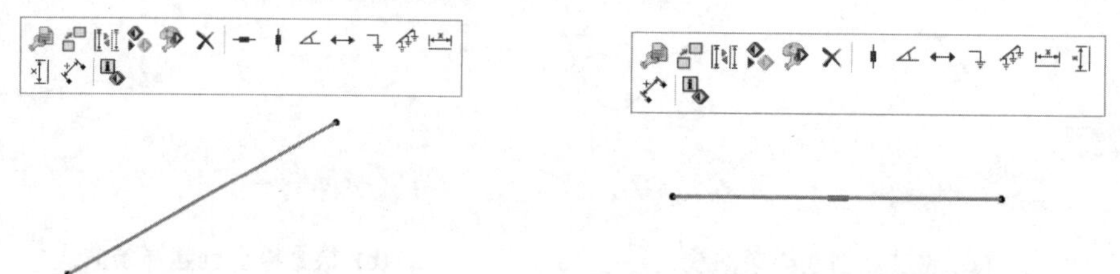

图 3-34 选择单一特征手工添加约束

注意：由于约束【水平】与【垂直】是自相矛盾的，所选直线形成过约束，过约束的对象由绿色变为黄色。

(2) 选择多个对象手工添加约束。

可以选择两个或多个对象，约束对象之间的相互关系。例如，选择了直线后，再选择圆周，可以约束直线与圆相切，如图 3-35 所示。

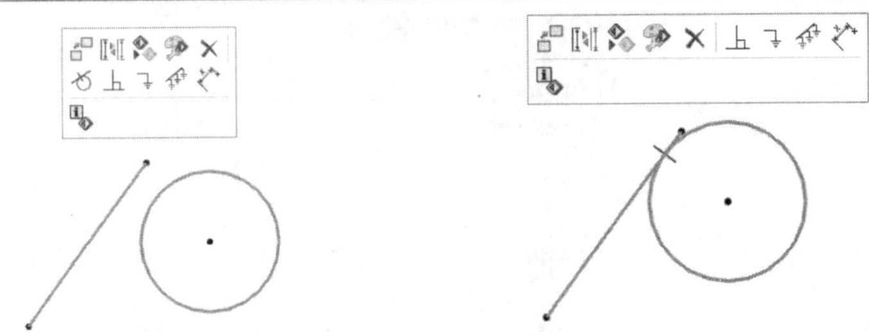

图 3-35　选择多个对象手工添加约束

注意：对象之间施加几何约束后，将导致草图对象的移动。移动规则是：如果所约束的对象都没有施加任何约束，则以最先创建的草图对象为基准。如果所约束的对象中已存在其他约束，则以约束的对象为基准。

各种约束类型及其代表含义如表 3-1 所示。

表 3-1　各种约束类型及其表示含义

约束类型	表示含义
固定	将草图对象固定在某个位置，点固定其所在位置；线固定其角度；圆和圆弧固定其圆心或半径
重合	约束两个或多个点重合(选择点、端点或圆心)
共线	约束两条或多条直线共线
点在曲线上	约束所选取的点在曲线上(选择点、端点或圆心和曲线)
中点	约束所选取的点在曲线中点的法线方向上(选择点、端点或圆心和曲线)
水平	约束直线为水平的直线(选择直线)
竖直	约束直线为垂直的直线(选择直线)
平行	约束两条或多条直线平行(选择直线)
垂直的	约束两条直线垂直(选择直线)
等长度	约束两条或多条直线等长度(选择直线)
固定长度	约束两条或多条直线固定长度(选择直线)
恒定角度	约束两条或多条直线固定角度(选择直线)
同心的	约束两个或多个圆、圆弧或椭圆的圆心同心(选择圆、圆弧或椭圆)
相切	约束直线和圆弧或两条圆弧相切(选择直线、圆弧)
等半径	约束两个或多个圆、圆弧半径相等(选择圆、圆弧)

2. 自动产生几何约束

自动产生几何约束是系统用选择的自动产生几何约束类型，根据草图对象间的关系，自动添加相应约束到草图对象上的方法。

单击【草图约束】工具栏上的【自动约束】按钮(自动产生几何约束)，出现【自动约束】对话框，如图 3-36 所示。

该对话框显示当前草图对象可添加的几何约束类型。在该对话框中选择自动添加到草图对象的某些约束类型，然后单击【应用】按钮。系统分析草图对象的几何关系，根据选择的约束类型，自动添加相应的几何约束到草图对象上。

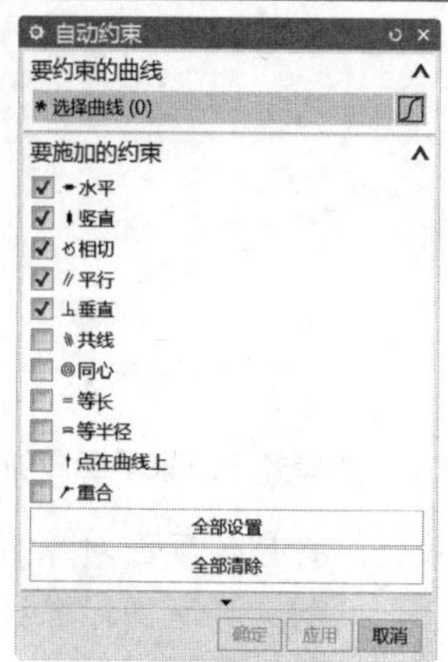

图 3-36 【自动约束】对话框

3.4.2 实例：添加约束

1. 操作要求

绘制垫片，如图 3-37 所示。

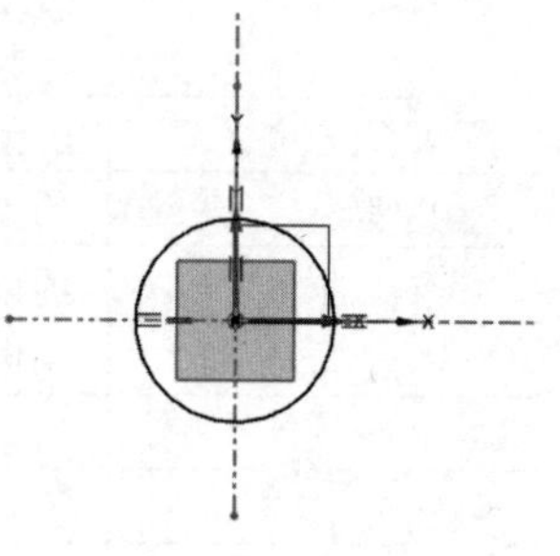

图 3-37 垫片草图

2. 操作步骤

(1) 新建文件。

新建“Examples\ch3\Case3.4.2.prt”文件。

(2) 设置草图工作图层。

选择【格式】|【图层设置】命令，出现【图层设置】对话框，设置第 21 层为草图工作层。

(3) 新建草图。

单击工具栏中的【草图】按钮，出现【创建草图】对话框，在【平面选项】下拉列表框中选择【现有的平面】选项，在绘图区域选择一个附着平面。单击【创建草图】对话框中的【确定】按钮，进入草图环境，草图生成器自动使视图朝向草图平面，并启动【轮廓】命令。

(4) 命名草图。

在【草图名称】输入框中输入“SKT_21_Washer”。

(5) 绘制草图。

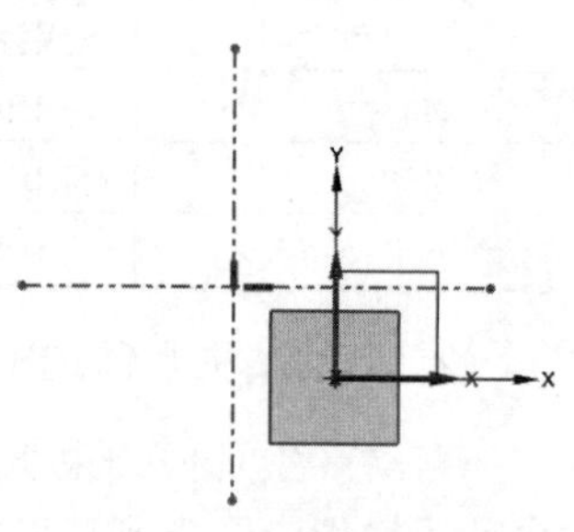

图 3-38 绘制中心线

① 绘制中心线，如图 3-38 所示。

② 添加几何约束。利用【草图约束】工具栏中的【几何约束】按钮，添加几何约束，如图 3-39 所示。

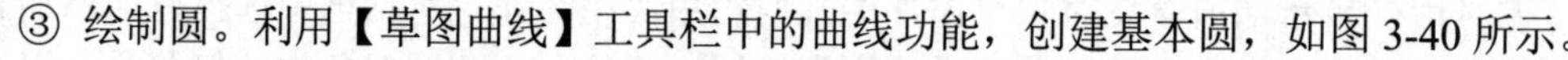

③ 绘制圆。利用【草图曲线】工具栏中的曲线功能，创建基本圆，如图 3-40 所示。

④ 添加几何约束。利用【草图约束】工具栏中的【几何约束】按钮，添加几何约束，如图 3-41 所示。

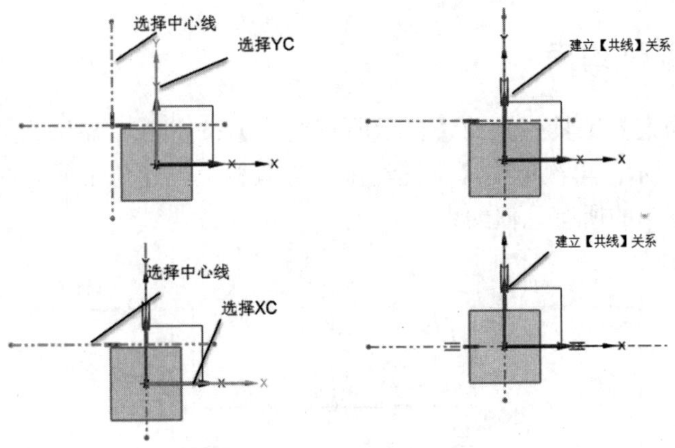

图 3-39　添加几何约束

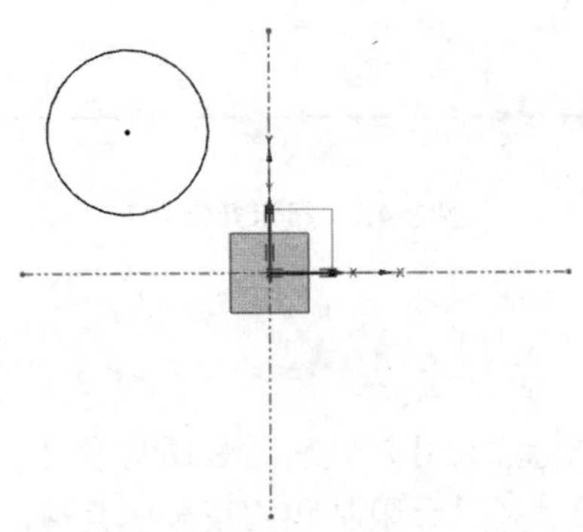

图 3-40　绘制圆

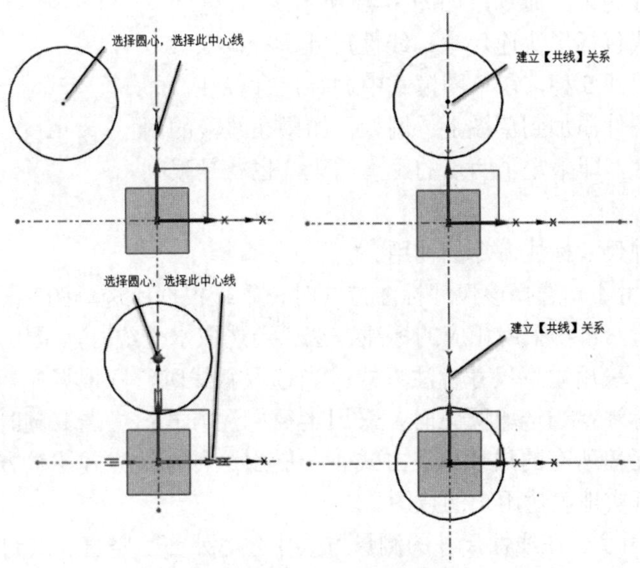

图 3-41　添加几何约束

3.4.3 显示所有约束

单击【草图约束】工具栏上的【显示所有约束】按钮，显示施加到草图的所有几何约束，如图3-42所示。再次单击【草图约束】工具栏上的【显示所有约束】按钮，切换到不显示施加到草图的所有几何约束。

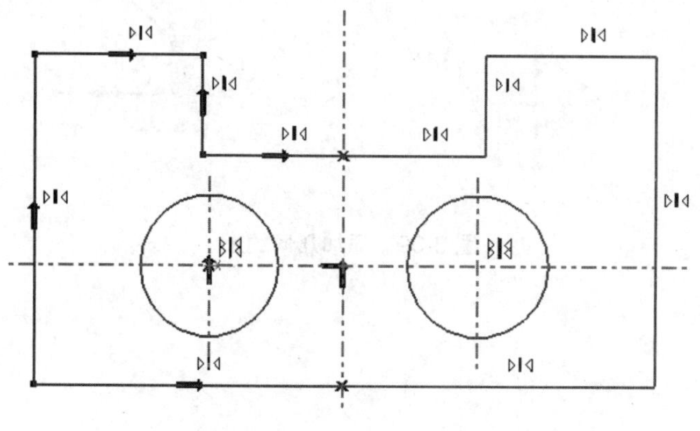

图3-42 显示几何约束

3.4.4 尺寸约束

尺寸约束就是为草图对象标注尺寸，但它不是通常意义的尺寸标注，而是通过给定尺寸驱动、限制和约束草图几何对象的大小和形状。

单击【快速尺寸】下三角按钮，弹出一个下拉菜单，其中有5种用于尺寸约束的命令，如图3-43所示。

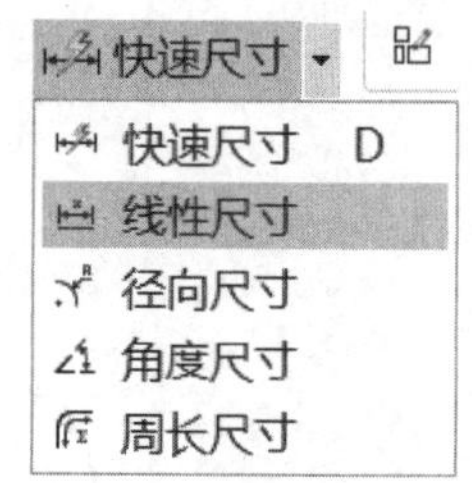

图3-43 【快速尺寸】下拉菜单

尺寸标注方式包括了快速尺寸、线性尺寸、径向尺寸、角度尺寸、周长尺寸5种，在草图模式中进行尺寸标注，即将尺寸约束限制条件添加到草图上。例如，如果在线段的两个端点间标注尺寸，即限定了两点的距离约束，也就是限制了该线段的长度。

下面说明各种尺寸标注命令的使用。

(1) 【快速尺寸】。选择该尺寸标注方式时，系统根据所选草图对象的类型和光标与所选对象的相对位置，自动采用相应的标注方法。当选取水平线时，采用水平尺寸标注方式；当选取垂直线时，采用垂直尺寸标注方式；当选取斜线时，则根据光标位置可按水平、垂直或平行等方式标注；当选取圆弧时，采用半径标注方式；当选取圆时，采用直径标注方式。该方式几乎涵盖所有的尺寸标注方式。一般用这种标注方式比较方便，但由于针对性不强，有时无法真实地表达用户的意图。

(2) 【线性尺寸】。在线性尺寸的测量方式中包含水平、竖直、点到点、垂直、圆柱式。选择水平尺寸标注方式时，系统对所选对象进行水平方向(平行于草图工作平面的XC轴)的尺寸约束。标注该类尺寸时，在绘图工作区中选取一个对象或不同对象的两个控制点，则用两点的连线在水平方向的投影长度标注尺寸。选择竖直尺寸标注方式时，系统对所选对象进行垂直方向(平行于草图工作平面的 YC 轴)的尺寸约束。标注该类尺寸时，在绘图区中选取一个对象或不同对象的两个控制点，则用两点的连线在垂直方向的投影长度标注尺寸。选择点到点尺寸标注方式时，系统对所选对象进行平行于对象的尺寸约束。标注该类尺寸时，在绘图区中选取一条直线对象或不同对象的两个控制点，则用两点连线的对齐长度标注尺寸(即标注两控制点之间的距离)，尺寸线将平行于所选两点的连线方向。选择垂直尺寸标注方式时，系统对所选的点到直线的距离进行尺寸约束。标注该类尺寸时，需先在绘图工作区中选取一直线和一点，则系统用点到直线的垂直距离长度标注尺寸，尺寸线垂直于所选取的直线。

(3) 【角度尺寸】。选择该尺寸标注方式时，系统对所选的两条直线进行角度尺寸约束。标注该类尺寸时，在绘图工作区中一般在远离直线交点的位置，而且按逆时针顺序选择两直线，则系统会标注这两条直线之间的夹角。

注意：两条直线相交，会有 4 个角度，角度尺寸是两个矢量的夹角，光标选择直线的位置确定了矢量的方向，标注的角度尺寸为第一个矢量转到第二个矢量的夹角。因此，不仅要注意选择直线的位置，还要注意选择直线的顺序，如图 3-44 所示。

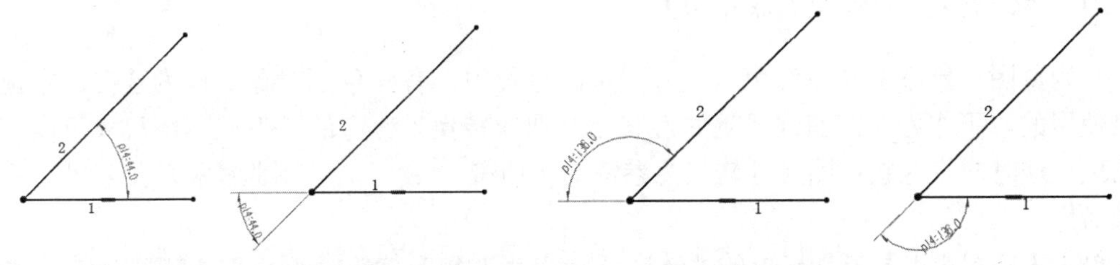

图 3-44　选择直线的位置和顺序不同标注的角度也不同

(4) 【径向尺寸】。在径向尺寸的测量方式中包含径向和直径，选择径向尺寸标注方式时，系统对所选的圆弧对象进行半径尺寸约束。标注该类尺寸时，先在绘图工作区中选取一圆弧，则系统直接标注圆弧的半径尺寸。选择直径尺寸标注方式时，系统对所选的圆弧对象进行直径尺寸约束。标注该类尺寸时，先在绘图工作区中选取一圆弧，则系统直接标注圆的直径尺寸。

(5) 【周长尺寸】。选择该尺寸标注方式时，会提示选择直线和弧来创建周长尺寸。系统对所选的多个对象进行周长的尺寸约束。标注该类尺寸时，用户可在绘图工作区中选取一段或多段曲线，则系统会标注这些曲线的总长度，但这种方式标注的尺寸不在绘图区中显示，而是给出一个以 Perimeter 开头的尺寸表达式放置在【尺寸】对话框的尺寸列表中，要修改此类尺寸可直接在尺寸列表中选择尺寸，输入新的数值即可。

如果所施加尺寸与其他几何约束或尺寸约束发生冲突，称为约束冲突。系统改变尺寸标注和草图对象的颜色，颜色将会变为粉红色。对于约束冲突(几何约束或尺寸约束)，无法对草图对象按约束驱动。

选择任何一个尺寸标注命令，提示栏提示：选择要标注尺寸的对象或选择要编辑的尺寸。选择对象后，移动鼠标指定一点(单击鼠标左键)，定位尺寸的放置位置，此时弹出一尺寸表达式窗口，如图 3-45 所示。指定尺寸表达式的值，则尺寸驱动草图对象至指定的值，用鼠标拖动尺寸可调整尺寸的放置位置。单击鼠标中键或再次单击所选择的尺寸图标完成尺寸标注。选择任何一个尺寸标注命令时，选择一个尺寸标注(单击)；或在没有选择任何尺寸标注命令时，双击一个尺寸标注。此时，弹出一尺寸表达式窗口，从中可以编辑一个已有的尺寸标注。

不管是标注尺寸还是编辑尺寸，在草图窗口左上角都有一个图标(【草图参数】对话框)，单击该按钮，出现【草图参数】对话框，如图 3-46 所示。

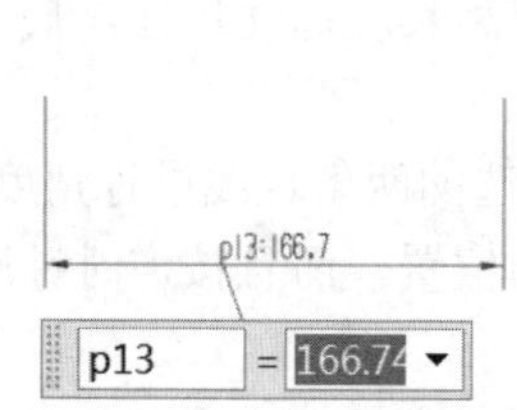

图 3-45　尺寸表达式窗口

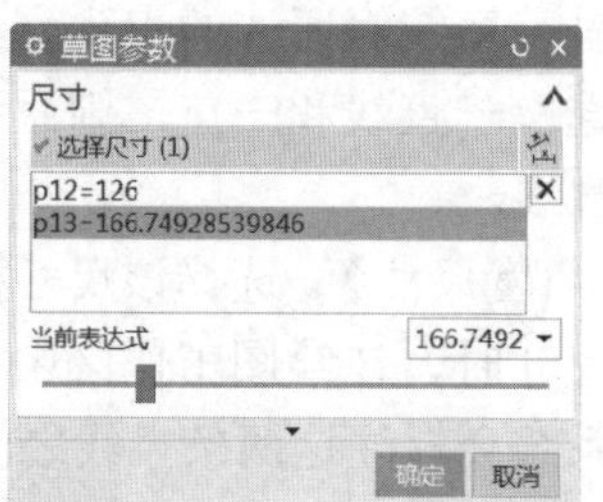

图 3-46　【草图参数】对话框

3.4.5　转换为参考的/激活的

在为草图对象添加几何约束和尺寸约束的过程中，有些草图对象是作为基准、定位、约束使用的，不作为草图曲线，这时应将这些曲线转换为参考的。有些草图尺寸可能导致过约束，这时应将这些草图尺寸转换为参考的(如果需要参考的草图曲线和草图尺寸可以再次激活)。

单击【草图约束】工具栏上的【转换至/自参考对象】按钮，出现【转换至/自参考对象】对话框，如图 3-47 所示。

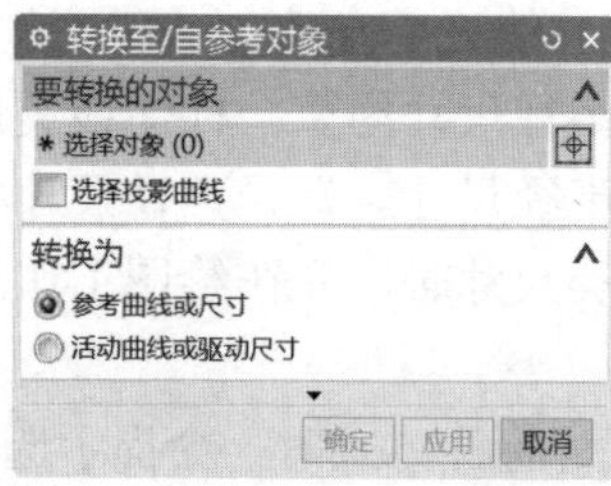

图 3-47　【转换至/自参考对象】对话框

当要将草图中的曲线或尺寸转化为参考对象时，先在绘图工作区中选择要转换的曲线或尺寸，再在该对话框中选中【参考曲线或尺寸】单选按钮，然后单击【应用】按钮，则将所选对象转换为参考对象。

如果选择的对象是曲线，它转换成参考对象后，用浅绿色双点画线显示，在实体拉伸和旋转操作中它将不起作用；如果选择的对象是一个尺寸，在它转换为参考对象后，它仍然在草图中显示，并可以更新，当其尺寸表达式不再存在时，则它不再对原来的几何对象产生约束，如图 3-48 所示。

当要将参考对象转换为草图中的曲线或尺寸时，先在绘图工作区中选择已转换成参考对象的曲线或尺寸，再在对话框中选中【当前的】单选按钮，然后单击【应用】按钮，则所选的曲线或尺寸激活，并在草图中正常显示。对于尺寸来说，它的尺寸表达式又会出现，可修改其尺寸表达式的值，以改变它所对应的草图对象的尺寸。

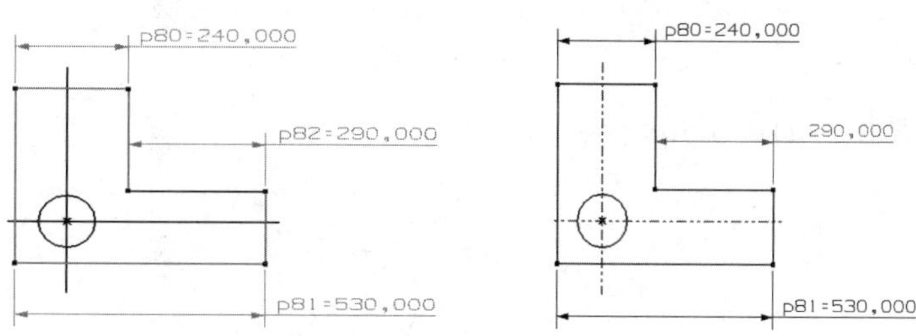

图 3-48　尺寸过约束，将 p82=290 转换为参考尺寸

3.4.6　智能约束设置

尽管可以按徒手的方法随意绘制草图，然后进行几何约束和尺寸约束，但毕竟增加了许多工作量，应尽量按智能约束绘制草图，在绘制草图的同时创建必要的几何约束，如水平、垂直、平行、正交、相切、重合、点在曲线上等。

智能约束是在绘制草图时系统智能捕捉到用户的设计意图，智能约束是由智能约束设置决定的。单击【草图约束】工具栏上的【自动判断约束和尺寸】按钮(智能约束设置)，出现【自动判断约束和尺寸】对话框，如图 3-49 所示。

图 3-49　【自动判断约束和尺寸】对话框

在构造曲线时，可以通过设置以下对话框的一个或多个选项，控制 UG NX 自动判断的约束设置。

要判断和应用的约束有以下几个：

水平、竖直、相切、平行、垂直、共线、同心、等长、等半径。

由捕捉点识别的约束有以下几个。

重合、中点、点在曲线上、点在线串上。

注意：如果选中【尺寸的约束】复选框，则在创建草图的同时自动创建尺寸约束，一般不要使用。

3.4.7 实例：绘制定位板草图

1. 操作要求

绘制定位板草图，如图 3-50 所示。

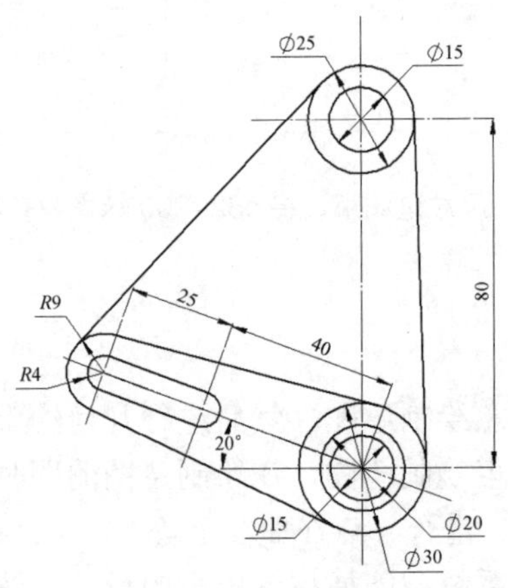

图 3-50 定位板草图

在绘制该定位板零件的草图时，可以先利用【直线】和【自动判断尺寸】工具，绘制出各圆孔处的中心线，然后利用【圆】和相应的约束工具绘制出该定位零件各圆孔和长槽孔两端圆轮廓线，并利用【直线】工具连接肋板和长槽孔处轮廓线，最后利用【快速修剪】工具去除多余线段即可。

2. 操作步骤

(1) 新建文件。

新建“Examples\ch3\Case3.4.7.prt”文件。

(2) 设置草图工作图层。

选择【格式】|【图层设置】命令，出现【图层设置】对话框，设置第 21 层为草图工作层。

(3) 新建草图。

单击【特征】工具栏中的【草图】按钮，出现【创建草图】对话框，在【平面选项】下拉列表框中选择【现有的平面】选项，在绘图区选择一个附着平面。单击【创建草图】对话框中的【确定】按钮，进入草图环境，草图生成器自动使视图朝向草图平面，并启动【轮廓】命令。

(4) 命名草图。

在【草图名称】输入框中输入“SKT_21_Fixed”。

(5) 绘制草图。

① 绘制中心线，如图 3-51 所示。

② 绘制圆弧轮廓。利用【草图曲线】工具栏中的曲线功能，创建基本圆弧轮廓，接着利用【草图约束】工具栏中的【几何约束】按钮添加几何约束，利用【草图约束】工具栏

中的尺寸按钮添加尺寸约束，如图 3-52 所示。

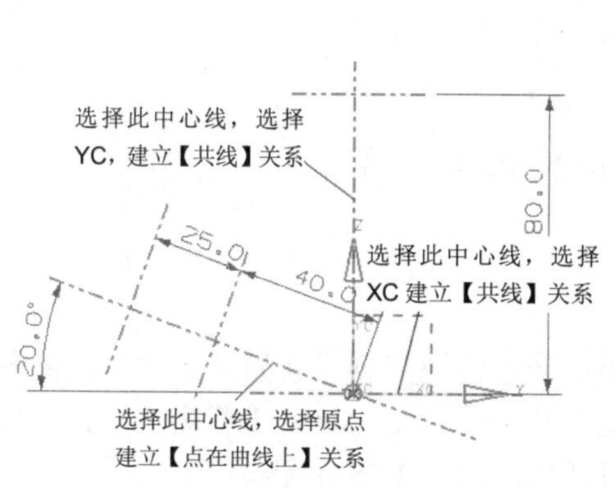

图 3-51　绘制中心线

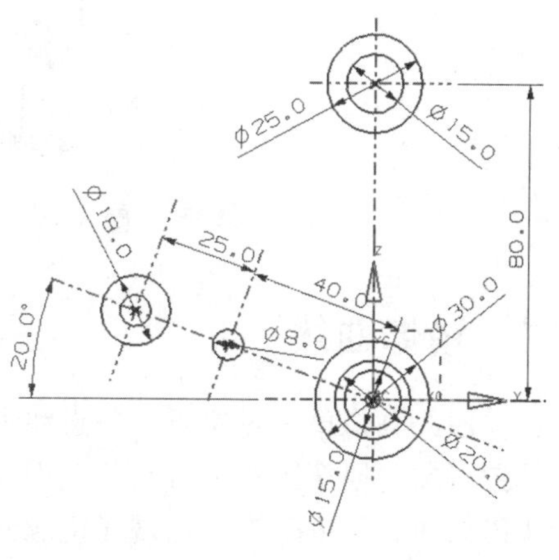

图 3-52　绘制圆弧轮廓

③ 利用【草图曲线】工具栏中的曲线功能创建直线，接着利用【草图约束】工具栏中的【几何约束】按钮添加几何约束，利用【草图约束】工具栏中的【快速修剪】裁剪相关曲线，如图 3-53 所示。

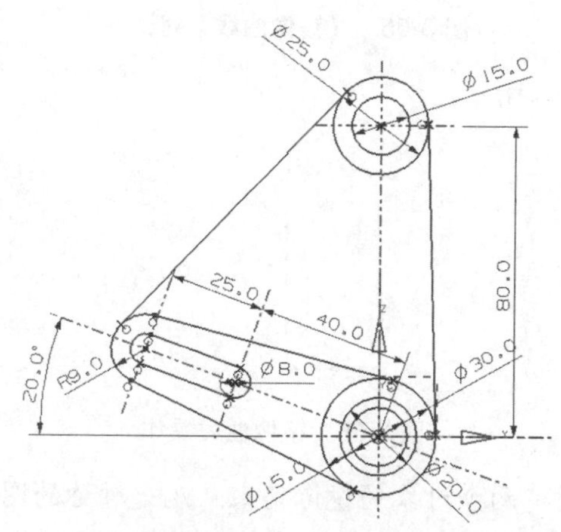

图 3-53　完成草图绘制

对建立约束顺序的建议如下。

- 添加几何约束——固定一个特征点。
- 按设计意图添加充分的几何约束。
- 按设计意图添加少量尺寸约束(要频繁更改的尺寸)。

3.5 草图操作

草图操作包括镜像草图、编辑草图曲线、编辑定义线串、添加现有曲线到草图、投影曲线到草图、偏置投影的曲线等，【草图操作】工具栏中的工具按钮及其含义如图 3-54 所示。

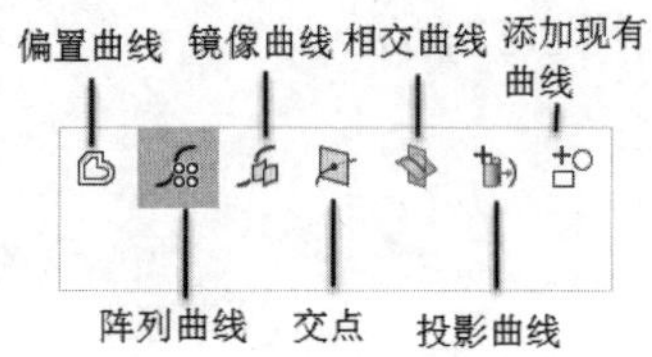

图 3-54 【草图操作】工具栏

3.5.1 镜像曲线

镜像曲线是将草图对象以一条直线为对称中心线，镜像复制成新的草图对象。镜像复制的草图对象与原草图对象具有相关性，并自动创建镜像约束。单击【草图操作】工具栏中的【镜像曲线】按钮，出现【镜像曲线】对话框，如图 3-55 所示。

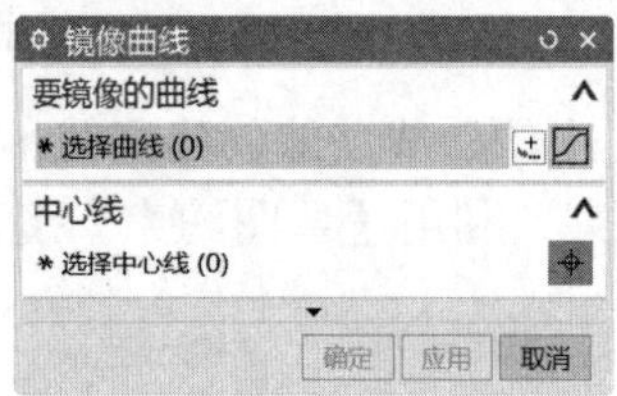

图 3-55 【镜像曲线】对话框

镜像曲线操作如图 3-56 所示。

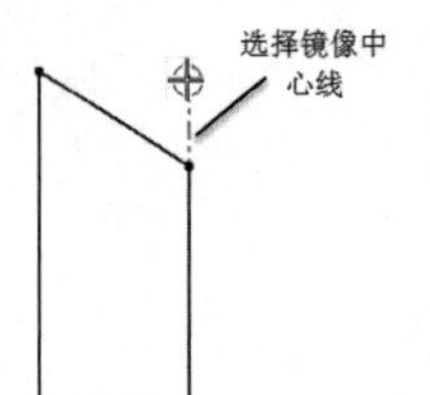

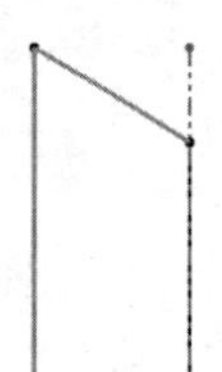
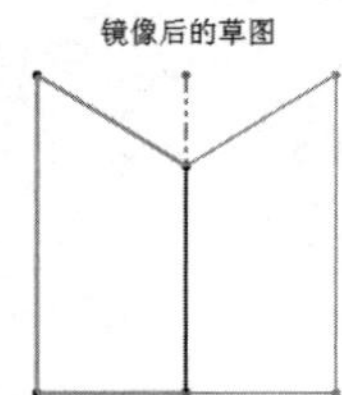

图 3-56 镜像曲线操作

注意：UG NX 无法创建两个对象的镜像约束。凡是对称的图形，一定要采用镜像草图命令创建；否则，需要太多的几何约束和尺寸约束才能实现镜像复制的目的。不要对镜像草图施加任何几何约束和尺寸约束。

3.5.2 实例：绘制槽轮零件图

1. 操作要求

绘制槽轮草图如图 3-57 所示。

在绘制该槽轮零件的草图时，可以先利用【直线】和【角度】工具绘制出槽轮的中心线和与水平中心线成 30° 的辅助线，然后利用【圆】、【直线】和【修剪】工具绘制出处于辅助线一侧、1/6 槽轮草图曲线，最后依次选取斜辅助线、水平和竖直中心线为镜像中心线，镜像出其余轮廓曲线，并利用【快速修剪】工具修剪多余线段即可。

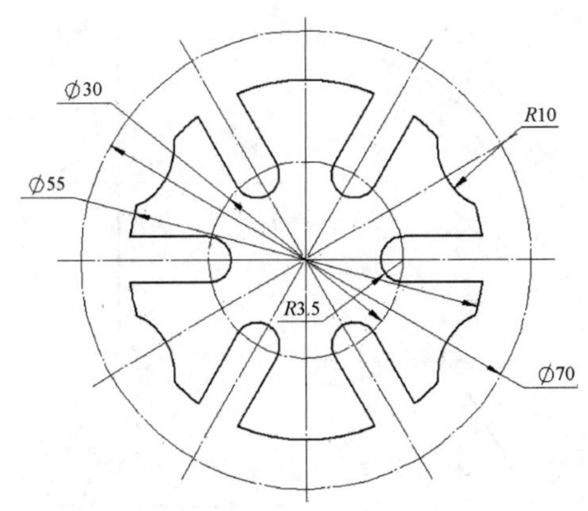

图 3-57　槽轮草图

2. 操作步骤

(1) 新建文件。

新建“Examples\ch3\Case3.5.2.prt”文件。

(2) 设置草图工作图层。

选择【格式】|【图层设置】命令，出现【图层设置】对话框，设置第 21 层为草图工作层。

(3) 新建草图。

单击【特征】工具栏中的【草图】按钮，出现【创建草图】对话框，在【平面选项】下拉列表框中选择【现有的平面】选项，在绘图区选择一个附着平面。单击【创建草图】对话框中的【确定】按钮，进入草图环境，草图生成器自动使视图朝向草图平面，并启动【轮廓】命令。

(4) 命名草图。

在【草图名称】输入框中输入“SKT_21_Fixed”。

(5) 绘制草图。

① 绘制中心线，如图 3-58 所示。

② 绘制圆轮廓线，如图 3-59 所示。

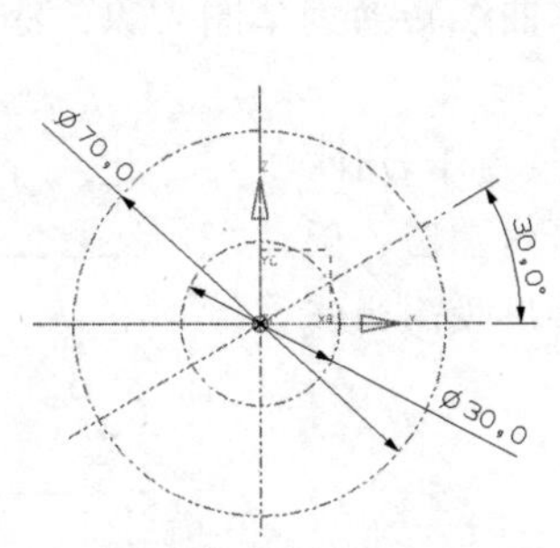

图 3-58　绘制中心线

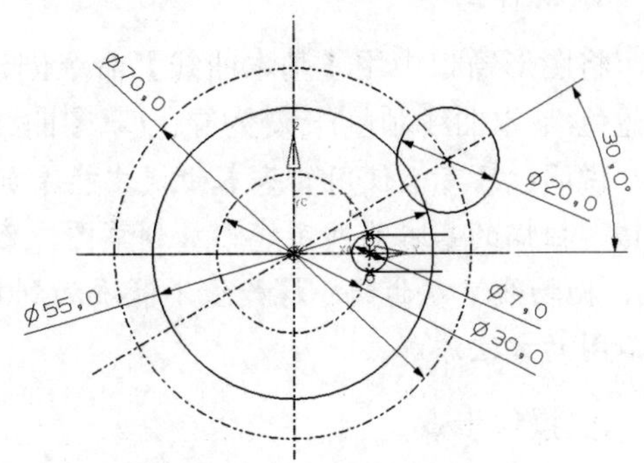

图 3-59　绘制圆轮廓线

③ 镜像图形，如图 3-60 所示。

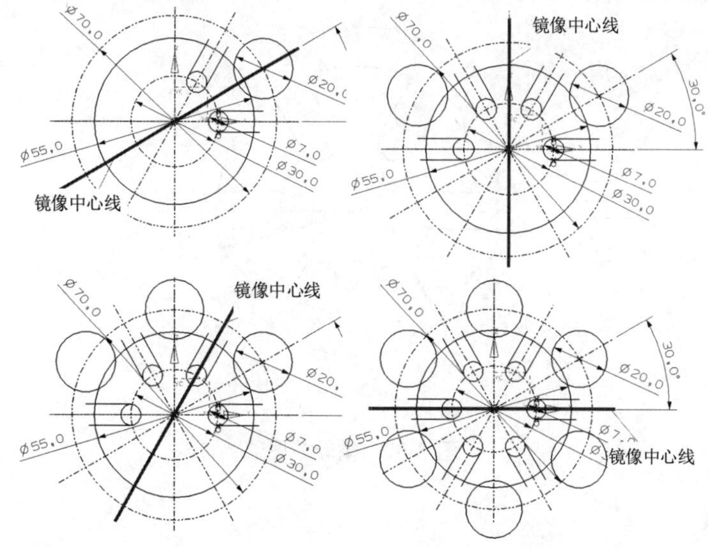

图 3-60　镜像图形

④ 修剪多余线段，如图 3-61 所示。

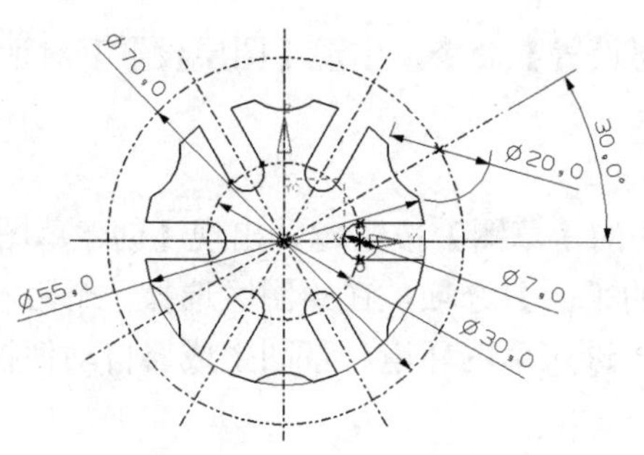

图 3-61　修剪多余线段

3.5.3　实例：添加现有曲线到草图

1. 操作要求

将图形窗口中用【基本曲线】命令创建的二维基本曲线转换为草图对象，添加的对象由蓝色(基本曲线颜色)转变为绿色(草图曲线颜色)。

说明：只有未使用的基本曲线才能添加到草图，已经用于拉伸、旋转、扫描的基本曲线不能添加到草图，参数化曲线(直线、圆、圆弧)、抛物线、双曲线、螺旋线不能添加到草图中，而要用投影曲线到草图的方法添加。

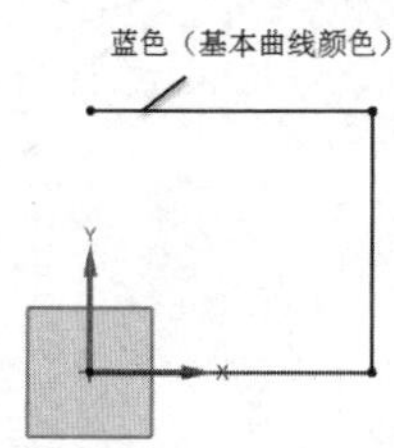

图 3-62　曲线

2. 操作步骤

(1) 打开文件。

打开“Examples\ch3\Case3.5.3.prt”文件，如图 3-62 所示。

(2) 设置草图工作图层。

选择【格式】|【图层设置】命令，出现【图层设置】对话框，设置第 21 层为草图工作层。

(3) 新建草图。

单击【特征】工具栏中的【草图】按钮，出现【创建草图】对话框，在【平面选项】下拉列表框中选择【现有的平面】选项，在绘图区选择一个附着平面。单击【创建草图】对话框中的【确定】按钮，进入草图环境，草图生成器自动使视图朝向草图平面，并启动【轮廓】命令。

(4) 命名草图。

在【草图名称】输入框中输入“SKT_21_Chang”。

(5) 添加现有曲线到草图。

选择【插入】|【曲线】|【现有曲线】命令，出现【添加曲线】对话框，在图形区选择曲线，单击【确定】按钮，如图 3-63 所示。

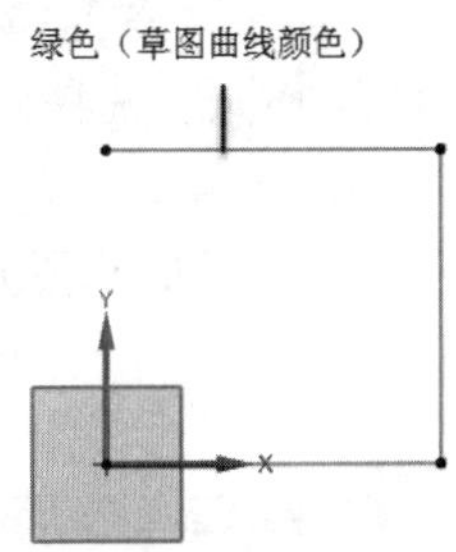

图 3-63　草图曲线

3.5.4　实例：投影曲线——绘制加强筋

1. 操作要求

利用草图中【投影曲线】功能引入实体上曲线，完成加强筋的创建，如图 3-64 所示。

投影曲线按垂直于草图平面的方向投影到草图中，成为草图对象。原来的曲线仍然存在。可投影的曲线有所有二维曲线、实体或片体的边缘。

2. 操作步骤

(1) 打开文件。

打开“Examples\ch3\Case3.5.4.prt”文件，如图 3-65 所示。

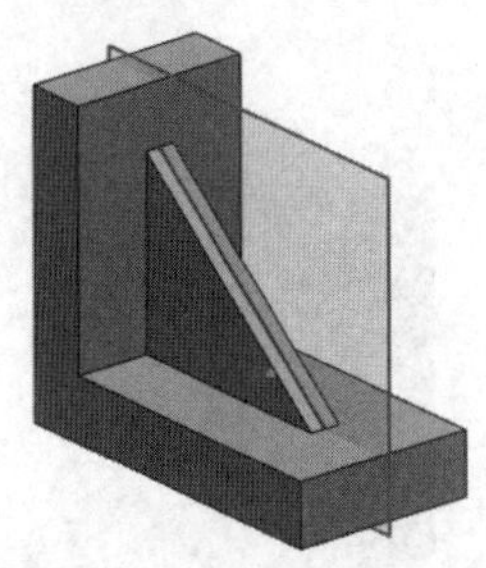

图 3-64　加强筋的创建

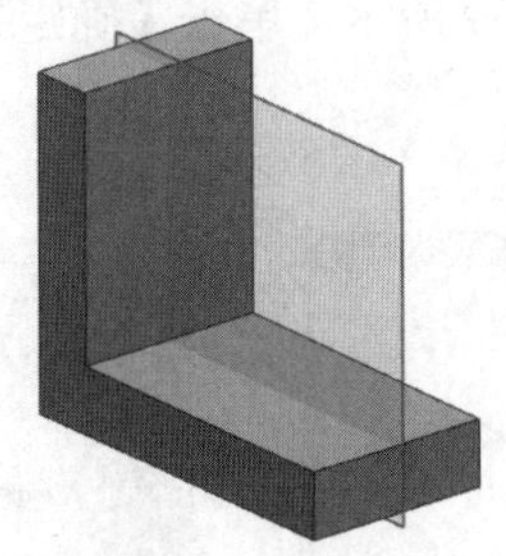

图 3-65　支撑板

(2) 设置草图工作图层。

选择【格式】|【图层设置】命令，出现【图层设置】对话框，设置第 21 层为草图工作层。

(3) 新建草图。

单击【特征】工具栏中的【草图】按钮，出现【创建草图】对话框，在【平面选项】下拉列表框中选择【现有的平面】选项，在绘图区选择基准面。单击【创建草图】对话框

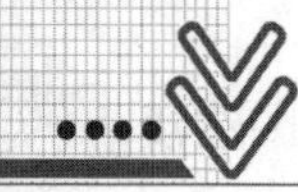

中的【确定】按钮，进入草图环境，草图生成器自动使视图朝向草图平面，并启动【轮廓】命令。

(4) 命名草图。

在【草图名称】输入框中输入“SKT_21_Projective”。

(5) 投影曲线到草图。

单击【草图操作】工具栏上的【投影曲线】按钮，出现【投影曲线】对话框，如图3-66 所示。选择要投影的曲线后，单击【确定】按钮。所选对象按垂直草图平面的方向投影到草图中，并与其他草图曲线一样呈绿色显示，成为当前草图对象，如图 3-66 所示。

(6) 绘制草图并添加尺寸约束，如图 3-67 所示。

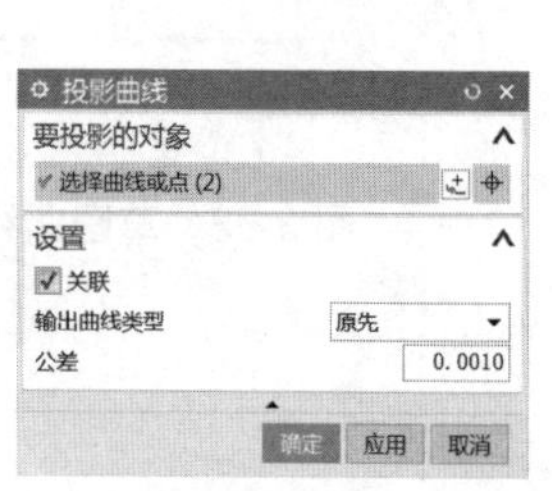

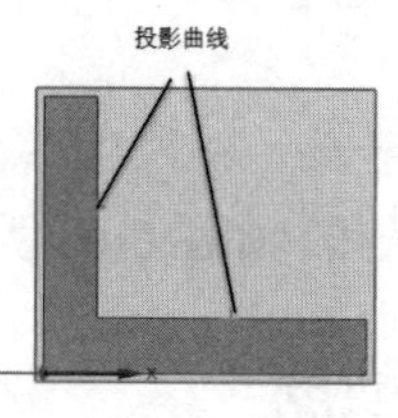

图 3-66 【投影曲线】对话框及操作示例

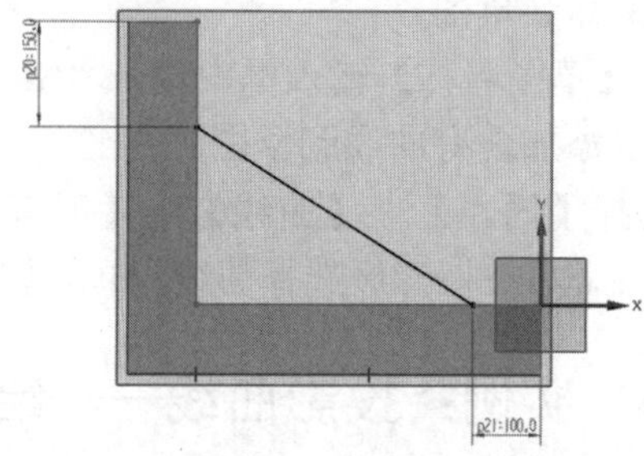

图 3-67 绘制草图

(7) 修剪草图。

选择【编辑】|【曲线】|【修剪配方曲线】命令，出现【修剪配方曲线】对话框，并添加尺寸约束，如图 3-68 所示。

(8) 退出草图，建立筋。

① 单击【确定】按钮，完成修剪。

② 单击【完成草图】按钮，退出草图。

③ 单击【特征】工具栏上的【拉伸】按钮，出现【拉伸】对话框，选择草图，输入草图，如图 3-69 所示，单击【确定】按钮，建立筋。

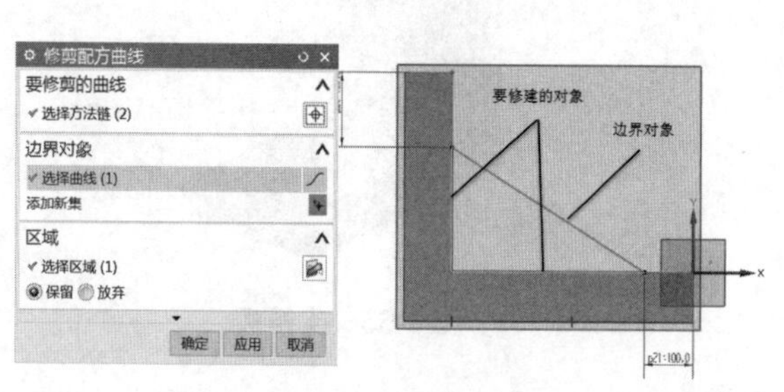

图 3-68 修剪草图

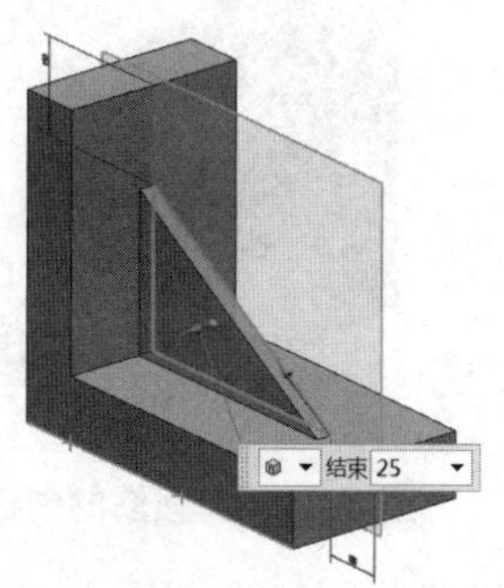

图 3-69 建立筋

3.5.5 偏置曲线

单击【草图操作】工具栏上的【偏置曲线】按钮，出现【偏置曲线】对话框，如

图 3-70 所示。偏置曲线命令对当前装配中的曲线链、投影曲线或曲线/边缘进行偏置，并使用偏置约束来对几何体进行约束。草图生成器使用图形窗口符号来标识基链和偏置链，并在基链和偏置链之间创建偏置尺寸。可以选择使链的两端保持自由状态，或者使用端约束使它们受到输入曲线的约束。

图 3-70　【偏置曲线】对话框

偏置曲线操作如图 3-71 所示。

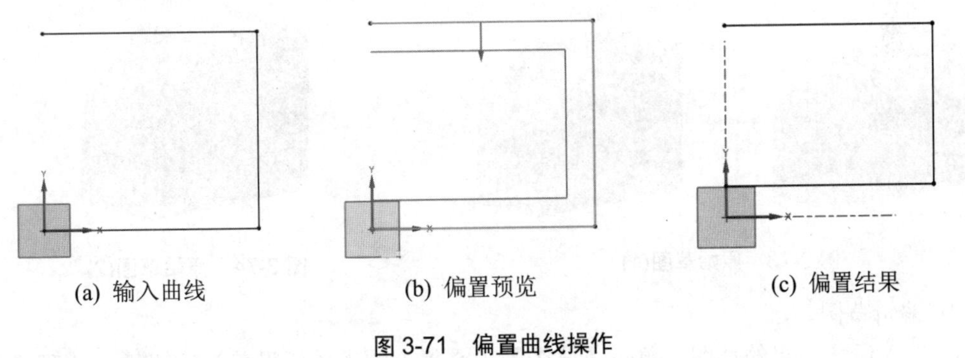

(a) 输入曲线　(b) 偏置预览　(c) 偏置结果

图 3-71　偏置曲线操作

3.6　草 图 管 理

草图管理包括定向视图到草图、定向视图到模型、重新附着草图等操作。

3.6.1　定向视图到草图

使用【定向视图到草图】来定向视图，如图 3-72 所示。

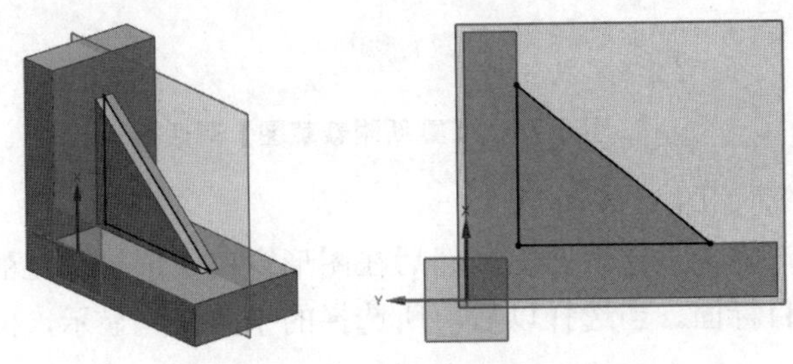

图 3-72　定向视图到草图

3.6.2　定向视图到模型

使用【定向视图到模型】来定向视图，该视图是进入草图环境前显示的视图。

3.6.3　实例：重新附着草图

1. 操作要求

重新附着草图如图 3-73 所示。

编辑草图的时候，有时需要改变草图的附着平面，把草图平面移到其他方位不同的基准平面、实体表面或者片体表面。

2. 操作步骤

(1) 打开文件。

打开“Examples\ch3\Case3.6.3.prt”文件，如图 3-74 所示。

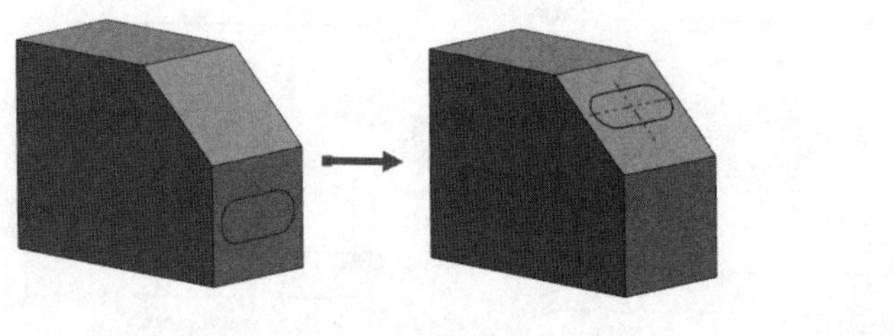

图 3-73　原始草图(1)

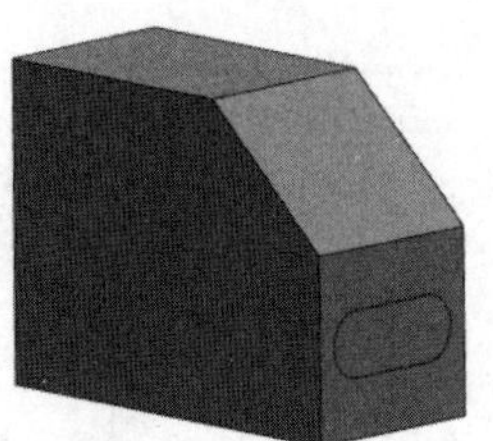

图 3-74　原始草图(2)

(2) 编辑草图。

① 进入所需编辑的草图，单击【草图】工具栏上的【重新附着】按钮，出现【重新附着草图】对话框，如图 3-75 所示的。

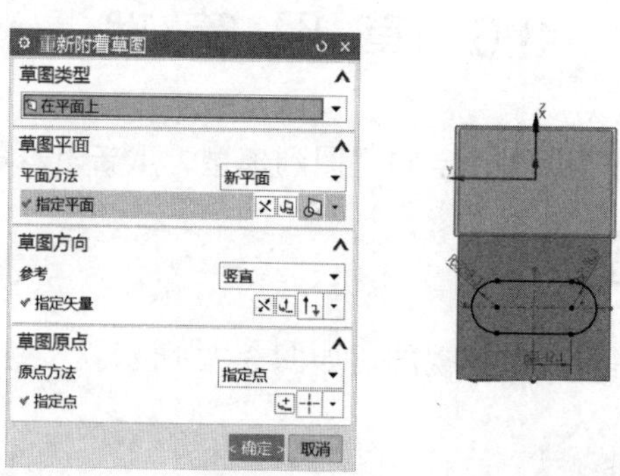

图 3-75　【重新附着草图】对话框

② 指定附着平面如图 3-76 所示。

先在对话框中选择【指定平面】，然后在图形窗口中选择存在的基准平面、实体表面或者片体表面作为目标面。当选择以后，所选择的平面高亮显示，同时选择面上显示参考方向矢量。

③ 指定参考方向。完成指定附着平面后，在选择面上显示出参考方向矢量。首先选择矢量轴上的一个方向，然后再在图形窗口中选择目标面上的一条边缘作为参考方向，单击【确定】按钮。

④ 重新编辑草图定位，如图 3-77 所示。

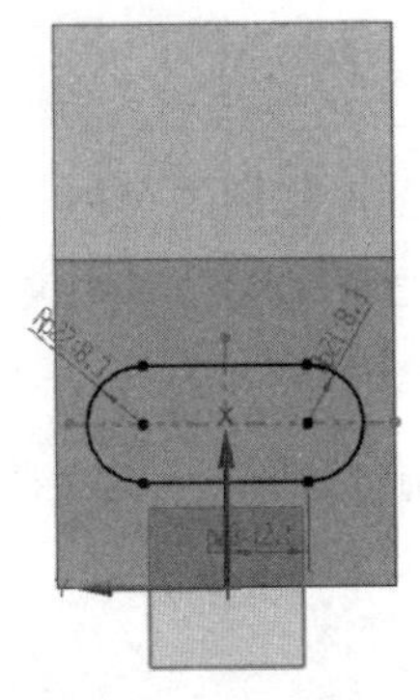

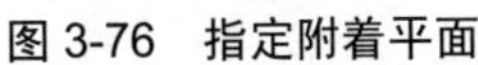

图 3-76　指定附着平面

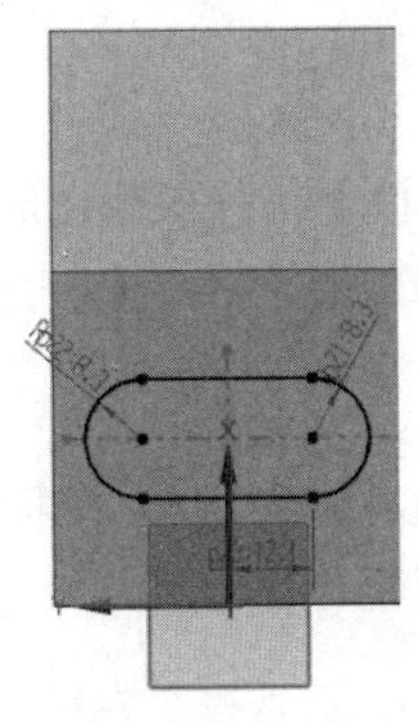

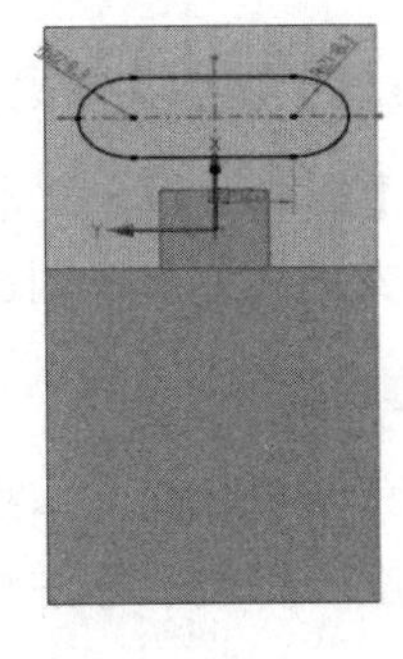

图 3-77　重新编辑草图定位

⑤退出草图，完成重新附着草图操作，如图 3-78 所示。

图 3-78　完成重新附着草图操作

3.7　草图预设置

选择【首选项】|【草图】命令，出现【草图首选项】对话框。

3.7.1　【草图样式】选项卡设置

选择【草图样式】选项卡，如图 3-79 所示。

该选项卡中的各选项说明如下。

1. 尺寸标签

控制草图尺寸文本的显示方式，右边下拉列表框中有 3 个选项，如图 3-80 所示。

表达式——草图尺寸显示为表达式(默认)，如 p2=p3*4。

名称——草图尺寸显示为名称，如 p2。

值——草图尺寸显示为值。

图 3-79　【草图设置】选项卡

图 3-80　尺寸标签

2. 屏幕上固定文本高度

选中【屏幕上固定文本高度】在缩放草图时会使尺寸文本维持恒定的大小，未选中【屏幕上固定文本高度】，则在缩放时，UG NX 会同时缩放尺寸文本和草图几何图形。

3. 文本高度

控制草图尺寸的文本高度，默认为 4。在标注草图尺寸时，根据图形大小适当调整尺寸的文本高度，以便于标注和观察。

4. 创建自动判断约束

对创建的所有新草图启用【创建自动判断约束】选项。

5. 显示对象颜色

默认设置为不选中【显示对象颜色】复选框，UG NX 会用草图颜色首选项中的颜色显示草图对象，该项只有在草图工作环境中才可激活。如果选中【显示对象颜色】复选框，UG NX 会用草图对象的对象显示颜色属性显示草图对象。

6. 草图原点

指定要将新草图的原点放在何处。

①【从平面选择自动判断】：在创建草图时所选择的基准平面或平面自动判断草图的原点。

②【投影工作部件原点】：从工作部件的原点自动判断草图的原点。使用该选项可以在绝对坐标系中创建草图。

3.7.2 【会话设置】选项卡设置

选择【会话设置】选项卡，如图 3-81 所示。

该选项卡中的各选项说明如下。

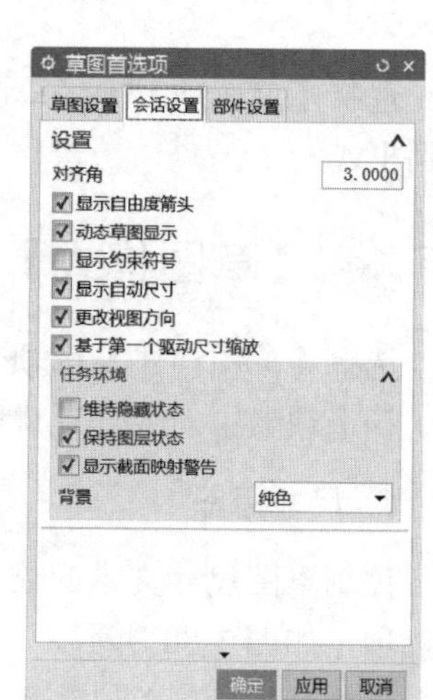

图 3-81　【会话设置】选项卡设置

1. 对齐角

指定垂直、水平、平行以及正交直线的默认捕捉角公差。例如，如果按端点、相对于水平或垂直参考指定的直线角度小于或等于对齐角度值，则这条直线自动对齐到垂直或水平位置，如图 3-82 所示。

说明：默认对齐角是 3°。可以指定的最大值为 20°。如果不希望直线自动对齐到水平或垂直位置，则将对齐角设置为 0。

2. 更改视图方向

默认设置为选中【更改视图方向】复选框，当从建模工作界面进入草图工作界面或从草图工作界面返回建模工作界面时，视图方向发生改变、保持各自的方向。如果不选中【更改视图方向】复选框，在进入草图工作界面时，草图视图方向和模型视图方向相同；在退出草图返回建模工作界面时，模型视图方向和草图视图方向相同。图 3-83 所示为选中【更改视图方向】复选框的模型视图和草图视图。

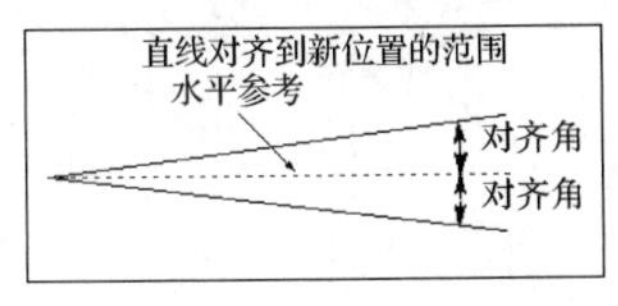

图 3-82　草图对齐角

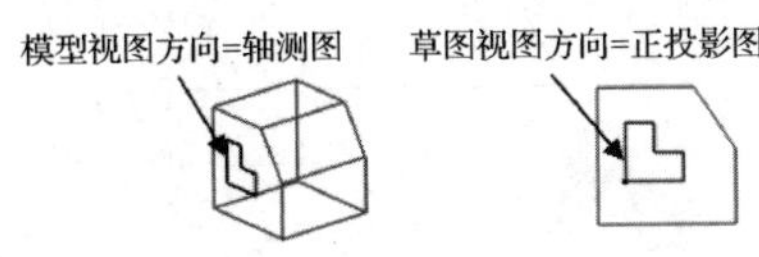

图 3-83　模型视图方向和草图视图方向发生改变

3. 保持图层状态

默认设置为选中【保持图层状态】复选框，当进入某一草图对象(打开草图)时，该草图对象所在的图层自动设置为当前工作图层。当退出草图时，恢复为原来的工作图层。如果不选中【保持图层状态】复选框，退出草图时仍然将草图对象所在的图层作为当前工作图层。

4. 显示自由度箭头

默认设置为选中【显示自由度箭头】复选框，在草图曲线端点处显示未约束的自由度箭头，如图 3-84 所示。当未选中【显示自由度箭头】复选框时，UG NX 会隐藏这些箭头。

注意： UG NX 隐藏自由度箭头并不表示草图已完全被约束。

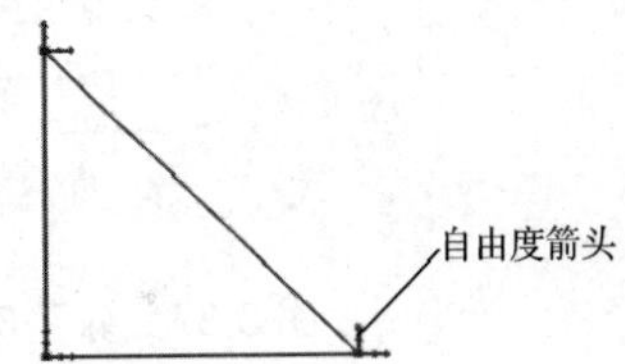

图 3-84　自由度箭头

5. 动态草图显示

默认设置为选中【动态草图显示】复选框，动态显示草图的约束。

6. 默认名称前缀

设置草图、顶点、直线、弧、二次曲线、样条曲线的默认名称前缀。

提示： 如果指定一个新的前缀，则它会对创建的下一个几何体生效。先前创建的几何图形名称不会更改。

练　习　题

操作题

完成图 3-85 至图 3-95 所示图形的草图绘制。

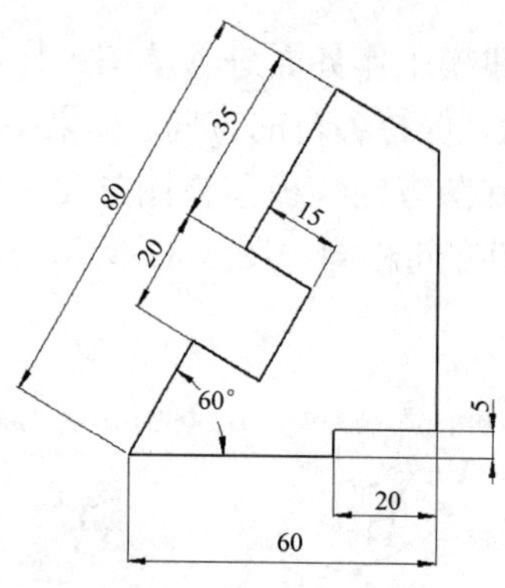

图 3-85　练习 1 用图

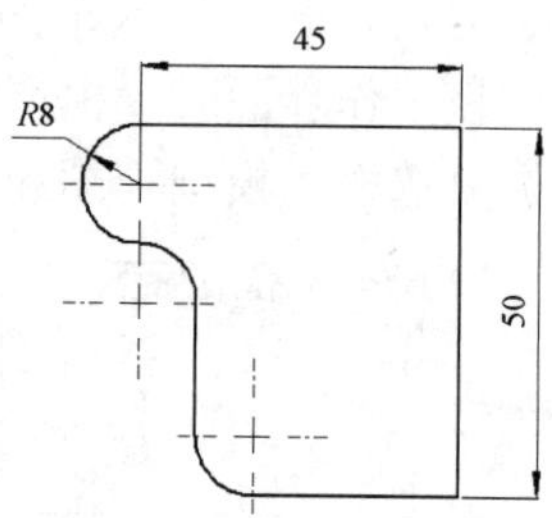

图 3-86　练习 2 用图

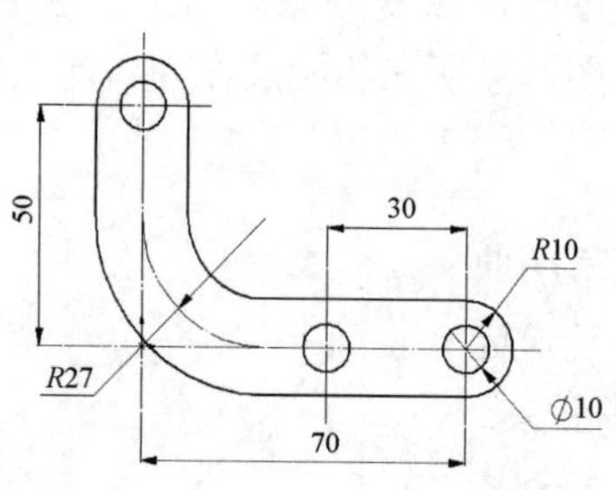

图 3-87　练习 3 用图

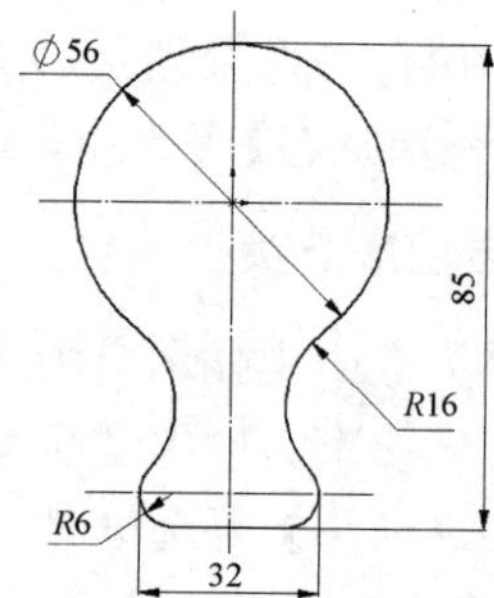

图 3-88　练习 4 用图

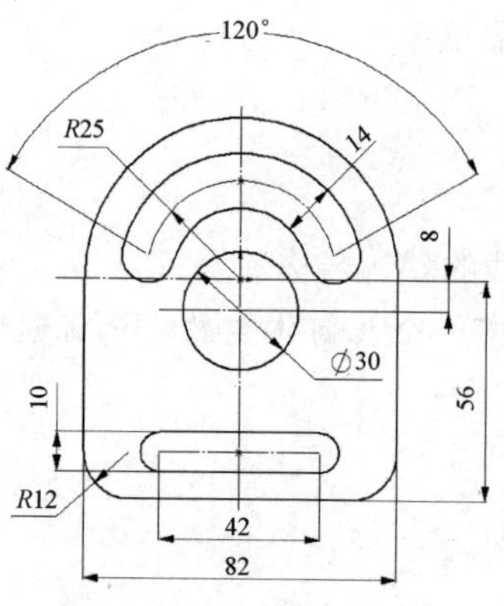

图 3-89　练习 5 用图

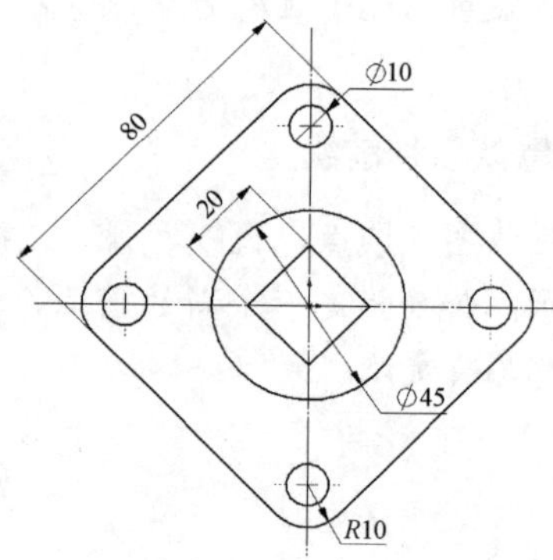

图 3-90　练习 6 用图

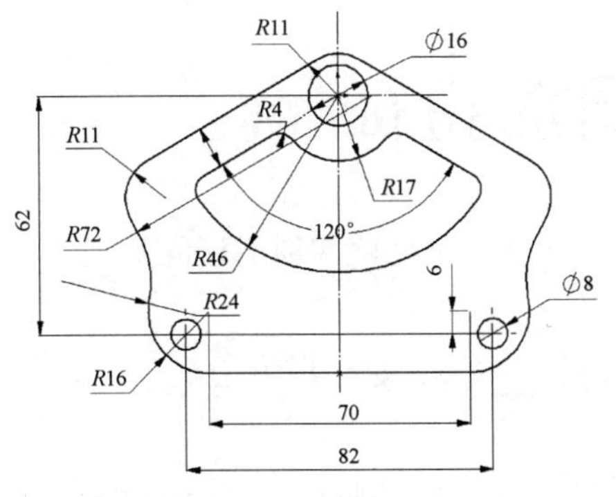

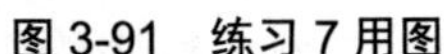
图 3-91　练习 7 用图

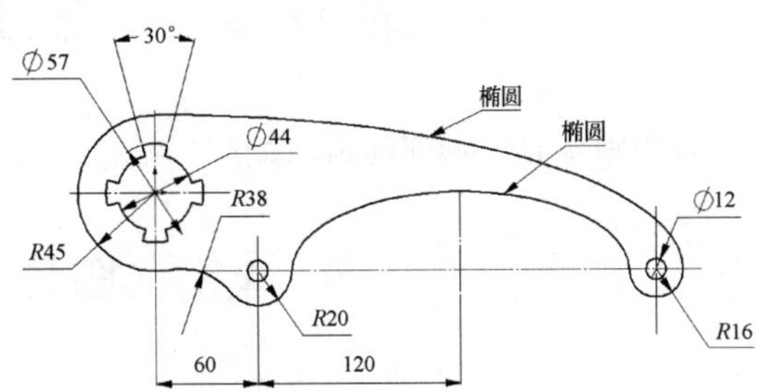

图 3-92　练习 8 用图

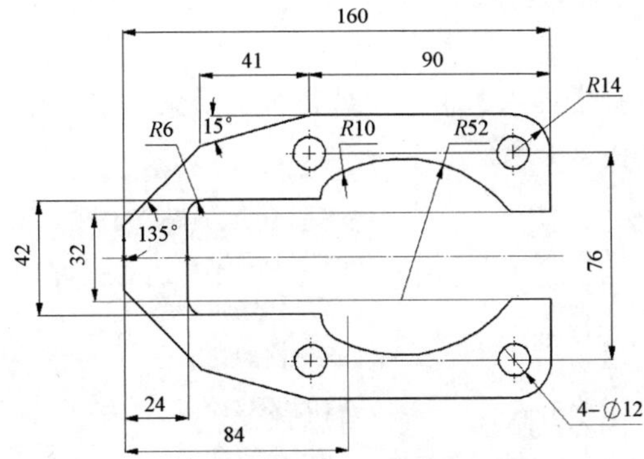

图 3-93　练习 9 用图

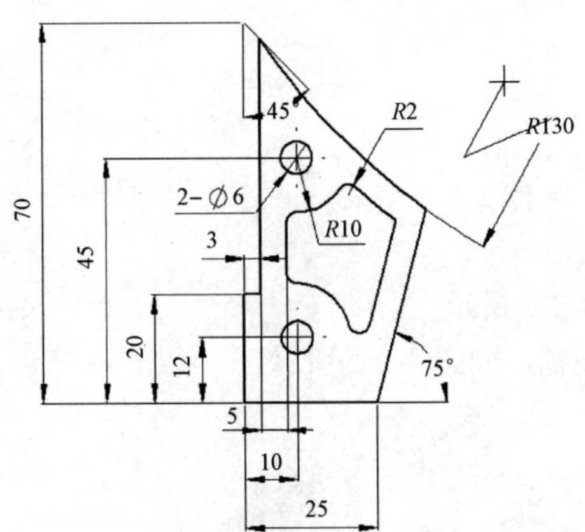

图 3-94　练习 10 用图

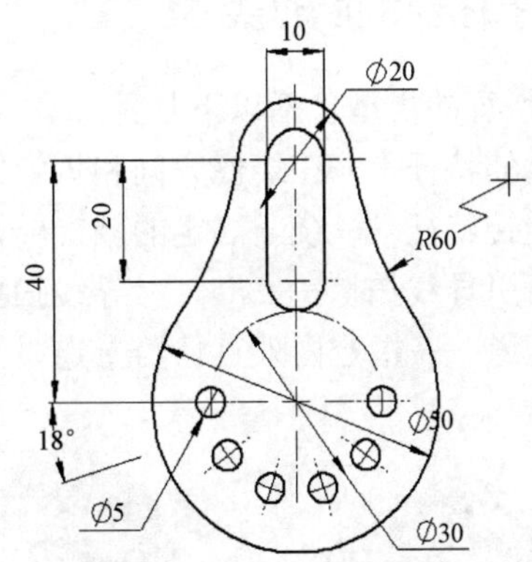

图 3-95　练习 11 用图

第 4 章　创建扫描特征

扫描特征是一截面线串移动所扫掠过的区域构成的实体，是创建零件毛坯的基础。

4.1　扫描特征概述

扫描特征是一截面线串移动所扫掠过的区域构成的实体，扫描特征与截面线串和引导线串具有相关性，通过编辑截面线串和引导线串，扫描特征自动更新，扫描特征与已存在的实体可以进行布尔操作。作为截面线串和引导线串的曲线可以是实体边缘、二维曲线或草图等。

扫描特征可以通过选择【插入】|【设计特征】子菜单中的命令和选择【插入】|【扫掠】子菜单命令实现，如图 4-1 所示。

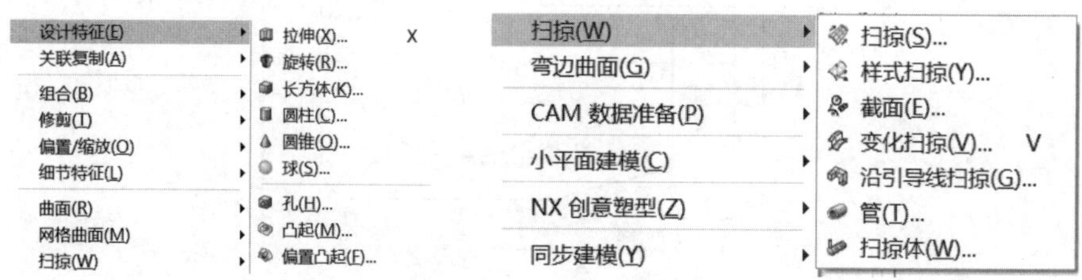

图 4-1　扫描特征菜单

4.1.1　扫描特征的类型

扫描特征的类型包括以下几种。

① 拉伸特征——在线性方向和规定距离扫描，如图 4-2(a)所示。

② 旋转特征——绕一规定的轴旋转，如图 4-2(b)所示。

③ 沿引导线扫掠——沿一引导线扫描，如图 4-2(c)所示。

④ 管道——指定内外直径沿指定引导线串的扫描，如图 4-2(d)所示。

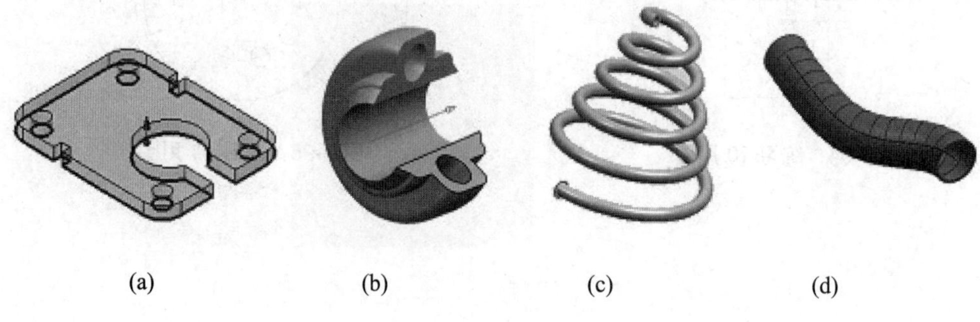

(a)　(b)　(c)　(d)

图 4-2　扫描特征类型

4.1.2　选择线串

线串可以是基本二维曲线、草图曲线、实体边缘、实体表面或片体等，将鼠标选择球指向所要选择的对象，系统自动判断出用户的选择意图，或通过选择过滤器设置要选择对象的类型。当创建拉伸、回转、沿引导线扫描时，自动出现【选择意图】工具栏，如图 4-3 所示。

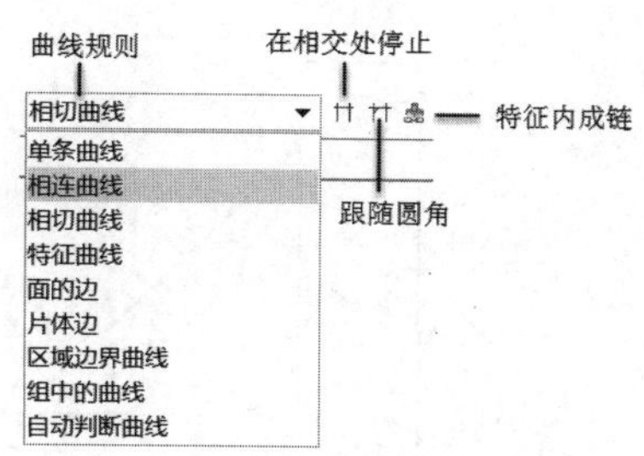

图 4-3　【选择意图】工具条

1. 曲线规则

(1) 单条曲线——选择单个曲线。

(2) 相连曲线——自动添加相连接的曲线。

(3) 相切曲线——自动添加相切的线串。

(4) 面的边——自动添加实体表面的所有边。

(5) 片体边——自动添加片体的所有边界。

(6) 特征曲线——自动添加特征的所有曲线。

(7) 区域边界曲线——允许选择用于封闭区域的轮廓。在大多数情况下，可以通过单击鼠标进行选择。封闭区域边界可以是曲线和/或边。

(8) 自动判断曲线——任何类型的截面。

2. 选择意图选项

(1) 在相交处停止。

选择此选项时，将允许指定自动成链不仅在线框的端点停止，还会在线框的相交处停止。当选择一个链时，将检查在选择视图中可见的所有其他的曲线和边与当前链的相交情况。在每个相交点(即两个或多个对象在一点处相交，内部的点或端点)系统限制此链。

(2) 跟随圆角。

选择此选项时，将允许在剖面建立期间，自动跟随或离开圆角或任何曲线。可以使用它自动将剖面链接到相切圆弧和与相切圆弧断开链接。

如果同时选择【跟随圆角】和【在相交处停止】，则跟随圆角将在应用它的分支处替代在相交处停止。

(3) 特征内成链。

选择此选项时，将允许限制成链仅从选定曲线的特征来收集曲线。可以指示成链的范围，并使用在相交处停止，将交点的发现范围限制为仅种子的特征。

4.1.3　实例：定义扫描区域

1. 操作要求

利用如图 4-4 所示的草图，完成不同区域的拉伸。

2. 操作步骤

(1) 打开文件。

打开“Examples\ch4\Case4.1.3.prt”文件。

(2) 选择方案 1。

在【特征】工具栏上单击【拉伸】按钮，出现【拉伸】对话框，激活【截面】组，设置曲线规则：特征曲线、无修正。选择点及结果如图 4-5 所示。

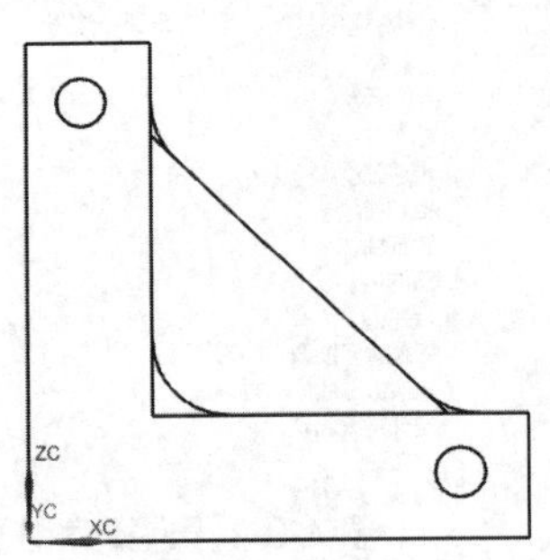

图 4-4　定义扫描区域

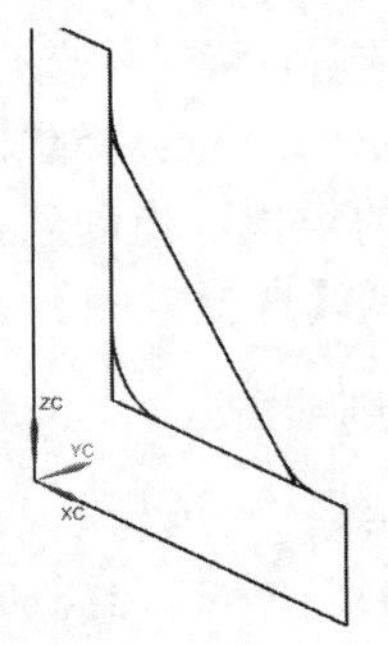

图 4-5　特征曲线、无修正

(3) 选择方案 2。

激活【截面】组，设置曲线规则：相连曲线、无修正。选择点及结果如图 4-6 所示。

提示： 按住 Shift 键，再次选择已选项，将取消选择。

(4) 选择方案 3。

激活【截面】组，设置曲线规则：相连曲线、无修正。选择点及结果如图 4-7 所示。

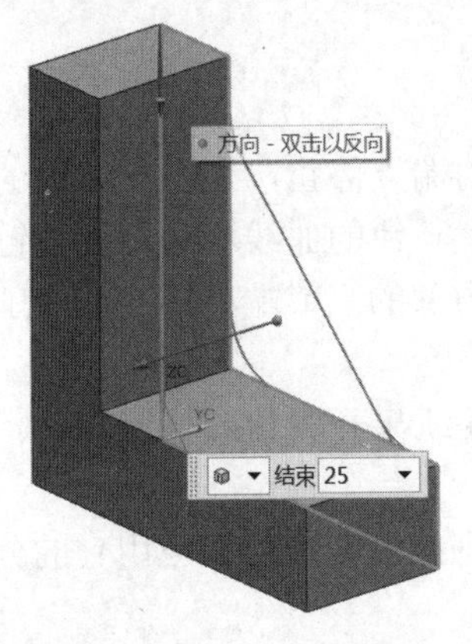

图 4-6　相连曲线、无修正(1)

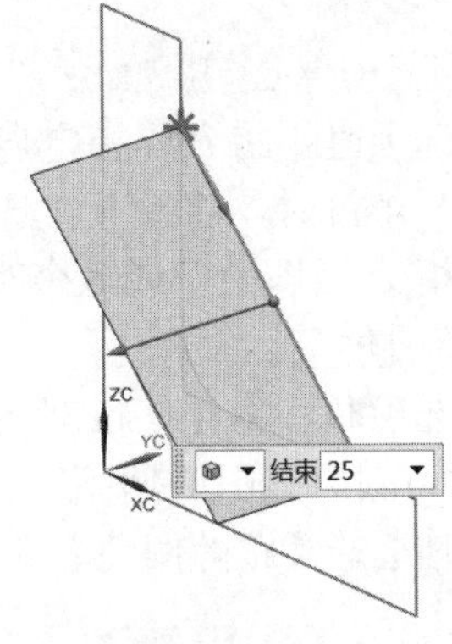

图 4-7　相连曲线、无修正(2)

(5) 选择方案 4。

激活【截面】组，设置曲线规则：相连曲线、在相交处停止。选择点及结果如图 4-8 所示。

(6) 选择方案 5。

激活【截面】组，设置曲线规则：相连曲线、跟随圆角。选择点及结果如图 4-9 所示。

(8) 选择方案 7。

激活【截面】组，设置曲线规则：相切曲线、跟随圆角。选择点及结果如图 4-10 所示。

(9) 选择方案 8。

激活【截面】组，设置曲线规则：相切曲线、跟随圆角、在相交处停止。选择点及结果如图 4-11 所示。

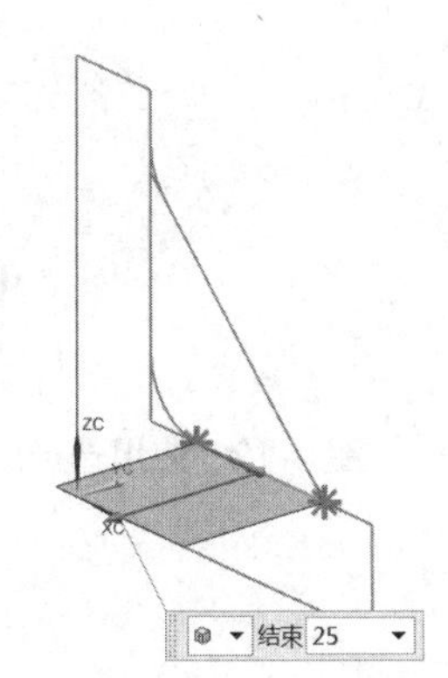

图 4-8　相连曲线、在相交处停止

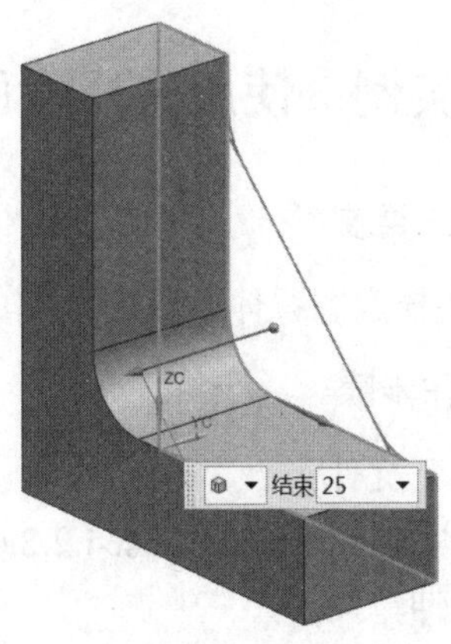

图 4-9　相连曲线、跟随圆角

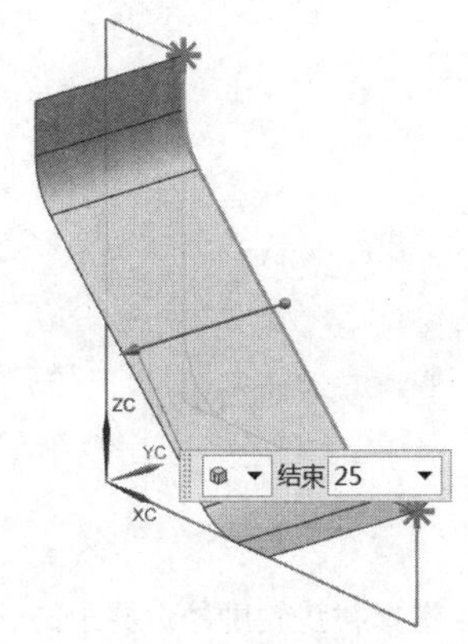

图 4-10　相切曲线、跟随圆角

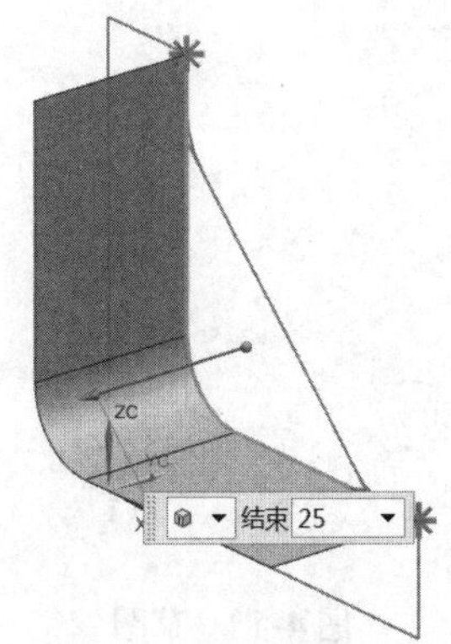

图 4-11　相切曲线、跟随圆角、在相交处停止

4.2　拉　　伸

拉伸——将截面曲线沿指定方向拉伸一定距离，以生成实体或片体。

4.2.1　拉伸概述

选择【首选项】|【建模】命令，出现【建模首选项】对话框，在【体类型】区域选中【实体】单选按钮，它控制在拉伸截面曲线时创建的是实体还是片体。设定为实体时，遵循以下规则。

(1) 当拉伸一系列连续、封闭的平面曲线时将创建一个实体。

(2) 当该曲线内部有另一连续、封闭的平面曲线时，将创建一个具有内部孔的实体。

(3) 拔锥拉伸具有内部孔的实体时，内、外拔锥方向相反。

(4) 当这些连续、封闭的曲线不在一个平面时，将创建一个片体。

(5) 当拉伸一系列连续但不封闭的平面曲线时将创建一个片体，除非拉伸时使用了偏置

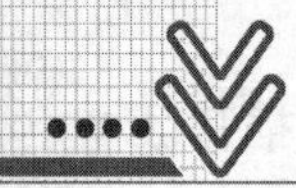

选项。

4.2.2 实例：使用选择意图完成拉伸

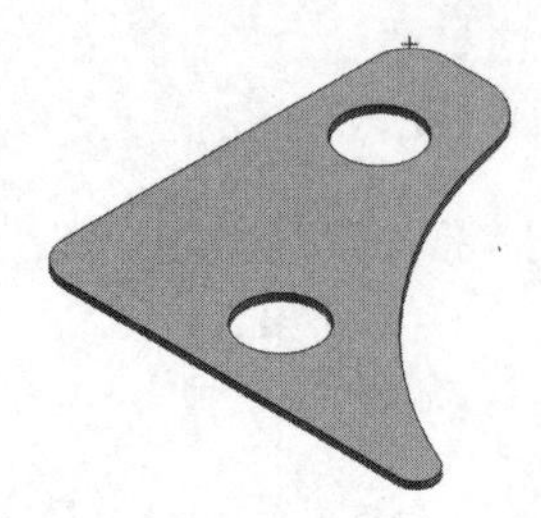

图 4-12 使用选择意图完成拉伸

1. 操作要求

使用选择意图拉伸一草图，完成如图 4-12 所示的模型。

2. 操作步骤

(1) 打开文件。

打开“Examples\ch4\Case4.2.2.prt”文件，如图 4-13 所示。

(2) 拉伸草图。

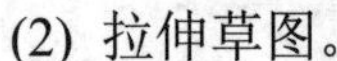

① 在【特征】工具栏上单击【拉伸】按钮，出现【拉伸】对话框，激活【截面】组，设置曲线规则：相切曲线、跟随圆角。选择衬垫轮廓外边界中的一条曲线，衬垫的外边界高亮显示，如图 4-14 所示。

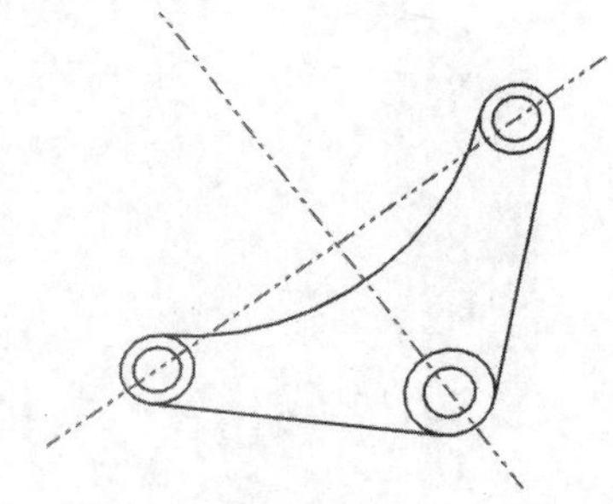

图 4-13 草图

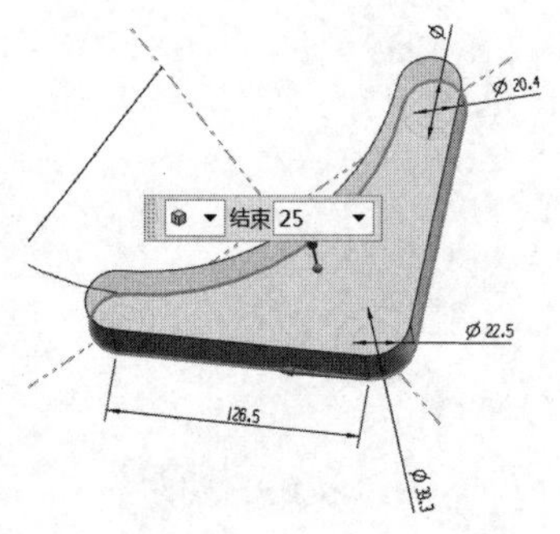

图 4-14 选择衬垫轮廓外边界中的一条曲线

② 选择内部定义孔的圆，在【限制】组中，从【开始】下拉列表框中选择【值】选项，在【距离】输入框中输入 0。从【结束】下拉列表框中选择【值】选项，在【距离】输入框中输入 2，如图 4-15 所示。

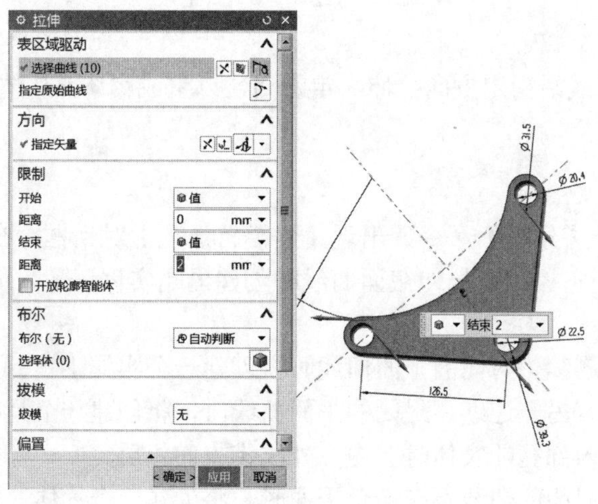

图 4-15 拉伸对象和参数

提示：单击鼠标中键完成截面选择。

③ 单击【确定】按钮，创建拉伸体。

限制——确定拉伸的开始和终点位置。下拉列表框中各选项的含义如下。

① 值——设置值，确定拉伸开始或终点位置。在截面上方的值为正，在截面下方的值为负。

② 对称值——向两个方向对称拉伸。

③ 直至下一个——终点位置沿箭头方向、开始位置沿箭头反方向，拉伸到最近的实体表面。

④ 直至选定对象——开始、终点位置位于选定对象。

⑤ 直到被延伸——拉伸到选定面的延伸位置。

⑥ 贯通——当有多个实体时，通过全部实体。

⑦ 距离——在文本框输入的值。当开始和终点选项中的任何一个设置为值或对称值时出现。

4.2.3　实例：带拔模的拉伸

1. 操作要求

使用多个拔模角完成如图 4-16 所示的模型。

(1) 铸造 3 个内部具有 1° 的拔模。

(2) 机加工的内部孔无拔模。

(3) 外表面具有 5° 的拔模。

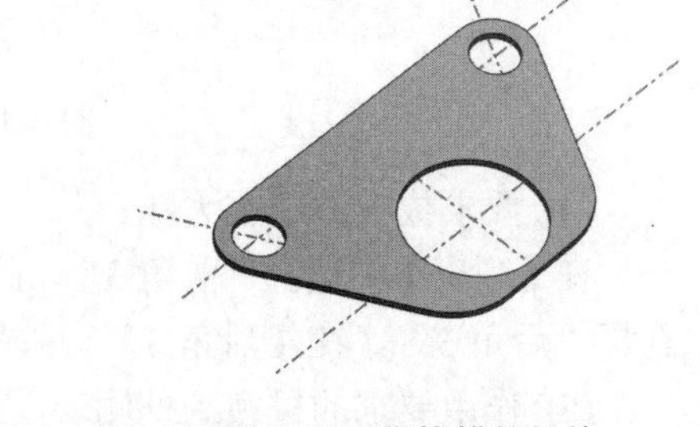

图 4-16　带拔模的拉伸

2. 操作步骤

(1) 打开文件。

打开“Examples\ch4\Case4.2.3.prt”文件，如图 4-17 所示。

(2) 拉伸草图。

在【特征】工具栏上单击【拉伸】按钮，出现【拉伸】对话框，激活【截面】组，设置曲线规则：相切曲线、跟随圆角、选择草图曲线。在【限制】组中，从【结束】下拉列表框中选择【对称值】选项，在【距离】输入框中输入 10，如图 4-18 所示。

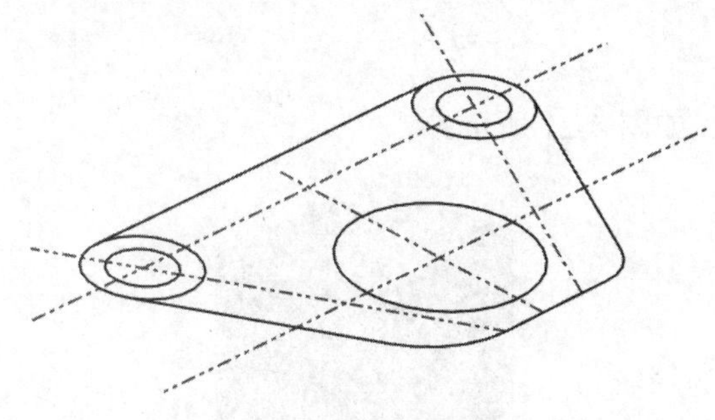

图 4-17　草图

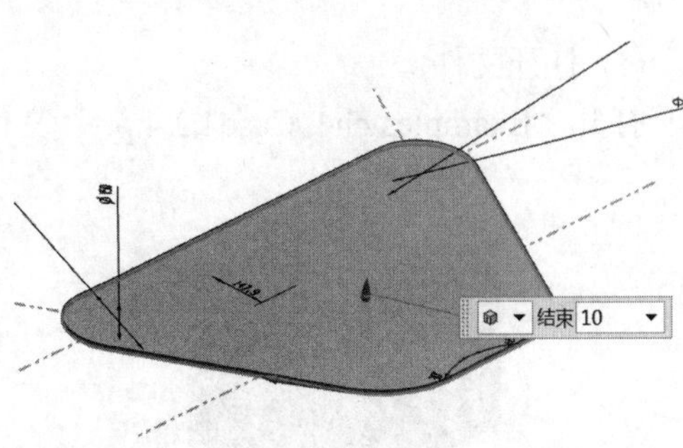

图 4-18　输入拉伸界限

(3) 要求拔模两个小孔。

在【拔模】组中，从【拔模】下拉列表框中选择【从截面-不对称角】选项，从【角度选项】下拉列表框中选择【多个】选项，展开【列表】并选择“前角 1”，此时相应表面高亮显示。在【前角 1】输入框输入“1”，选择“后角 1”，在【后角 1】输入框输入“-1”。继续定义另外两个小孔，如图 4-19 所示。

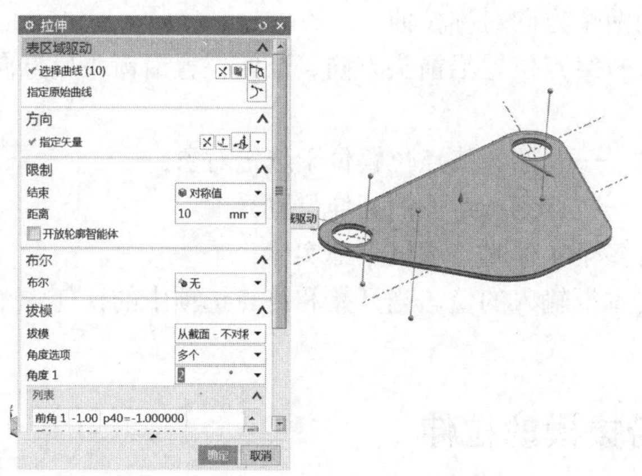

图 4-19 定义 3 个小孔的拔模角

(4) 要求拔模到中心大孔。

在【列表】中选择“前角 3”，此时相应表面高亮显示。在【前角 3】输入框输入“0”，选择“后角 3”，在【后角 3】输入框输入“0”。

(5) 作用要求的拔模到外侧表面。

在【列表】中选择“前角 4”，此时相应表面高亮显示。在【前角 4】输入框输入“5”，选择“后角 5”，在【后角 4】输入框输入“5”，单击【确定】按钮，完成建模。

4.2.4 实例：非正交的拉伸

1. 操作要求

使用非正交拉伸完成如图 4-20 所示的模型。

2. 操作步骤

(1) 打开文件。

打开“Examples\ch4\ Case4.2.4.prt”文件，如图 4-21 所示。

图 4-20 非正交的拉伸

图 4-21 原始模型

(2) 拉伸草图。

① 在【特征】工具栏上单击【拉伸】按钮，出现【拉伸】对话框，激活【截面】组，选择草图曲线。激活【方向】组，选择草图曲线为拉伸方向。在【限制】组中，从【结束】下拉列表框中选择【贯通】选项。在【布尔】组中，从【布尔】下拉列表框中选择【减去】选项，如图 4-22 所示。

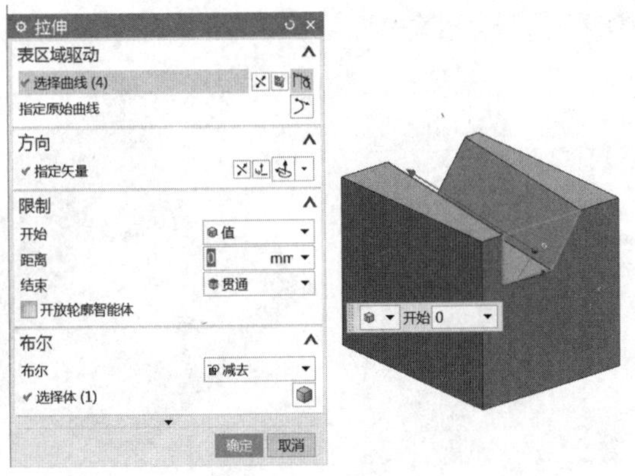

图 4-22　拉伸草图

② 单击【确定】按钮，完成建模。

4.2.5　实例：带偏置的拉伸

1. 操作要求

使用偏置拉伸完成如图 4-23 所示的模型。

2. 操作步骤

(1) 打开文件。

打开“Examples\ch4\Case4.2.5.prt”文件，如图 4-24 所示。

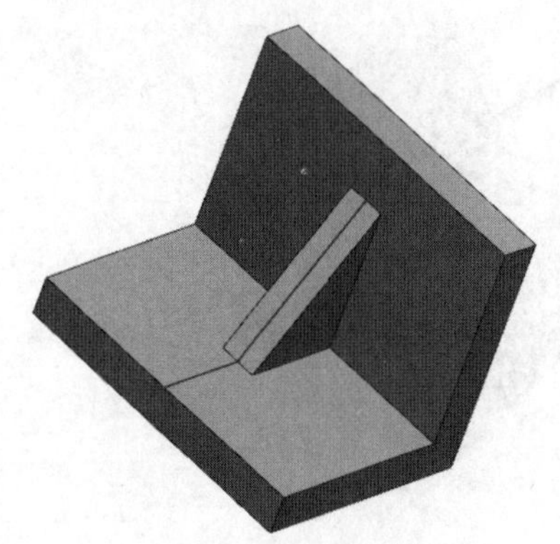

图 4-23　带偏置的拉伸

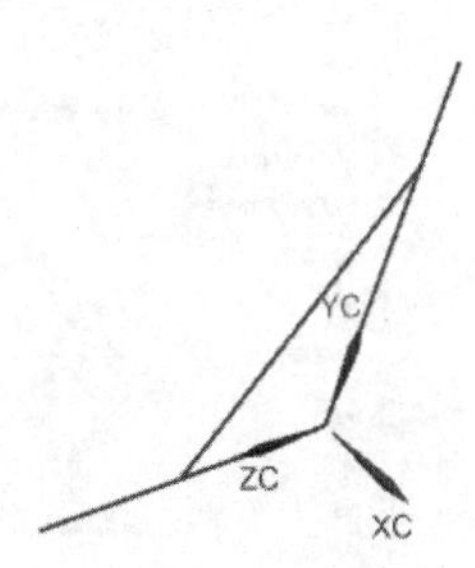

图 4-24　草图

(2) 拉伸草图。

① 在【特征】工具栏上单击【拉伸】按钮，出现【拉伸】对话框，激活【截面】组，

选择草图曲线。激活【方向】组，选择草图曲线为拉伸方向。在【限制】组中，从【结束】下拉列表框中选择【对称值】选项，在【距离】输入框中输入 60。在【偏置】组中，从【偏置】下拉列表框中选择【两侧】选项，在【开始】输入框中输入 0，在【结束】输入框中输入-15，如图 4-25 所示，单击【应用】按钮。

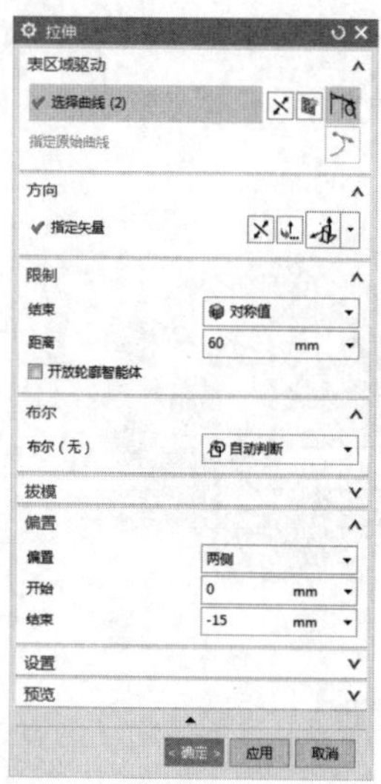

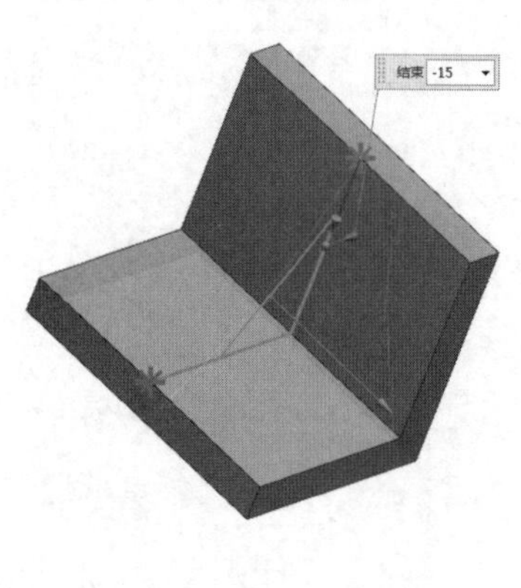

图 4-25　偏置拉伸

② 激活【截面】组，选择草图曲线。激活【方向】组，选择拉伸方向。在【偏置】组中，从【偏置】下拉列表框中选择【对称】选项，在【开始】输入框中输入 7.5，在【结束】输入框中输入 7.5，在【限制】组中，从【结束】下拉列表框中选择【直到被延伸】选项，选择对象。在【布尔】组中，从【布尔】下拉列表框中选择【合并】选项，如图 4-26 所示，单击【确定】按钮。

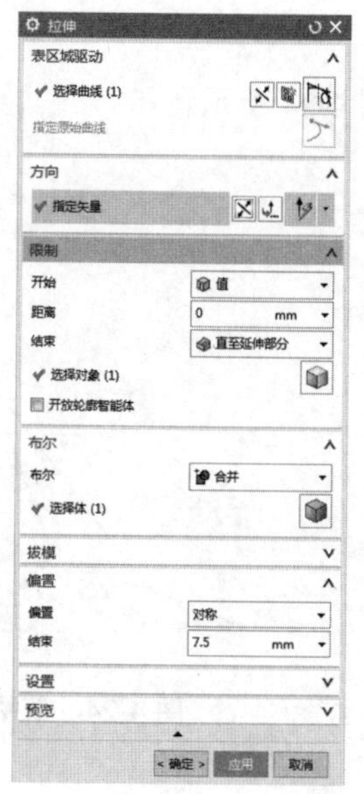

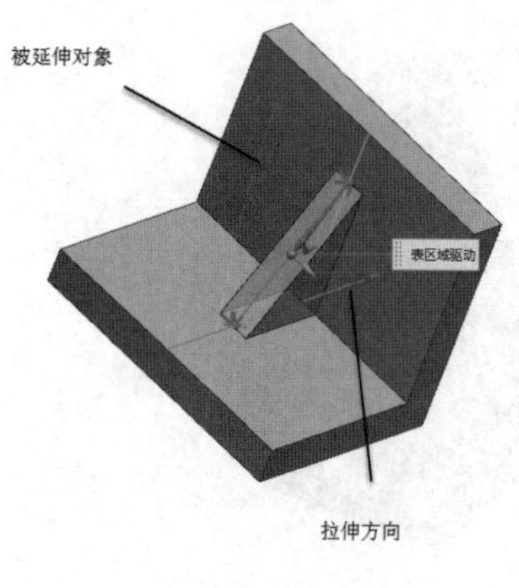

图 4-26　偏置拉伸

4.3 回　　转

回转指将截面曲线沿指定轴旋转一定角度，以生成实体或片体。

4.3.1 回转概述

选择【首选项】|【建模…】命令，出现【建模首选项】对话框，在【体类型】区域选中【实线】单选按钮，它控制在拉伸截面曲线时创建的是实体还是片体。设定为实体时，遵循以下规则。

(1) 旋转开放的截面线串时，如果旋转角度小于 360°，创建为片体。如果旋转角度等于 360°，系统将自动封闭端面而形成实体。

(2) 旋转扫描的方向遵循右手定则，从起始角度旋转到终止角度。

(3) 起始角度和终止角度不得大于 360°，不小于-360°。

(4) 起始角度可以大于终止角度。

(5) 结合旋转矢量的方向和起始角度、终止角度的设置得到想要的回转体。

4.3.2 实例：建立回转体

1. 操作要求

完成如图 4-27 所示的回转体。

2. 操作步骤

(1) 打开文件。

打开“Examples\ch4\Case4.3.2.prt”文件，如图 4-28 所示。

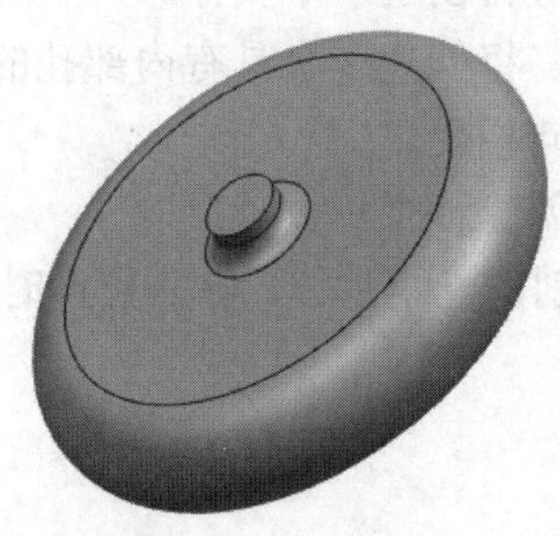

图 4-27　回转特征

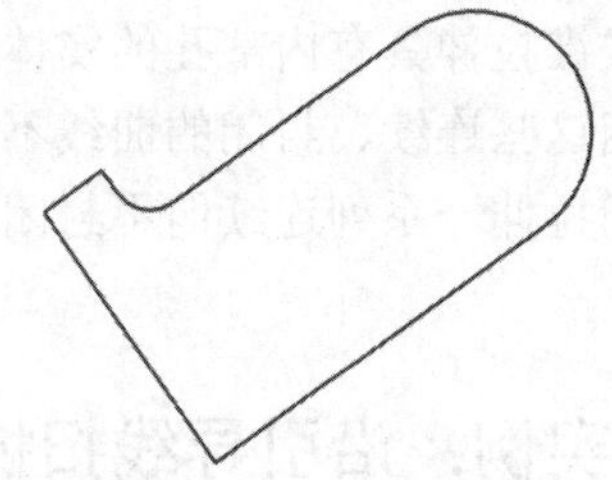

图 4-28　草图

(2) 回转草图。

在【特征】工具栏上单击【回转】按钮，出现【回转】对话框，激活【截面】组，选择草图曲线，激活【轴】组，指定矢量。在【限制】组中，从【结束】下拉列表框中选择【值】选项，在【角度】输入框中输入 360，如图 4-29 所示，单击【确定】按钮。

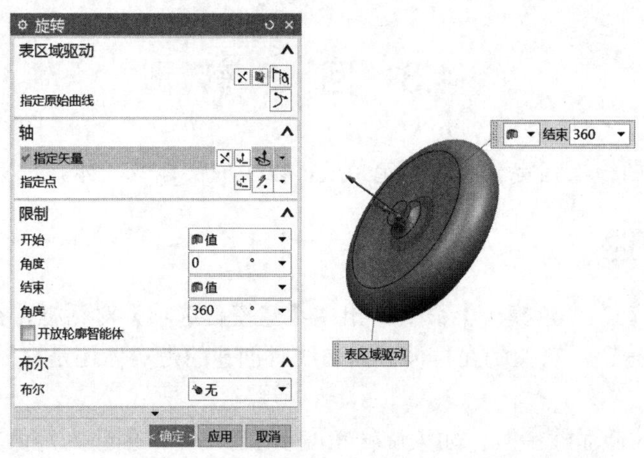

图 4-29　指定旋转轴、设置开始和/或结束限制

(3) 完成建模。

单击【确定】或【应用】按钮，创建回转特征。

4.4　沿引导线扫掠

沿引导线扫掠是指将一条截面曲线沿一引导线串扫掠来创建实体或片体。

4.4.1　沿引导线扫掠概述

选择【首选项】|【建模…】命令，出现【建模首选项】对话框，在【体类型】区域选中【实体】单选按钮，它控制在沿引导线扫描截面曲线时创建的是实体还是片体。设定为实体时，遵循以下规则。

(1) 一个完全连续、封闭的截面线串沿引导线扫描时将创建一个实体。

(2) 当该曲线内部有另一连续、封闭的平面曲线时，将创建一个具有内部孔的实体。

(3) 拔锥拉伸具有内部孔的实体时，内、外拔锥方向相反。

(4) 当这些连续、封闭的曲线不在一个平面时，将创建一个片体。

(5) 当拉伸一系列连续但不封闭的平面曲线时，将创建一个片体，除非拉伸时使用了偏置选项。

4.4.2　实例：沿引导线扫掠

1. 操作要求

完成如图 4-30 所示的沿引导线扫掠。

2. 操作步骤

(1) 打开文件。

打开“Examples\ch4\Case4.4.2.prt”文件，如图 4-31 所示。

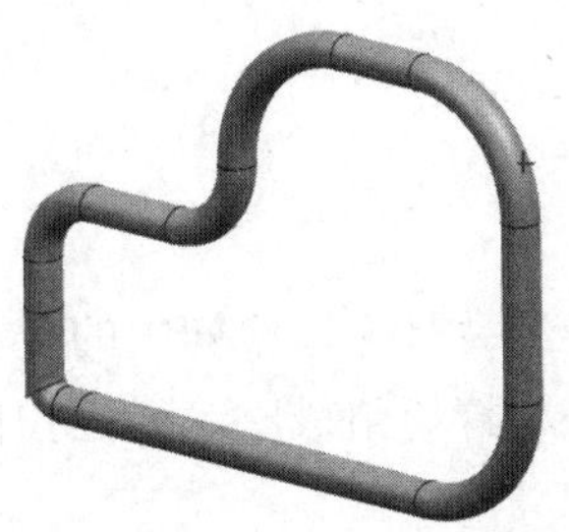
图 4-30　沿引导线扫掠

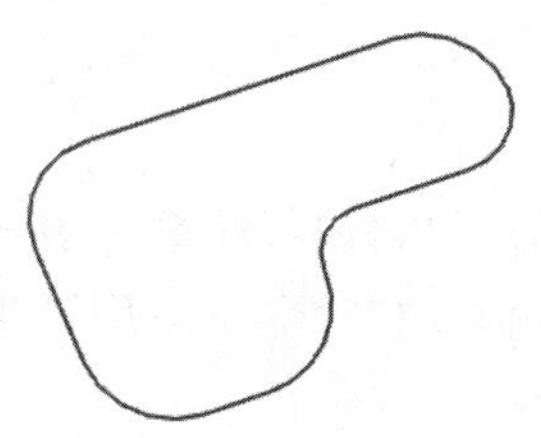
图 4-31　路径草图

(2) 创建截面草图。

在工作界面左上方的工具栏中单击【草图】按钮，出现【创建草图】对话框，从【草图类型】下拉列表框中选择【在轨迹上】选项，在【平面位置】组中，从【位置】下拉列表框中选择【通过点】选项，激活【路径】组，选择【选择路径】选项，单击【确定】按钮，绘制草图，如图 4-32 所示。

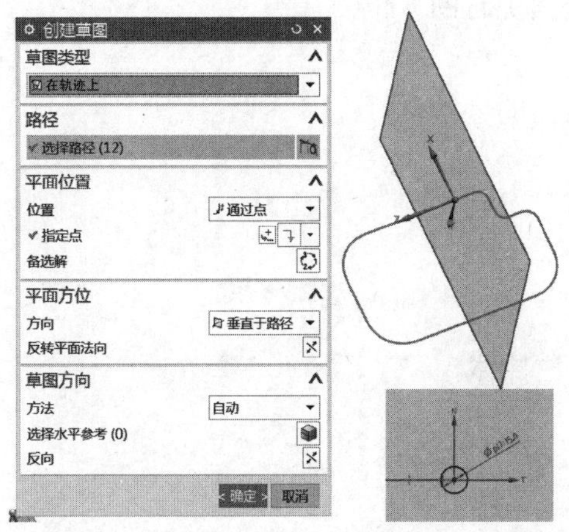

图 4-32　绘制截面草图

(3) 创建沿引导线扫掠特征。

在【特征】工具栏中单击【沿引导线扫掠】按钮，出现【沿引导线扫掠】对话框，激活【截面】组，选择【选择曲线】选择。在【引导】组中，选择【选择曲线】，如图 4-33 所示，单击【确定】按钮。

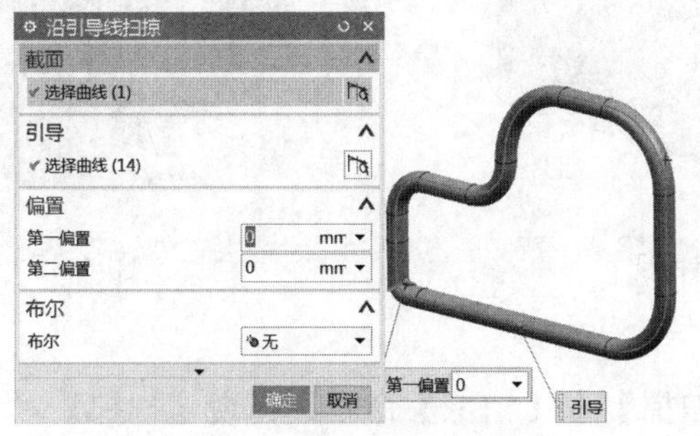

图 4-33　沿引导线扫掠特征

4.5 扫　掠

扫掠指通过将曲线轮廓沿着一条、两条或三条引导线并且穿过空间中的一条路径来创建实体或片体。扫掠非常适用于当引导线串由脊线或一个螺旋组成时，通过扫掠来创建一个特征。

4.5.1 扫掠概述

扫掠——将截面曲线沿引导线扫掠成片体或实体，其截面曲线最少 1 条，最多 150 条，引导线最少 1 条，最多 3 条。

可以实现以下功能。

① 通过使用不同方式将截面线串沿引导线对齐来控制扫掠形状。

② 控制截面沿引导线扫掠时的方位。

③ 缩放扫掠体。

④ 使用脊线串控制截面的参数化。

4.5.2 实例：扫掠

1. 操作要求

完成如图 3-34 所示的扫掠体。

2. 操作步骤

(1) 打开文件。

打开“Examples\ch4\Case4.5.2.prt”文件，如图 4-35 所示。

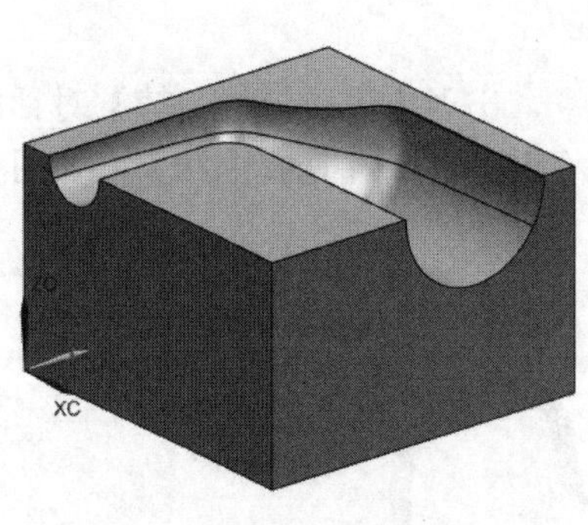

图 4-34　扫掠特征

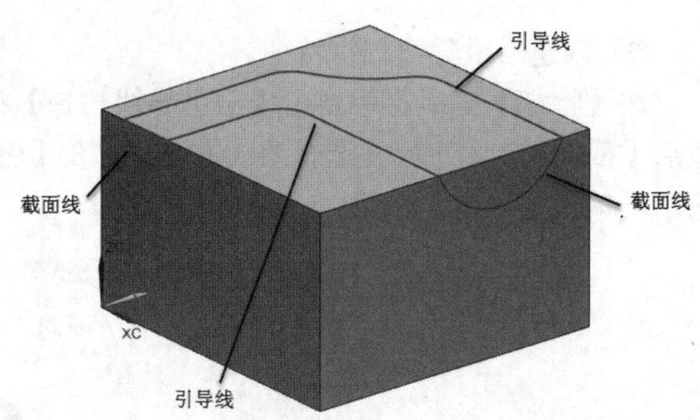

图 4-35　扫掠草图

(2) 创建扫掠特征。

选择【插入】|【扫掠】|【扫掠】命令，出现【扫掠】对话框，激活【截面】组，选择“截面 1”，单击鼠标中键，选择“截面 2”，单击鼠标中键。激活【引导线】组，选

择“引导线 1”，单击鼠标中键，选择“引导线 2”，如图 4-36 所示，单击【确定】按钮。

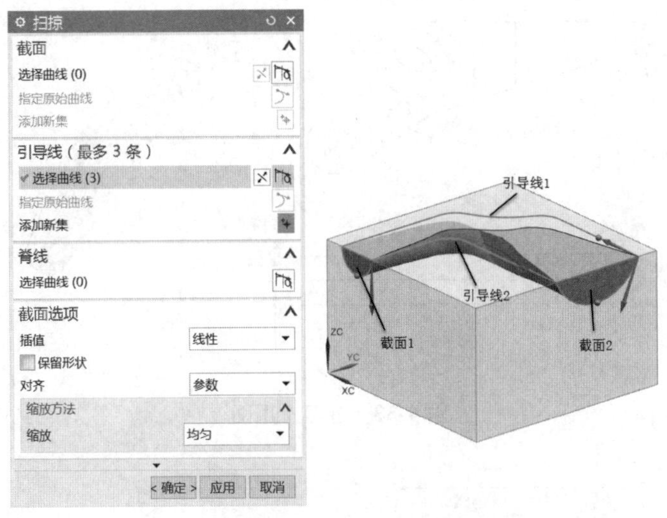

图 4-36　创建扫掠特征

(3) 布尔运算。

选择【插入】|【组合体】|【减去】命令，出现【减去】对话框，激活【目标】组，在图形区域选取目标实体，激活【刀具】组，在图形区域选取一个工具实体，如图 4-37 所示，单击【确定】按钮。

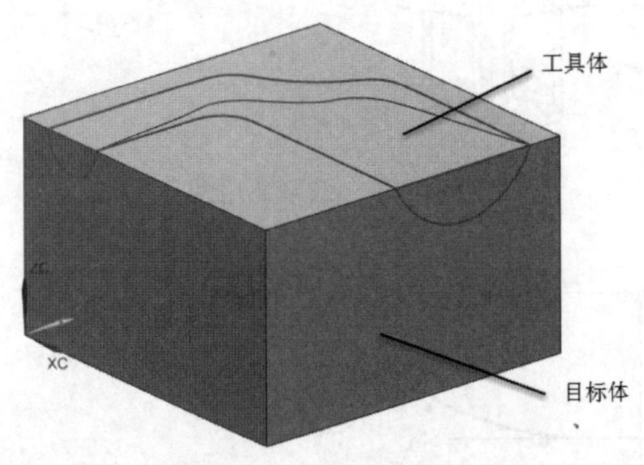

图 4-37　布尔运算

练　习　题

操作题

完成图 4-38 至图 4-42 所示图形中的建模工作。

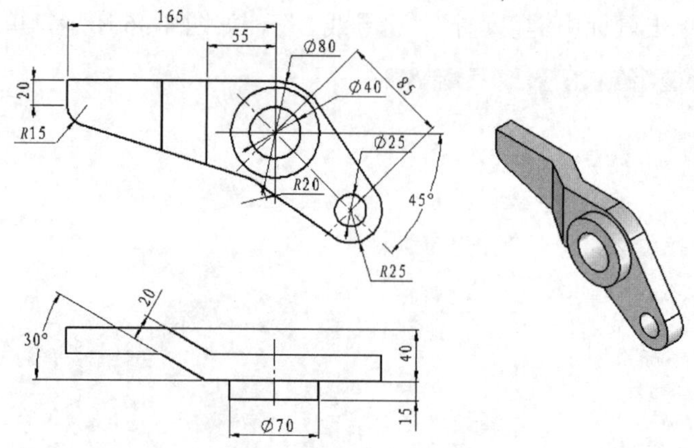

图 4-38　练习 1 用图

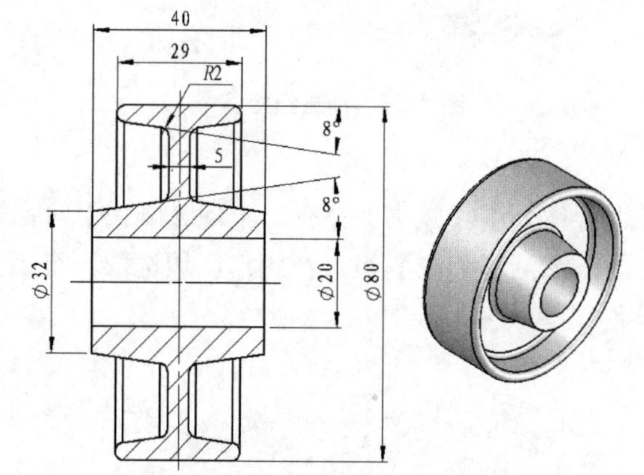

图 4-39　练习 2 用图

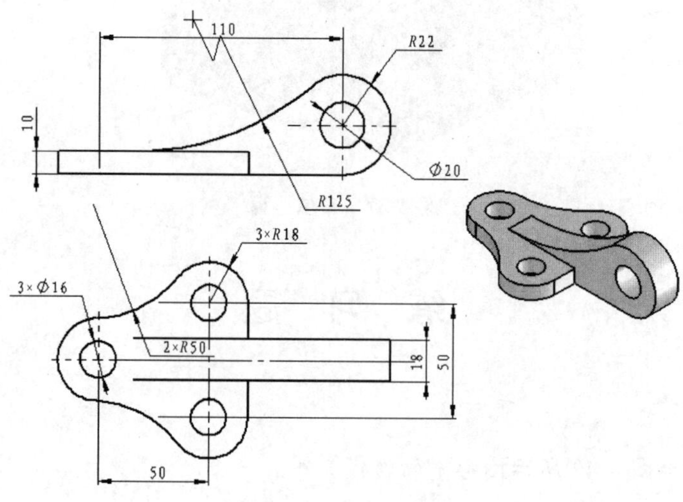

图 4-40　练习 3 用图

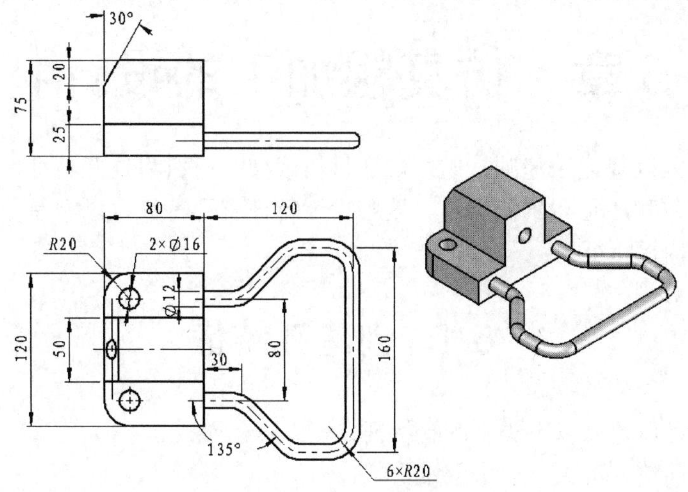

图 4-41　练习 4 用图

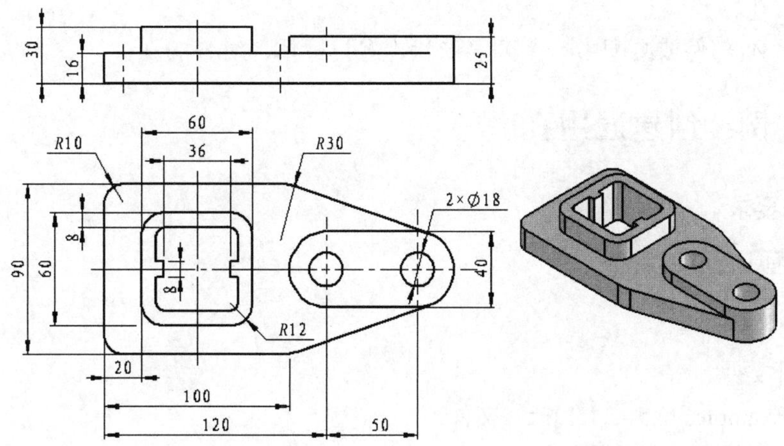

图 4-42　练习 5 用图

第 5 章　仿真粗加工的设计特征

设计特征必须以基体为基础，通过增加材料或减去材料将这些特征增加到基体中，系统自动确定是布尔和还是布尔差操作。这些设计特征有孔特征、圆台特征、腔特征、凸垫特征、槽特征和沟槽特征。

5.1　创建孔特征

使用孔命令可以建立以下类型的孔特征。

(1) 常规孔(简单、沉头、埋头或锥形状)。

(2) 钻形孔。

(3) 螺钉间隙孔(简单、沉头或埋头形状)。

(4) 螺纹孔。

(5) 孔系列(部件或装配中一系列多形状、多目标体、对齐的孔)。

5.1.1　实例：创建通用孔

1. 操作要求

在非平面上建立孔特征。

2. 操作步骤

(1) 打开文件。

打开“Examples\ch5\-5.1.1.prt”文件。

(2) 在非平面上建立孔特征。

① 在【特征】工具栏上单击【孔】按钮，出现【孔】对话框，从【类型】下拉列表框中选择【常规孔】选项。激活【位置】组，单击【点】按钮，选择面上一点为孔的中心，如图 5-1 所示。

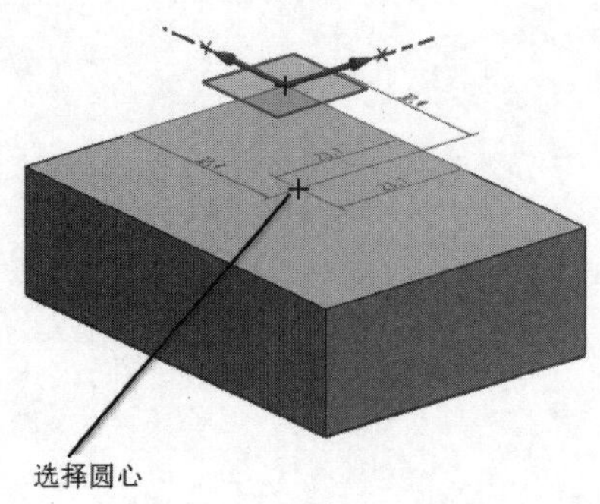

图 5-1　选择现有的点

② 在【方向】组中，从【孔方向】下拉列表框中选择【沿矢量】选项，指定矢量方向。在【形状和尺寸】组中，从【成形】下拉列表框中选择【简单孔】选项。在【尺寸】组中，输入【直径】值为 10，从【深度限制】下拉列表框中选择【贯通体】选项。在【布尔】组中，从【布尔】下拉列表框中选择【减去】选项，如图 5-2 所示。

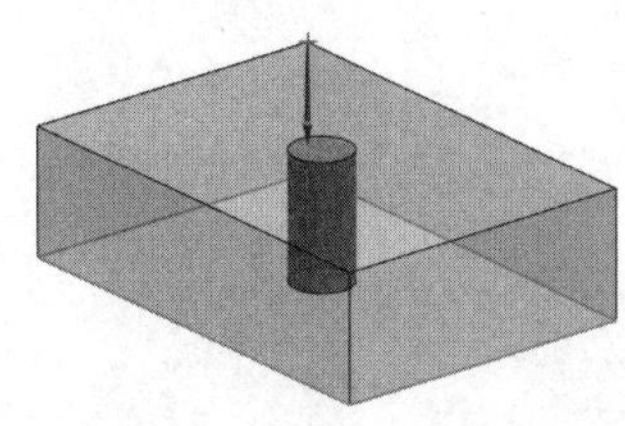

图 5-2　设置参数

③ 单击【确定】按钮，创建非平面上建立孔特征。

5.1.2　实例：创建螺钉间隙孔

1. 操作要求

在非平面上创建螺钉间隙孔特征。

2. 操作步骤

(1) 打开文件。

打开“Examples\ch5\Case5.1.2.prt”文件。

(2) 在非平面上建立孔特征。

① 在【特征】工具栏中单击【孔】按钮，出现【孔】对话框，从【类型】下拉列表框表中选择【螺钉间隙孔】。激活【位置】组，单击【绘制截面】按钮，在草图生成器中创建点，如图 5-3 所示，关闭草图生成器。

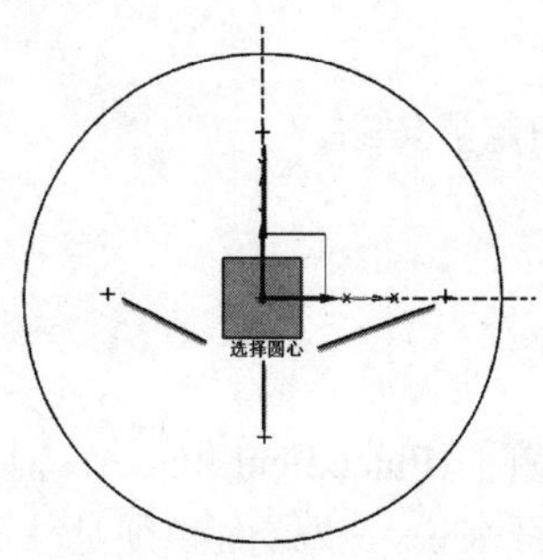

图 5-3　选择现有的点

② 在【方向】组中，从【孔方向】下拉列表框中选择【垂直于面】选项。在【形状和尺寸】组中，从【成形】下拉列表框中选择【沉头】选项，从【螺钉类型】下拉列表框中选择 Socket Head 4762 选项，从【螺钉规格】下拉列表框中选择 M2.5 选项，从【等尺寸配对】下拉列表框中选择 Normal (H13)选项。在【布尔】组中，从【布尔】下拉列表框中【减去】选项，如图 5-4 所示。

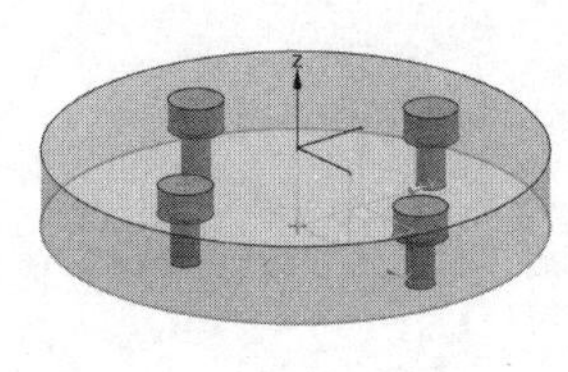

图 5-4　设置参数

③ 单击【确定】按钮，以创建螺钉间隙孔。

5.2　有预定义的设计特征

有预定义的设计特征包括圆台特征、腔特征、凸垫特征、槽特征和沟槽特征。

建立此类设计特征的通用步骤如下。

① 选择【插入】|【设计特征】命令。

② 选择设计特征类型。

③ 选择子类型。

④ 选择安放表面。

⑤ 选择水平参考。

⑥ 选择过表面。

⑦ 加入特征参数值。

⑧ 单击【应用】按钮或【确定】按钮。

⑨ 定位设计特征。

5.2.1　选择放置面

所有此类设计特征需要一放置面(Placement Face)，对于圆台、腔、凸垫、槽等特征，放置面必须是平面。对于沟槽特征来说，放置面必须是柱面或锥面。

放置面通常是选择已有实体的表面，如果没有平面可用作放置面，可使用相对基准平面作为放置面。

特征是正交于放置面建立的，而且与放置面相关联。

5.2.2　选择水平参考

对于圆形特征，如圆台，不需要指定水平参考和垂直参考；而对于非圆形特征，如腔、凸垫和槽，则必须指定水平参考或垂直参考。

水平参考定义了特征坐标系的 XC 轴方向，任何不垂直于放置面的线性边缘、平面、基准轴和基准面，均可被选择用来定义水平参考。水平参考被要求定义在具有长度参数的成形特征的长度方向上，如腔、凸垫和槽。

如果在真正的水平方向上没有有效的边缘可使用，则可以指定一个垂直参考。根据垂直参考方向，系统将会推断出水平参考方向。如果在真正的水平方向和垂直方向上都没有有效的边缘可使用，则必须创建用于水平参考的基准面或基准轴。在创建这些设计特征之前，用户不仅要考虑放置面，还要考虑如何指定水平参考和如何选择定位的目标边，这一点很重要。

水平参考应用实例如图 5-5 所示。

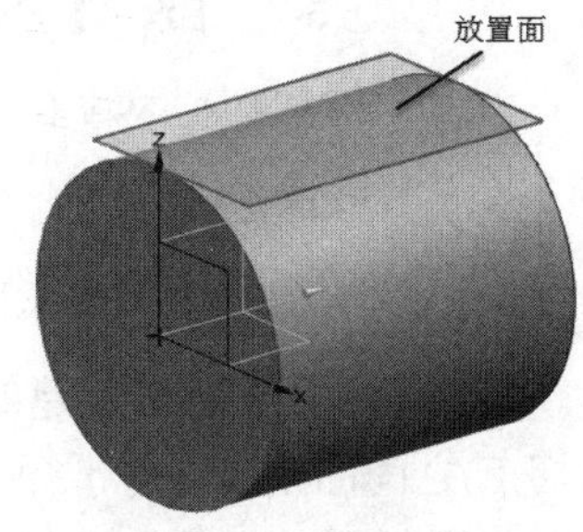

图 5-5　水平参考应用实例

5.2.3　定位成形特征

特征的定位用于在放置面内确定特征的位置。在设置了特征的形状参数后，出现【定位】对话框。对于不同的特征，【定位】对话框中的定位类型是不同的，如图 5-6 所示。

(a) 圆形特征的【定位】对话框

(b) 非圆形特征的【定位】对话框

图 5-6　【定位】对话框

在定位特征时，系统要求选择目标边和工具边。基体上的边缘或基准被称为目标边。特征上的边缘或特征坐标轴被称为工具边。对于圆形特征(如孔、圆台)无须选择工具边，定位尺寸为圆心(特征坐标系的原点)到目标边的垂直距离。

下面详细讲述各种类型的定位尺寸。

1. 【水平】定位方式

使用【水平】方法可在两点之间创建定位尺寸。水平尺寸与水平参考对齐，或与竖直参考成 90°，如图 5-7 所示。

2. 【竖直】定位方式

使用【竖直】方法可在两点之间创建定位尺寸。竖直尺寸与竖直参考对齐，或与水平参考成 90°，如图 5-8 所示。

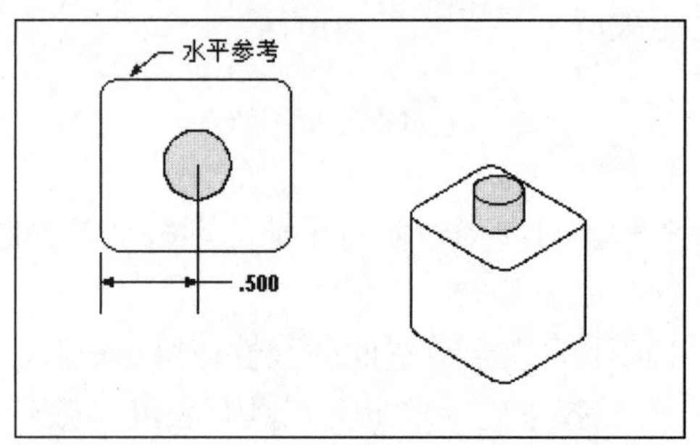

图 5-7 【水平】定位方式

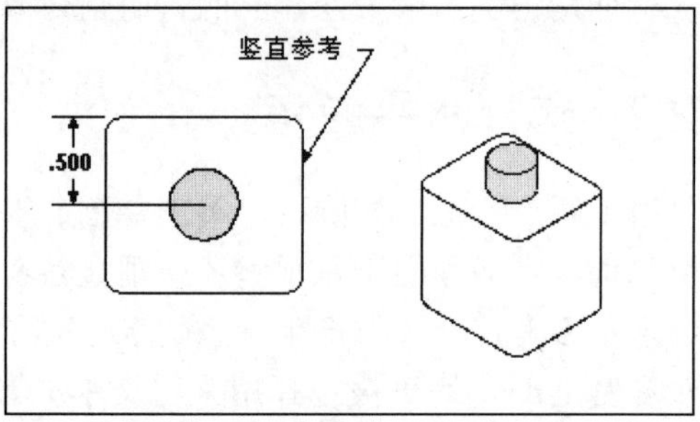

图 5-8 【竖直】定位方式

技巧：如果有水平和垂直目标边存在，使用两次【垂直】定位方式，可以代替【水平】和【竖直】定位方式。

3. 【平行】定位方式

使用【平行】方法创建的定位尺寸可约束两点(如现有点、实体端点、圆弧中心点或圆弧切点)之间的距离，并平行于工作平面测量。如图 5-9 所示，通过尺寸将垫块约束到块上，可以将平行尺寸想象为一根连接相距指定距离的两点的绳子。需要 3 根"绳子"定位此特征。

说明：创建圆弧上的切点的平行或任何其他线性类型的尺寸标注时，有两个可能的切点。必须选择所需的相切点附近的圆弧，如图 5-10 所示。

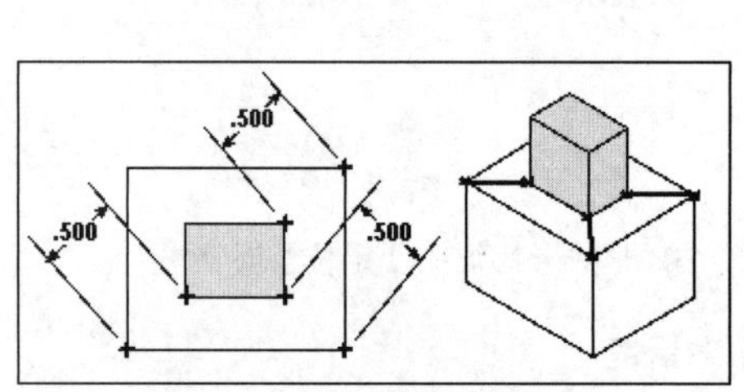

图 5-9 【平行】定位方式

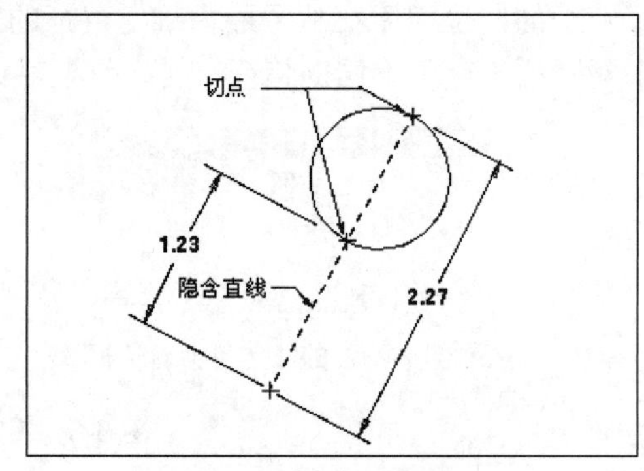

图 5-10 线性定位尺寸

4. 【垂直】定位方式

使用【垂直】方法创建的定位尺寸，可约束目标实体的边缘与特征，或草图上的点之间的垂直距离；还可通过将基准平面或基准轴选作目标边缘，或选择任何现有曲线(不必在目标实体上)，定位到基准。此约束用于标注与 XC 或 YC 轴不平行的线性距离。它仅以指定的距离将特征或草图上的点锁定到目标体上的边缘或曲线，如图 5-11 所示。

5. 【按一定距离平行】定位方式

【按一定距离平行】方法创建一个定位尺寸，它对特征或草图的线性边和目标实体(或者任意现有曲线，或不在目标实体上)的线性边进行约束，以使其平行并相距固定的距离。此约束仅以指定的距离将特征或草图上的边缘锁定到目标实体上的边缘或曲线，如图 5-12 所示。

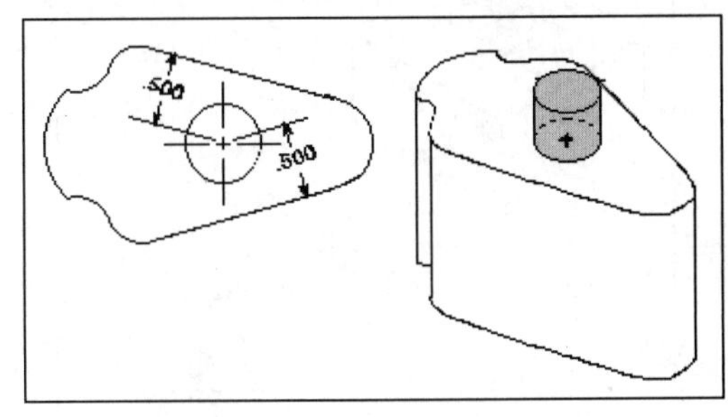

图 5-11　【垂直】定位方式

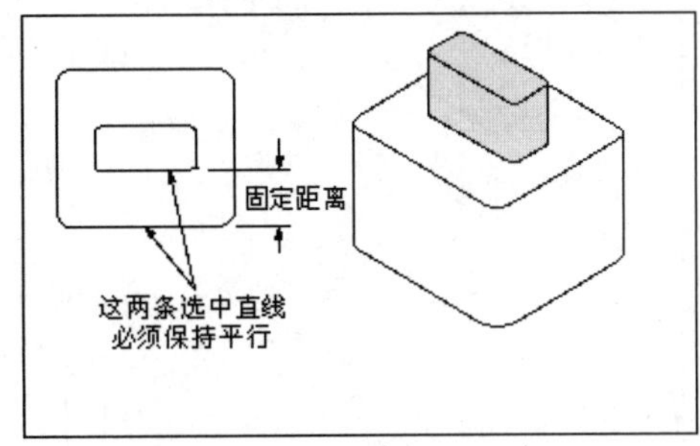

图 5-12　【按一定距离平行】定位方式

说明：【按一定距离平行】定位方式约束了两个自由度，一个移动自由度和 ZC 轴旋转自由度。

6. 【成角度】定位方式

【成角度】方法以给定角度，在特征的线性边和线性参考边/曲线之间创建定位约束尺寸，如图 5-13 所示。

7. 【点到点】定位方式

使用【点到点】方法创建定位尺寸时与【平行】定位方式相同，但是两点之间的固定距离设置为零。此定位尺寸导致特征或草图移动，以便其选定点在目标实体上选定的点的顶部，如图 5-14 所示。

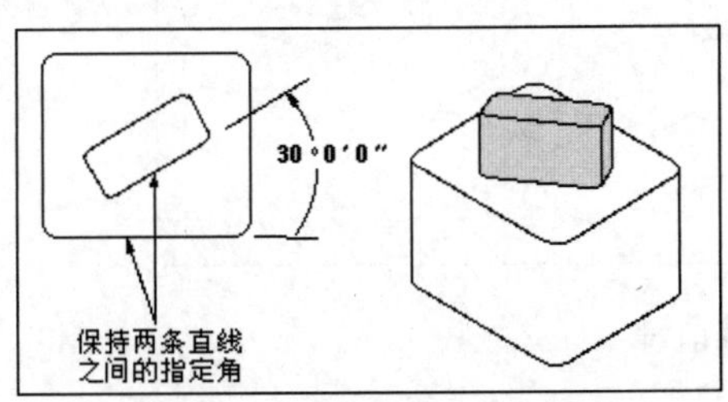

图 5-13　【成角度】定位方式

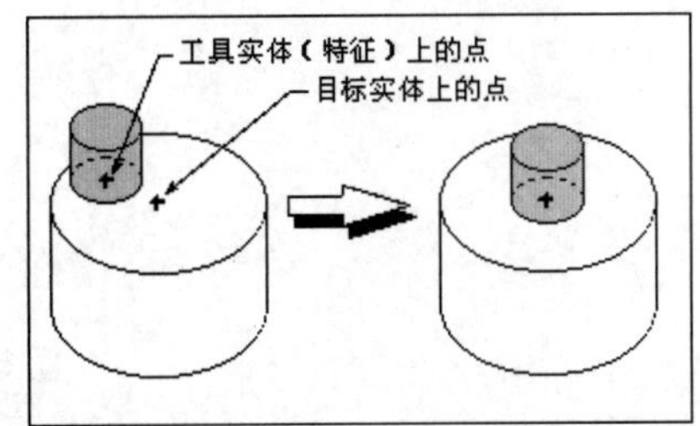

图 5-14　【点到点】定位方式

8. 【点到线上】定位方式

使用【点到线上】方法创建定位约束尺寸时与【垂直】定位方式相同，但是边或曲线与点之间的距离设置为零，如图 5-15 所示。

9. 【直线到直线】定位方式

使用【直线到直线】方法采用和【按一定距离平行】定位方式相同的方法创建定位约束尺寸，但是在目标实体上，特征或草图的线性边和线性边或曲线之间的距离设置为零，如图 5-16 所示。

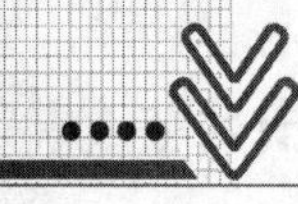

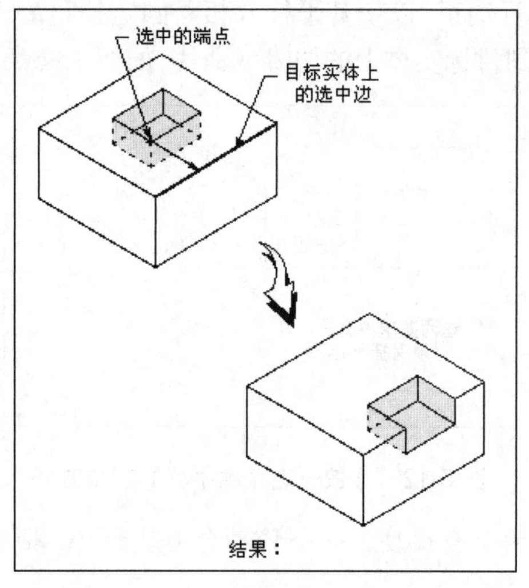

图 5-15　【点到线上】定位方式

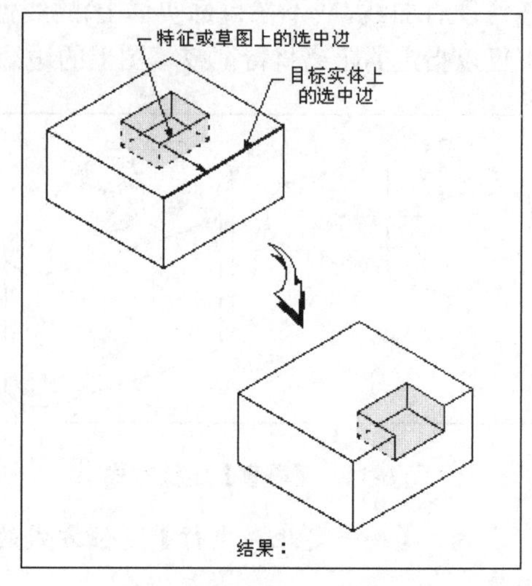

图 5-16　【直线到直线】定位方式

5.2.4　凸台的创建

【凸台】命令用于在平的表面或基准平面上创建凸台，凸台结构如图 5-17 所示。

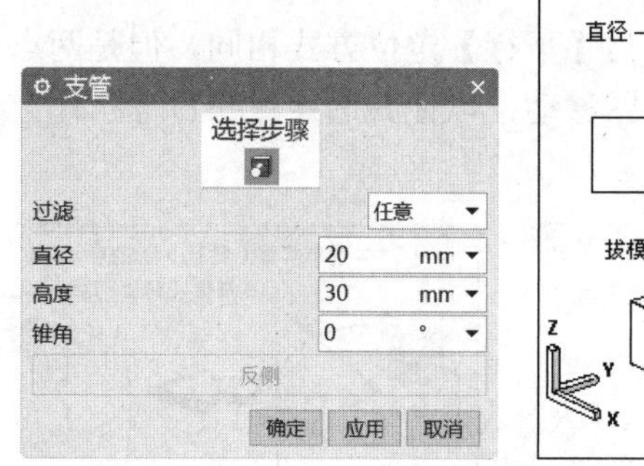

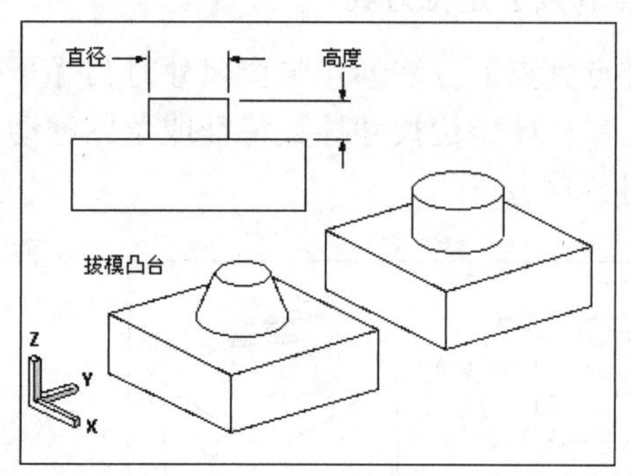

图 5-17　创建凸台

说明：凸台的拔模角允许为负值。

5.2.5　腔的创建

【腔】命令用于在实体上创建一个圆柱形腔、矩形腔或一般腔。

(1) 圆柱形腔。创建一个指定其【腔直径】、【深度】、【底面半径】和【锥角】的圆柱形腔，如图 5-18 所示。

提示：深度值必须大于底面半径。

(2) 矩形腔。创建一个指定其【长度】(X 长度)、【宽度】(Y 长度)、【深度】(Z 长度)、【角半径】、【底面半径】和【锥角】的矩形腔，如图 5-19 所示。

提示：角半径不得小于底面半径。

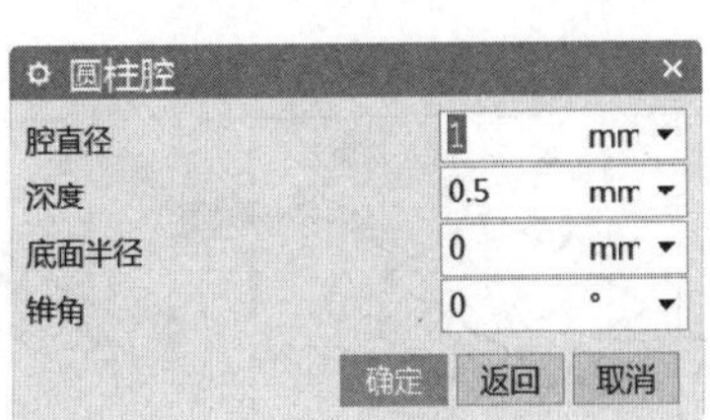

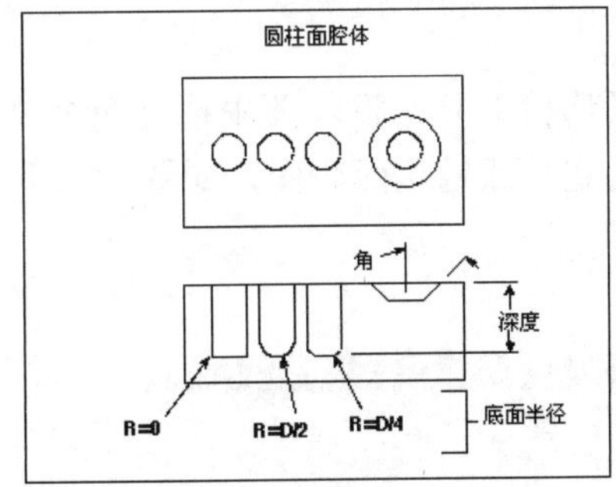

图 5-18　创建圆柱形腔

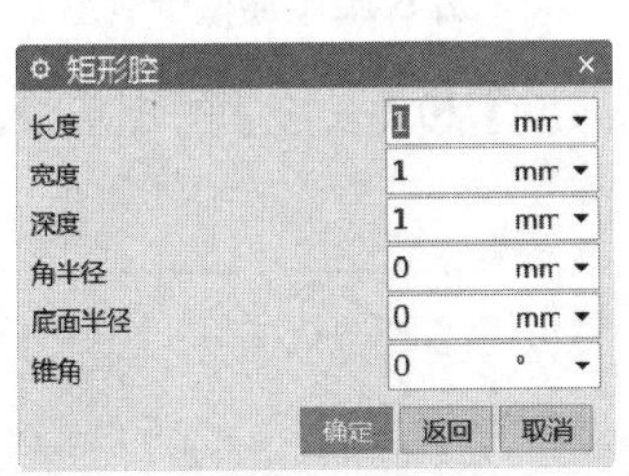

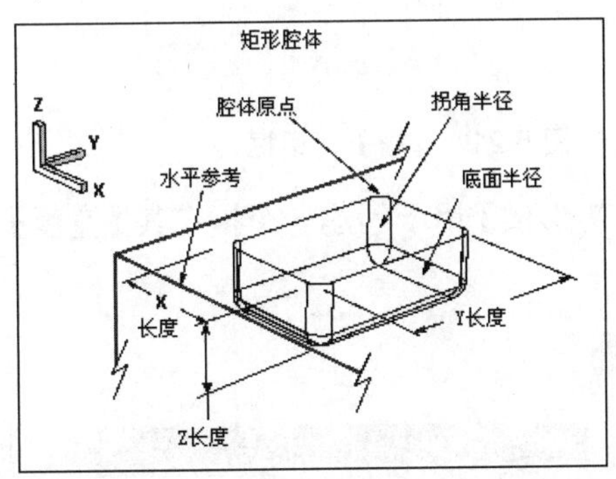

图 5-19　创建矩形腔

5.2.6　垫块的创建

【垫块】用于在实体上创建一个矩形垫块或一般垫块。

矩形垫块指创建一个指定其【长度】、【宽度】、【高度】、【角半径】和【锥角】的矩形垫块，如图 5-20 所示。

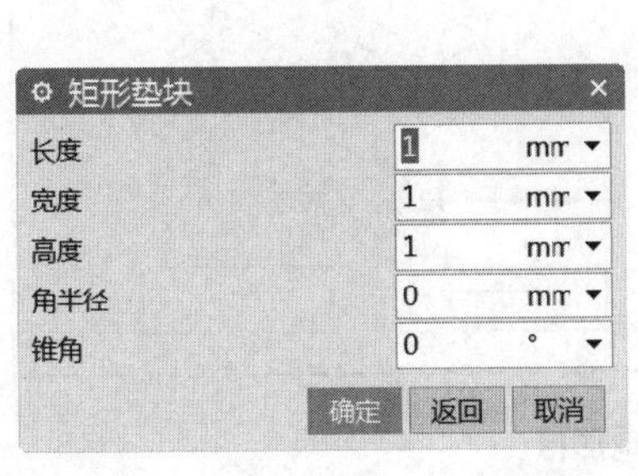

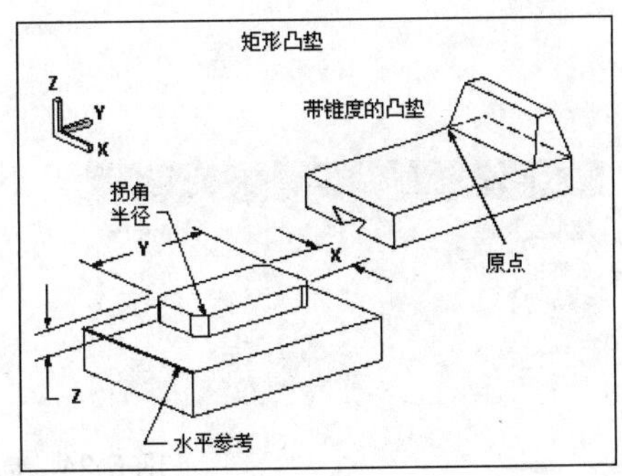

图 5-20　创建矩形垫块

提示：深度值必须大于底面半径。

5.2.7　槽的创建(1)

【槽】命令用于在实体上创建一个矩形槽、球形槽、U 形槽、T 形槽或燕尾槽，如图

5-21 所示。

选中【通槽】复选框，要求选择两个“通过”面，即起始通过面和终止通过面。槽的长度定义为完全通过这两个面，如图 5-22 所示。

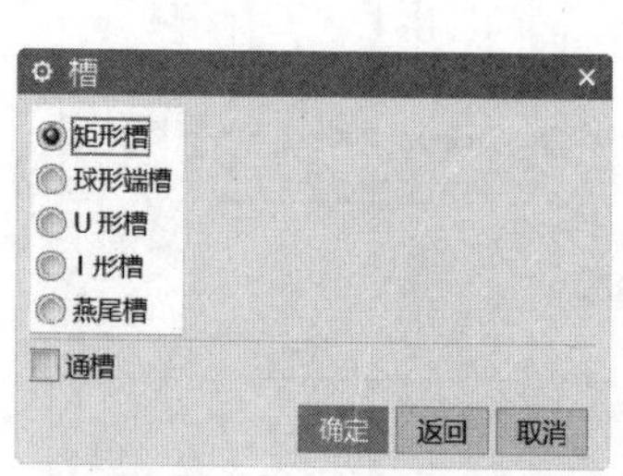

图 5-21 【槽】对话框

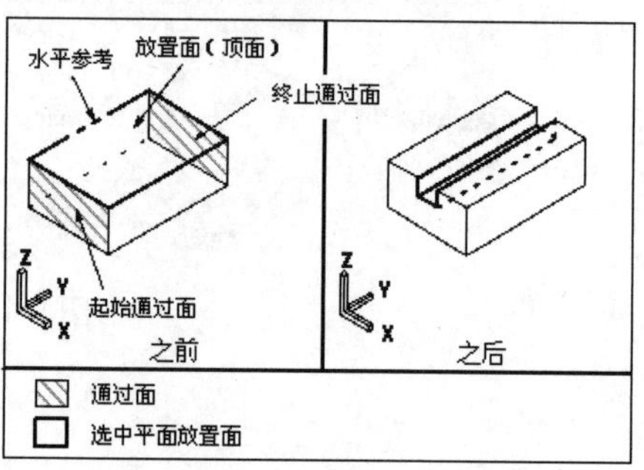

图 5-22 通槽示意图

(1) 【矩形槽】用于创建一个指定其【宽度】、【深度】和【长度】的矩形槽，如图 5-23 所示。

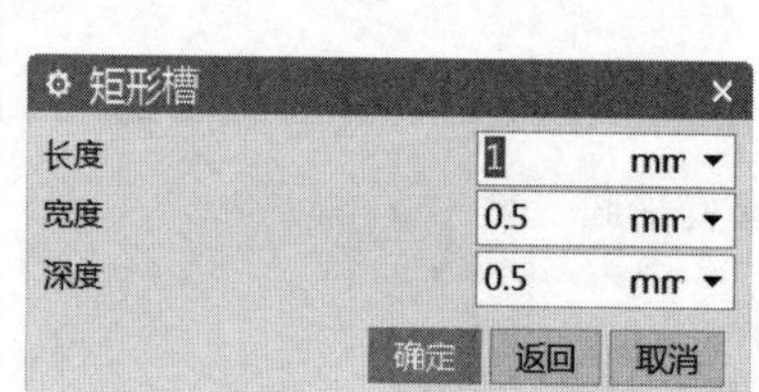

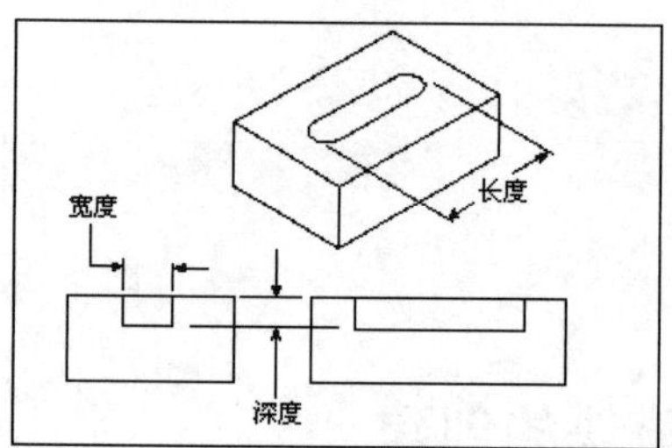

图 5-23 创建矩形槽

(2) 【球形槽】用于创建一个指定其【球直径】、【深度】和【长度】的球形槽，如图 5-24 所示。

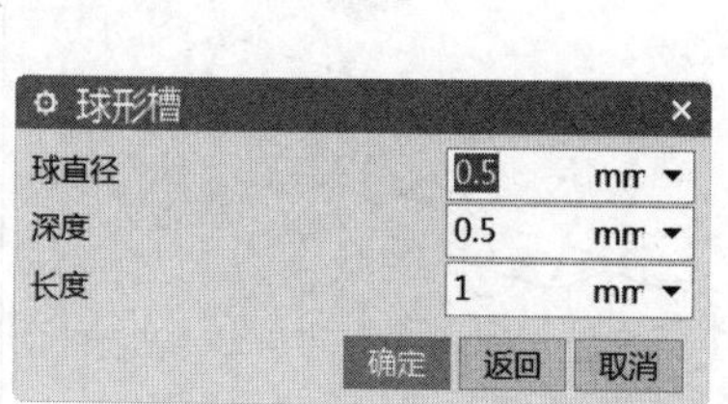

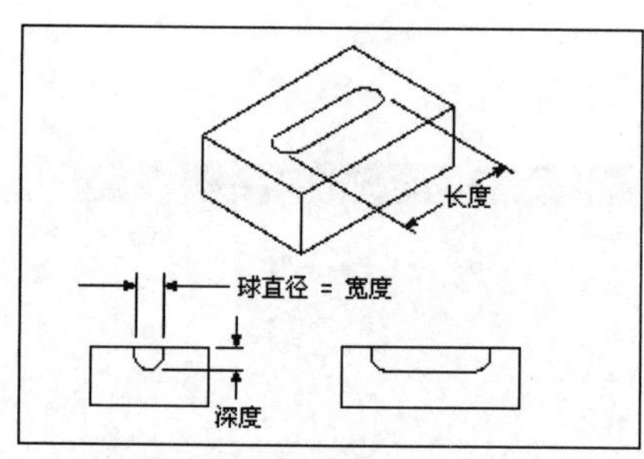

图 5-24 创建球形槽

说明： 球形槽保留有完整半径的底部和拐角。【深度】值必须大于球体半径(球体直径的一半)。

(3) 【U 形槽】用于创建一个指定其【宽度】、【深度】、【角半径】和【长度】的 U 形槽，如图 5-25 所示。

说明：【深度】值必须大于拐角半径。

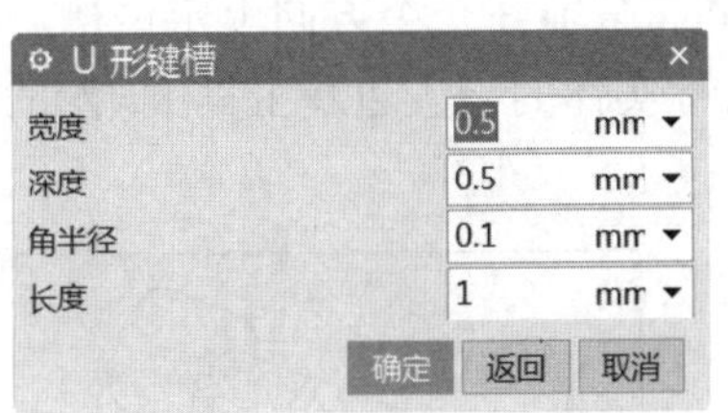

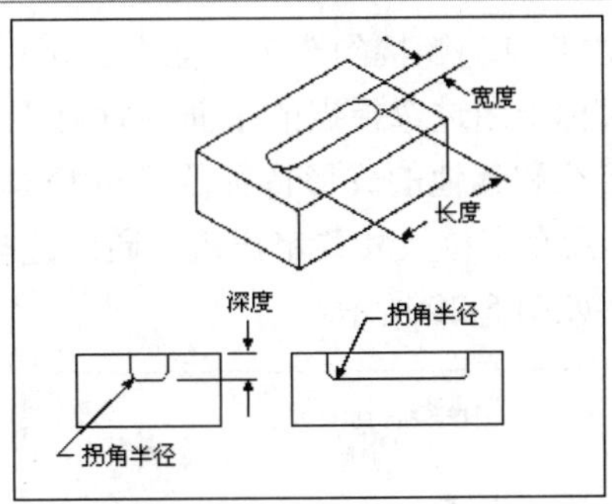

图 5-25　创建 U 形槽

(4) 【T 形槽】用于创建一个指定其【顶部宽度】、【顶部深度】、【底部宽度】、【底部深度】和【长度】的 T 形槽，如图 5-26 所示。

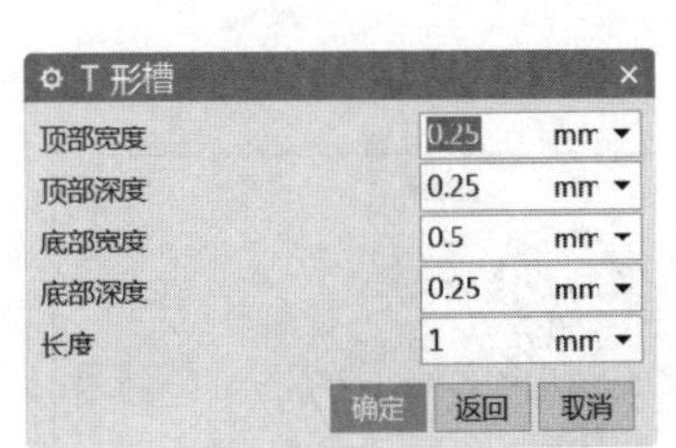

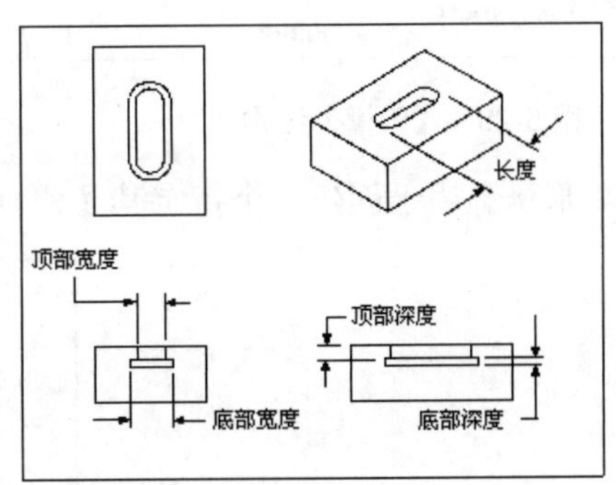

图 5-26　创建 T 形槽

(5) 【燕尾槽】用于创建一个指定其【宽度】、【深度】、【角度】和【长度】的燕尾槽，如图 5-27 所示。

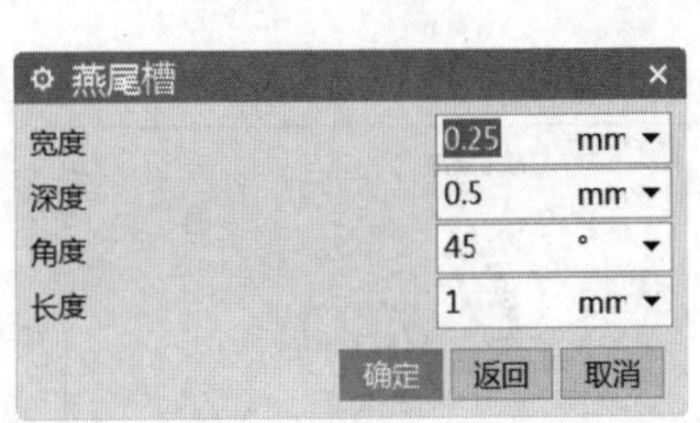

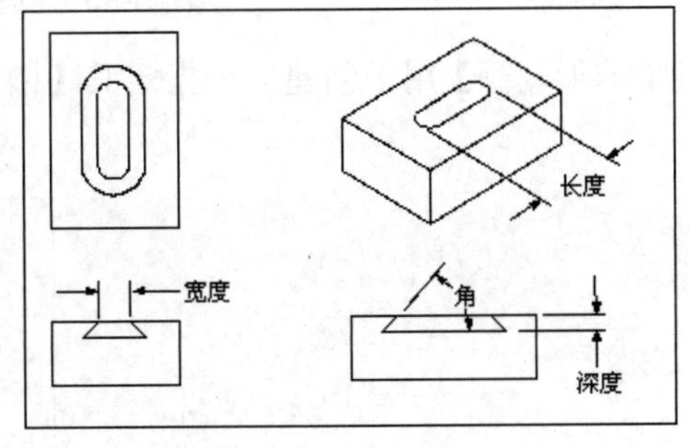

图 5-27　创建燕尾槽

5.2.8　槽的创建(2)

【槽】用于在实体上创建一个槽，就好像一个成形工具在旋转部件上向内(从外部定位面)或向外(从内部定位面)移动，如同车削操作。可用的槽类型为矩形槽、球形端槽或U 形槽。

【槽】只对圆柱形或圆锥形面操作。旋转轴是选定面的轴。槽在选择该面的位置(选择点)附近创建并自动连接到选定的面上。可以选择一个外部的或内部的面作为槽的定位面，槽的轮廓对称于通过选择点的平面并垂直于旋转轴，如图 5-28 所示。

槽的定位和其他的成形特征的定位稍有不同。只能在一个方向上定位槽，即沿着目标实体的轴。没有定位尺寸菜单出现。通过选择目标实体的一条边及工具(即槽)的边或中心线来定位槽，如图 5-29 所示。

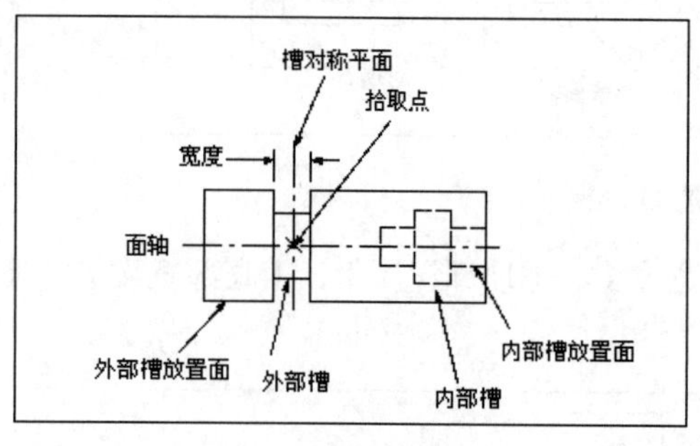

图 5-28 【沟槽】结构

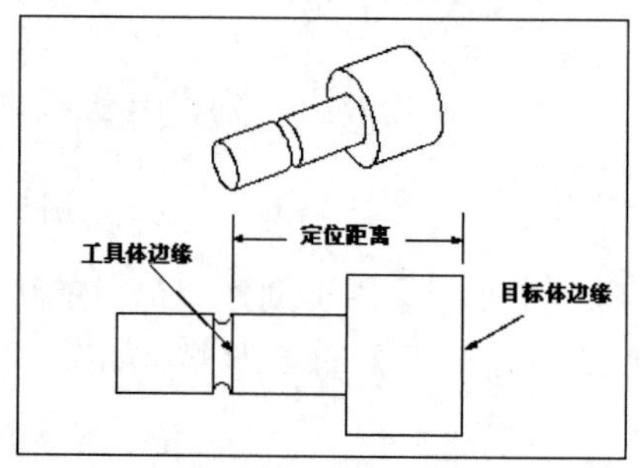

图 5-29 槽的定位

(1) 【矩形槽】用于创建一个指定其【槽直径】和【宽度】的矩形槽，如图 5-30 所示。

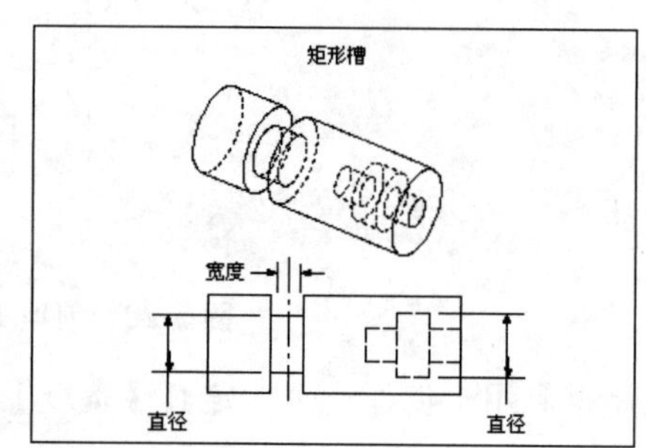

图 5-30 创建矩形槽

(2) 【球形端槽】用于创建一个指定其【槽直径】和【球直径】的球形端槽，如图 5-31 所示。

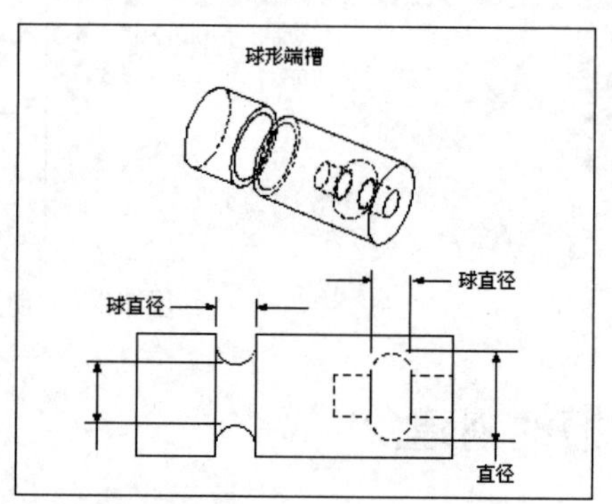

图 5-31 创建球形端槽

(3) 【U 形槽】用于创建一个指定其【槽直径】、【宽度】和【角半径】的 U 形槽，如图 5-32 所示。

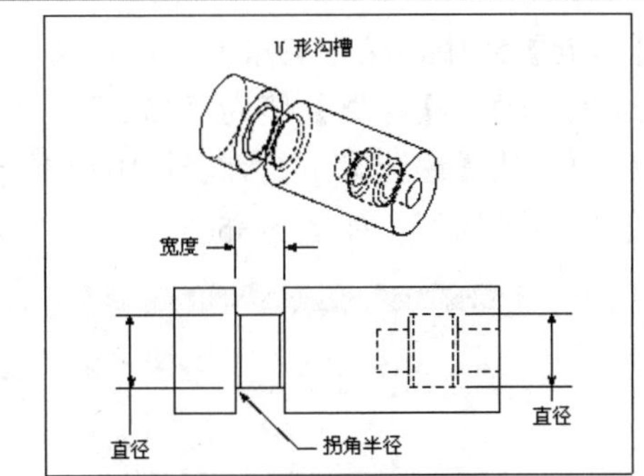

图 5-32　创建 U 形槽

5.2.9　实例：创建连接件

1. 操作要求

创建如图 5-33 所示的连接件。

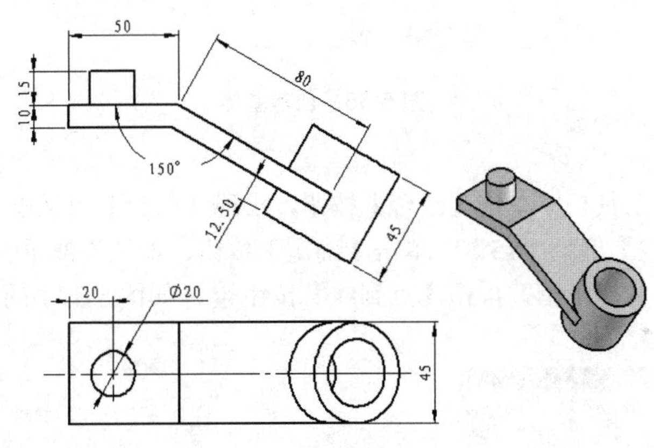

图 5-33　连接件

2. 操作步骤

(1) 打开文件。

打开“Examples\ch5\Case5.2.9.prt”文件。

(2) 创建基体。

① 在【特征】工具栏中单击【拉伸】按钮，出现【拉伸】对话框，激活【截面】组，单击【绘制草图】按钮，选择 YC-ZC 平面绘制草图，如图 5-34 所示。

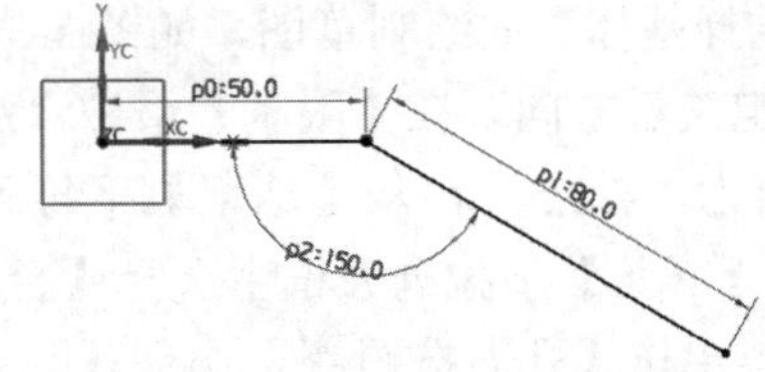

图 5-34　选择 YC-ZC 平面绘制草图

② 在【方向】组中，指定矢量方向。在【限制】组中，从【结束】下拉列表框中选择【对称值】选项，输入【距离】值为“45/2”；从【布尔】下拉列表框中选择【无】选项；在【偏置】组中，从【偏置】下拉列表框中选择【两侧】选项，输入【开始】值为“0”，输入【结束】值为“10”，如图 5-35 所示。

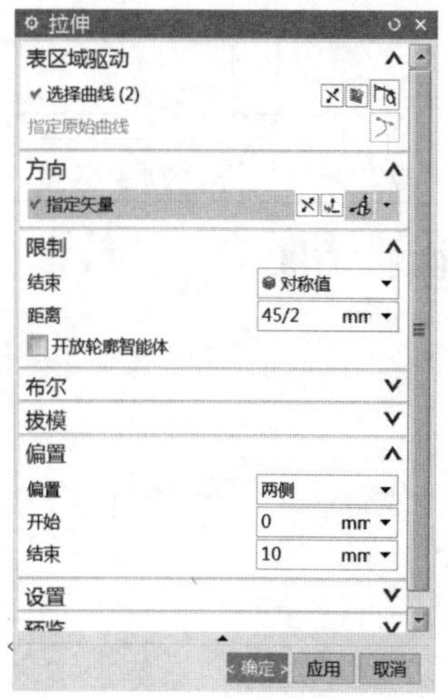

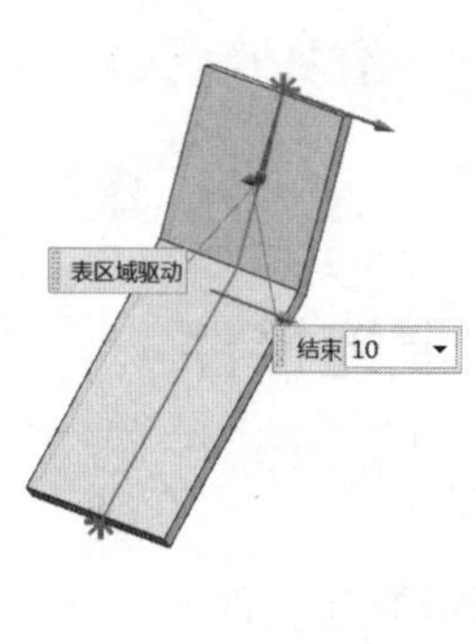

图 5-35 创建基体

(3) 创建凸台。

① 在【特征】工具栏中单击【凸台】按钮，出现【凸台】对话框，输入【直径】值为“20”，输入【高度】值为“15”，单击【确定】按钮，如图 5-36 所示。

② 出现【定位】对话框，单击【点到线】按钮，如图 5-37 所示，选择目标。

图 5-36 【凸台】对话框

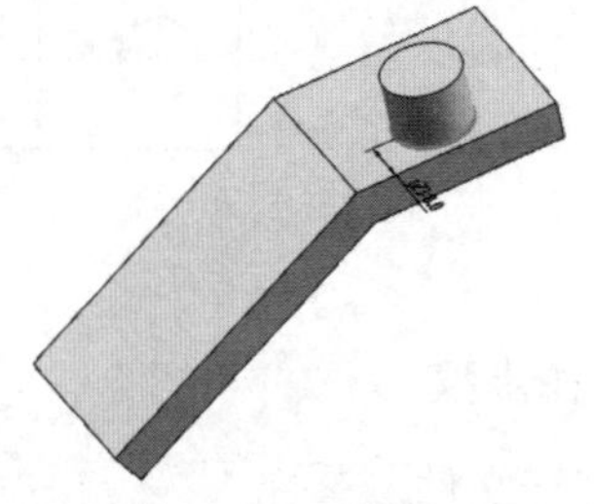

图 5-37 【点到线】定位

③ 单击【直线到直线】按钮，如图 5-38 所示，选择目标。

(4) 创建带孔凸台。

① 在【特征】工具栏中单击【拉伸】按钮，出现【拉伸】对话框，激活【截面】组，单击【绘制草图】按钮，选择基体表面绘制草图，如图 5-39 所示。

② 在【方向】组中，指定矢量方向。在【限制】组中，从【开始】下拉列表框中选择【值】选项，输入【距离】值为“-22.5”，从【结束】下拉列表框中选择【值】选项，输入【距离】值为“22.5”；从【布尔】下拉列表框中选择【合并】选项，如图 5-40 所示。

③ 在【特征】工具栏中，单击【孔】按钮，出现【孔】对话框，从【类型】下拉列表框中选择【常规孔】。在【位置】组中，选择圆心点作为孔的中心，在【方向】组中，

从【孔方向】下拉列表框中选择【垂直于面】选项。在【形状和尺寸】组中，从【成形】下拉列表框中选择【简单】选项。在【尺寸】组中，输入【直径】值为“30”，从【深度限制】下拉列表框中选择【贯通体】选项。在【布尔】组中，从【布尔】下拉列表框中选择【减去】选项，如图 5-41 所示。

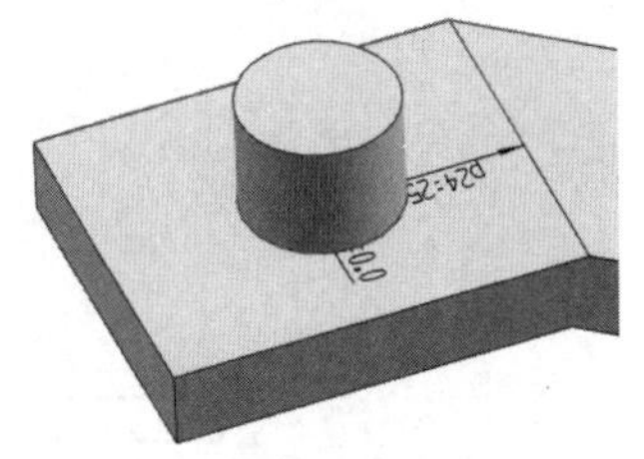

图 5-38　使用【直线到直线】定位方式

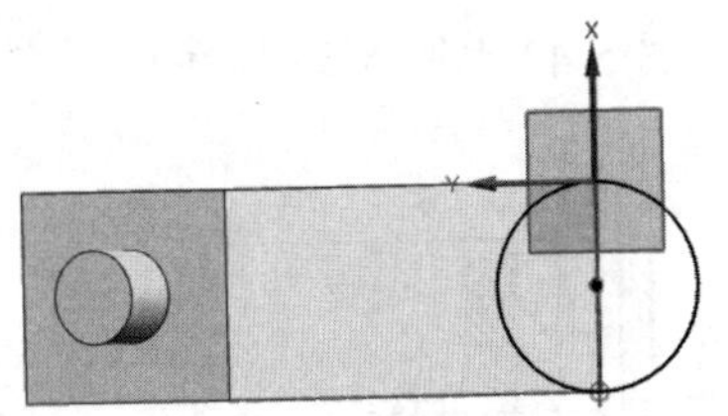

图 5-39　选择基体表面绘制草图

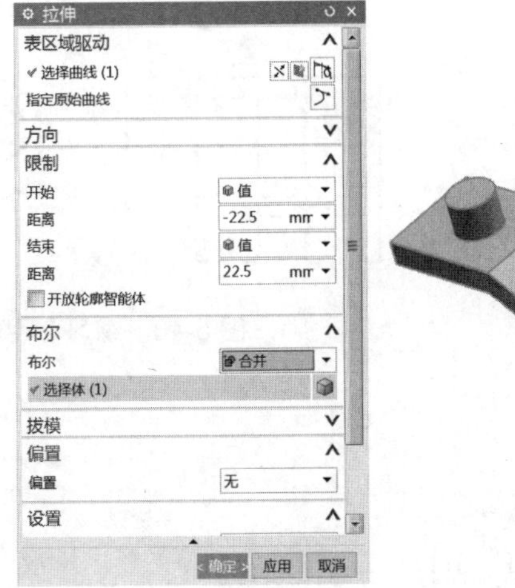

图 5-40　创建拉伸特征

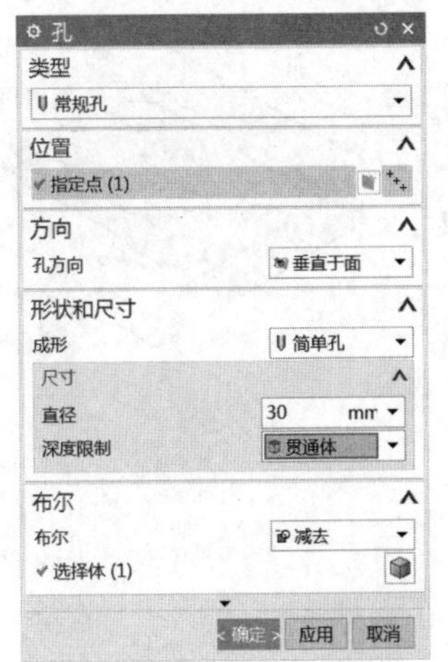

图 5-41　创建孔特征

(5) 保存文件。

练　习　题

操作题

完成图 5-42 至图 5-54 所示图形中的建模工作。

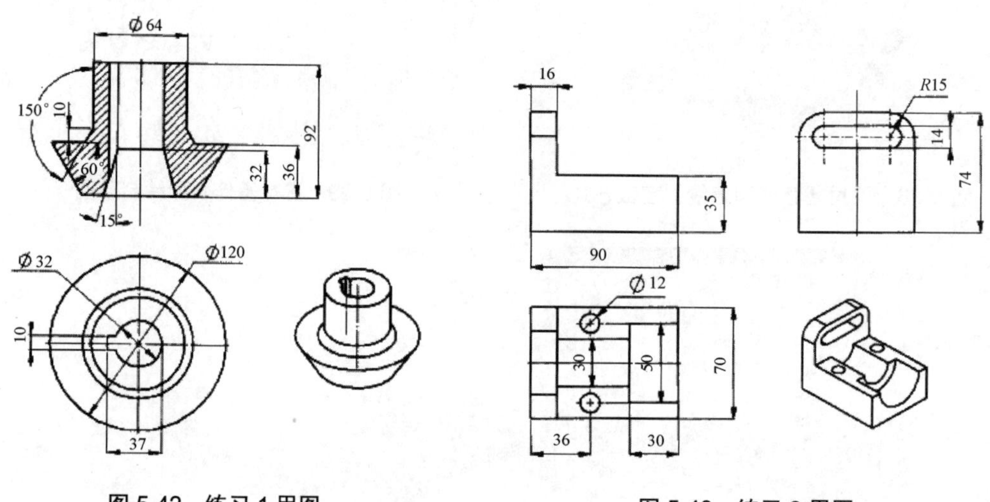

图 5-42　练习 1 用图

图 5-43　练习 2 用图

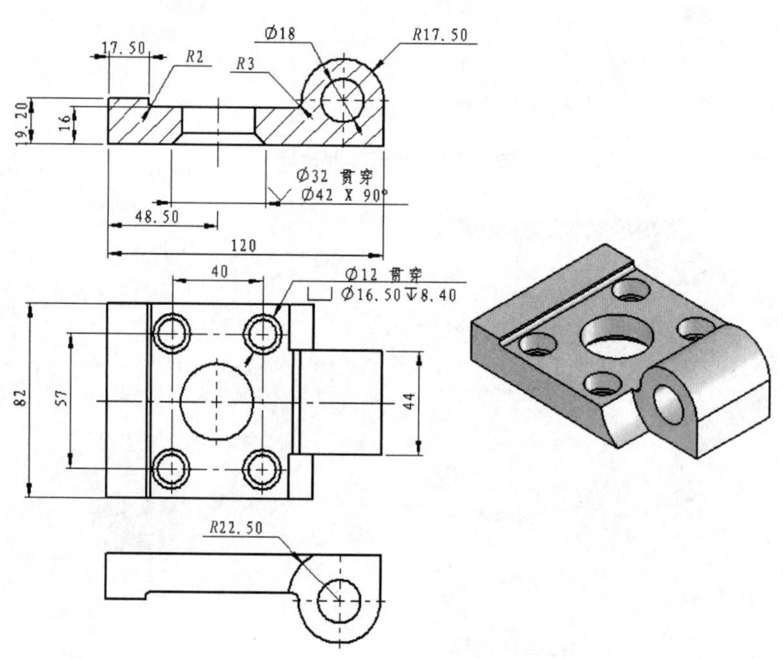

图 5-44　练习 3 用图

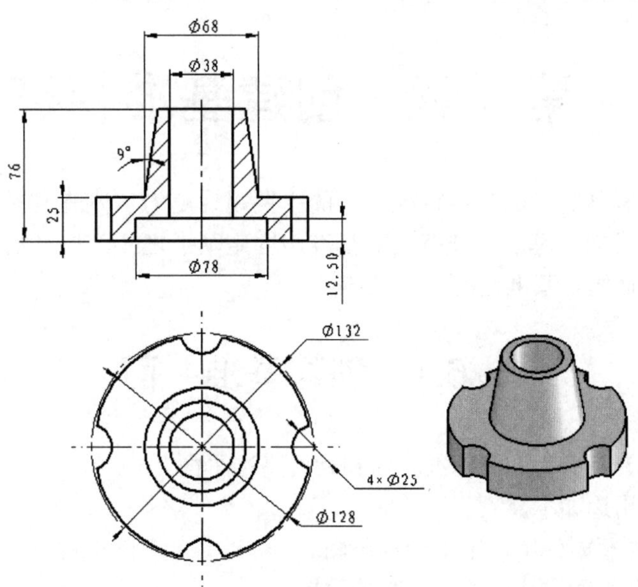

图 5-45　练习 4 用图

第 6 章　创建基准特征

基准特征是零件建模的参考特征，它的主要用途是为实体造型提供参考，也可以作为绘制草图时的参考面。基准特征有相对基准与固定基准之分。相对基准与被引用的对象之间具有相关性，而固定基准没有。

6.1　创建基准平面

【基准平面】可分为固定基准平面和相对基准平面。

基准平面的用途如下。

(1) 作为草图平面使用，用于绘制草图。

(2) 作为在非平面实体创建特征时的放置面。

(3) 为特征定位时作为目标边缘。

(4) 可作为水平参考和垂直参考。

(5) 在镜像实体或镜像特征时作为镜像平面。

(6) 修剪和分割实体的平面。

(7) 在工程图中作为截面或辅助视图的铰链线。

(8) 帮助定义相关基准轴。

6.1.1　实例：创建固定基准平面

固定基准平面是平行工作坐标系 WCS 或绝对坐标系的 3 个坐标平面的基准面，平行距离由【距离】选项给定。固定基准平面与坐标系没有相关性。

1. 操作要求

创建各种固定基准平面。

2. 操作步骤

(1) 打开文件。

打开“Examples\ch6\Case6.1.1.prt”文件。

(2) 在绝对或工作坐标系上创建基准平面。

① 选择【插入】|【基准/点】|【基准平面】命令或单击【特征操作】工具栏上的【基准平面】按钮，出现【基准平面】对话框，在【类型】组中选择【YC-ZC 平面】、【XC-ZC 平面】、【XC-YC 平面】选项，在【偏置和参考】组中选择 WCS 或【绝对】作为要使用的坐标系，在【距离】文本框中输入平行距离，如图 6-1 所示。

② 单击【应用】按钮，可创建单独的、分别平行于【YC-ZC 平面】或【XC-ZC 平面】或【XC-YC 平面】的固定基准平面，如图 6-2 所示。

(3) 使用系数创建基准平面。

在【类型】组的下拉列表框中选择【系数】选项，在【参数 a、b、c、d】输入框中输入参数，由方程 $ax+by+cz=d$ 确定任意一个固定基准平面，如图 6-3 所示。

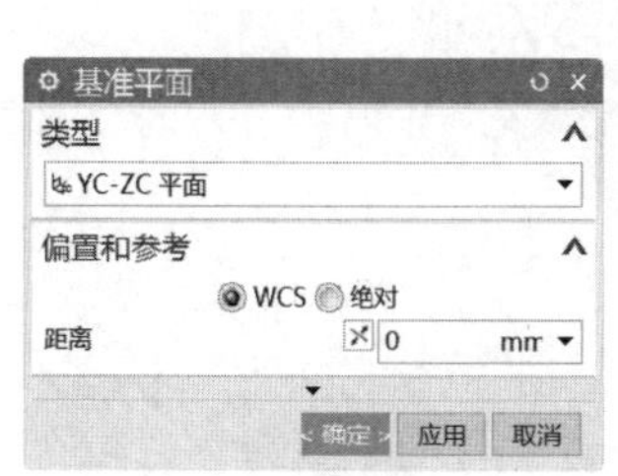

图 6-1　【基准平面】对话框

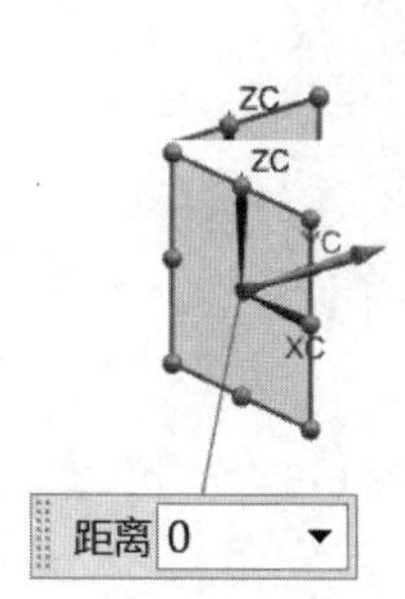

图 6-2　平行于【YC-ZC 平面】或【XC-ZC 平面】或【XC-YC 平面】的固定基准平面

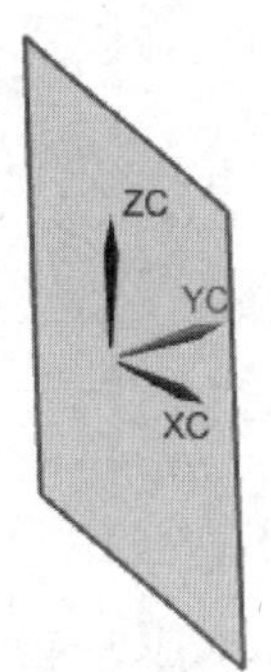

图 6-3　由方程式创建基准面

提示：要调整基准平面的大小，可拖动手柄调整。

6.1.2　实例：创建相对基准平面

相对基准平面由创建它的几何对象所约束，一个约束是基准上的一个限制。该基准与对象上的表面、边、点等对象相关。当所约束的对象修改了，则相关的基准平面自动更新。

1. 操作要求

创建图 6-4 至图 6-10 所示各种相对基准平面。

2. 操作步骤

(1) 打开文件。

打开“Examples\ch6\Case6.1.2.prt”文件。

(2) 按某一距离创建基准面。

选择【插入】|【基准/点】|【基准平面】命令或单击【特征操作】工具栏上的【基准平面】按钮，出现【基准平面】对话框，在【类型】组中选择【自动推断】，选择实体模型的平面或基准面，系统将自动推断为【按某一距离】创建基准面。在【距离】文本框中输入偏移距离(偏置箭头方向为偏置正值方向、箭头反方向为负值方向)，如图 6-4 所示。

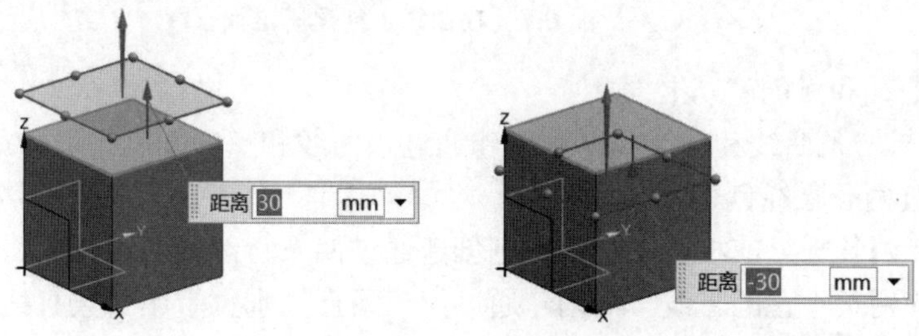

图 6-4　按某一距离创建基准面

(3) 二等分基准面。

如果选择两个平行的或不平行的面，将创建两个面的二等分基准面，如图 6-5 所示。

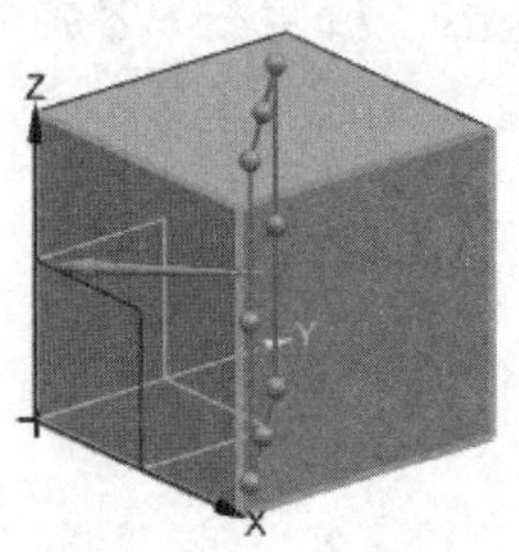

图 6-5　创建二等分基准面

(4) 成一角度创建基准面。

如果选择一个平面和平行于该平面的一个边缘时，将创建通过该边缘并与平面成一角度的基准平面，系统自动推断为【成一角度】创建基准面，如图 6-6 所示。

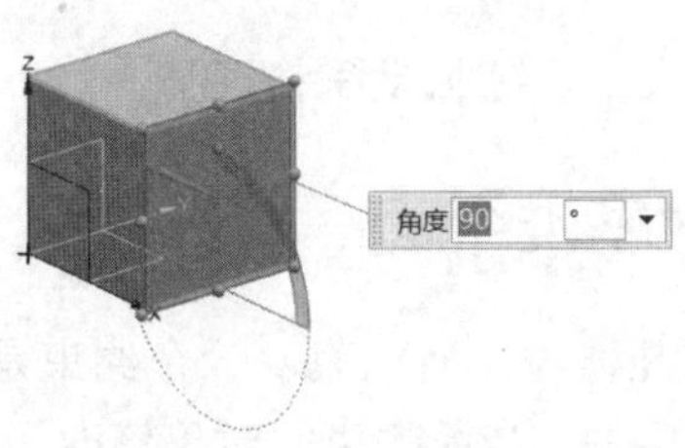

图 6-6　成一角度创建基准面

(5) 在曲线上创建基准面。

如果选择实体模型的边缘(直线或曲线)，将创建垂直约束边的基准平面(边缘选择点的切向为基准面的法向)。在【弧长】输入框中输入位置值或【弧长百分比】输入框中输入总长的百分位，如图 6-7 所示。

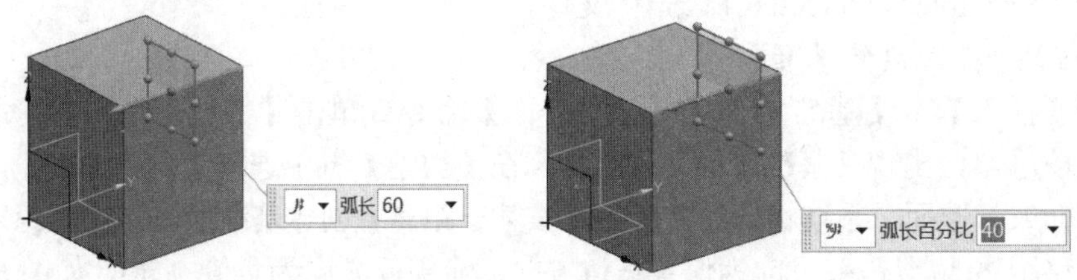

图 6-7　在曲线上创建基准面

(6) 用曲线和点创建基准面。

如果选择一条曲线和一个点，则创建通过该曲线和点的基准平面，如图 6-8 所示。

(7) 通过两条直线创建基准面。

① 选择两条平行或相交的直线，则创建通过两条直线的基准平面，如图 6-9 所示。

② 选择两条垂直的直线，则创建通过第一条直线垂直于第二条直线的基准平面；单击【备选解】按钮，创建通过第二条直线垂直于第一条直线的基准平面，如图 6-10 所示。

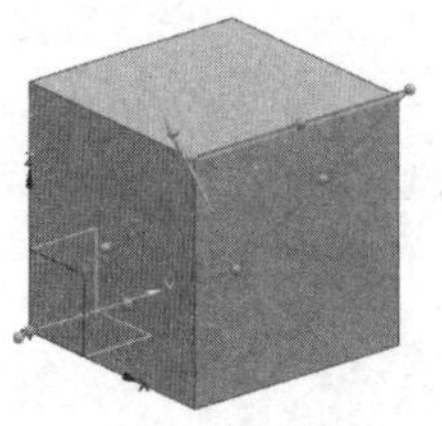

图 6-8　用曲线和点创建基准面

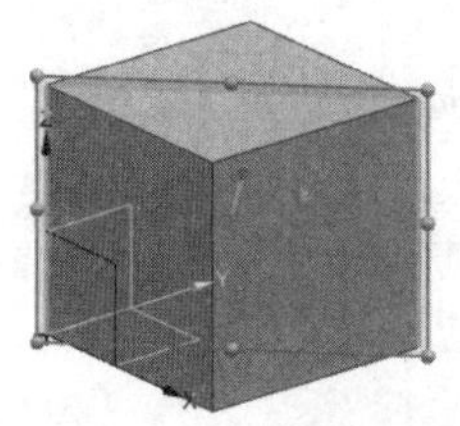

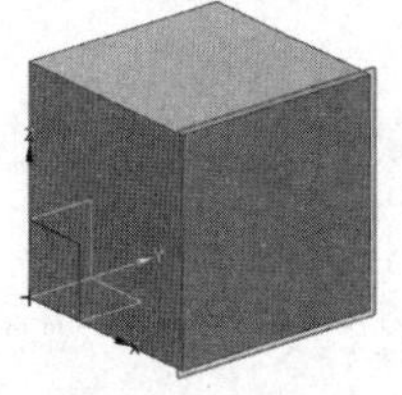

图 6-9　通过两条平行或相交的直线创建基准面

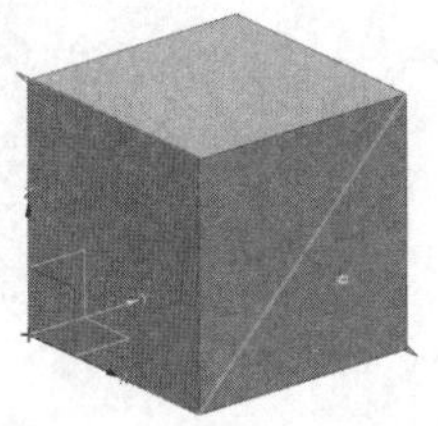

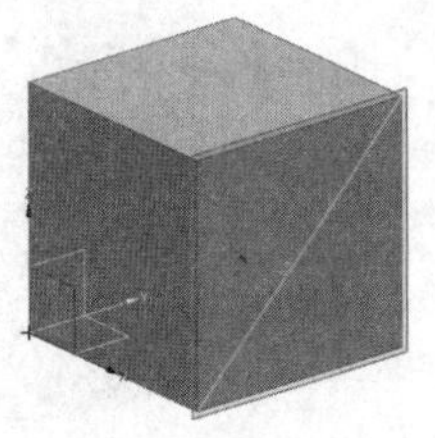

图 6-10　用两条垂直的直线创基准面

③ 如果选择两条任意的直线(非平行、垂直、相交)，则创建通过第一条直线平行于第二条直线的基准平面；单击【备选解】按钮，创建通过第二条直线平行于第一条直线的基准平面，如图 6-11 所示。

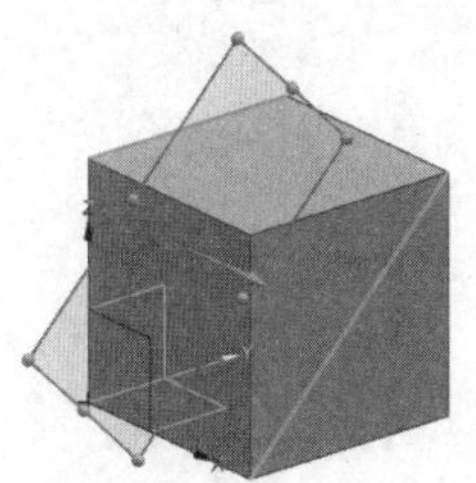

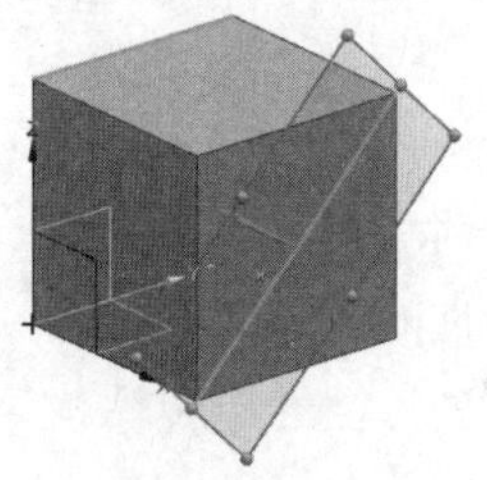

图 6-11　用两条任意的直线创建基准面

(8) 选择点创建基准面。

① 如果选择一个边缘上的点，则创建通过该点、垂直边缘的基准平面，如图 6-12 所示。边缘方向作为基准平面的法矢量方向。

② 如果选择一个点，指定基准平面的法矢量方向，则创建通过该点、垂直于该矢量方的基准平面，如图 6-13 所示。

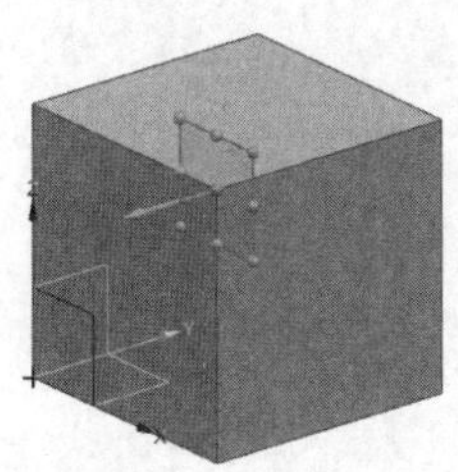

图 6-12　选择一个边缘上的点创建基准面

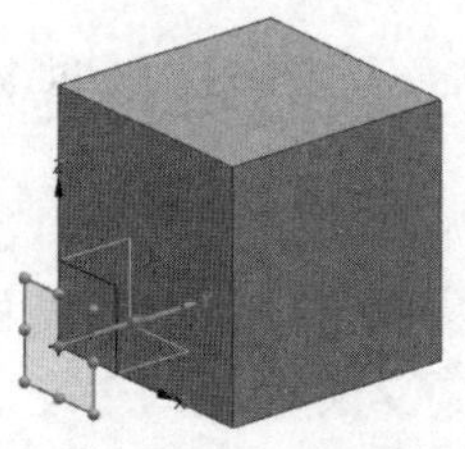

图 6-13　选择一个点并指定基准平面的法矢量方向创建基准面

(9) 相切基准面。

① 对于圆柱体(或圆锥、圆台)的表面，创建一个相切的基准面，如图 6-14 所示。

② 对于圆柱体(或圆锥、圆台)的轴线，创建一个通过轴线的基准面，如图 6-15 所示。

③ 对于圆柱体(或圆锥、圆台)的表面，创建一个与圆柱相切的并与另一面成一定角度的基准面，如图 6-16 所示。

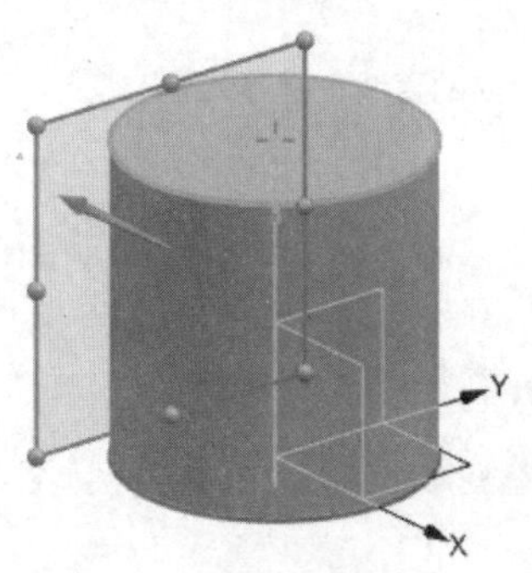

图 6-14 选择圆柱体表面创建相切基准面

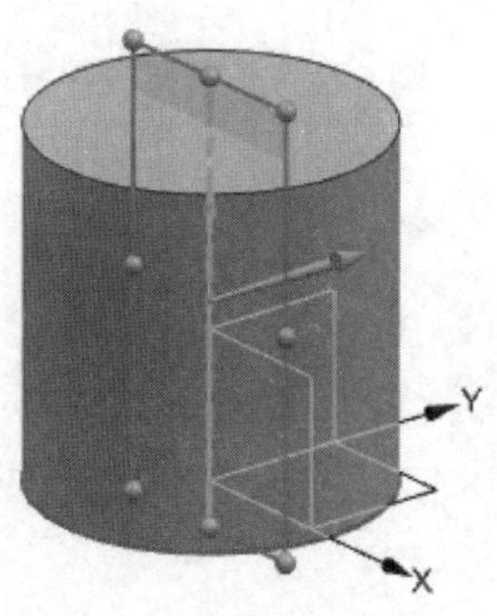

图 6-15 选择圆柱体轴线创建基准面

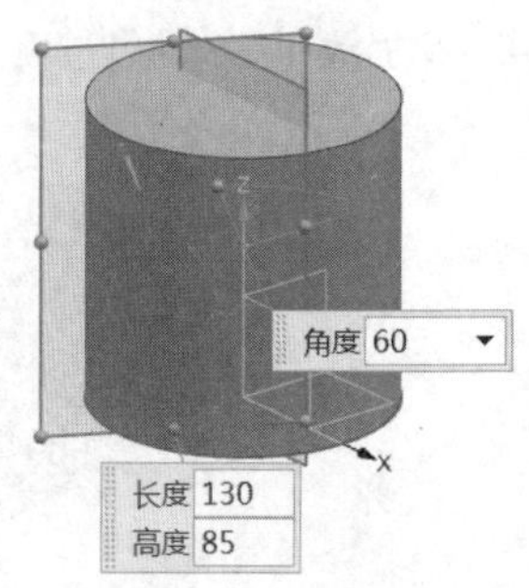

图 6-16 创建一个与圆柱相切的并与另一面成一定角度的基准面

6.2 创建基准轴

【基准轴】可分为固定基准轴和相对基准轴。

基准轴的用途如下。

(1) 作为旋转特征的旋转轴。

(2) 作为环形阵列特征的旋转轴。

(3) 作为基准平面的旋转轴。

(4) 作为矢量方向参考。

(5) 作为特征定位的目标边。

6.2.1 固定基准轴

固定基准轴是固定在工作坐标系 WCS 的 3 个坐标轴的基准轴，如图 6-17 所示。固定基准轴与工作坐标系 WCS 没有相关性。

6.2.2 实例：创建相对基准轴

相对基准轴由创建它的几何对象所约束，一个约束是基准上的一个限制。该基准与对象上的表面、边、点等对象相关。当所约束的对象修改了，则相关的基准轴自动更新。

图 6-17 WCS 的 3 个坐标轴的基准轴

1. 操作要求

创建图 6-18 至图 6-22 所示图形中所表示的基准特征。

2. 操作步骤

(1) 打开文件。

打开“Examples\ch6\Case6.2.2.prt”文件。

(2) 通过两点创建基准轴。

选择【插入】|【基准/点】|【基准轴】命令或单击【特征操作】工具栏上的【基准轴】按钮↑，出现【基准轴】对话框，通过选择两点创建基准轴，点可以是边缘的中点或端点，如图 6-18 所示。

注意：点的选择顺序决定了基准轴的矢量方向。

(3) 通过边缘创建基准轴。

通过选择直线边缘创建基准轴，如图 6-19 所示。

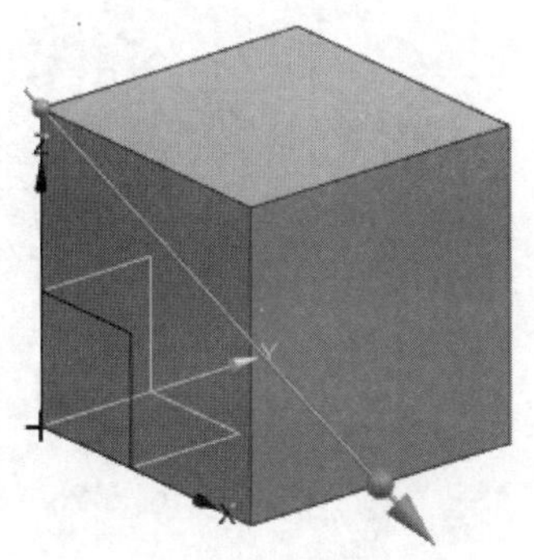

图 6-18　通过两点创建基准轴

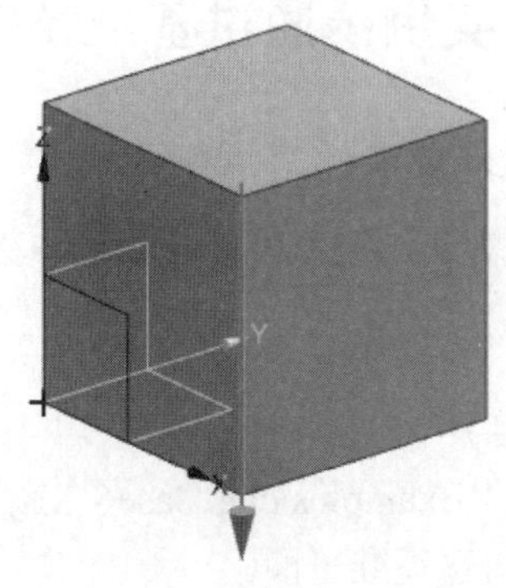

图 6-19　通过边缘创建基准轴

注意：由选择边缘时的选择位置决定基准轴的矢量方向。

(4) 通过圆柱、圆锥或旋转体轴线创建基准轴。

通过选择圆柱、圆锥或旋转体，过轴线创建基准轴，如图 6-20 所示。

注意：圆柱、圆锥或旋转体创建时的轴方向决定了基准轴的方向。

(5) 通过两个基准面的交线创建基准轴。

通过选择两个基准面，在相交的位置创建基准轴，如图 6-21 所示。

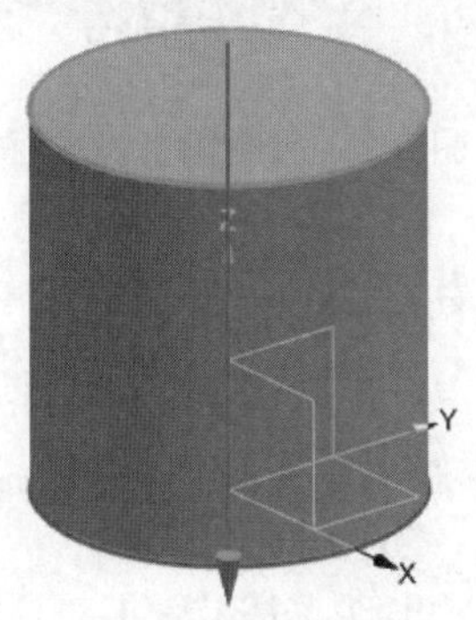

图 6-20　通过圆锥创建基准轴

图 6-21　通过两个基准面的交线创建基准轴

(6) 通过一点并与曲线或边缘相切或垂直创建基准轴。

通过选择一条曲线，再选择曲线位置点可创建切向、法向、面法向方向的基准轴，如

图 6-22 所示。

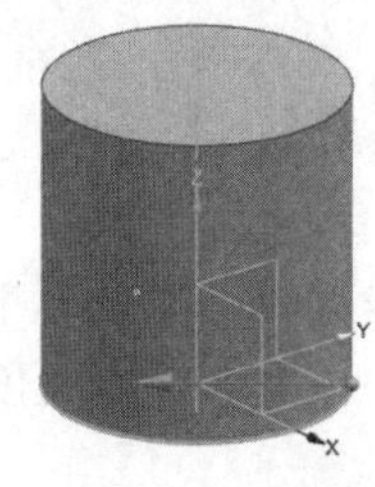
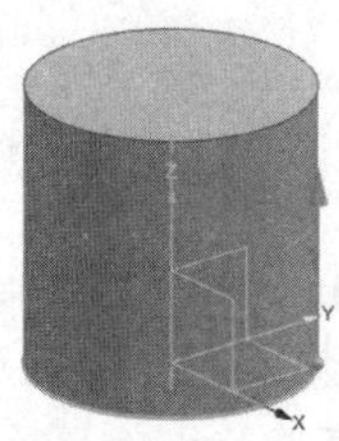

图 6-22　通过一点并与曲线或边缘相切或垂直创建基准轴

注意：单击【备选解】按钮，切换方向。点的位置可通过弧长或弧长百分比确定。

6.2.3　实例：通过基准特征建模

1. 操作要求

使用基准特征建模创建如图 6-23 所示的模型。

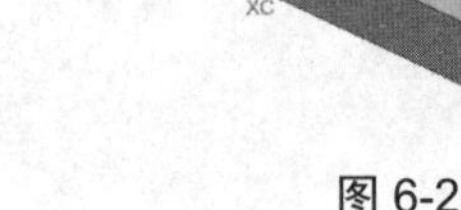

图 6-23　模型

2. 操作步骤

(1) 打开文件。

打开“Examples\ch6\Case6.2.3.prt”文件。

(2) 创建基准平面。

① 单击【特征操作】工具栏中的【基准平面】按钮，出现【基准平面】对话框，选择实体模型的两个面，创建二等分基准平面，如图 6-24 所示，单击【确定】按钮。

② 选择前表面，在【偏置】组中的【距离】输入框中输入“36”，创建等距基准平面，如图 6-25 所示，单击【确定】按钮。

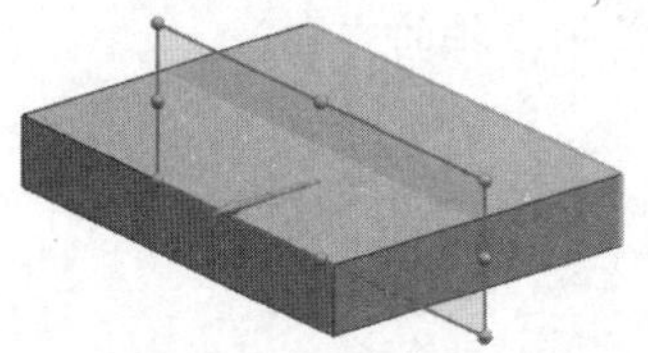

图 6-24　创建二等分基准面

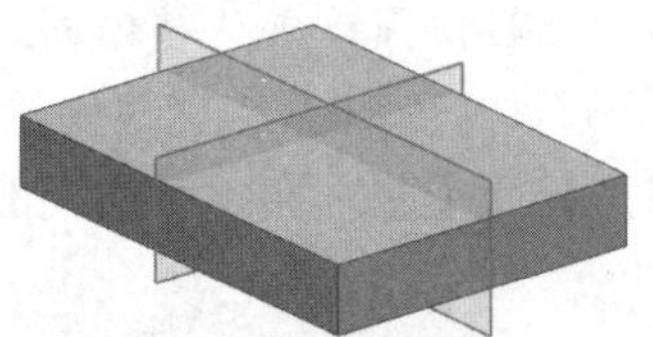

图 6-25　创建等距基准面

③ 单击【特征操作】工具栏中的【基准轴】按钮，出现【基准轴】对话框，选择新建的两个基准平面，建立基准轴，如图 6-26 所示，单击【确定】按钮。

④ 单击【特征操作】工具栏中的【基准平面】按钮，出现【基准平面】对话框，选择基准轴和新建等距基准平面，在【角度】组的【角度】输入框中输入“30”，如图 6-27 所示，单击【确定】按钮。

⑤ 单击【特征操作】工具栏中的【基准轴】按钮，出现【基准轴】对话框，选择新建基准面和上表面建立基准轴，如图 6-28 所示，单击【确定】按钮。

⑥ 单击【特征操作】工具栏中的【基准平面】按钮，出现【基准平面】对话框，选择基准轴和上表面，在【角度】组的【角度】输入框中输入“−75”，如图 6-29 所示，单击

【确定】按钮。

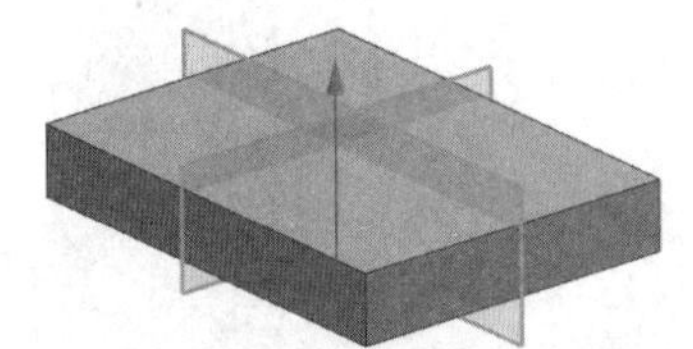

图 6-26　建立基准轴

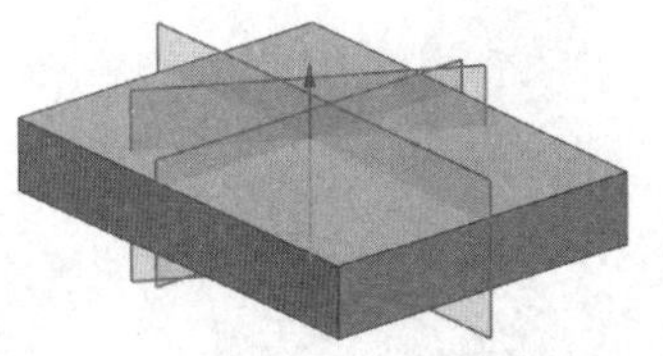

图 6-27　建立基准面

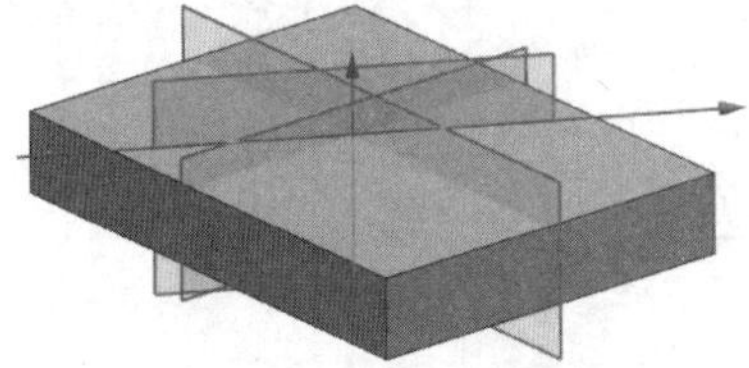

图 6-28　建立基准轴

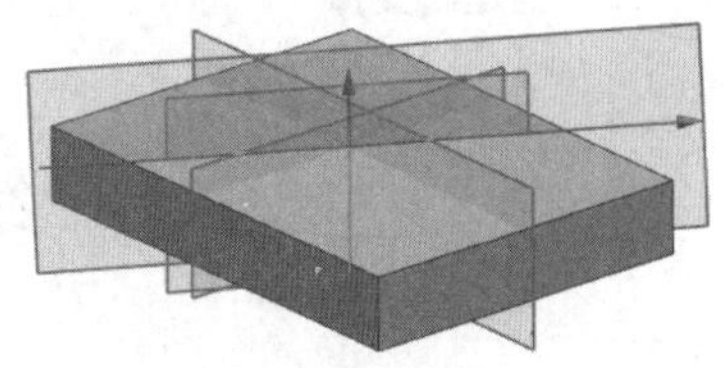

图 6-29　建立斜支撑草图基准面

⑦ 将所建辅助基准面移到 62 层，并隐藏 62 层，如图 6-30 所示。

⑧ 绘制草图，如图 6-31 所示。

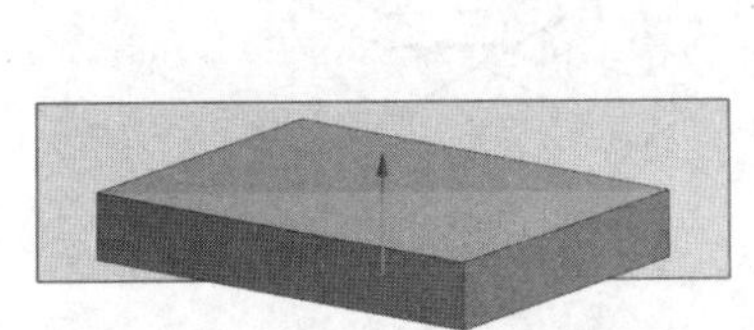

图 6-30　隐藏基准面

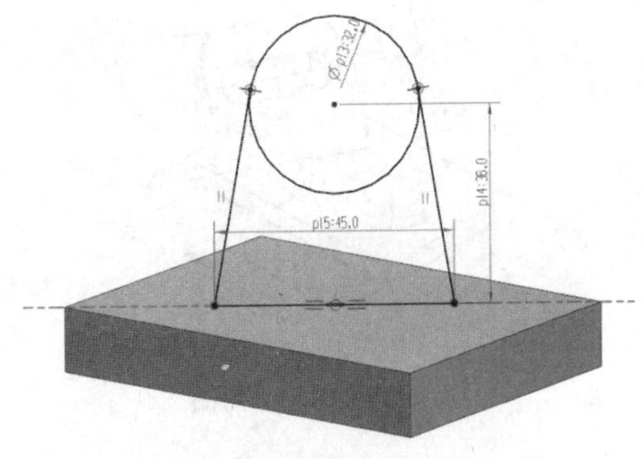

图 6-31　绘制草图

⑨ 单击【特征】工具栏中的【拉伸】按钮，出现【拉伸】对话框，在【截面】组中，激活【选择曲线】，在图形区选择截面曲线，在【限制】组从【结束】下拉列表框中选择【值】选项，在【距离】输入框中输入“10”，在【布尔】组，从【布尔】下拉列表框中选择【求和】选项，在图形区选择求和体，如图 6-32 所示，单击【确定】按钮。

⑩ 在【特征】工具栏中单击【孔】按钮，出现【孔】对话框，从【类型】下拉列表框中选择【常规孔】选项。激活【位置】组，单击【点】按钮，选择面圆心点作为孔的中心，在【方向】组中的【孔方向】下拉列表框中选择【垂直于面】选项。在【形状和尺寸】组中的【成形】下拉列表框中选择【孔】选项。在【尺寸】组中输入【直径】值为 12，从【深度限制】下拉列表框中选择【贯通体】选项，创建的孔如图 6-33 所示。

⑪ 将草图移到 21 层，将基准面、基准轴移到 61 层。

⑫ 将 61 层和 21 层设为“不可见”。

效果如图 6-34 所示。

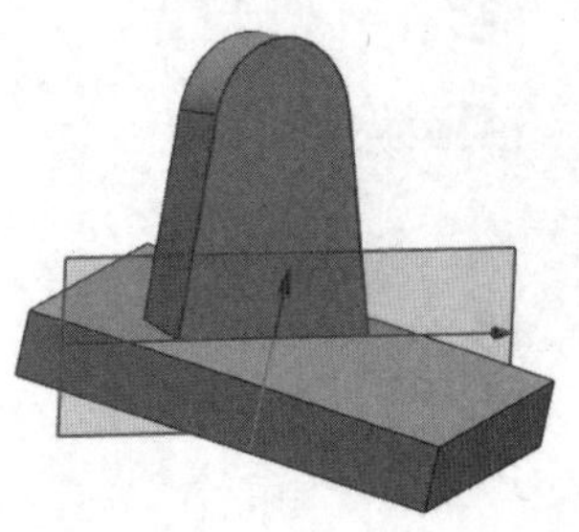

图 6-32 创建斜支撑

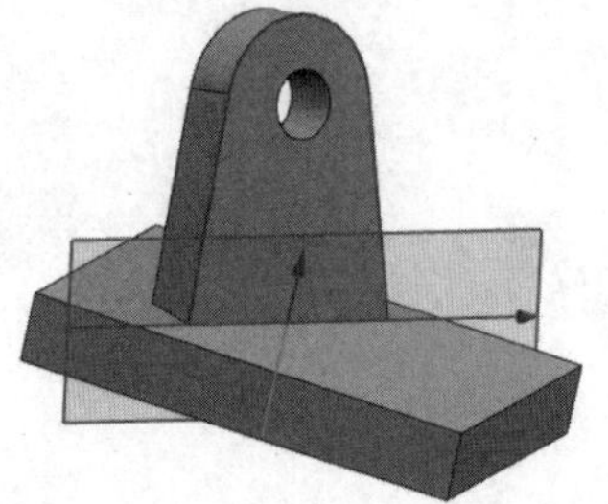

图 6-33 创建孔

图 6-34 完成建模

练 习 题

操作题

完成图 6-35 至图 6-37 所示图形中的建模工作。

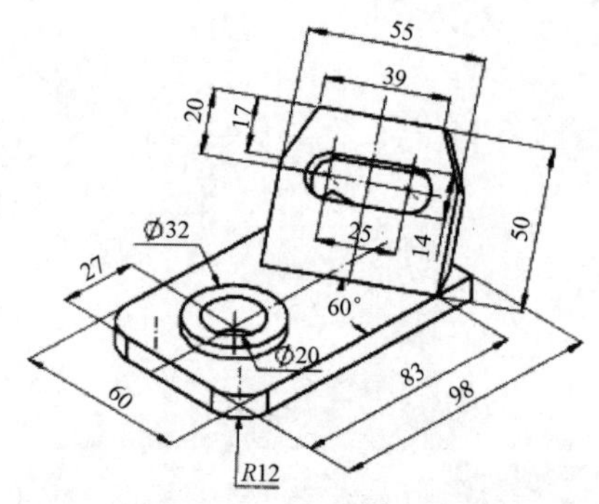

图 6-35 练习 1 用图

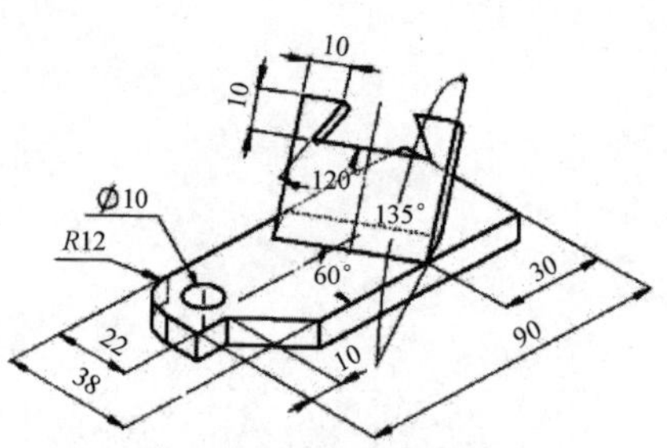

图 6-36 练习 2 用图

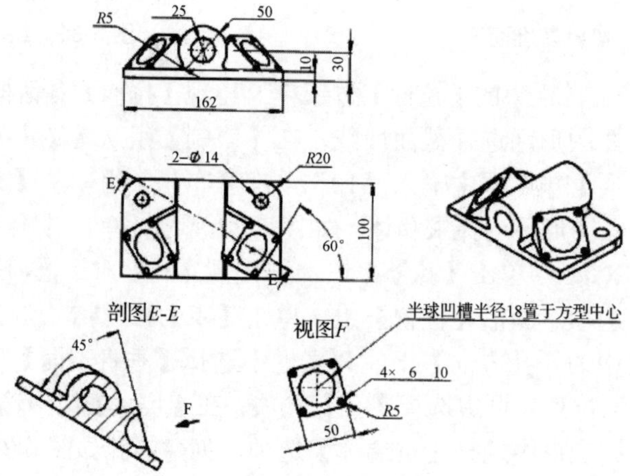

图 6-37 练习 3 用图

第 7 章　仿真精加工过程的特征

用于仿真精加工过程的主要特征如下。

① 边缘操作：边倒圆、面倒圆、软倒圆和倒斜角。

② 面操作：拔模、体拔模、偏置面、修补、分割面和连接面。

③ 体操作：抽壳、螺纹、缝合、包裹几何体、缩放体、拆分体、修剪体和实例特征。

7.1　边 缘 操 作

边缘操作可用于提供附加的定义到模型边缘。这些选项包括边倒圆、面倒圆、软倒圆和倒斜角等。

选择【插入】|【细节特征】子菜单中的命令或单击【特征操作】工具栏上的相关按钮，如图 7-1 和图 7-2 所示。

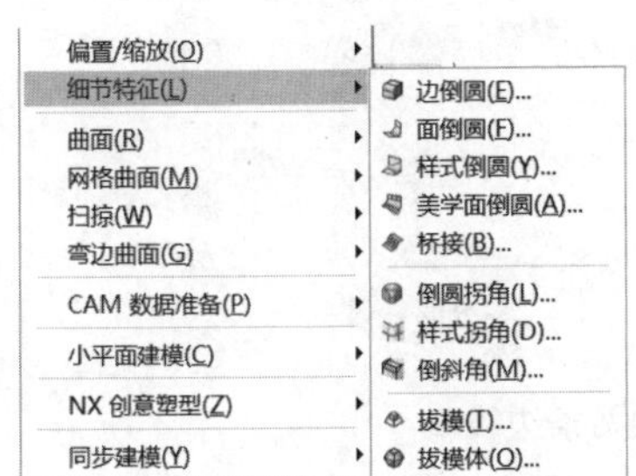

图 7-1　【细节特征】子菜单中的命令

图 7-2　【特征操作】工具栏

7.1.1　边倒圆概述

边倒圆特征是用指定的倒圆尺寸将实体的边缘变成圆柱面或圆锥面，倒圆尺寸为构成圆柱面或圆锥面的半径。边倒圆分为等半径倒圆和变半径倒圆。

倒圆时系统增加材料或减去材料取决于边缘类型。对于外边缘(凸)是减去材料，对于内边缘(凹)是增加材料。不管是增加材料还是减去材料，都缩短了相交于所选边缘的两个面的长度，倒圆允许将两个面全部倒掉，当继续增加倒圆半径时，就会形成陡峭边倒圆，如图 7-3 所示。

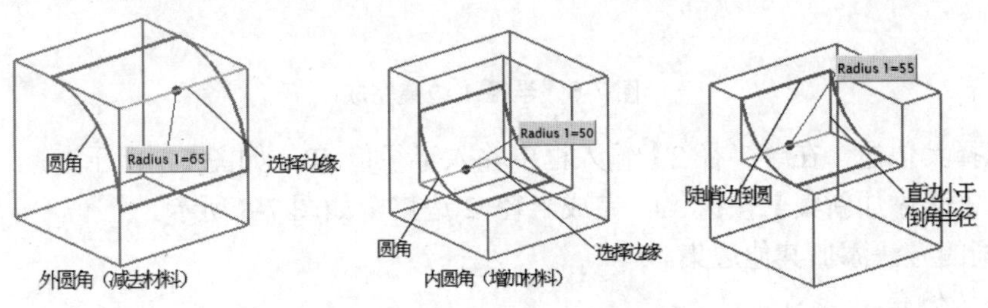

图 7-3　内边缘、外边缘倒圆

7.1.2 实例：恒定半径倒圆

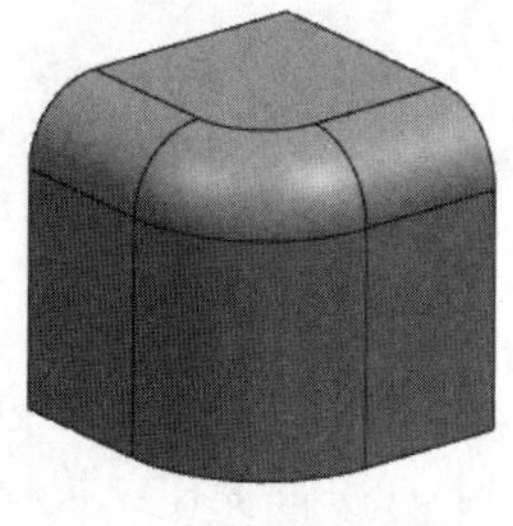

图 7-4 恒定的半径倒圆

1. 操作要求

创建如图 7-4 所示的恒定半径倒圆。

2. 操作步骤

(1) 打开文件。

打开“Examples\ch7 \Case7.1.2.prt”文件。

(2) 创建倒圆特征。

选择【插入】|【细节特征】|【边倒圆】命令，打开【边倒圆】对话框，在【边】组中激活【选择边】，为第一个边集选择一条或多条边，在【半径 1】输入框中输入半径值 25，如图 7-5 所示。

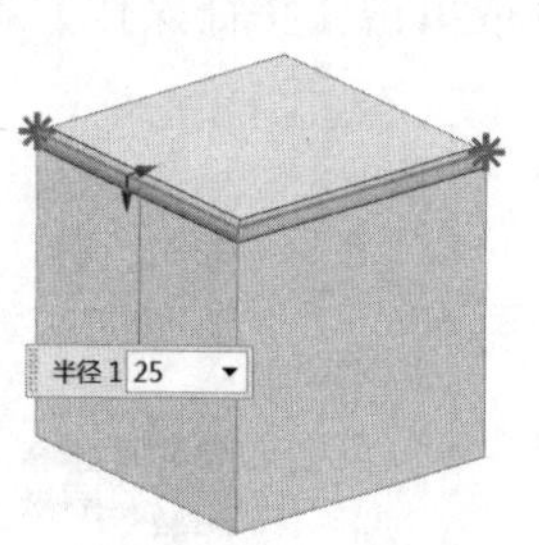

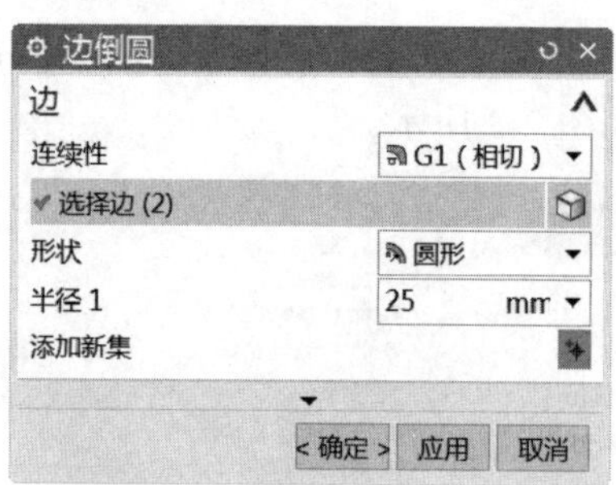

图 7-5 为第一个边集选择的两条边线串

说明：这些边不必都连接在一起，但它们必须都在同一个体上。

(3) 添加新集。

①单击【添加新集】按钮，完成【半径 1】边集，如图 7-6 所示。

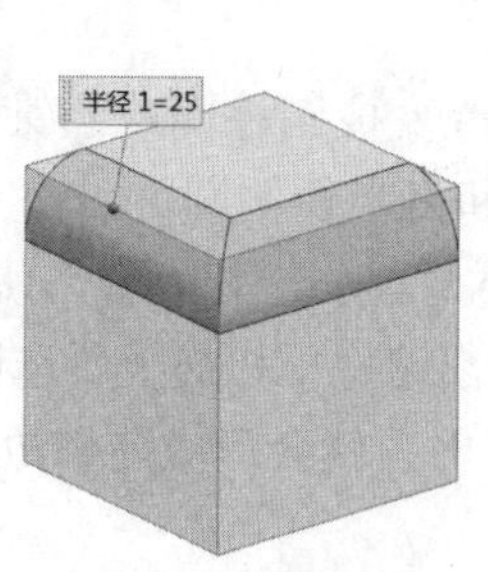

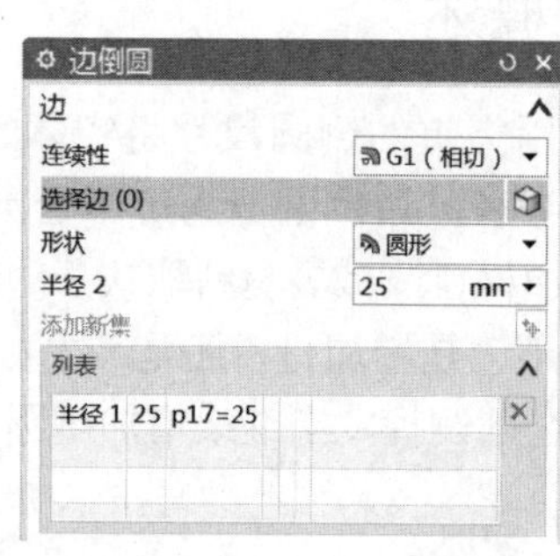

图 7-6 半径 1 边集完成

② 选择其他边，在【半径 2】输入框中输入半径值 50，如图 7-7 所示。

③ 单击【添加新集】按钮，完成半径 2 边集，如图 7-8 所示。

用相同的方法添加其他边集。

(4) 完成倒角。

单击【确定】按钮，创建边倒圆特征。

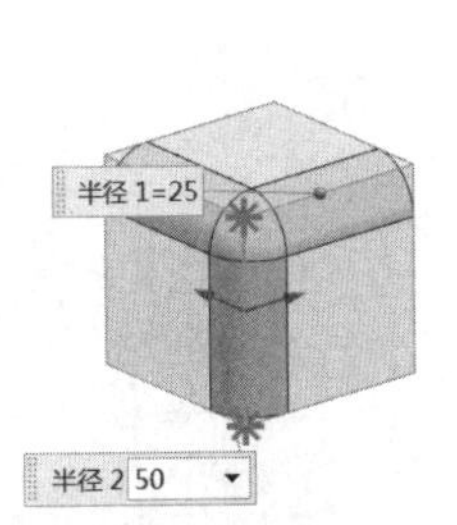

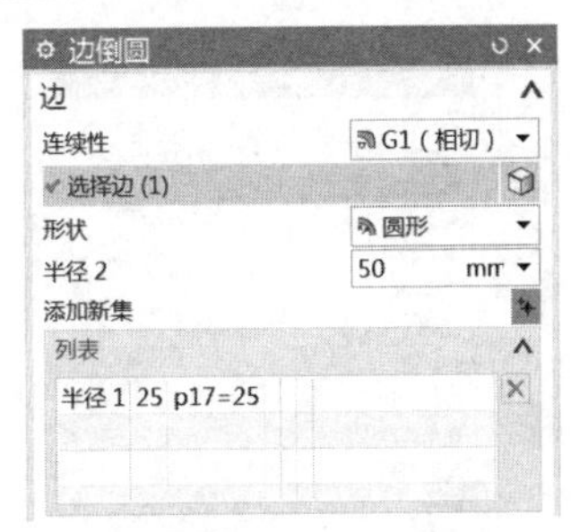

图 7-7　为半径 2 边集选择边

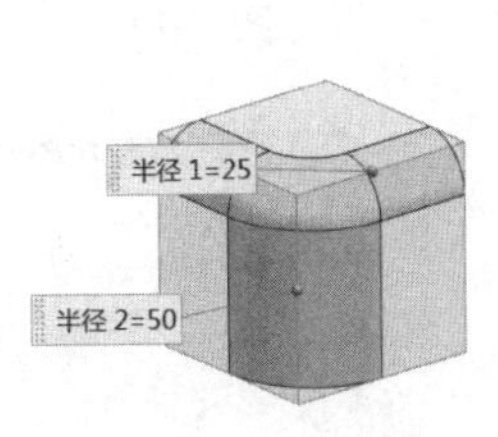

图 7-8　半径 2 边集完成

7.1.3　实例：变半径倒圆

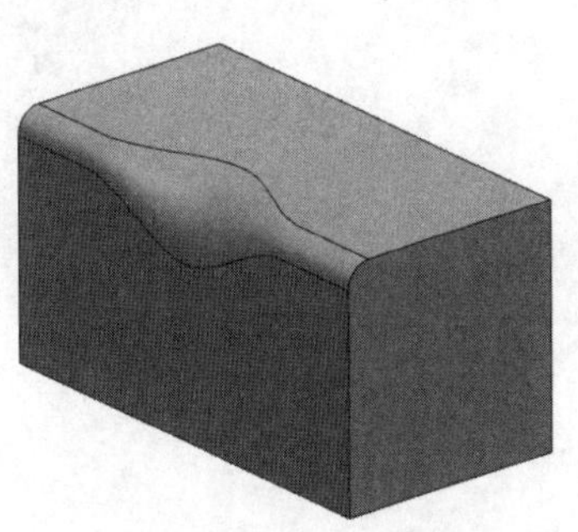

图 7-9　变半径倒圆

1. 操作要求

创建如图 7-9 所示的变半径倒圆。

2. 操作步骤

(1) 打开文件。

打开“Examples\ch7\Case7.1.3.prt”文件。

(2) 创建倒圆特征。

选择【插入】|【细节特征】|【边倒圆】命令，打开【边倒圆】对话框，在【边】组中单击【选择边】，为第一个边集选择一条边，如图 7-10 所示。

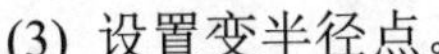

(3) 设置变半径点。

在【变半径】组中，激活【指定新的位置】。在所选的边上建立 3 个变半径点，所添加的每个变半径将显示拖动手柄和点手柄，如图 7-11 所示。变半径将标识为 V 半径 1、V 半径 2 等，并且同样出现在对话框和动态输入框中。

(4) 为变半径指定新的半径值，如图 7-12 所示。

① 选择第 1 个变半径点，在【V 半径 1】文本框中输入“10”，在【位置】下拉列表框中选择【弧长百分比】选项，在【弧长百分比】输入框中输入“80”。

② 选择第 2 个变半径点，在【V 半径 2】输入框中输入“30”，在【位置】下拉列表框中选择【弧长百分比】选项，在【弧长百分百】输入框中输入“50”。

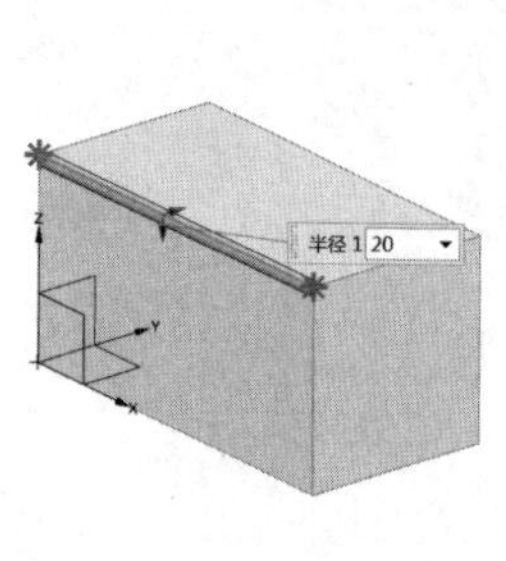

图 7-10　完成的边集

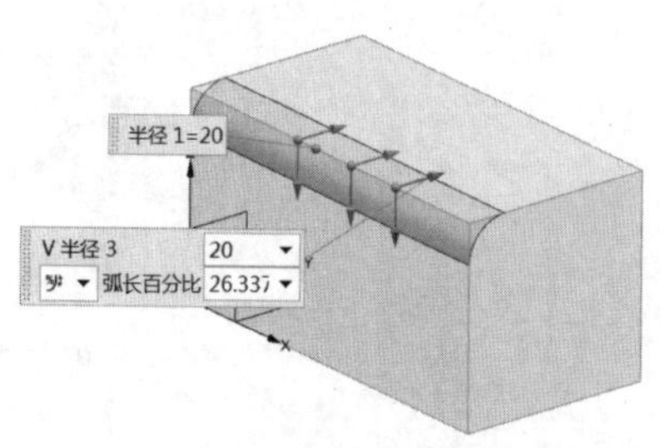

图 7-11　3 个变半径的手柄

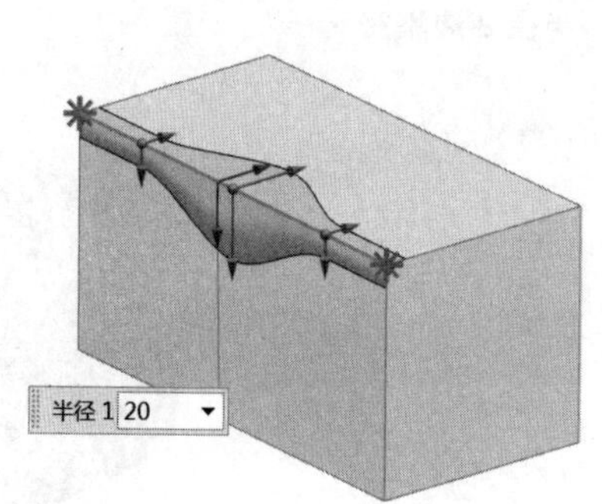

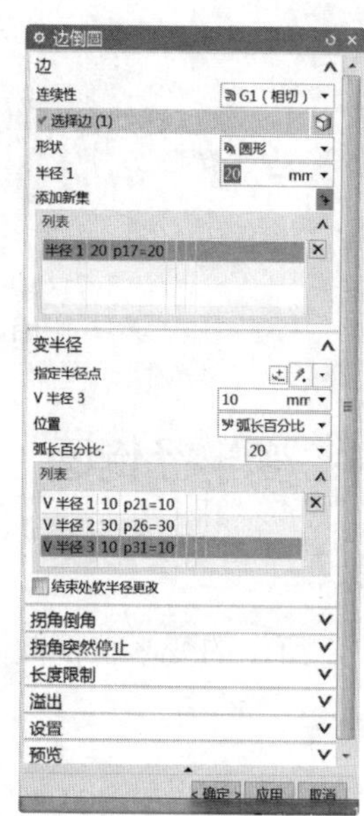

图 7-12　可变半径倒角

③ 选择第 3 个变半径点，在【V 半径 3】输入框中输入“10”，在【位置】下拉列表框中选择【弧长百分比】选项，在【弧长百分比】输入框中输入“20”。

(5) 完成倒角。

单击【确定】按钮，创建带有变半径的圆角特征。

7.1.4　实例：拐角回切

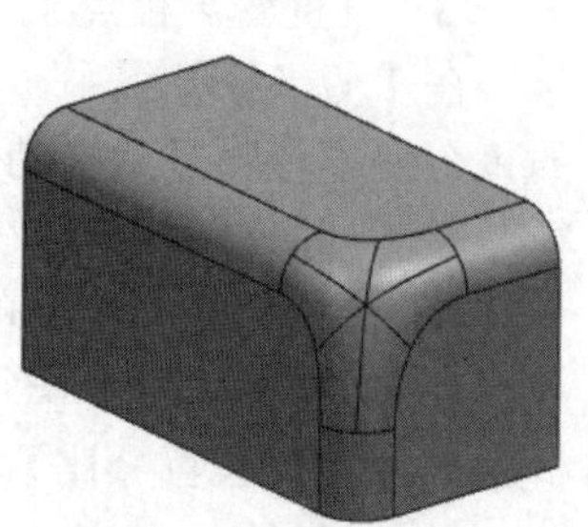

图 7-13　拐角倒角模型

1. 操作要求

创建如图 7-13 所示的拐角倒角。

2. 操作步骤

(1) 打开文件。

打开“Examples\ch7\Case7.1.4.prt”文件。

(2) 创建倒圆特征。

选择【插入】|【细节特征】|【边倒圆】命令，打开【边倒圆】对话框，在【边】组中激活【选择边】，为边集选择边，如图 7-14 所示。

(3) 确定拐角倒角点。

在【拐角倒角】组中，激活【选择终点】。选择至少具有 3 条边的圆角拐角的顶点。拐角回切在顶点处以默认值显示，并沿 3 条边对齐，如图 7-15 所示。

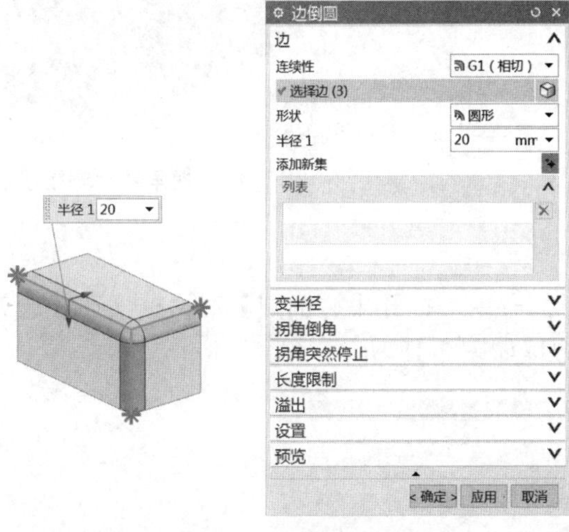

图 7-14　完成的边集

半径 1=20
点 1 倒角 1 10
点 1 倒角 2 10
点 1 倒角 3 10

图 7-15　选择拐角顶点后出现默认拐角回切手柄

(4) 指定每个回切的回切距离，如图 7-16 所示。

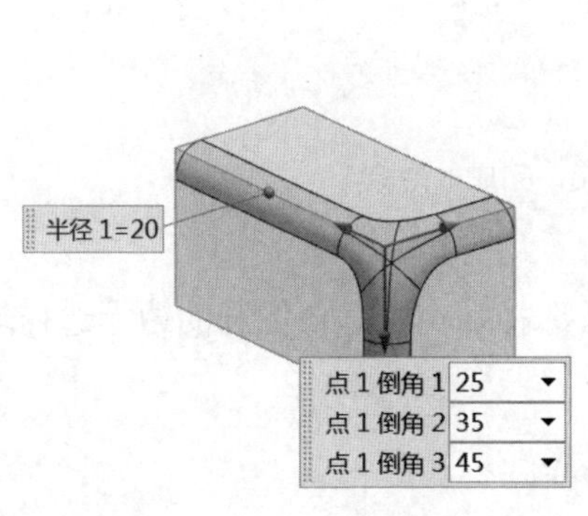

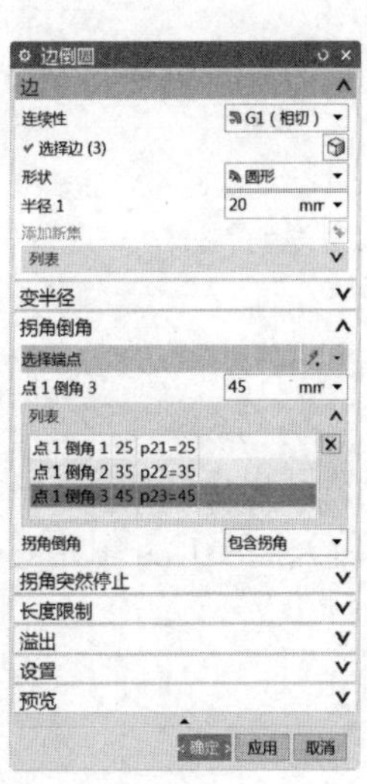

图 7-16　新的回切距离更改了拐角的形状

① 在【拐角倒角】组中的【列表】中选择【点 1 倒角 1】，在【点 1 倒角 1】输入框中输入“25”。

② 在【拐角倒角】组中的【列表】中选择【点 2 倒角 2】，在【点 2 倒角 2】输入框中输入“35”。

③ 在【拐角倒角】组中的【列表】中选择【点 3 倒角 3】，在【点 3 倒角 3】输入框中输入“45”。

(5) 单击【确定】按钮，创建带回切拐角的圆角特征。

7.1.5 实例：拐角突然停止

图 7-17 拐角突然停止模型

1. 操作要求

创建如图 7-17 所示的拐角突然停止。

2. 操作步骤

(1) 打开文件。

打开“Examples\ch7\Case7.1.5.prt”文件。

(2) 创建倒圆特征。

选择【插入】|【细节特征】|【边倒圆】命令，打开【边倒圆】对话框，在【边】组中单击【选择边】，为第一个边集选择一条边，如图 7-18 所示。

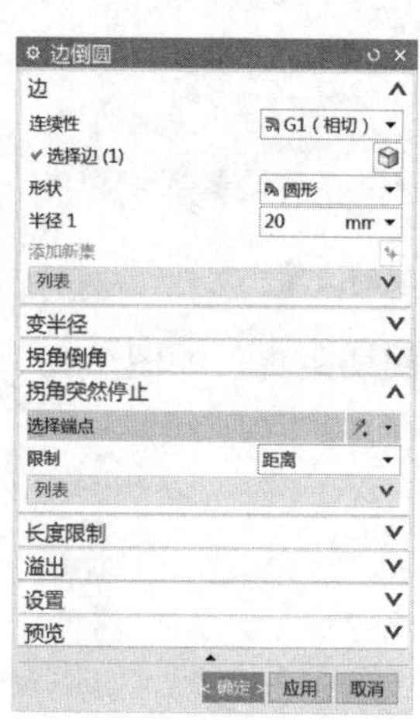

图 7-18 完成的边集

(3) 设置突然停止点。

① 在【拐角突然停止】组中，激活【选择端点】。在倒圆的边上选择端点，如图 7-19 所示。

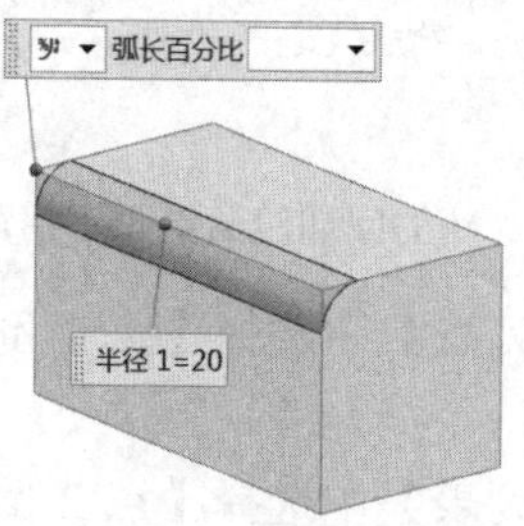

图 7-19 选择端点

② 在【停止位置】下拉列表框中选择【距离】选项，在【位置】下拉列表框中选择【弧长百分比】选项，在【弧长百分比】输入框中输入“20”，如图 7-20 所示。

图 7-20　设置突然停止点的结果

(4) 单击【确定】按钮，创建带有突然停止点的边倒圆。

7.1.6　倒斜角概述

边倒角特征是用指定的倒角尺寸将实体的边缘变成斜面，倒角尺寸是在构成边缘的两个实体表面上度量的。

倒角时系统增加材料还是减去材料取决于边缘类型。对于外边缘(凸)是减去材料，对于内边缘(凹)是增加材料。不管是增加材料还是减去材料，都缩短了相交于所选边缘的两个面的长度，如图 7-21 所示。

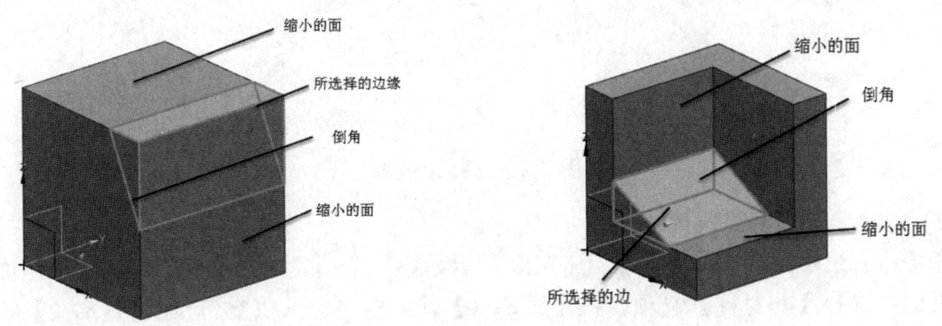

图 7-21　内边缘、外边缘倒角

倒角类型分为 3 种，即单个偏置、双偏置、偏置角度。

(1) 单个偏置倒角。创建一个沿两个表面具有相等偏置值的倒角，如图 7-22 所示，偏置值必须为正。

(2) 双偏置倒角。创建一个沿两个表面具有不同偏置值的倒角，如图 7-23 所示，偏置值必须为正。

(3) 偏置角度倒角。创建一个沿两个表面分别为偏置值和斜切角的倒角，如图 7-24 所示，偏置值必须为正。

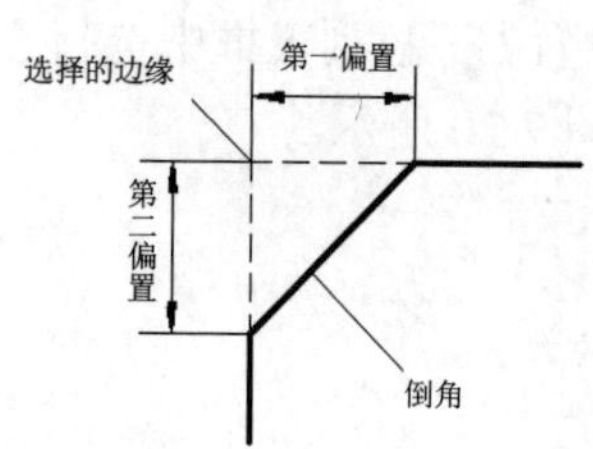

图 7-22　单个偏置倒角

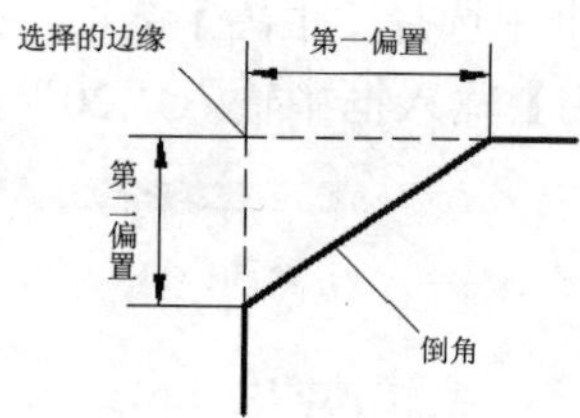

图 7-23　双偏置倒角

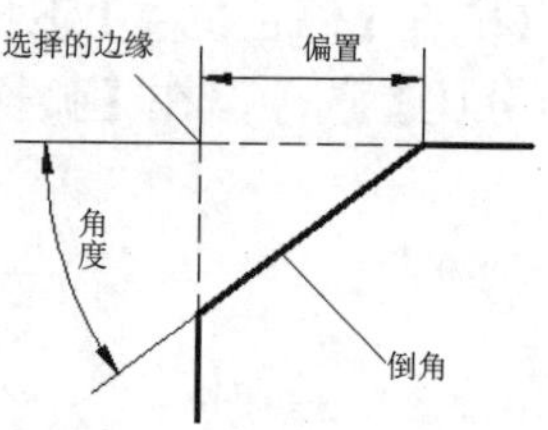

图 7-24　偏置角度倒角

7.1.7　实例：创建倒斜角

1. 操作要求

创建如图 7-25 所示的倒斜角。

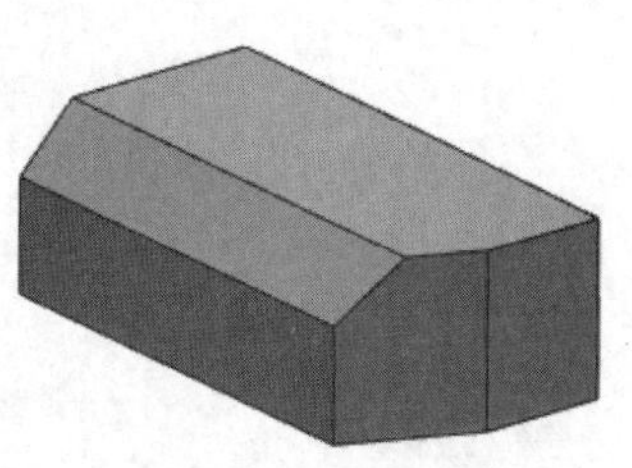
图 7-25　倒斜角模型

2. 操作步骤

(1) 打开文件。

打开“Examples\ch7\Case7.1.7.prt”文件。

(2) 创建对称倒斜角特征。

选择【插入】|【细节特征】|【倒斜角】命令，打开【倒斜角】对话框，在【边】组中激活【选择边】，为第一个边，在【偏置】组的【横截面】下拉列表框中选择【对称】选项，在【距离】输入框中输入“35”，如图 7-26 所示，单击【应用】按钮。

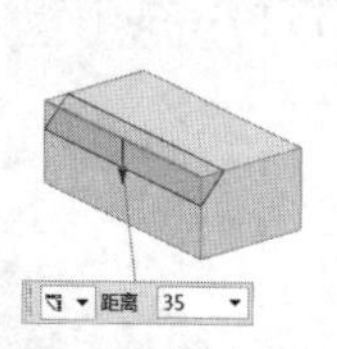

图 7-26　完成的边集

(3) 创建非对称倒斜角特征。

在【边】组中激活【选择边】，图 7-28 所示为第二个边，在【偏置】组的【横截面】下拉列表框中选择【非对称】选项，在【距离 1】输入框中输入“35”，在【距离 2】输入框中输入“75”，如图 7-28 所示。

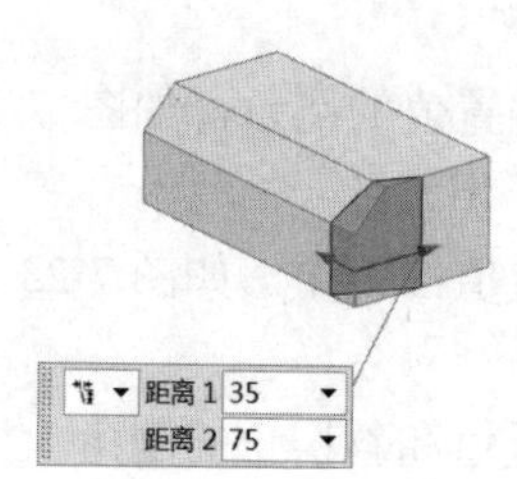

图 7-27　选择边

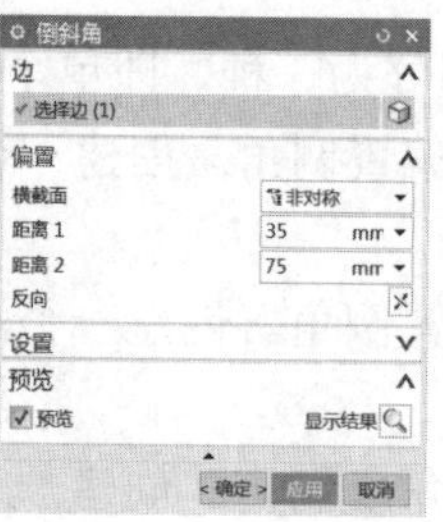

图 7-28　完成的边集

(4) 单击【确定】按钮，创建倒斜角。

7.2 面 操 作

面操作包括边倒圆、倒斜角、拔模、体拔模、面倒角、样式倒圆、美学面倒圆、边拔模、桥接、倒圆拐角和样式拐角等，如图 7-29 所示。

细节特征

边倒圆	倒斜角	拔模
拔模体	面倒圆	样式倒圆
美学面倒圆	桥接	倒圆拐角
样式拐角		

图 7-29 【细节特征】菜单和工具栏

7.2.1 拔模概述

UG NX 包含两个拔模命令，即拔模和体拔模。用于对模型、部件、模具或冲模的“竖直”面应用斜率，以便在从模具或冲模中拉出部件时，面向相互远离的方向移动，而不是沿彼此滑移，如图 7-30 所示。拔模操作并不旋转面，而实际上是替换面(即拔模并非面变形操作)。拔模面是一个全新的曲面，甚至连拔模前的面的特性都不具备。

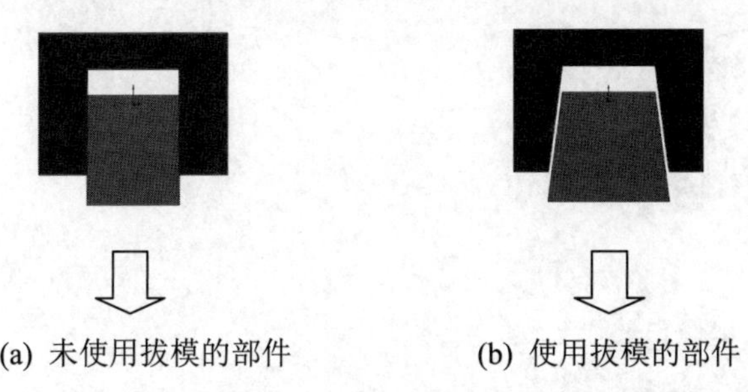

(a) 未使用拔模的部件　　(b) 使用拔模的部件

图 7-30 拔模操作

1. 拔模

使用【拔模】命令可对一个部件以一定的角度沿着拔模方向改变选择的面。有 4 种类型的拔模方式，即从平面、边、与面相切、至分型边。

2. 拔模体

使用拔模体命令可在分型曲面或基准平面的两侧对模型进行拔模和自动添加材料到欠切削区，主要用于模制品和铸造件的拔模。有 3 种类型的拔模体方式，即基本体拔模、底切体拔模、最高点体拔模。

7.2.2 实例：创建从平面拔模

1. 操作要求

图 7-31 所示为创建从平面拔模。

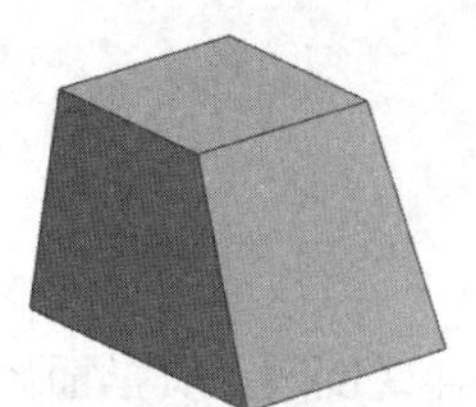

(a) 上表面为固定面

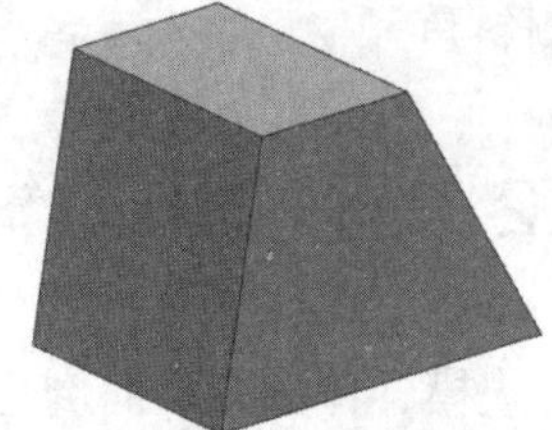

(b) 基准面为固定面

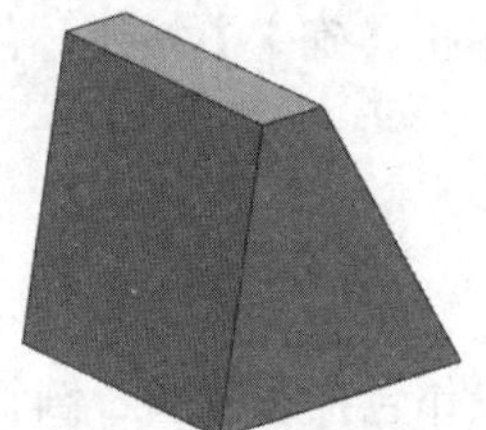

(c) 底面为固定面

图 7-31　从平面拔模

2. 操作步骤

(1) 打开文件。

打开“Examples\ch7\Case7.2.2.prt”文件。

(2) 创建拔模。

在【特征操作】工具栏中单击【拔模】按钮，出现【拔模】对话框，在【类型】下拉列表框中选择【面】选项。指定【脱模方向】，选择“底面”为【固定面】，选择左面为【要拔模的面】，在【角度 1】输入框中输入“10”，单击【添加新集】按钮，选择右面为【要拔模的面】，在【角度 2】输入框中输入“30”，如图 7-32 所示。

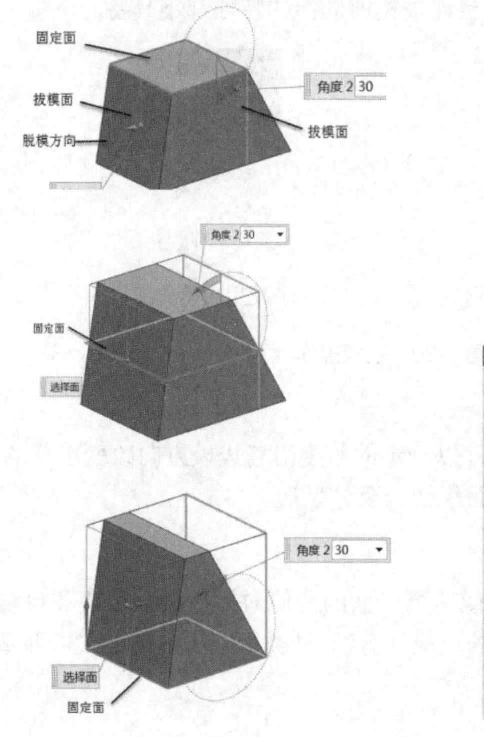

图 7-32　拔模固定面的选择

(3) 创建拔模特征。

单击【确定】按钮，创建拔模特征。

7.2.3　实例：创建边拔模

1. 操作要求

图 7-33 所示为创建边拔模。

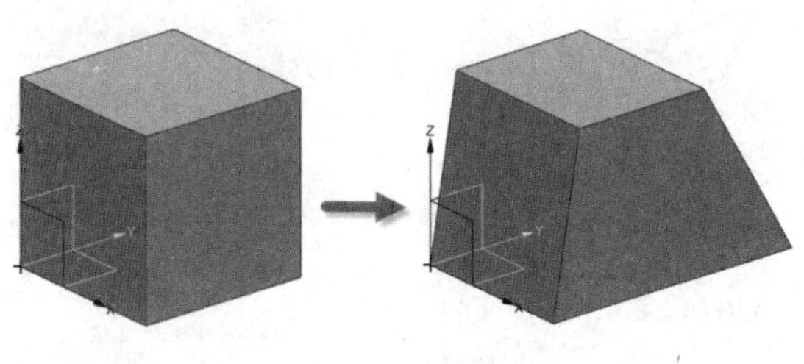

图 7-33　边拔模

2. 操作步骤

(1) 打开文件。

打开“Examples\ch7\Case7.2.3.prt”文件。

(2) 创建拔模。

在【特征操作】工具栏中单击【拔模】按钮，出现【拔模】对话框，在【类型】下拉列表框中选择【边】选项。指定【脱模方向】，选择【底边】为【固定边】，在【角度 1】输入框中输入“10”，单击【添加新集】按钮，选择上边为【固定边缘】，在【角度 2】输入框中输入“30”，如图 7-34 所示。

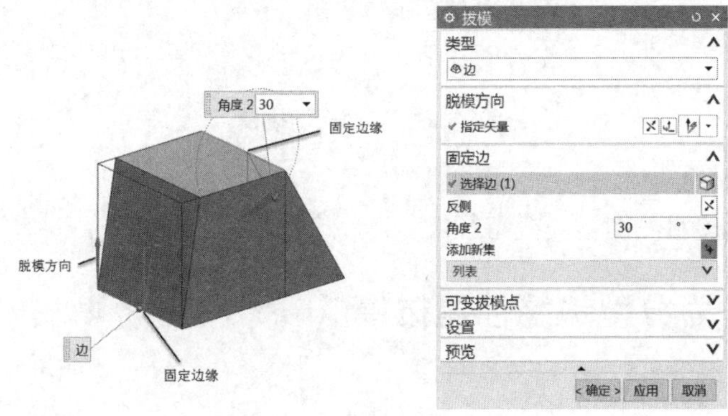

图 7-34　拔模的固定边缘

(3) 创建拔模特征。

单击【确定】按钮，创建拔模特征。

7.2.4　实例：创建与面相切拔模

1. 操作要求

图 7-35 所示为创建与面相切拔模。

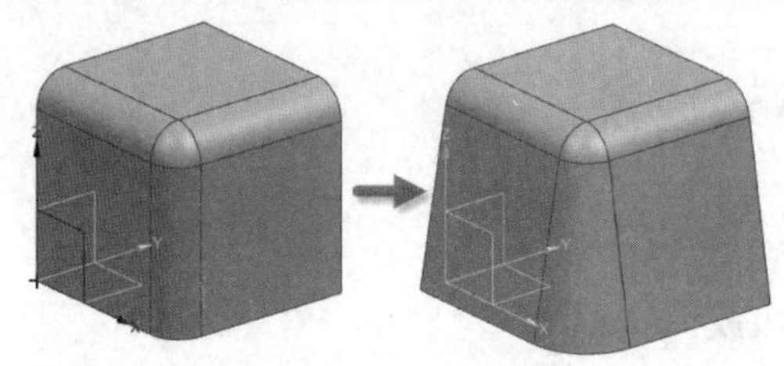

图 7-35　与面相切拔模

2. 操作步骤

(1) 打开文件。

打开“Examples\ch7\Case7.2.4.prt”文件。

(2) 创建拔模。

在【特征操作】工具栏中单击【拔模】按钮，出现【拔模】对话框，在【类型】下拉列表框中选择【与面相切】选项。指定【脱模方向】，选择【相切面】，在【角度 1】输入框中输入“10”，如图 7-36 所示。

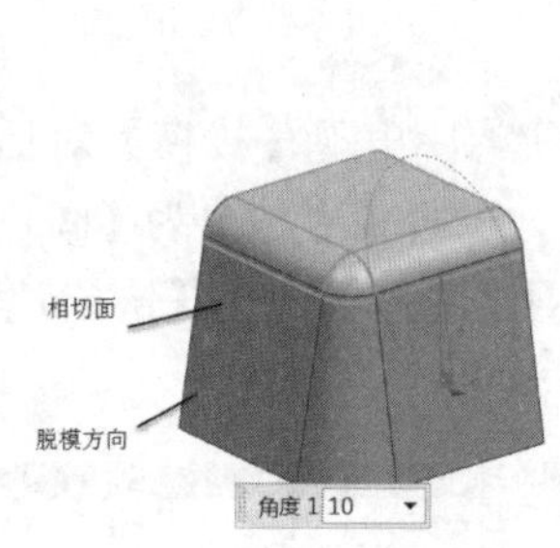

图 7-36　与面相切拔模

(3) 创建拔模特征。

单击【确定】按钮，创建拔模特征。

7.2.5　实例：为分型边缘创建拔模

1. 操作要求

如图 7-37 所示，这是为分型边缘创建拔模。

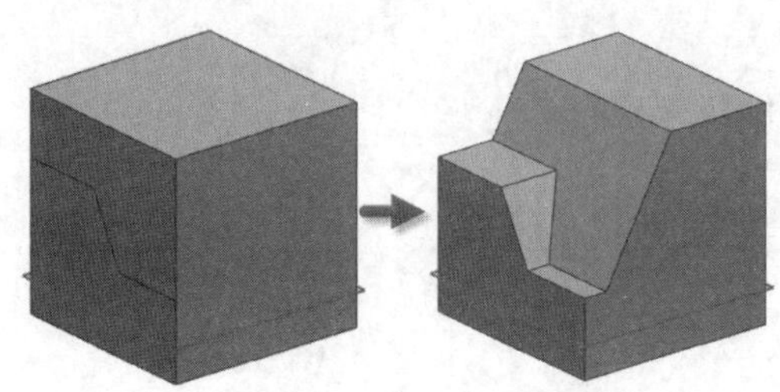

图 7-37　为分型边缘创建拔模

2. 操作步骤

(1) 打开文件。

打开“Examples\ch7\Case7.2.5.prt”文件。

(2) 曲线分割目标面。

选择【插入】|【修剪】|【分割面】命令，出现【分割面】对话框，选择要分割的面，选择【分割对象】，在【投影方向】下拉列表框中选择【垂直于面】选项，如图 7-38 所示，单击【确定】按钮。

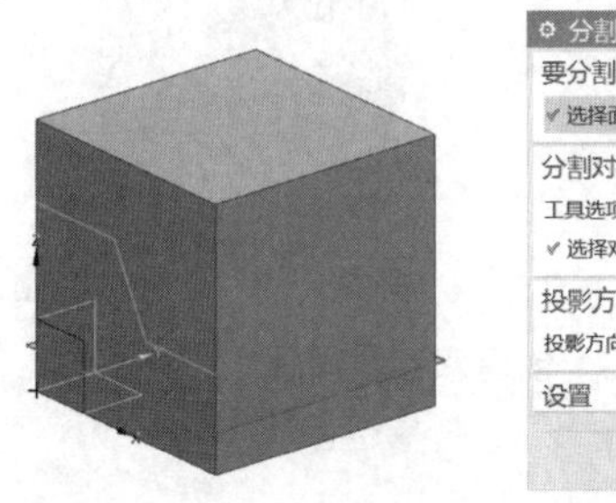

图 7-38　曲线分割目标面

(3) 创建拔模。

在【特征操作】工具栏中单击【拔模】按钮，出现【拔模】对话框，在【类型】下拉列表框中选择【分型边】选项。指定【脱模方向】，选择【基准面】为【固定面】，选择【分型边】，在【角度 1】输入框中输入“30”，如图 7-39 所示。

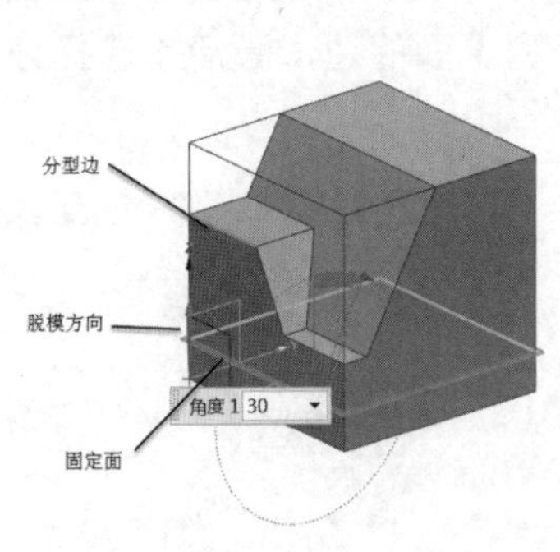

图 7-39　创建拔模

(4) 创建拔模特征。

单击【确定】按钮，创建拔模特征。

7.2.6　实例：创建基本双侧拔模体

1. 操作要求

图 7-40 所示为创建基本双侧拔模体。

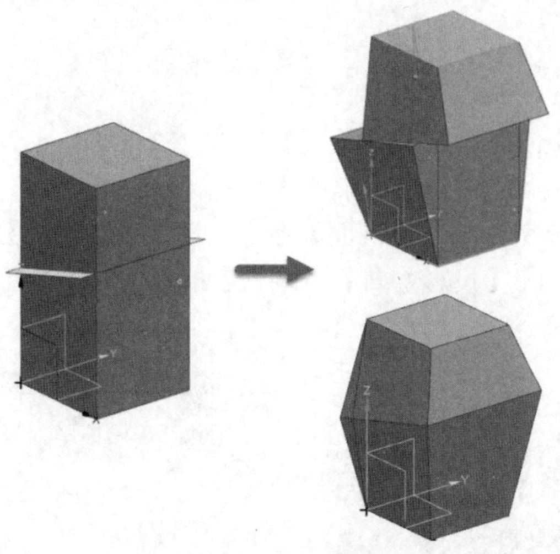

图 7-40　创建双侧拔模体

2. 操作步骤

(1) 打开文件。

打开“Examples\ch7\Case7.2.6.prt”文件。

(2) 创建体拔模。

在【特征操作】工具栏中单击【拔模体】按钮，出现【拔模体】对话框，从【类型】下拉列表框中选择【边】选项。在【分型对象】组中，选择该片体，在拔模方向下指定要进行拔模的方向，在【固定边】组的【位置】下拉列表框中选择【上面和下面】选项。激活【选择分型上面的边】，在模型中选择分型上面的边，激活【选择分型下面的边】，在模型中选择分型下面的边，如图 7-41 所示。

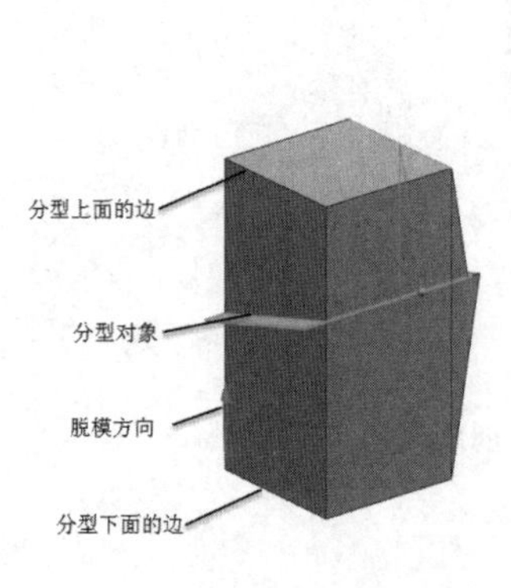

图 7-41　创建体拔模

(3) 边缘在分型片体处匹配。

① 在【匹配分型对象处的面】组的【匹配选项】下拉列表框中选择【无】选项，创建双侧体拔模，如图 7-42(a)所示。

② 在【匹配分型对象处的面】组的【匹配选项】下拉列表框中选择【匹配全部】选项，创建双侧体拔模，如图 7-42(b)所示。

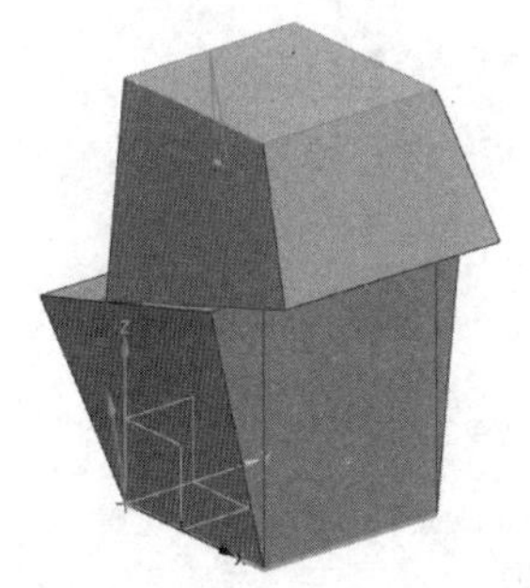

(a) 在分型边缘处不匹配的双侧拔模

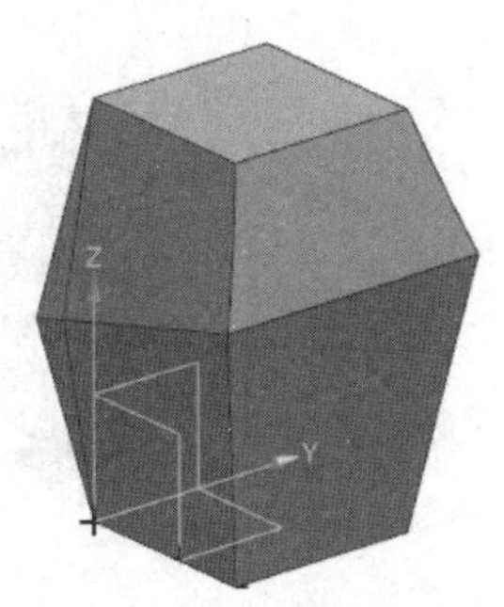

(b) 在分型边缘处匹配的双侧拔模

图 7-42　双侧拔模体

7.2.7　实例：创建底切拔模

1. 操作要求

图 7-43 所示为创建基本双侧拔模体。

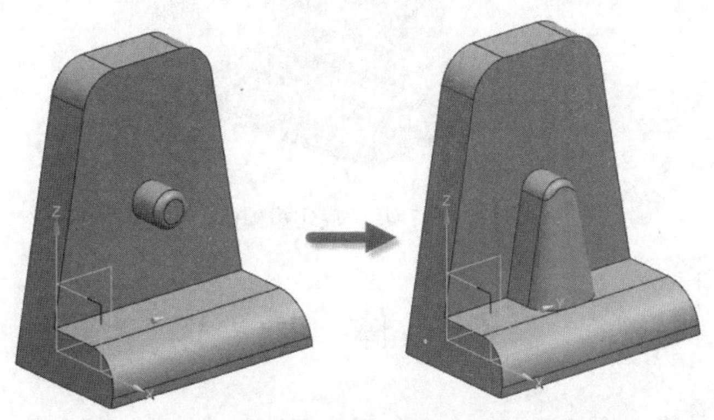

图 7-43　双侧拔模体

2. 操作步骤

(1) 打开文件。

打开“Examples\ch7\Case7.2.7.prt”文件。

(2) 创建体拔模。

在【特征操作】工具栏中单击【拔模体】按钮，出现【拔模体】对话框，从【类型】下拉列表框中选择【面】选项，在【脱模方向】组指定要进行拔模的方向。在【面】组下指定要拔模的面，在【拔模角】组的【角度】输入框中输入“10”，如图 7-44 所示。

提示： 底切体拔模不需要分型边缘。

(3) 单击【确定】按钮，创建底切拔模，如图 7-45 所示。

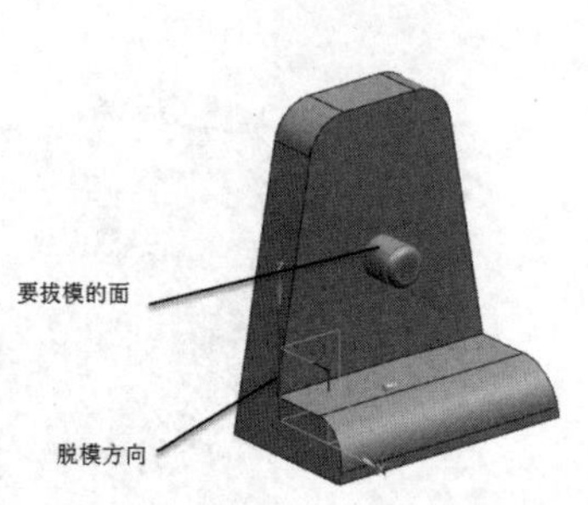

图 7-44　创建底切拔模

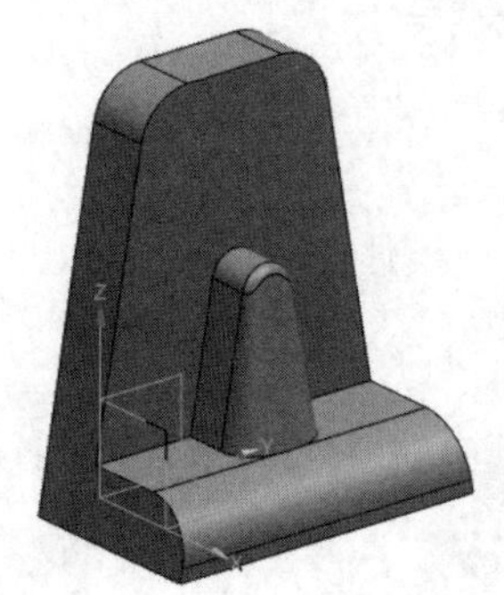

图 7-45　底切拔模体

7.3　体　操　作

体操作包括抽壳、螺纹刀、缝合、包裹几何体、缩放体、拆分体、修剪体和实例特征等，工具栏中的图标及含义如图 7-46 所示。

螺纹刀　缝合　拆分体
镜像几何体　镜像特征
抽壳　包裹几何体　缩放体

图 7-46　体操作工具栏

7.3.1　实例：抽壳

1. 操作要求

如图 7-47 所示，这是为分型边缘创建拔模。

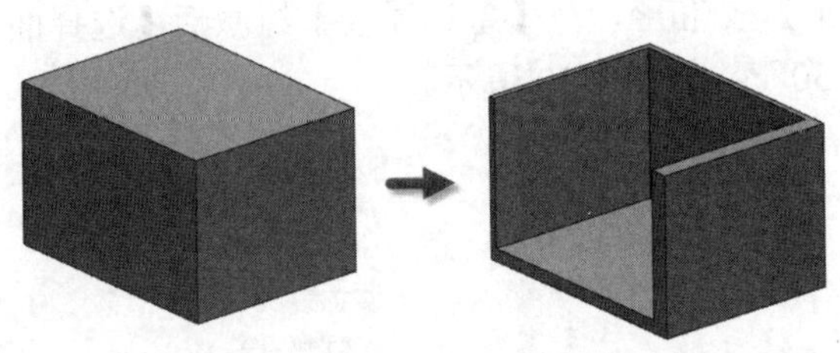

图 7-47　为分型边缘创建拔模

2. 操作步骤

(1) 打开文件。

打开“Examples\ch7\Case7.3.1.prt”文件。

(2) 创建抽壳。

选择【插入】|【偏置/缩放】|【抽壳】命令，出现【抽壳】对话框，在【类型】下拉列表框中选择【移除面，然后抽壳】选项，激活【要穿透的面】，选择要移除面，在【厚度】输入框中输入“10”，如图 7-48 所示，创建等厚度抽壳特征。

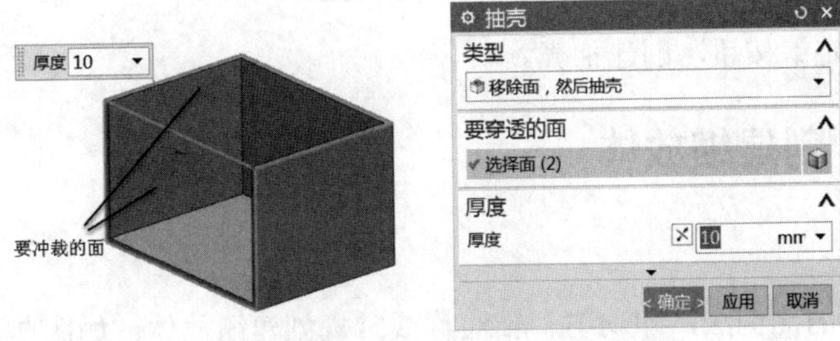

图 7-48　创建等厚度抽壳

(3) 备选厚度。

① 在【备选厚度】组激活【选择面】，选择底面，在【厚度 1】输入框中输入“20”，如图 7-49 所示。

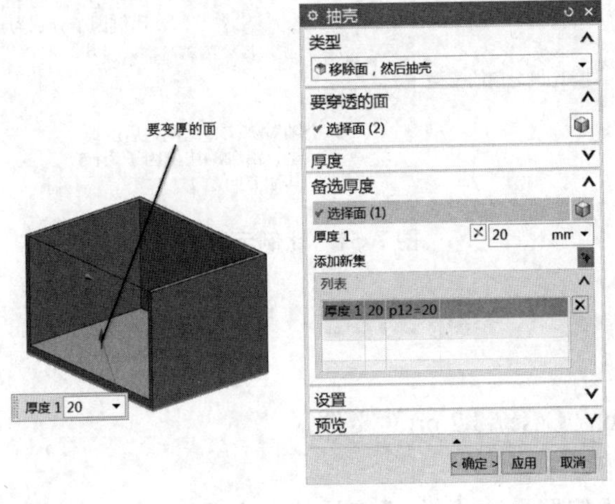

图 7-49　选择厚度

② 单击【添加新集】按钮，在【备选厚度】组激活【选择面】，选择侧面，在【厚度 2】输入框中输入“30”，如图 7-50 所示。

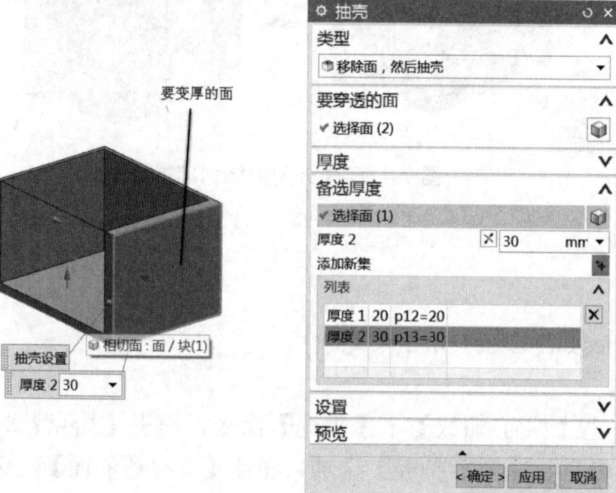

图 7-50 选择厚度

(4) 单击【确定】按钮，创建抽壳。

7.3.2 实例：创建缩放体

1. 操作要求

使用 3 种不同的比例法，即均匀、轴对称或常规创建缩放体，如图 7-51 所示。

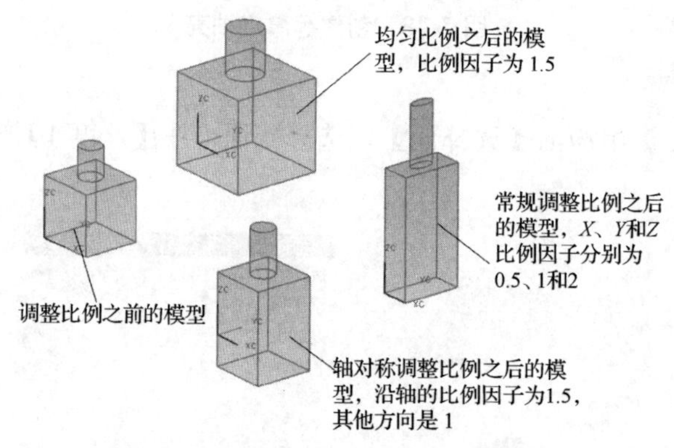

图 7-51 比例示意图

2. 操作步骤

(1) 打开文件。

打开“Examples\ch7\Case7.3.2.prt”文件。

(2) 创建缩放体。

选择【插入】｜【偏置/缩放】｜【缩放体】命令，出现【缩放体】对话框。

(3) 均匀缩放体。

在【类型】下拉列表框中选择【均匀】选项，选择体，指定缩放点，在【比例因子】组的【均匀】输入框中输入“1.5”，如图 7-52 所示，单击【应用】按钮。

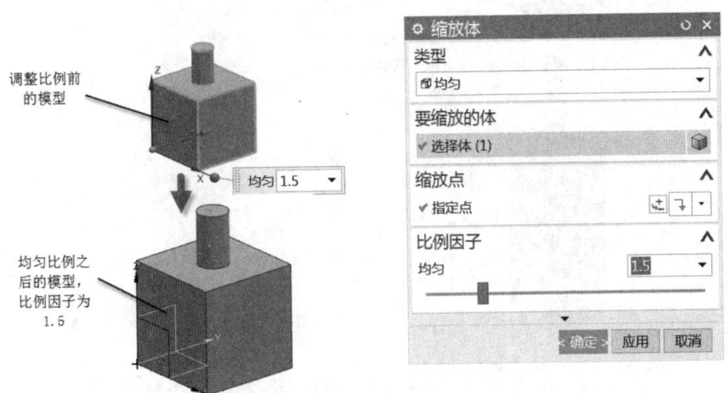

图 7-52　均匀缩放体

(4) 轴对称缩放体。

在【类型】下拉列表框中选择【轴对称】选项，选择体，定义【缩放轴】，指定【矢量方向】，指定轴通过点，在【比例因子】组的【沿轴向】输入框中输入“1.5”，在【其他方向】输入框中输入“1”，如图 7-53 所示，单击【应用】按钮。

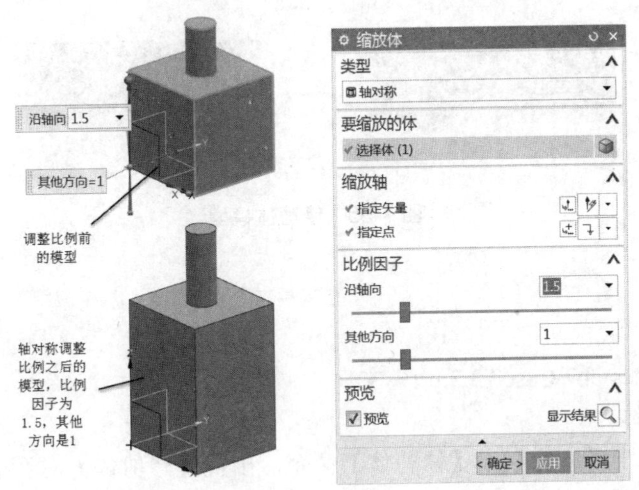

图 7-53　缩放体

(5) 常规缩放体。

在【类型】下拉列表框中选择【不均匀】选项，选择体，指定坐标系，在【比例因子】组的【X 向】输入框中输入“0.5”，在【Y 向】输入框中输入“1”　在【Z 向】输入框中输入“2”，如图 7-54 所示，单击【应用】按钮。

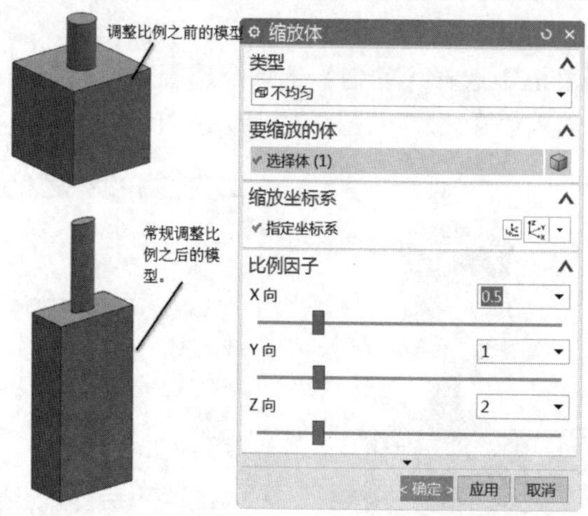

图 7-54　缩放体

7.3.3　创建修剪体特征

1. 操作要求

创建修剪体如图 7-55 所示。

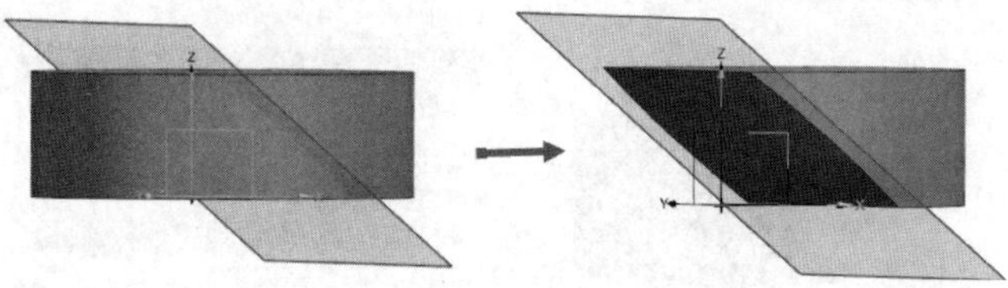

图 7-55　修剪体模型

2. 操作步骤

(1) 打开文件。

打开“Examples\ch7\Case7.3.3.prt”文件。

(2) 创建修剪体。

选择【插入】|【修剪】|【修剪体】命令，出现【修剪体】对话框，选择“目标”，选择“工具”，如图 7-56 所示。

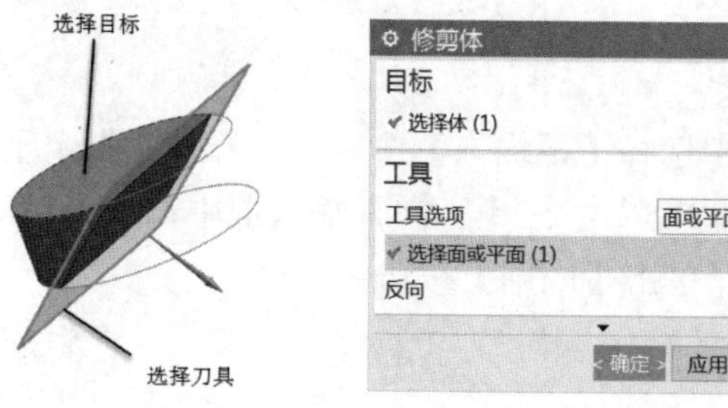

图 7-56　高亮显示的目标体

(3) 单击【确定】按钮，创建修剪体特征。

7.3.4　实例：创建矩形阵列

1. 操作要求

在模型上创建矩形阵列，如图 7-57 所示。

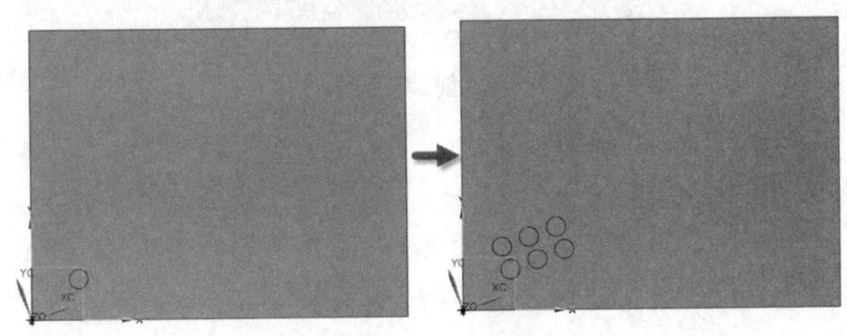

图 7-57　矩形阵列

2. 操作步骤

(1) 打开文件。

打开“\NX8.5\ch7\Study\Case7.3.4.prt”文件。

(2) 更改 WCS(XC 方向和 YC 方向)的方位。

选择【格式】|WCS|【动态】命令，出现工作坐标系，修改 XC 方向，如图 7-58 所示。

(3) 创建矩形阵列。

选择【插入】|【关联复制】|【阵列特征】命令，出现【阵列特征】对话框，选择“圆柱(2)”,【布局】方式为【线性】，在【方向 1】组中指定 XC 为矢量方向，在【数量】输入框中输入“3”，【节距】输入框中输入“30”，在【方向 2】组中指定 YC 为矢量方向，在【数量】输入框中输入“2，【节距】输入框中输入“25”，如图 7-59 所示。

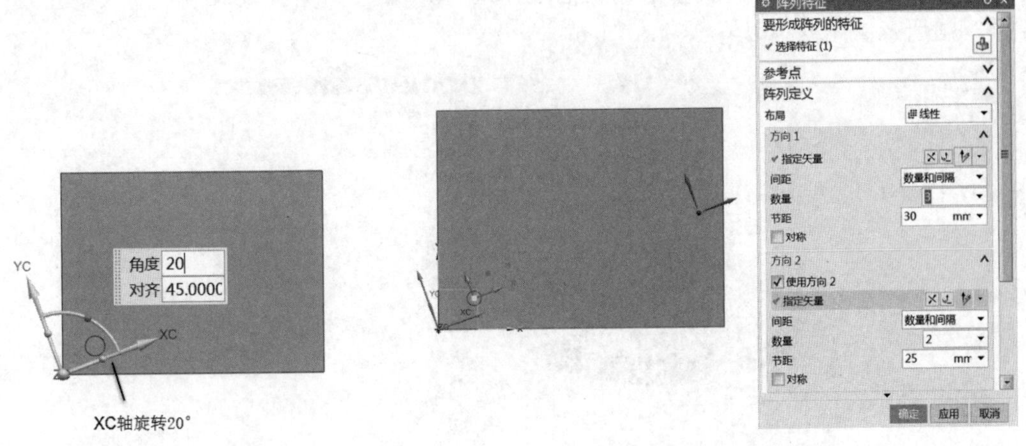

图 7-58　调整 WCS　　　　图 7-59　创建矩形阵列

(4) 单击【确定】按钮，创建矩形阵列特征，如图 7-60 所示。

图 7-60　创建矩形阵列

7.3.5　实例：圆形阵列

1. 操作要求

创建圆形阵列如图 7-61 所示

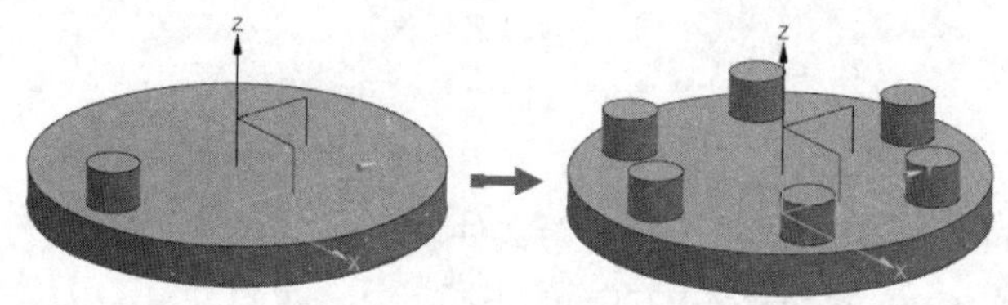

图 7-61　图形阵列模型

2. 操作步骤

(1) 打开“\NX8.5\ch7\Study\Case7.3.5.prt”文件。

(2) 选择【插入】|【关联复制】|【阵列特征】命令，出现【阵列特征】对话框，选择“圆柱(2)”，【布局】方式为“圆形”，【指定矢量】选择 ZC 为矢量方向，【间距】选择【数量和跨距】，在【数量】输入框中输入“6”，【跨角】输入框中输入“360”，如图 7-62 所示。

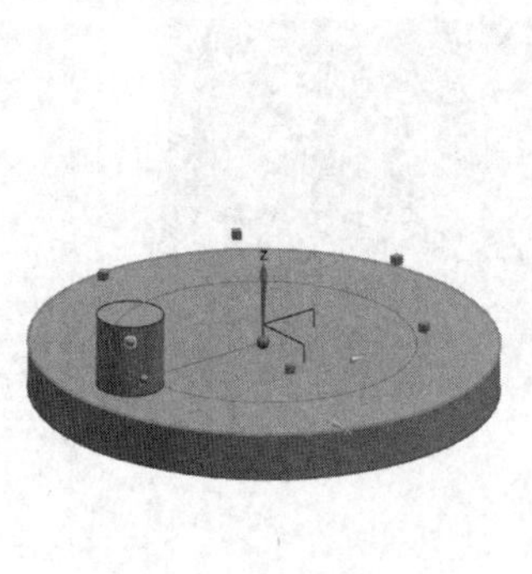

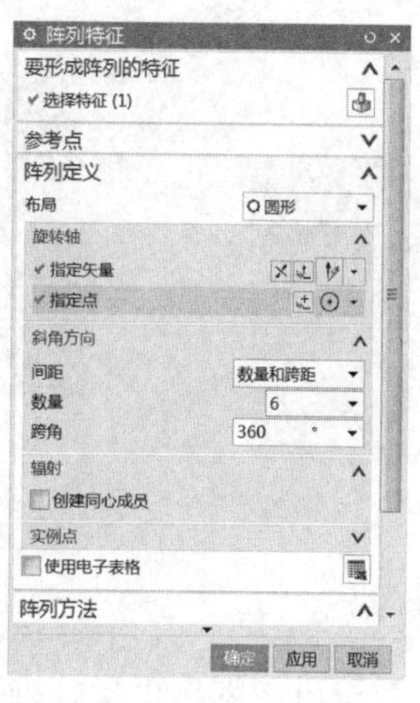

图 7-62　创建阵列(1)

单击【确定】按钮，创建如图 7-63 所示的实例阵列。

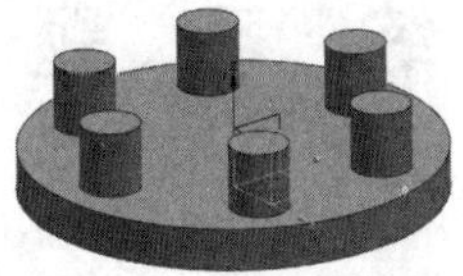

图 7-63　创建阵列(2)

7.3.6　实例：创建镜像特征

1. 操作要求

创建镜像特征如图 7-64 所示。

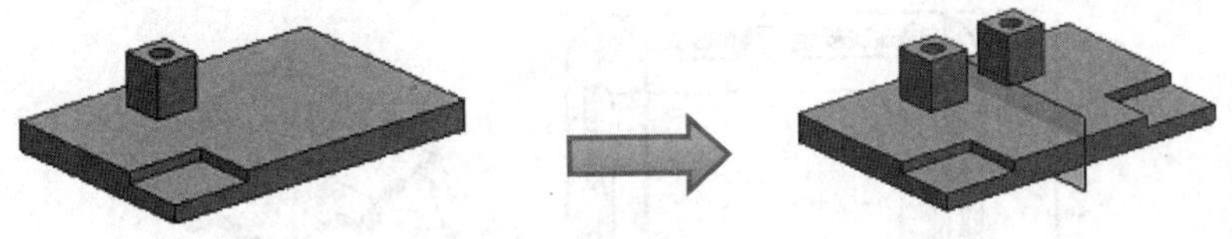

图 7-64　镜像模型

2. 操作步骤

(1) 打开文件。

打开“\NX8.5\ch7\Study\Case7.3.6.prt”文件。

(2) 创建镜像特征。

① 选择【插入】|【关联复制】|【镜像特征】命令，出现【镜像特征】对话框，选择“矩形腔体”，选择“矩形垫块”，选择“矩形垫块中的孔”，选择【镜像平面】组中【平面】为【新平面】，如图 7-65 所示。

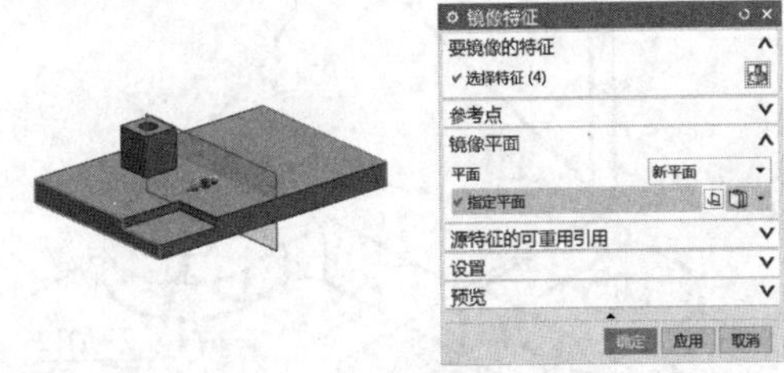

图 7-65　【镜像特征】对话框

② 单击【确定】按钮，创建镜像特征，如图 7-66 所示。

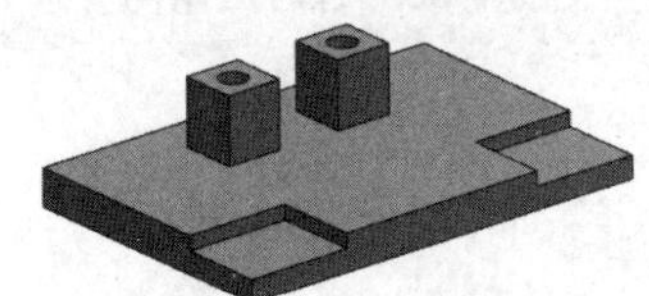

图 7-66　镜像特征

练 习 题

操作题

完成图 7-67 至图 7-70 所示图形中的建模工作。

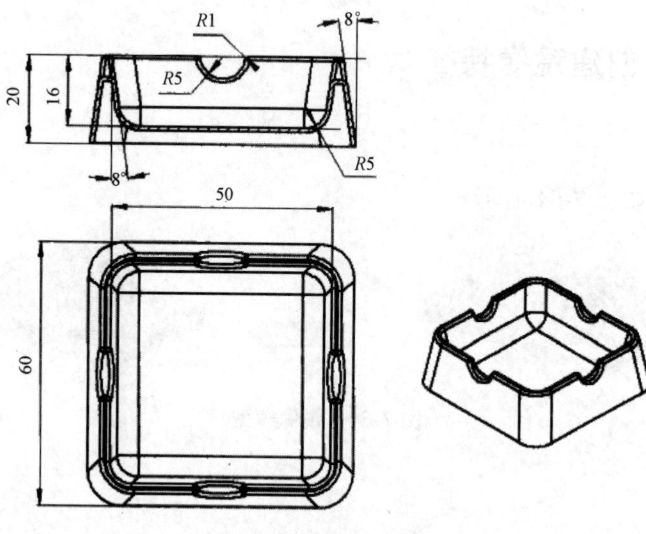

图 7-67 练习 1 用图

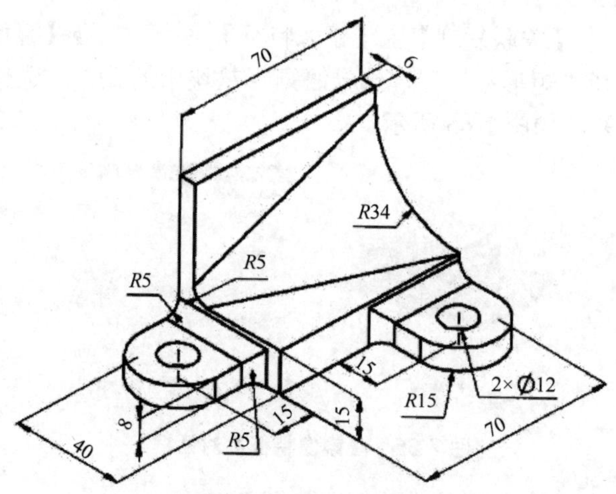

图 7-68 练习 2 用图

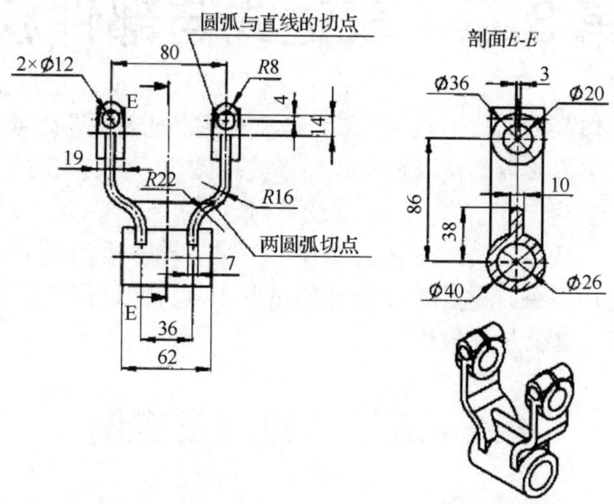

图 7-69　练习 3 用图

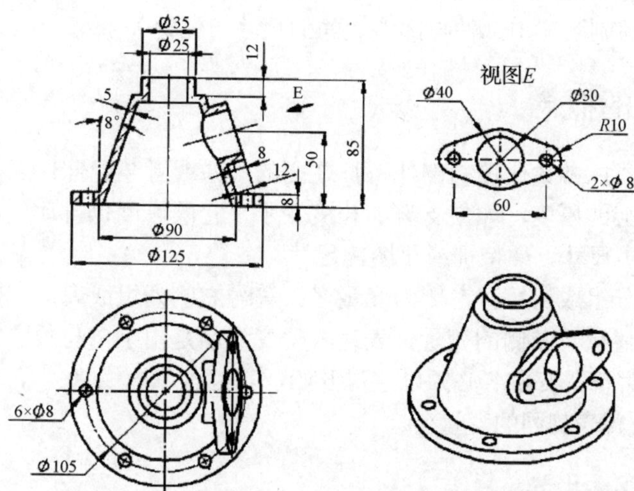

图 7-70　练习 4 用图

第 8 章　表达式与部件族

在 UG NX 的实体模型设计中，表达式是非常重要的概念和设计工具。特征、曲线和草图的每个形状参数和定位参数都是以表达式的形式存储的。表达式的形式是一种辅助语句：

变量=值

等式左边为表达式变量，等式右边为常量、变量、算术语句或条件表达式。表达式可以建立参数之间的引用关系，是参数化设计的重要工具。通过修改表达式的值，可以很方便地修改和更新模型，这就是参数化驱动设计。

8.1　表达式概述及实例

表达式是 UG NX 软件参数化设计的重要工具，可以在多个模块中使用。通过表达式，不但可以控制部件中特征与特征之间、对象与对象之间、特征与对象之间的相互尺寸与位置关系，而且可以控制装配中部件与部件之间的尺寸与位置关系。

8.1.1　表达式的概念

可以使用表达式以参数化控制部件特征之间的关系或者装配部件之间的关系。例如，可以用长度描述支架的厚度，如果支架的长度变了，它的厚度也自动更新。表达式可以定义、控制模型的诸多尺寸，如特征或草图的尺寸。

表达式由两部分组成：等号左侧为变量名；等号右侧为组成表达式的字符串。表达式字符串经计算后将值赋予左侧的变量。表达式的变量名是由字母与数字组成的字符串，其长度不大于 32 个字符。变量名必须以字母开始，可包含下画线“_”，但要注意不区分大小写，如 M1 与 ml 代表相同的变量名。

8.1.2　表达式的类型

在 UG NX 中主要使用 3 种表达式，即算术表达式、条件表达式和几何表达式。

1. 算术表达式

表达式右边是通过算术运算符连接变量、常数和函数的算术式。

表达式中可以使用的基本运算符有+(加)、-(减)、*(乘)、/(除)、^(指数)、%(余数)，其中“-”可以作为负号使用。这些基本运算符的意义与数学中相应符号的意义是一致的。它们之间的相对优先级关系与数学中也是一致的，即先乘除、后加减，同级运算自左向右进行。当然，表达式的运算顺序可以通过圆括号“()”来改变。

例如：

```
p1=52
p20=20.000
Length=15.00
```

```
Width=10.0
Height=Length/3
Volume=Length*Width*Height
```

2. 条件表达式

条件表达式指的是利用 if…else 语法结构建立表达式，if…else 语法结构为：

```
Var=if  (exprl)  (expr2)  else  (expr3)
```

其意义是：如果表达式 exprl 成立，则 Var 的值为 expr2，否则为 expr3。

例如：width=if (1ength<100)　(60)　else (40)。

其含义为，如果长度小于 100，则宽度为 60；否则宽度为 40。

条件语句需要用到关系运算符，常用的关系运算符有＞(大于)、＞＝(大于或等于)、＜(小于)、＜＝(小于和等于)、＝＝(等于)、!＝(不等于)、&&(逻辑与)、||(逻辑或)、！(逻辑非)。

3. 几何表达式

表达式右边为测量的几何值，该值与测量的几何对象相关。几何对象发生了改变，几何表达式的值自动更新。几何表达式有以下 5 种类型。

① 距离，指定两点之间、两对象之间以及一点到一对象之间的最短距离。

② 长度，指定一条曲线或一条边的长度。

③ 角度，指定两条线、边缘、平面和基准面之间的角度。

④ 体积，指定一实体模型的体积。

⑤ 面积和周长，指定一片体、实体面的面积和周长。

说明：在表达式中还可以使用注解，以说明该表达式的用途与意义等信息。使用方法是在注解内容前面加两条斜线符号“//”。

8.1.3　实例：创建和编辑表达式

1. 操作要求

创建螺母《I 型六角螺母》(GB 6170—2000)为 M12 的有关数据为：m=10.8；S=8，如图 8-1 所示。

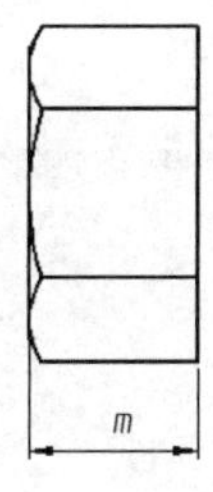

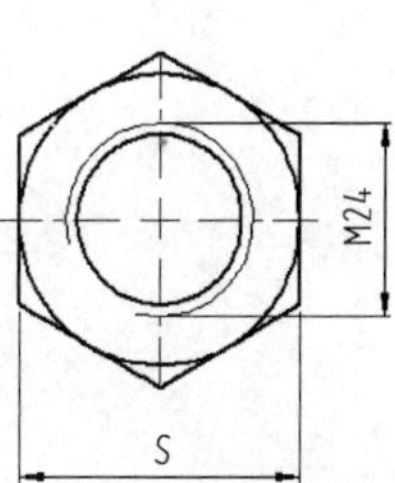

图 8-1　六角螺母的结构形式

2. 操作步骤

(1) 新建文件。

新建“Examples\ch8\Case8.1.3.prt”文件。

(2) 创建表达式。

选择【工具】|【表达式】命令，建立表达式，如图 8-2 所示，单击【确定】按钮。

(3) 绘制基体。

① 单击工具栏上的【草图】按钮，以 XC-YC 坐标系平面作为草图放置平面，绘制如图 8-3 所示的草图，退出草图绘制模式。

② 单击【特征】工具栏上的【拉伸】按钮，出现【拉伸】对话框，选取刚刚绘制的六边形草图，在【限制】组的【距离】输入框中输入“m”，如图 8-4 所示，单击【确定】按钮，生成拉伸实体。

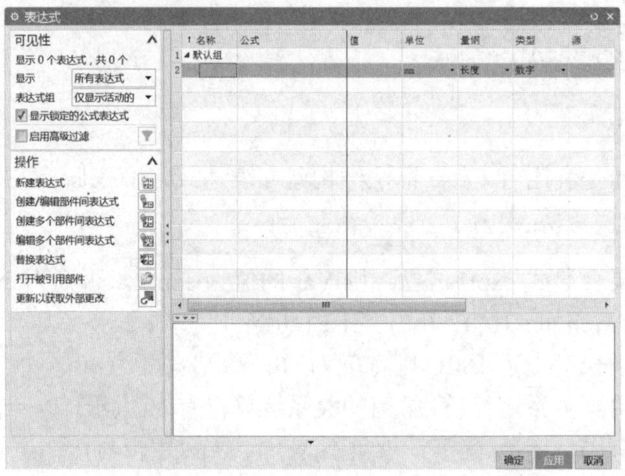

图 8-2　建立表达式

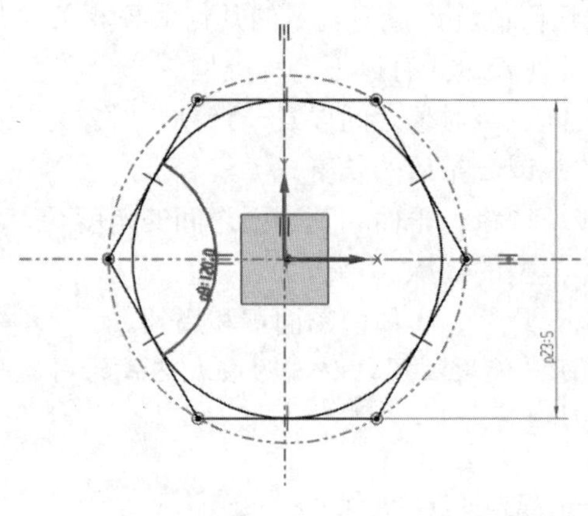

图 8-3　草图

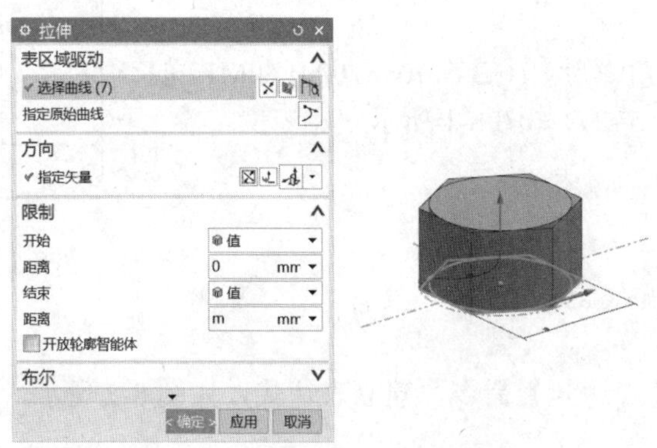

图 8-4　选取草图并设置拉伸参数

③ 单击【特征】工具栏中的【拉伸】按钮，出现【拉伸】对话框，选取刚刚绘制的圆草图，在【限制】组的【距离】输入框中输入“10.8”，在【拔模】组的【拔模】下拉列表框中选择【从起始限制】选项，在【角度】输入框中输入“-60”，在【布尔】组的【布

尔】下拉列表框中选择【相交】选项，如图 8-5 所示，单击【确定】按钮，生成拉伸实体。

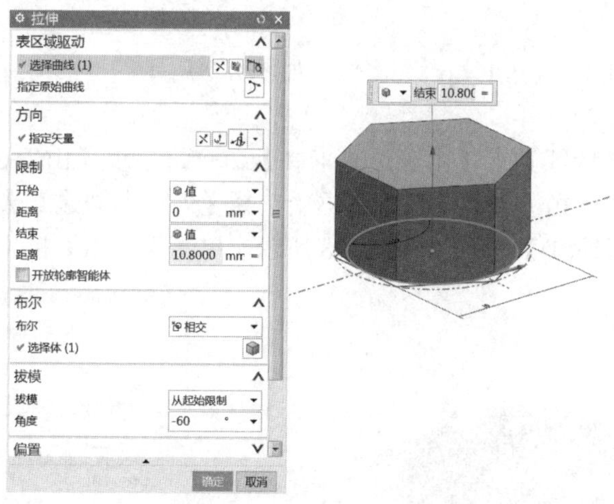

图 8-5　选取草图并设置拉伸参数

④ 单击【特征】工具栏上的【孔】按钮，出现【孔】对话框，指定圆心，在【方向】组的【孔方向】下拉列表框中选择【垂直于面】选项，在【形状和尺寸】组的【成形】下拉列表框中选择【简单孔】选项，在【直径】输入框中输入“12mm”，在【深度限制】下拉列表框中选择【贯通体】选项，在【布尔】组的【布尔】下拉列表框中选择【减去】选项，如图 8-6 所示，单击【确定】按钮，生成孔。

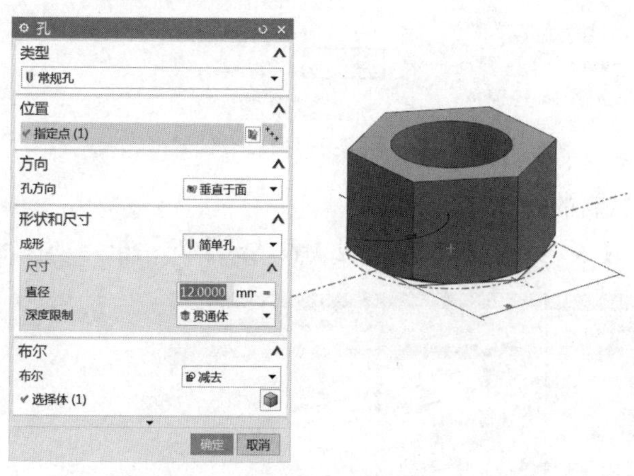

图 8-6　选取孔中心并设置孔的参数

8.1.4　实例：创建抑制表达式

1. 操作要求

由部件长度条件表达式控制抑制表达式，应用抑制表达式控制是否需添加加强筋。

2. 操作步骤

(1) 打开文件。

打开“Examples\ch8\Case8.1.4.prt”文件，如图 8-7 所示。

(2) 创建抑制表达式。

选择【编辑】|【特征】|【由表达式抑制】命令，出现【由表达式抑制】对话框，在【表达式】组的【表达式选项】下拉列表框中选择【为每个创建】选项，在【选择特征】组中选择【三角形加强筋(4)】选项，如图 8-8 所示，单击【应用】按钮。

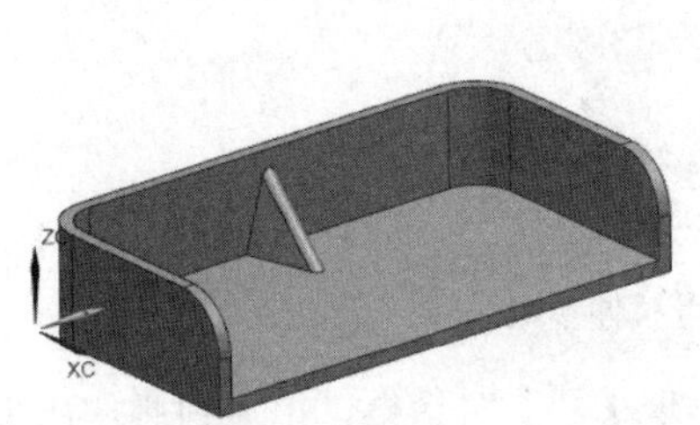

图 8-7　模型

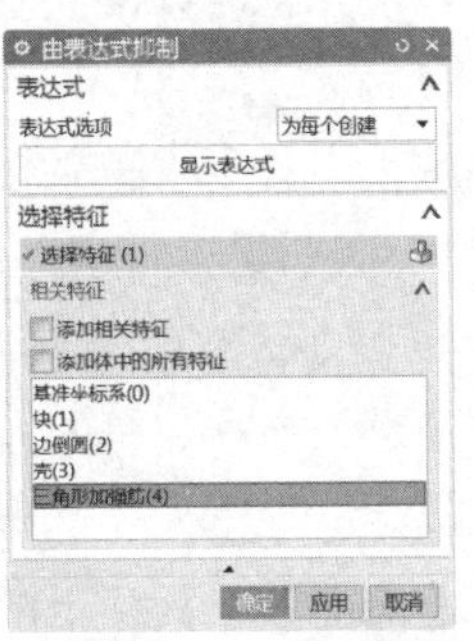

图 8-8　【由表达式抑制】对话框

(3) 检查表达式的建立。

单击【显示表达式】按钮，在列表中检查表达式的建立，如图 8-9 所示。

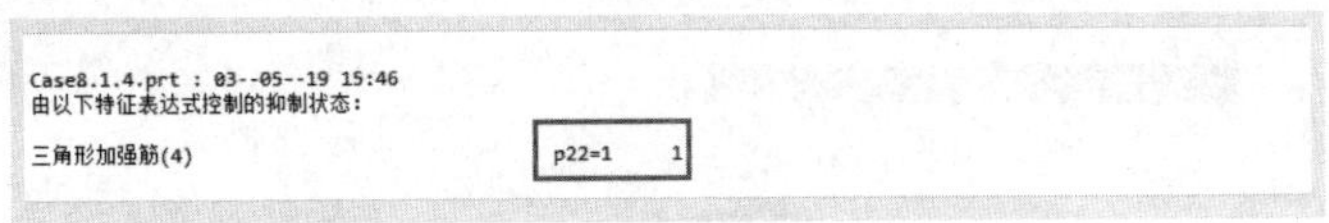
Case8.1.4.prt : 03--05--19 15:46
由以下特征表达式控制的抑制状态:

三角形加强筋(4)　　p22=1　1

图 8-9　列表

(4) 重命名并测试新的表达式。

选择【工具】|【表达式】命令，出现【表达式】对话框，如图 8-10 所示。

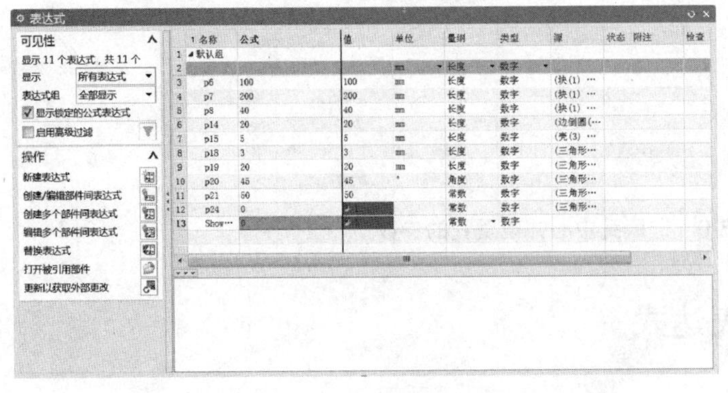

	名称	公式	值	单位	量纲	类型	源	状态	附注	检查
1	默认组									
2				mm	长度	数字				
3	p6	100	100	mm	长度	数字	(块(1) …			
4	p7	200	200	mm	长度	数字	(块(1) …			
5	p8	40	40	mm	长度	数字	(块(1) …			
6	p14	20	20	mm	长度	数字	(边倒圆(…			
7	p15	5	5	mm	长度	数字	(壳(3) …			
8	p18	3	3	mm	长度	数字	(三角形…			
9	p19	20	20	mm	长度	数字	(三角形…			
10	p20	45	45	°	角度	数字	(三角形…			
11	p21	50	50		常数	数字	(三角形…			
12	p24	0			常数	数字	(三角形…			
13	Show…	0			常数	数字				

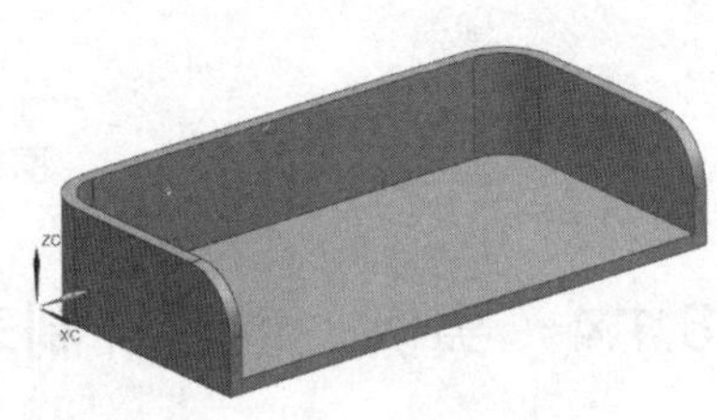

图 8-10　特征抑制后模型显示

(5) 创建一个条件表达式，用已存在表达式控制 Show_Suppress。

① 选择【工具】|【表达式】命令，出现【表达式】对话框，选择【Show_Suppress (三角形加强筋(4) Suppression Status)】，在【公式】输入框中输入“if (p7<120) (0) else (1) ”，

如图 8-11 所示，单击【确定】按钮。

图 8-11　【表达式】对话框

② 改变 p7 的值为 100，测试条件表达式。

8.2　部件族概述及实例

在产品设计时，由于产品的系列化，肯定会带来零件的系列化，这些零件外形相似，但大小不等或材料不同，会存在一些微小的区别，在用户进行三维建模时，可以考虑使用 CAD 软件的一些特殊功能来简化这些重复的操作。

UG NX 的部件族(Part Family)就是帮助客户来完成这一工作，达到知识再利用的目的，大大节省了三维建模的时间。用户可以按照需求建立自己的部件家族零件，可以定义使用不同的材料或其他属性，定义不同的规格和大小，其定义过程使用了 Spreadsheet 电子表格来帮助完成，内容丰富且使用简单。

8.2.1　实例：创建部件族

1. 操作要求

创建螺母《I 型六解螺母》(GB6170-86)的实体模型零件库，零件规格如表 8-1 所示。

表 8-1　六角头螺母的规格

螺纹规格 *d*	*m*	*S*
M12	10.8	18
M16	14.8	24
M20	18	30
M24	21.5	36

2. 操作步骤

(1) 打开文件。

打开“Examples\ch8\Case8.2.1.prt”文件。

(2) 建立部件族参数电子表格。

① 选择【工具】｜【部件族】命令，出现【部件族】对话框，在【可用的列】列表框

中依次双击螺栓的可变参数 S、d、m，将这些参数添加到【部件族】对话框【选定的列】列表框中，将【族保存目录】改为“Examples\ch8”，如图 8-12 所示。

② 单击【创建】按钮，系统启动 Microsoft Excel 程序，并生成一张工作表，如图 8-13 所示。

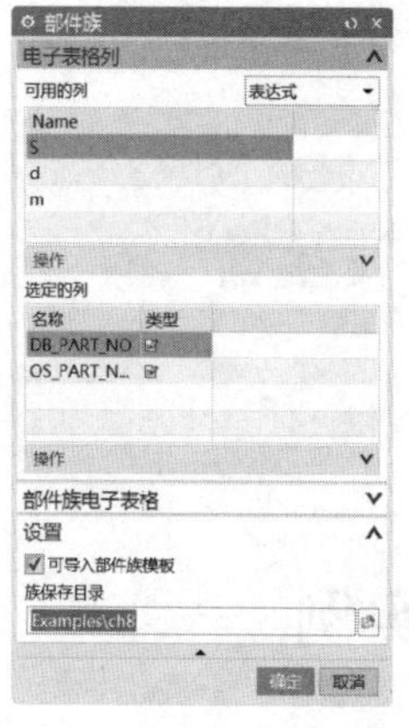

图 8-12 【部件族】对话框

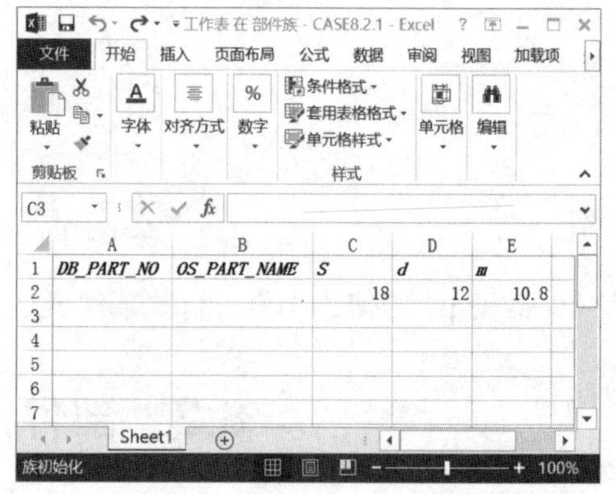

图 8-13 部件族参数电子表格

③ 输入系列螺栓的规格，如图 8-14 所示。

④ 选取工作表中的 2～5 行、A～E 列。选择 Excel 程序中【部件族】|【创建部件】命令，系统运行一段时间以后，出现【信息】对话框，如图 8-15 所示。显示所生成的系列零件，即零件库。

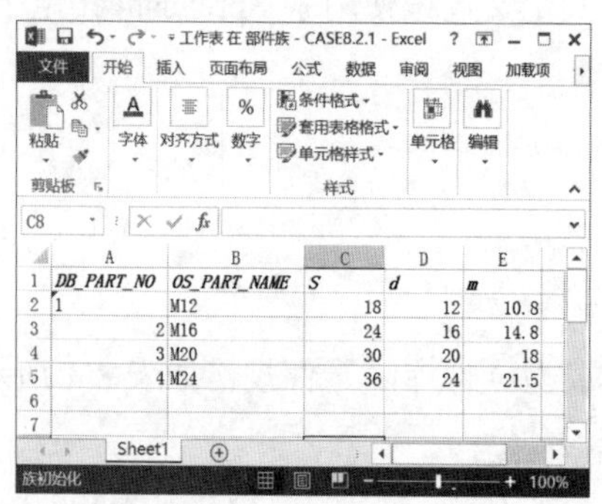

图 8-14 输入系列螺栓的规格

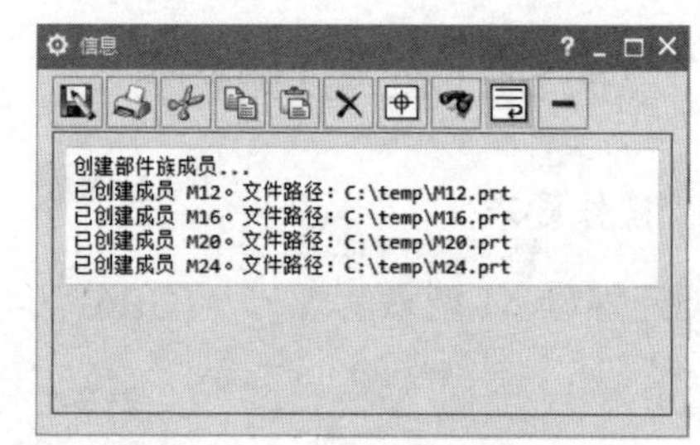

图 8-15 【信息】对话框

8.2.2 实例：为装配添加一个标准零件

1. 操作要求

根据给定的标准零件家族成员，并将其加入到装配库中。

2. 操作步骤

(1) 打开文件。

打开“Examples\ch8\Case8.2.2.prt”文件，如图 8-16 所示。

(2) 在装配中添加螺母家族成员。

单击【装配】工具栏上的【添加】按钮，出现【添加组件】对话框，单击【打开】按钮，选择部件 Case8.1.3.prt，确认选择【模型】引用集选项和【约束】定位选项，如图 8-17 所示。

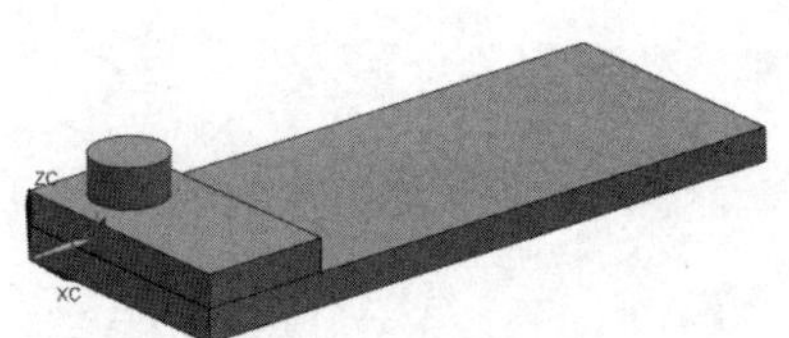

图 8-16　装配体

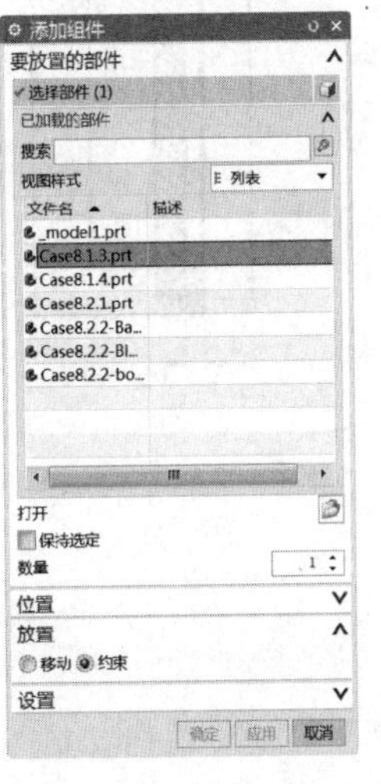

图 8-17　【添加组件】对话框

(3) 添加约束。

应用【装配约束】按图 8-18 所示装配螺栓。

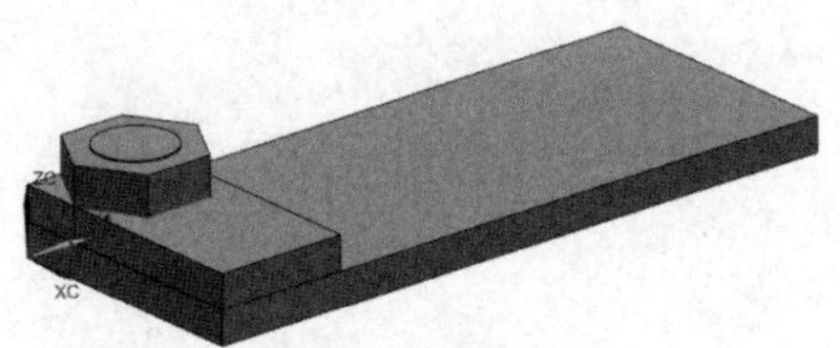

图 8-18　装配螺栓

练　习　题

操作题

(1) 建立如图 8-19 所示的垫圈部件族。

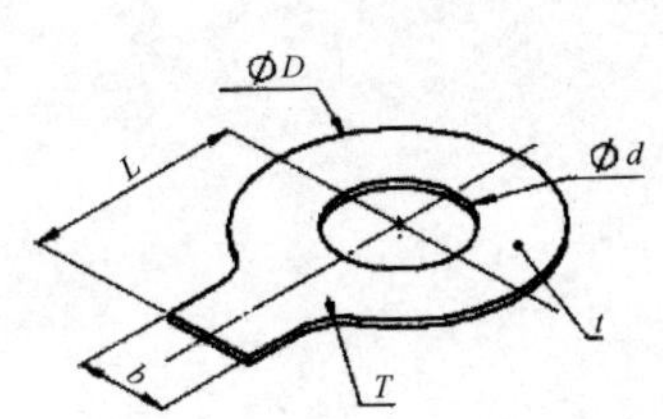

公制螺纹	单舌垫圈					
	d	D	t	L	b	r
6	6.5	18	0.5	15	6	3
10	10.5	26	0.8	22	9	5
16	17	38	1.2	32	12	6
20	21	45	1.2	36	15	8

图 8-19　练习(1)图表

(2) 建立如图 8-20 所示的轴承压盖部件族。

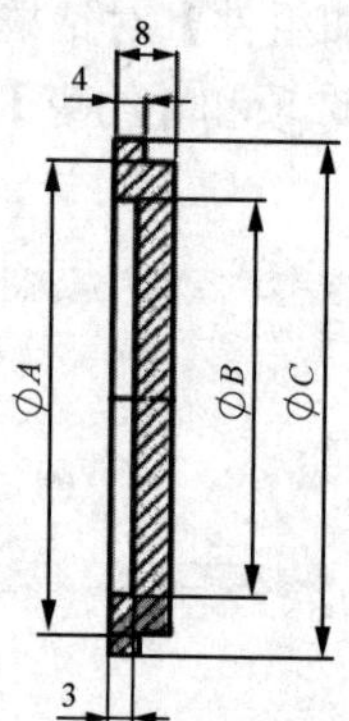

序号	A	B	C
1	62	52	68
2	47	37	52
3	30	20	35

图 8-20　练习(2)图表

第9章 装配建模

装配过程就是在装配中建立各部件之间的链接关系。它是通过一定的配对关联条件在部件之间建立相应的约束关系，从而确定部件在整体装配中的位置。在装配中，部件的几何实体是被装配引用，而不是被复制，整个装配部件都保持关联性，不管如何编辑部件，如果其中的部件被修改，则引用它的装配部件会自动更新，以反映部件的变化。在装配中，可以采用自顶向下或自底向上的装配方法或混合使用上述两种方法。

9.1 装配概念

将设计出来的零件完成造型之后，往往需要进行装配。UG NX 是采用单一数据库的设计，因此在完成零件的设计之后，可以利用 UG NX 的装配模块对零件进行组装，然后对该组件进行修改、分析或者重新定向。零件之间的装配关系实际上就是零件之间的位置约束关系，可以将零件组装成组件，然后再将很多组件装配成一个产品。

9.1.1 术语定义

装配引入了一些新术语，其中部分术语定义如下。

1. 装配

一个装配(Assembly)是多个零部件或子装配的指针实体的集合。任何一个装配都是一个包含组件对象的.prt 文件。

2. 组件部件

组件部件(Component Part)是装配中的组件对象所指的部件文件，它可以是单个部件也可以是一个由其他组件组成的子装配。任何一个部件文件中都可以添加其他部件成为装配体，需要注意的是，组件部件是被装配件引用，并没有被复制，实际的几何体是存储在组件部件中的。

3. 子装配

子装配(Subassembly)本身也是装配件，拥有相应的组件部件，而在高一级的装配中用于组件。子装配是一个相对的概念，任何一个装配部件可在更高级的装配中用于子装配。

4. 组件对象

组件对象(Component Object)是一个从装配件或子装配件链接到主模型的指针实体。每个装配件和子装配件都含有若干个组件对象。这些组件对象记录的信息有组件的名称、层、颜色、线型、线宽、引用集、配对条件等。

5. 单个零件

单个零件(Piece Part)就是在装配外存在的几何模型，它可以添加到装配中，但单个零件

本身不能成为装配件，不能含有下级组件。

6. 装配上下文设计

装配上下文设计(Designin Context)是指在装配中参照其他部件对当前工作部件进行设计。用户在没有离开装配模型情况下，可以方便地实现各组件之间的相互切换，并对其做出相应的修改和编辑。

7. 工作部件

工作部件(Work Part)是指用户当前进行编辑或建立的几何体部件，它可以是装配件中的任意组件部件。

8. 显示部件

显示部件(Displayed Part)是指当前在图形窗口显示的部件。当显示部件为一个零件时，总是与工件部件相同。

装配、子装配、组件对象及组件之间的相互关系如图 9-1 所示。

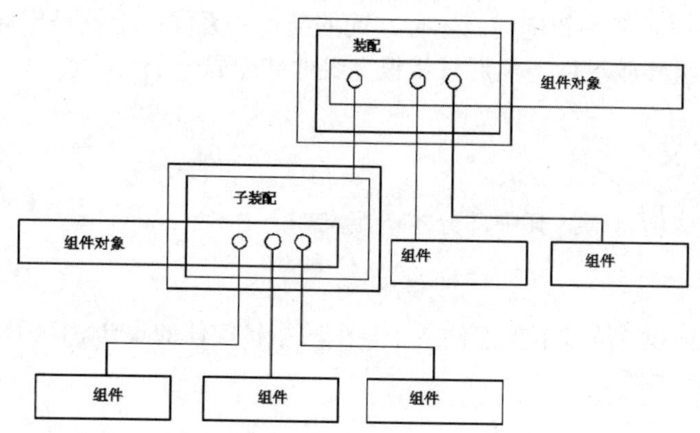

图 9-1 装配关系示意框图

9.1.2 创建装配体的方法

根据装配体与零件之间的引用关系，可以有 3 种创建装配体的方法，即自顶向下装配、自底向上装配和混合装配。

(1) 自顶向下装配。

自顶向下装配(Top Down)指首先设计完成装配体，并在装配体中创建零部件模型，然后再将其中子装配体模型或单个可以直接用于加工的零件模型另外存储。

(2) 自底向上装配。

自底向上装配(Bottom Up)首先创建零部件模型，再组合成子装配，最后生成装配部件的装配方法。

(3) 混合装配。

混合装配是指将自顶向下装配和自底向上装配结合在一起的装配方法。例如，首先创建几个主要部件模型，再将其装配在一起，然后在装配中设计其他部件，即为混合装配。

在实际设计中，可根据需要在两种模式间切换。

9.1.3　装配主菜单、工具栏与快捷菜单

装配模块是一个相对独立的模块，在执行装配操作前，选择【文件】|【新建】|【装配】命令，即可启动装配模块。

1. 装配主菜单

有关装配的大多数命令集中在【装配】菜单中。此外，在【格式】菜单中，【零件明细表级别】命令是有关装配的，在【信息】菜单中，【装配】子菜单是有关装配的，如图 9-2 所示。

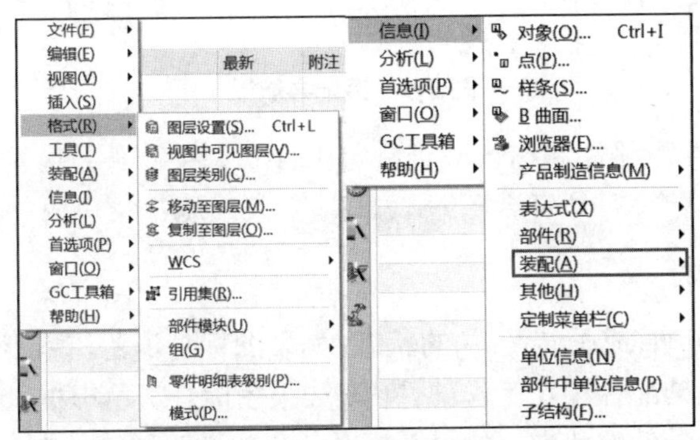

图 9-2　与装配有关的菜单

2. 装配工具栏

在装配零部件过程中，可以直接单击【装配】工具栏上对应的工具按钮命令，【装配】工具栏如图 9-3 所示。

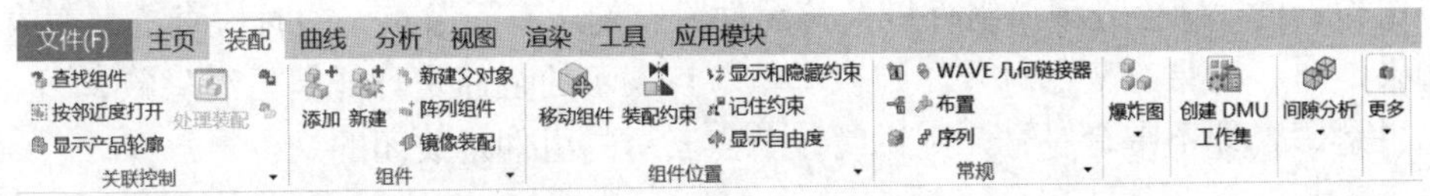

图 9-3　【装配】工具栏

9.1.4　装配导航器

装配导航器(Assemblies Navigator)在资源窗口中以树形方式清楚地显示各部件的装配结构，也称为“树形目录”。单击 UG NX 图形窗口左侧的图标，即可进入装配导航器，如图 9-4 所示。利用装配导航器，可快速选择组件并对组件进行操作，如工作部件、显示部件的切换，组件的隐藏与打开等。

1. 节点显示

在装配导航器中，每个部件显示为一个节点，能够清楚地表达装配关系，可以快速、方便地对装配中的组件进行选择和操作。

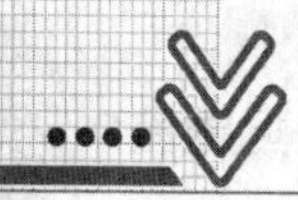

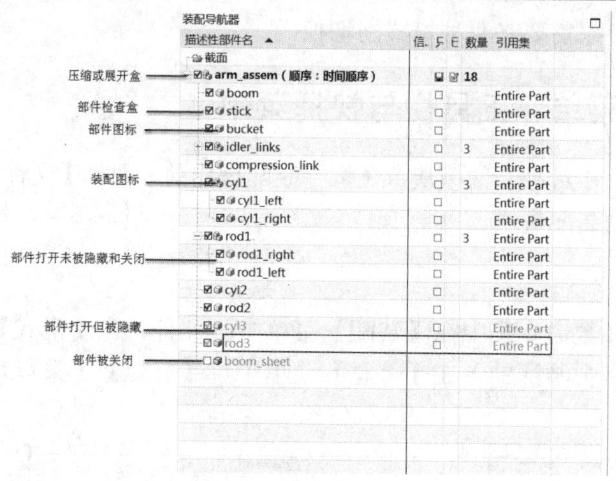

图 9-4　装配导航器

每个节点包括图标、部件名称、检查盒等组件。如果部件是装配件或子装配件，前面还会有压缩、展开盒，“+”号表示压缩，“-”号表示展开。

2．装配导航器图标

图标表示装配部件(或子装配件)的状态。如果图标是黄色，说明装配件在工作部件内。如果图标是灰色，说明装配件不在工作部件内。如果图标是灰色虚框，说明装配件是关闭的。

图标表示单个零件的状态。如果图标是黄色，说明该零件在工作部件内。如果图标是灰色，说明该零件不在工作部件内。如果图标是灰色虚框，说明该零件是关闭的。

3．检查盒

每个载入部件前都会有检查盒，可用来快速确定部件的工作状态。

如果是☑，即带有红色对号，则说明该节点表示的组件是打开并且没有隐藏和关闭的。如果单击检查框，则会隐藏该组件以及该组件带有的所有子节点，同时检查框都变成灰色。

如果是☑，即带有灰色对号，则说明该节点表示的组件是打开但已经隐藏。

如果是□，即不带有对号，则说明该节点表示的组件是关闭的。

4．替换快捷菜单

如果将鼠标指针移动到一个节点或者选择多个节点，单击鼠标右键，会出现快捷菜单，菜单的形式与选定的节点类型有关。

9.1.5　载入选项

在装配建模中，载入选项(Load Option)是进入较大而且复杂装配模型的方便方法。选择【文件】|【属性】|【加载装配选项】命令，出现【装配加载选项】对话框，如图 9-5 所示，它可以设置系统从何处装载和怎样装载装配部件。

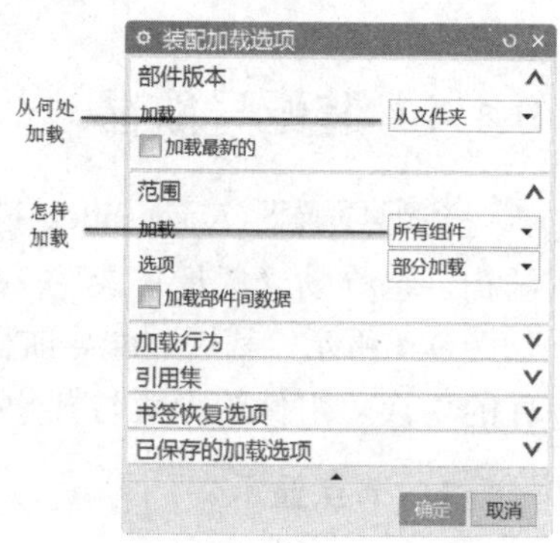

图 9-5　【装配加载选项】对话框

9.1.6　引用集的概念

引用集是用户在零部件中定义的部分几何对象。这部分对象就是要载入的对象。引用集可包含的对象有零部件的名称、原点、方向、几何实体、坐标系、基准平面、基准轴、图案对象、属性等。引用集本质上是一组命名的对象，当生成了引用集后，就可以单独装配到组件中。每个零部件可以有多个引用集，不同零部件的引用集可以有相同的名称。

在系统默认状态，每个零部件有两个引用集。

(1) Empty(空集)。该引用集是空的引用集，是不包含任何几何数据的引用集。在装配中，如果是空引用集形式添加到装配中时，在装配中不会显示该部件。在装配中对某些不需要显示的装配组件使用空引用集，可提高效率。

(2) EntirePart(完整部件)。该引用集表示整个几何部件，包含该引用部件的所有几何数据。在装配中添加组件时，如果没有选择其他引用集，则默认采用该引用集。通常，其他引用集的对象信息都会少于该引用集，都只体现了部件的某一方面信息。

这两个引用集中的对象是不能再添加或删除的。另外，如果部件中已经包含了实体，则系统会自动生成模型引用集 Model。

9.1.7　实例：建立新的引用集

1. 操作要求

创建新引用集(ReferenceSets)，装配中改变组件当前的引用集。

2. 操作步骤

(1) 打开文件。

打开“Examples\ch9\Case9.1.7\caster\caster_wheel.prt”文件。

(2) 创建新的引用集。

① 选择【格式】|【引用集】命令，出现【引用集】对话框。

② 单击【创建引用集】按钮，在【引用集名称】文本框中输入“NEWREFERENCE”。

③ 激活【选择对象】，选择轮体，如图 9-6 所示。

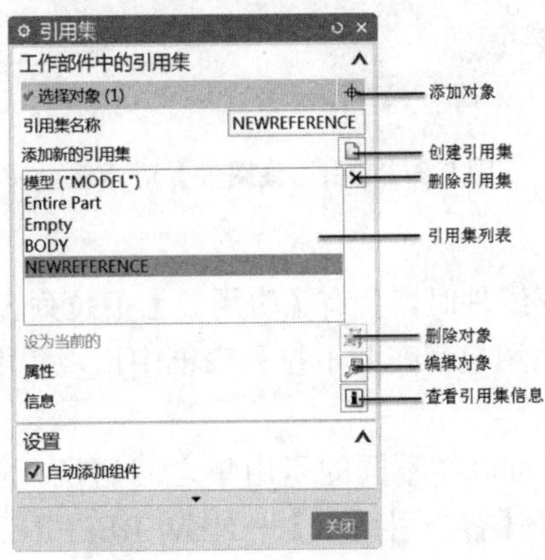

图 9-6　【引用集】对话框

说明：引用集名称的长度不超过 30 个字符。

(3) 查看当前部件中已经建立的引用集的有关信息。

单击【信息】按钮，出现【信息】窗口，如图 9-7 所示，其中列出了引用集的相关信息。

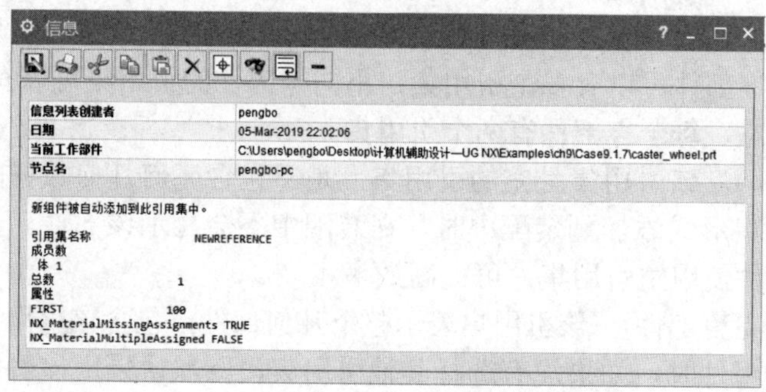

图 9-7 【信息】窗口

(4) 删除引用集。

在引用集列表框中选中要删除的引用集，单击【删除】按钮即可。

(5) 编辑引用集属性。

在引用集列表框中选择进行编辑的引用集，单击【编辑属性】按钮，出现【引用集属性】对话框，如图 9-8 所示。在该对话框中可进行属性名称和属性值的设置。

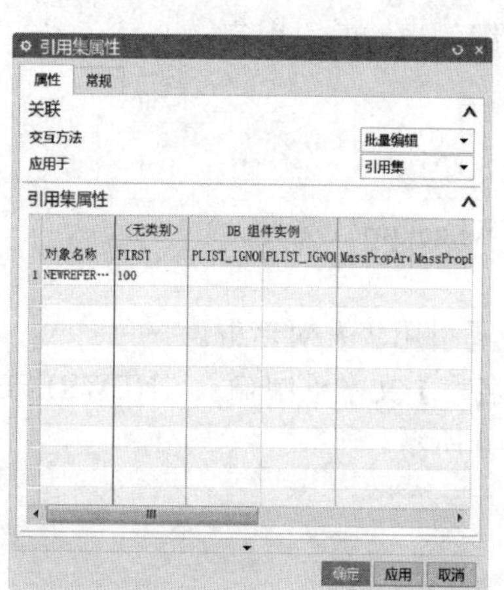

图 9-8 【引用集属性】对话框

(6) 引用集的使用。

在建立装配中，添加已存组件时，会有【引用集】下拉列表框，如图 9-9 所示，用户所建立的引用集与系统默认的引用集都在此下拉列表框中出现。用户可根据需要选择引用集。

(7) 替换引用集。

① 在装配导航器中，还可以在不同的引用集之间切换。在选定的组件部件上右击鼠标，从弹出的快捷菜单中选择【替换引用集】→NEW REFERENCE 命令，如图 9-10 所示。

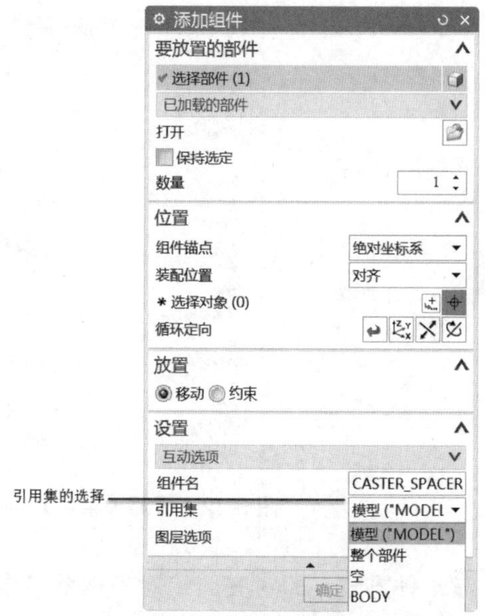

图 9-9　添加已存组件

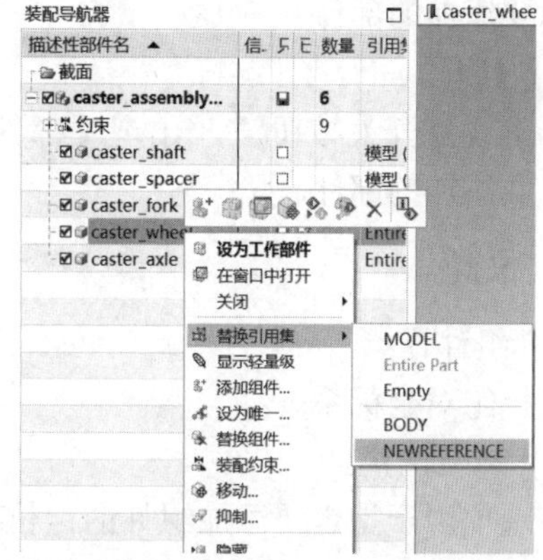

图 9-10　替换引用集

② 创建新引用泵前后效果比较，如图 9-11 所示。

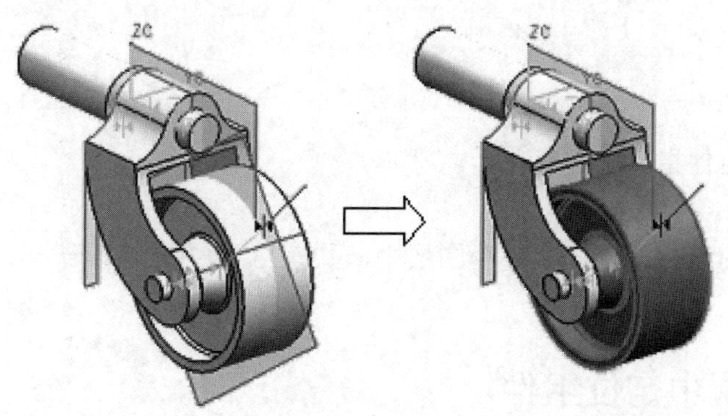

图 9-11　创建新引用泵前后效果比较

9.2　从底向上设计方法

创建装配模型的过程是建立组件装配关系的过程。对数据库中已存的系列产品零件、标准件及外购件可通过 “从底向上”的设计方法，创建一个装配部件，并将相关的装配组件引入到装配部件中，同时建立各零部件、组件之间的配合关系。

9.2.1　添加已存零部件到装配中

选择【装配】|【组件】|【添加组件】命令，出现【添加组件】对话框，如图 9-12 所示，可以向装配环境中引入一个部件作为装配组件。相应地，该种创建装配模型的方法

即是前面所说的“从底向上”的方法。

图 9-12 【添加组件】对话框

1. 部件

(1) 已加载的部件。

该列表框中列表显示了所有已经加载的部件，可以从中直接选择要添加的部件。

(2) 打开。

单击【打开】按钮，出现【部件名】对话框，可在其中浏览要添加的部件。

2. 位置

(1) 组件锚点。

选择绝对坐标系。

(2) 装配位置。

该选项用于指定要添加组件的定位方式，共有 4 种方式，即对齐、绝对坐标系-工作部件、绝对坐标系-显示部件和工作坐标系。

3. 放置

移动或约束组件位置。

4. 设置

(1) 引用集。

为要添加的组件指定引用集。

(2) 图层选项。

指定要添加的组件放置在哪一个图层中，共有 3 种方式可以选择，即原先的、工作的和指定的。

9.2.2 在装配中定位组件

利用装配约束在装配中定位组件。

选择【装配】|【组件】|【装配约束】命令，或单击【装配】工具栏上的【装配约束】按钮，出现【装配约束】对话框，如图 9-13 所示。

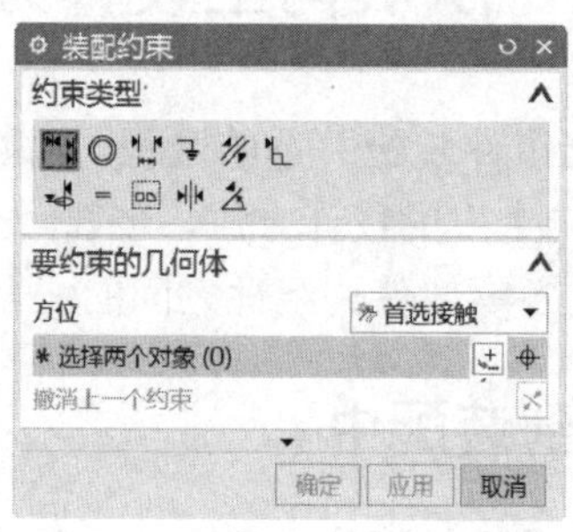

图 9-13 【装配约束】对话框

1. 【接触对齐】约束

【接触对齐】约束可约束两个组件，使其彼此接触或对齐，这是最常用的约束。

接触对齐是指约束两个面接触或彼此对齐，具体子类型又可分为首选接触、接触、对齐和自动判断中心/轴。

【接触】类型的含义：两个面重合且法线方向相反，如图 9-14 所示。

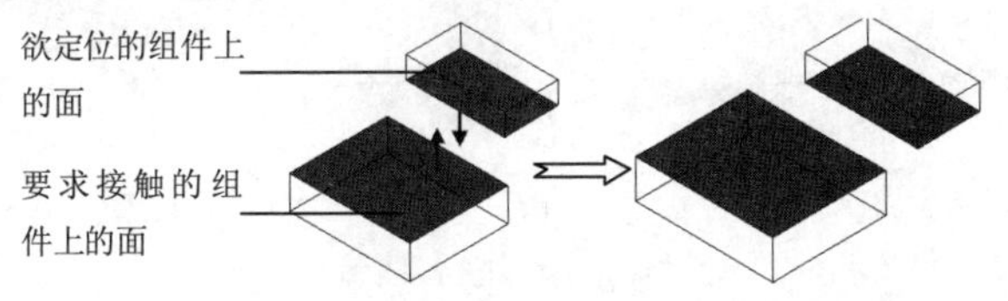

图 9-14　接触约束

【对齐】类型的含义：两个面重合且法线方向相同，如图 9-15 所示。

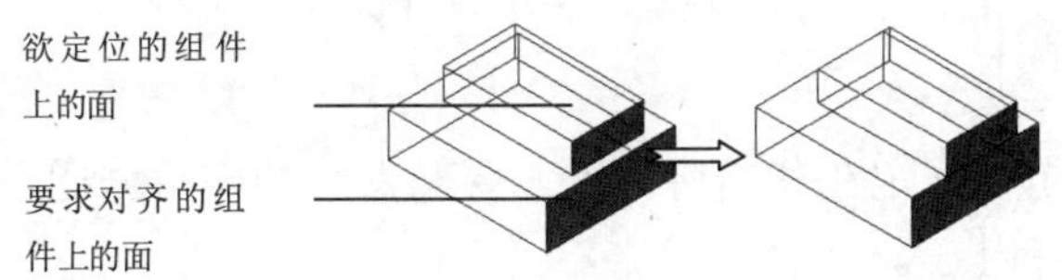

图 9-15　对齐约束

另外，【接触对齐】还用于约束两个柱面(或锥面)轴线对齐。具体操作为：依次选择两个柱面(或锥面)的轴线，如图 9-16 所示。

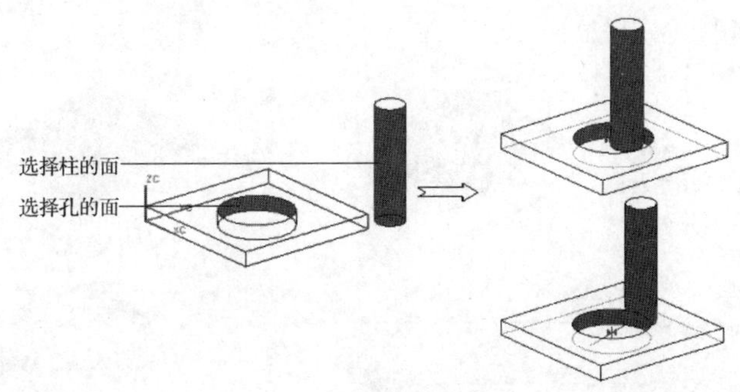

图 9-16　约束轴线对齐

【自动判断中心/轴】类型的含义：指定在选择圆柱面或圆锥面时，UG NX 将使用面的中心或轴而不是面本身作为约束，如图 9-17 所示。

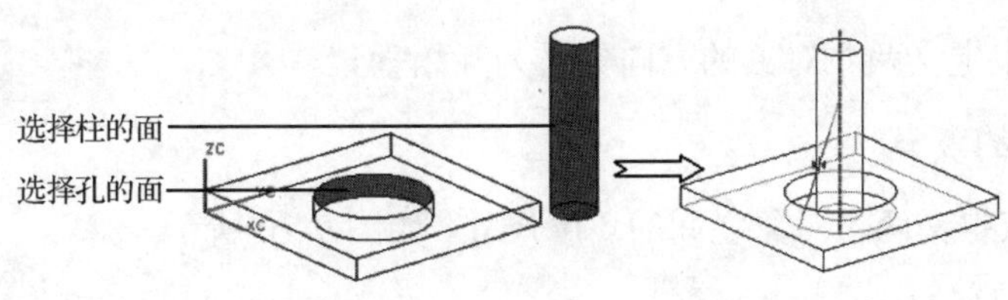

图 9-17　自动判断中心/轴

2. 【同心】约束

【同心】约束可约束两个组件的圆形边界或椭圆边界，以使中心重合，并使边界的面共面，如图 9-18 所示。

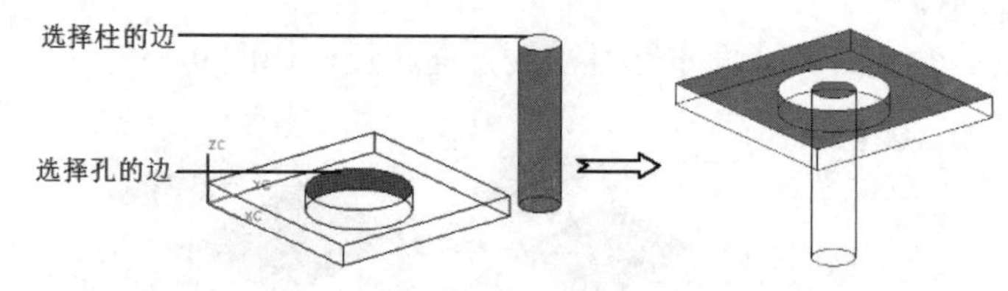

图 9-18　同心约束

3. 【距离】约束

【距离】约束可指定两个对象之间的最小 3D 距离。

4. 【固定】约束

【固定】约束将组件固定在其当前位置。要确保组件停留在适当位置且根据其约束其他组件时，此约束很有用。

5. 【平行】约束

【平行】约束可定义两个对象的方向矢量为互相平行。

【平行】约束用于使两个欲配对对象的方向矢量相互平行。可以平行配对操作的对象组合有直线与直线、直线与平面、轴线与平面、轴线与轴线(圆柱面与圆柱面)、平面与平面等，平行约束实例如图 9-19 所示。

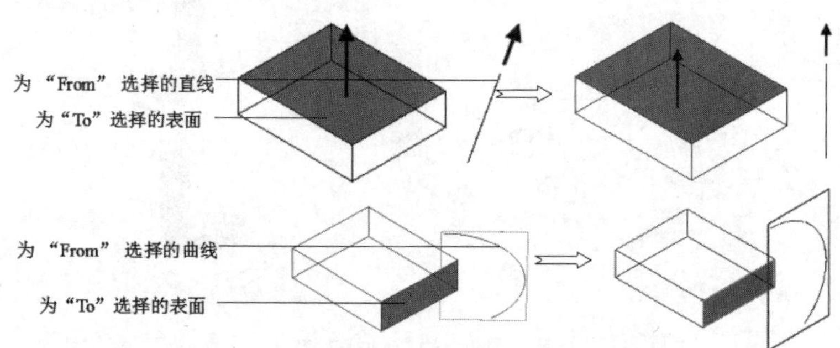

图 9-19　平行约束

6. 【垂直】约束

【垂直】约束定义两个对象的方向矢量为互相垂直。

7. 【角度】约束

【角度】约束定义两个对象之间的角度尺寸，如图 9-20 所示。

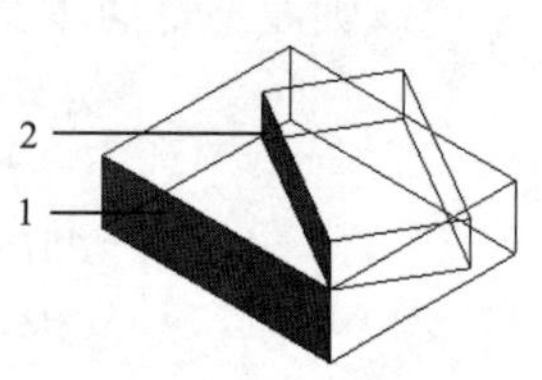

图 9-20　角度约束

8. 【中心】约束

【中心】约束用于约束一个对象位于另两个对象的中心，或使两个对象的中心对准另两个对象的中心，因此又分为 3 种子类型，即 1 对 2、2 对 1 和 2 对 2。

(1) 1 对 2：用于约束一个对象定位到另两个对象的对称中心上。如图 9-21 所示，欲将圆柱定位到槽的中心，可以依次选择柱面的轴线、槽的两侧面，以实现 1 对 2 的中心约束。

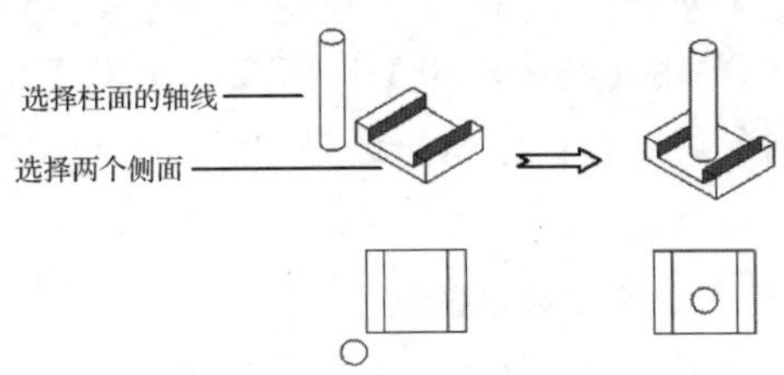

图 9-21　“1 对 2”中心约束

(2) 2 对 1：用于约束两个对象的中心对准另一个对象，与“1 对 2”的用法类似，所不同的是，选择对象的次序为先选择需要对准中心的两个对象，再选择另一个对象。

(3) 2 对 2：用于约束两个对象的中心对准另两个对象的中心。如图 9-22 所示，欲将块的中心对准槽的中心，可以依次选择块的两侧面和槽的两侧面，以实现 2 对 2 的中心约束。

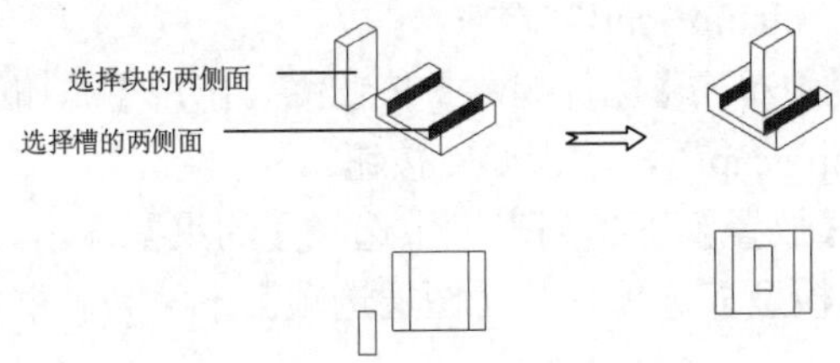

图 9-22　“2 对 2”中心约束

9. 【胶合】约束

【胶合】约束一般用于焊接件之间，胶合在一起的组件可以作为一个刚体移动。

10. 【拟合】约束＝

【拟合】约束用于约束两个具有相等半径的圆柱面合在一起，比如约束定位销或螺钉到孔中。值得注意的是，如果之后半径变成不相等，那么此约束将失效。

9.2.3　实例：从底向上设计装配组件

1. 操作要求

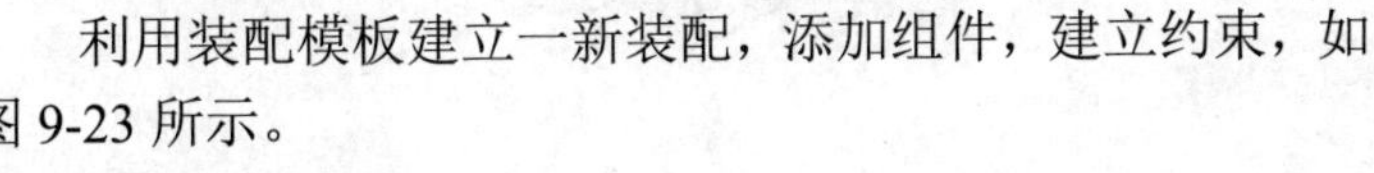

利用装配模板建立一新装配，添加组件，建立约束，如图 9-23 所示。

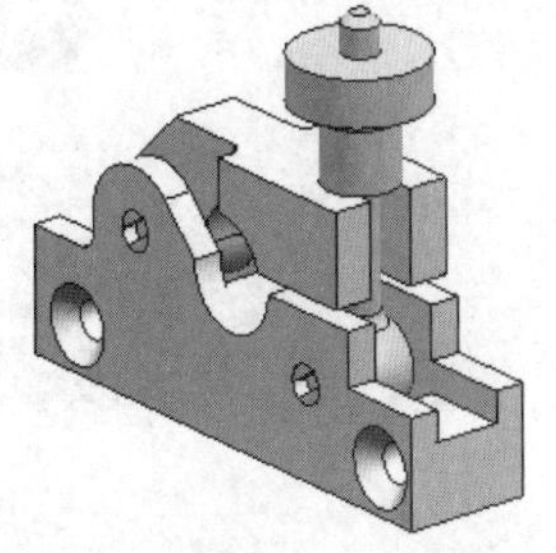

图 9-23　从底向上设计装配组件

2. 操作步骤

(1) 新建文件。

新建“Examples\ch9\Case9.2.3\Clamp_assembly.prt” 装配文件。

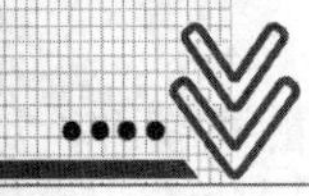
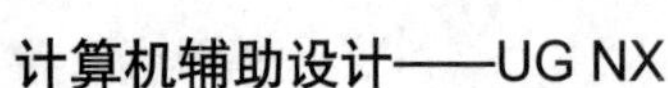

(2) 添加第一个组件“clamp_base”。

① 单击【装配】工具栏上的【添加组件】按钮，出现【添加组件】对话框，单击【打开】按钮，选择【clamp_base】，单击 OK 按钮。

② 在【位置】组中，从【装配位置】下拉列表框中选择【绝对坐标系】选项。在【设置】组的【引用集】下拉列表框中选择【模型】选项，从【图层选项】下拉列表框中选择【工作】选项，单击【确定】按钮。

③ 在【装配】工具栏上单击【装配约束】按钮，出现【装配约束】对话框，在【约束类型】下拉列表框中选择【固定】选项，选择“clamp_base”，单击【确定】按钮，如图 9-24 所示。

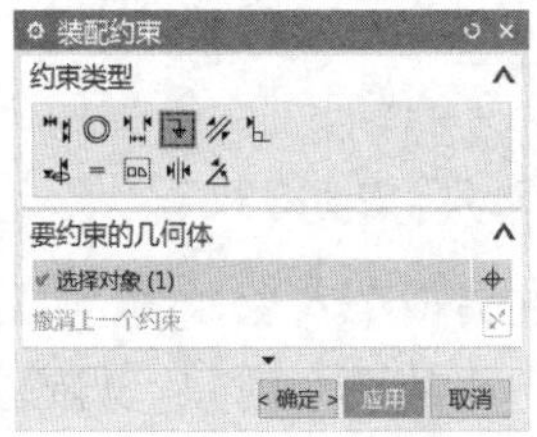

图 9-24 【固定】约束“clamp_base”

(3) 添加第二个组件“clamp _cap”。

① 在【装配】工具栏中单击【添加组件】按钮，出现【添加组件】对话框，单击【打开】按钮，选择“clamp _cap”，单击 OK 按钮。

② 在【位置】组的【放置】下拉列表框中选择【约束】选项。在【设置】组的【引用集】下拉列表框中选择【模型】选项，从【图层选项】下拉列表框中选择【工作的】选项，如图 9-25 所示。

图 9-25 【装配约束】对话框与【组件预览】

③ 在【约束类型】下拉列表框中选择【接触对齐】选项，在【要约束的几何体】组的【方位】下拉列表框中选择【自动判断中心/轴】选项，在“clamp _cap”和“clamp_base”

上选择孔，如图 9-26 所示，单击【应用】按钮。

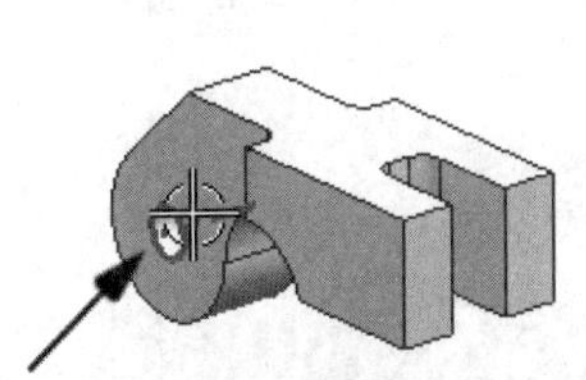
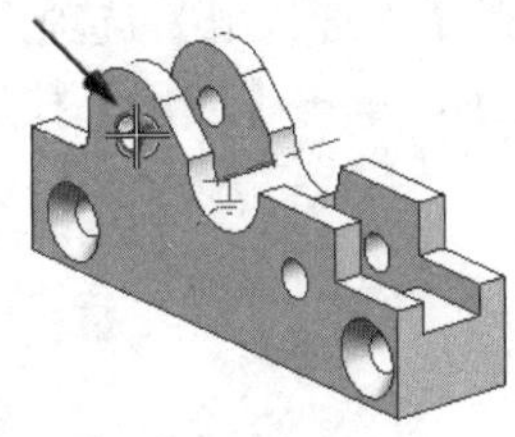

图 9-26　添加【自动判断中心/轴】约束

④ 在【约束类型】下拉列表框中选择【接触对齐】选项，在【要约束的几何体】组的【方位】下拉列表框中选择【首选接触】选项，在“clamp _cap”和“clamp_base”上选择对齐面，如图 9-27 所示，单击【应用】按钮。

⑤ 在【约束类型】下拉列表框中选择【角度】选项，在【要约束的几何体】组的【子类型】下拉列表框中选择【3D 角】选项，在【角度】组的【角度】输入框中输入“180”，在“clamp _cap”和“clamp_base”选择成角度面，如图 9-28 所示，单击【确定】按钮。

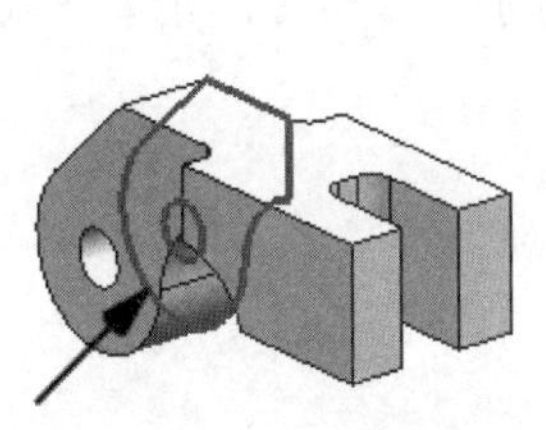
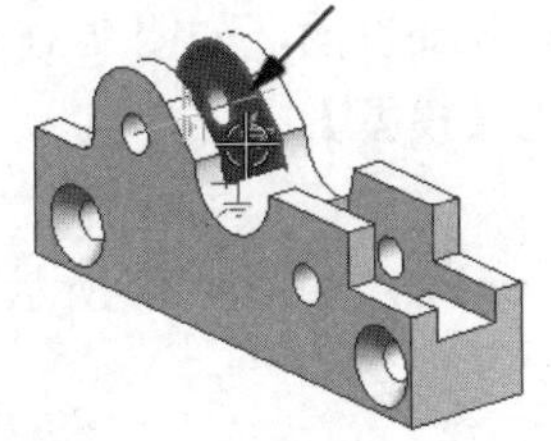

图 9-27　添加【对齐】约束

图 9-28　添加【角度】约束

(4) 添加第三个组件“clamp_ lug”。

① 将“clamp_base”引用集替换为【整个部件】。

② 在【装配】工具栏上单击【添加组件】按钮，出现【添加组件】对话框，单击【打开】按钮，选择“clamp_ lug”，单击 OK 按钮。在【位置】组的【定位】下拉列表框中选择【通过约束】选项。在【设置】组的【引用集】下拉列表框中选择【模型】选项，从【图层】下拉列表框中选择【工作】选项，单击【应用】按钮，出现【装配约束】对话框。

③ 在【约束类型】下拉列表框中选择【接触对齐】选项，在【要约束的几何体】组的【方位】下拉列表框中选择【自动判断中心/轴】选项，选择“clamp_ lug”和“clamp_base”上选择孔，如图 9-29 所示，单击【应用】按钮。

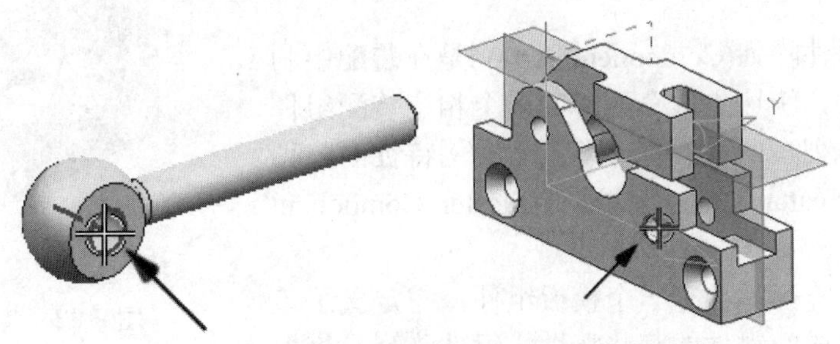

图 9-29　添加【自动判断中心/轴】约束

④ 在【类型】下拉列表框中选择【接触对齐】选项，在【要约束的几何体】组的【方位】下拉列表框中选择【首选接触】选项，选择“clamp_ lug”的中心线和“clamp_base”基准面，如图 9-30 所示，单击【应用】按钮。

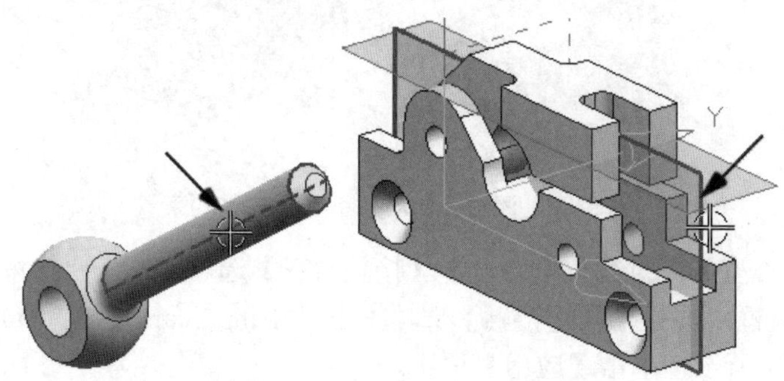

图 9-30　添加【接触对齐】约束

⑤ 在【约束类型】下拉列表框中选择【角度】选项，在【要约束的几何体】组的【子类型】下拉列表框中选择【3D 角】选项，在【角度】组的【角度】输入框中输入“90”，选择“clamp_ lug”的中心线和“clamp_ base”面，如图 9-31 所示，单击【确定】按钮。

⑥ 将“clamp_ base”引用集替换为【模型】。

(5) 添加其他组件。

① 添加“clamp_ nut”和“clamp_ pin”，如图 9-32 所示。

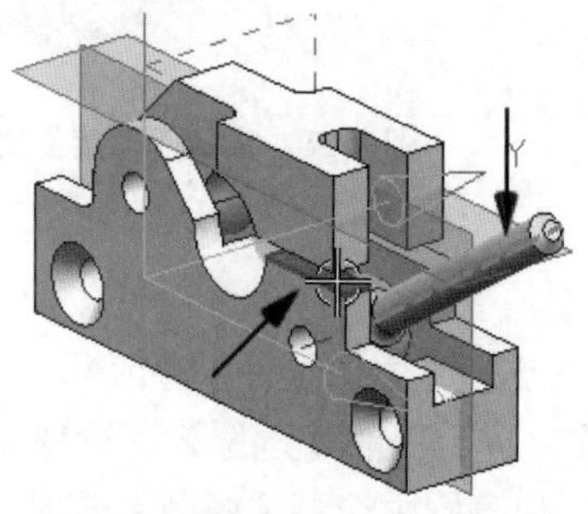

图 9-31　添加【角度】约束

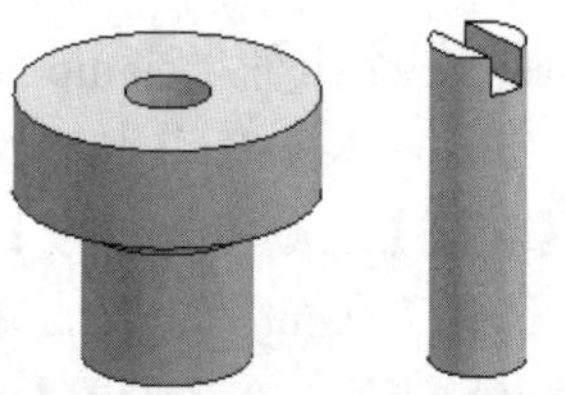

图 9-32　添加“clamp _nut”和“clamp_ pin”

② 完成约束，如图 9-33 所示。

9.2.4　组件阵列概述

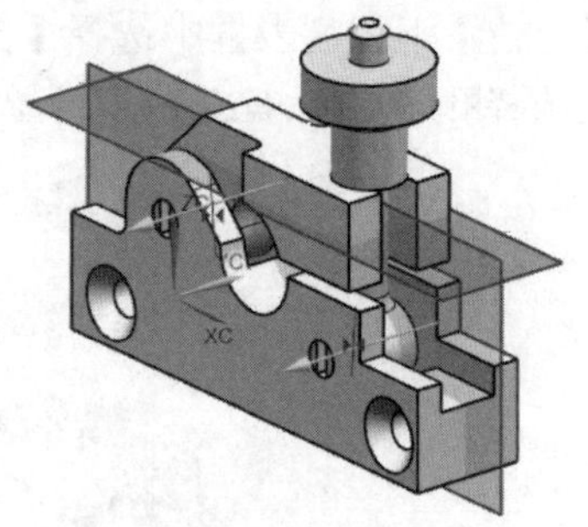

图 9-33　装配约束完成

装配中的组件阵列(Component Array)是在装配中利用对应关联条件，快速生成有规律的多个相同装配组件的方法。组件阵列有两种类型，即基于实例特征的阵列(From Instance Feature)和主组件阵列(Master Component Arrays)。

所有的组件阵列都会有一个模板组件，它定义了该阵列内任何新生成的组件的某些特性。组件阵列是模板组件的一个实例。所有的阵列组件都与生成它们的模板组件相关，因而模板组件的任何变化都会在阵列中有所反映。利用装配组件概念，可以加快装配模型的建立过程，并可以简化装配体结构。

新生组件会继承模板组件的若干特性，如组件部件、颜色、层、名称。当然，用户可以指定任何组件作为模板组件，阵列生成后，也可重新指定模板组件。如果重新指定，只会影响以后生成的组件，不会影响基于它的其他组件成员。

9.2.5　实例：创建组件阵列

1. 操作要求

根据法兰上孔的阵列特征创建垫圈和螺栓的组件阵列。

2. 操作步骤

(1) 打开文件。

打开文件“Examples\ch9\Case9.2.5\array_Assembly.prt”。

(2) 从实例阵列。

① 选择【装配】|【组件】|【阵列组件】，出现【阵列组件】对话框，如图 9-34 所示。

② 在【选择组件】组中选择螺栓，在【阵列定义】组的【布局】下拉列表框中选择【圆形】选项，在【旋转轴】中的【指定矢量】组中选择 ZC 轴，【斜角方向】组中【间距】选择【数量和跨距】，【数量】选择 8，【跨角】选择 360°，如图 9-35 所示。

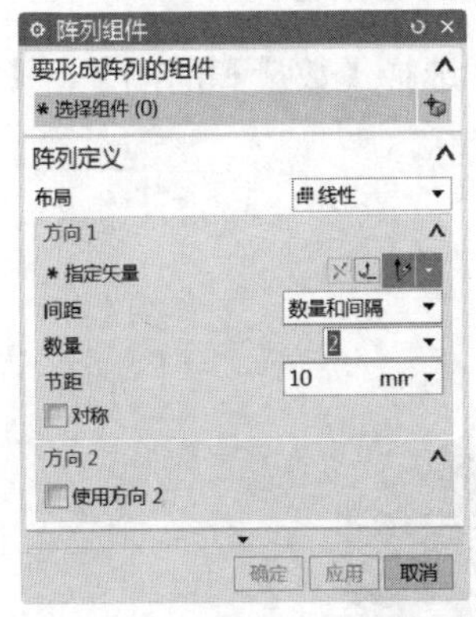

图 9-34　【阵列组件】对话框 1

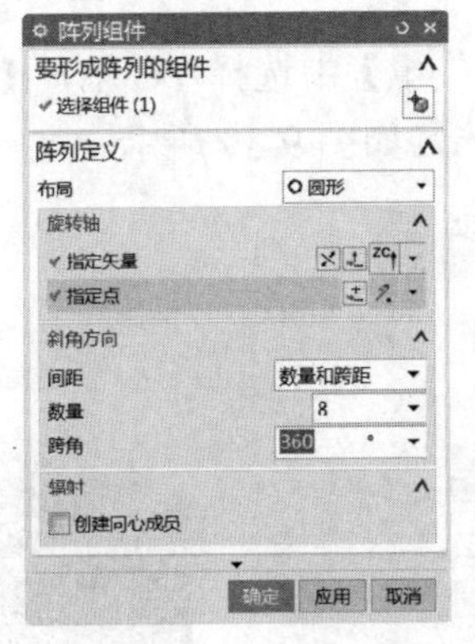

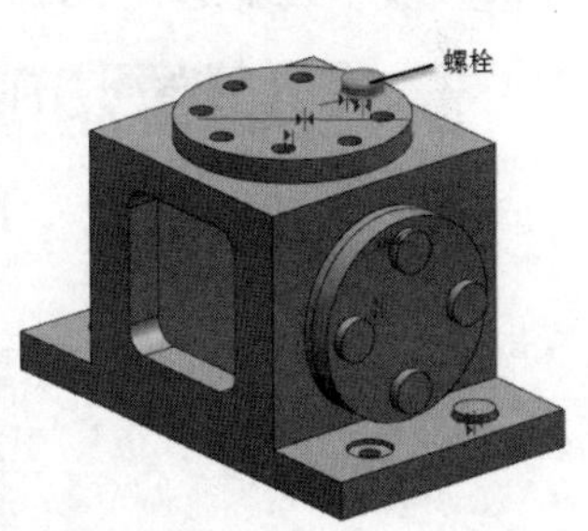

图 9-35　创建阵列组件 1

③ 单击【确定】按钮，完成实例特征阵列，如图 9-36 所示。

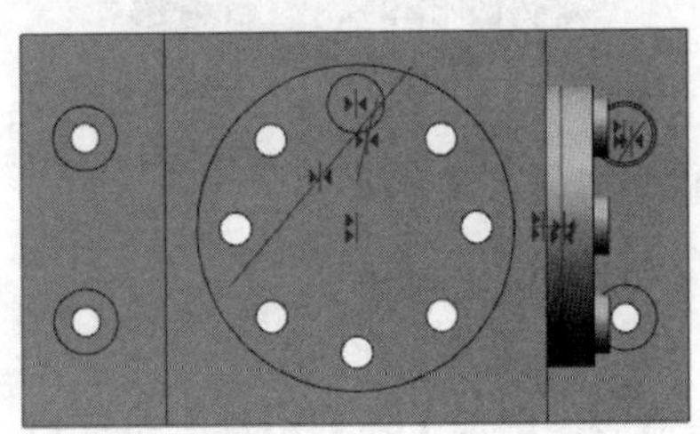

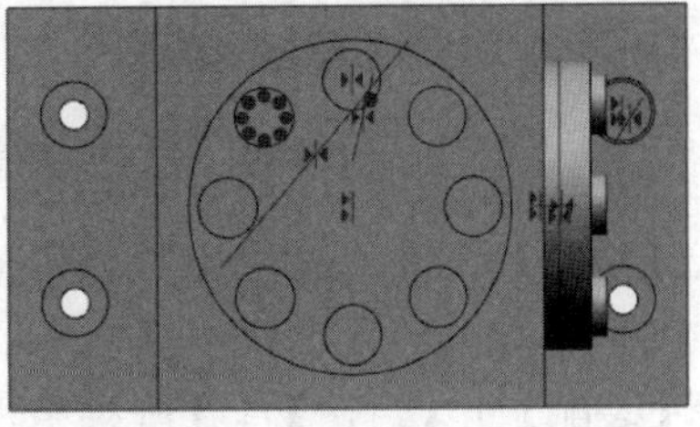

图 9-36　实例特征阵列

注意：【从实例阵列】主要用于加螺钉、螺栓以及垫片等组件到孔特征，需要强调的是，添加第一个组件时，定位条件必须选择【通过约束】，并且孔特征中除源孔特征外，其余孔必须是使用阵列命令创建的。在此例中，第一个螺栓作为模板组件，阵列出的螺栓共享模板螺栓的配合属性。

(3) 线性阵列。

① 选择【装配】|【组件】|【阵列组件】命令，出现【阵列组件】对话框，如图 9-37 所示。

② 在【选择组件】组中选择螺栓，在【阵列定义】中选中【线性】，在【方向 1】组的【指定矢量】中选择 XC 轴，【间距】选择【数量和间隔】，【数量】选择 1，【节距】选择 0mm，如图 9-38 所示。

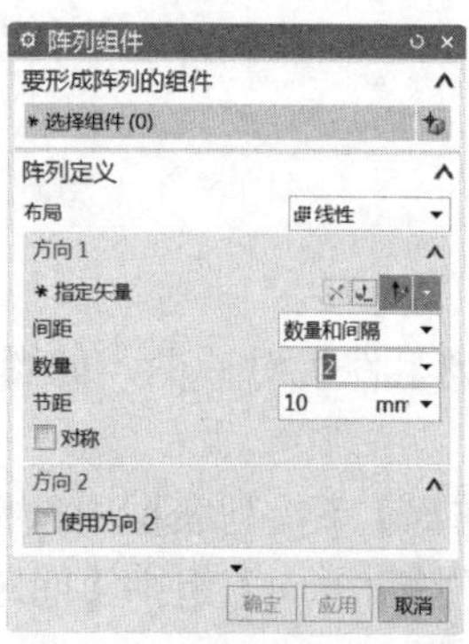

图 9-37 【阵列组件】对话框 2

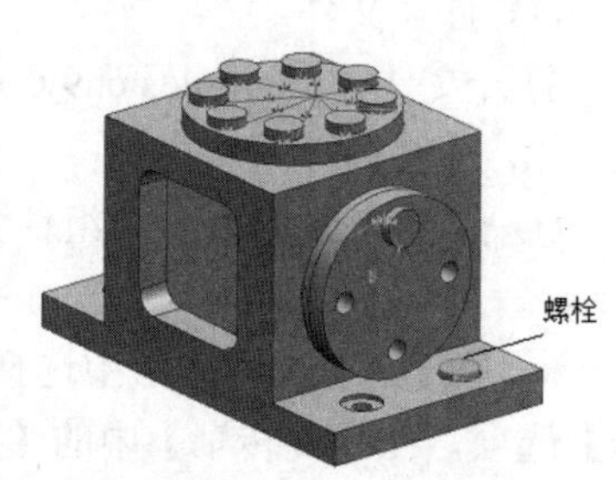

图 9-38 创建阵列组件 2

③ 在【方向 2】组的【指定矢量】中选择 YC 轴，【间距】选择【数量和间隔】，【数量】选择 2，【节距】选择 56mm，如图 9-39 所示。

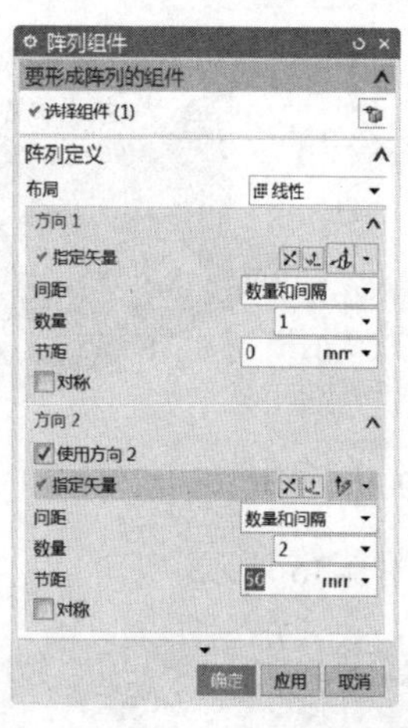

图 9-39 选择右侧端面边线作为 Y 轴方向

④ 单击【确定】按钮，完成组件线性阵列，如图 9-40 所示。

(4) 圆的阵列。

① 选择【装配】|【组件】|【阵列组件】命令，出现【阵列组件】对话框，如图 9-41 所示。

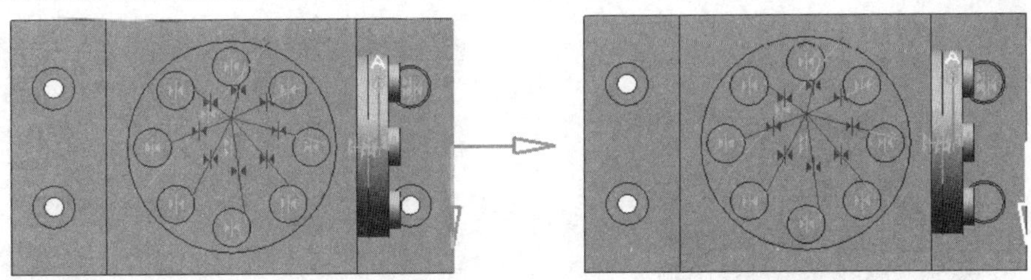

图 9-40　线性阵列

② 在【选择组件】中选择螺栓，在【阵列定义】组的【布局】下拉列表框中选择【圆形】，在【旋转轴】组的【指定矢量】中选择 YC 轴，【斜角方向】组的【间距】选择【数量和跨距】，【数量】选择 4，【跨角】选择 360°，如图 9-42 所示。

图 9-41　【阵列组件】对话框 3

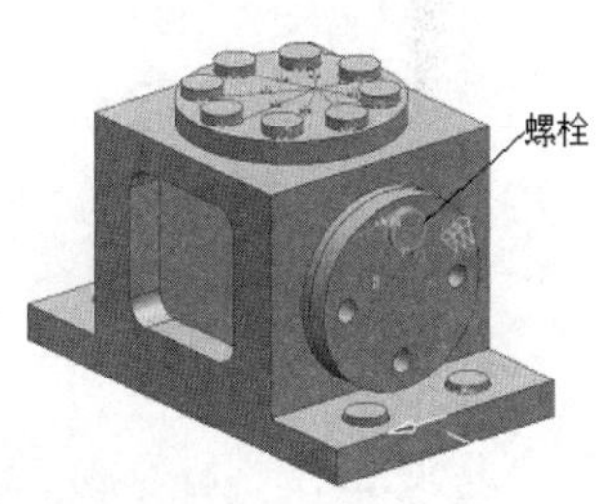

图 9-42　创建阵列组件 3

③ 单击【确定】按钮，完成组件圆周阵列，如图 9-43 所示。

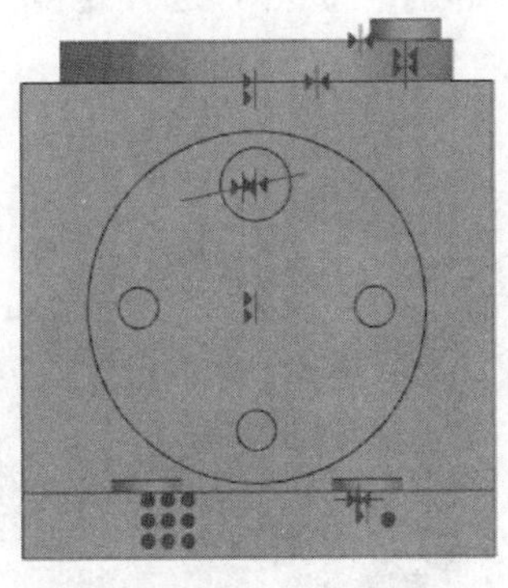

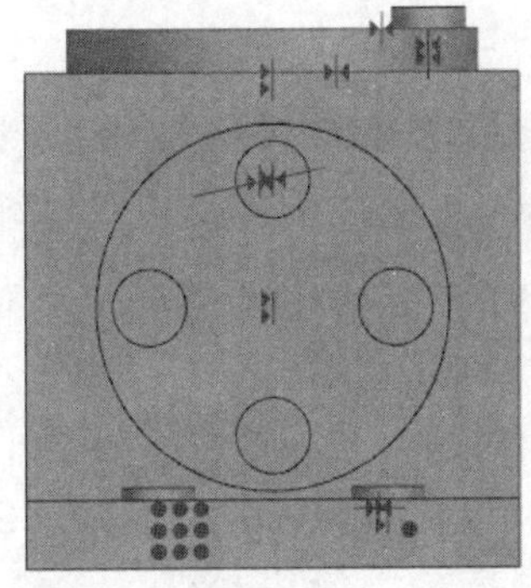

图 9-43　组件圆周阵列

(5) 镜像装配。

① 将“base”引用集替换为【整个部件】，如图 9-44 所示。

② 单击【镜像装配】按钮，出现【镜像装配向导】对话框，如图 9-45 所示。

③ 单击【下一步】按钮，进入“选择镜像组件”向导，选择要镜像的组件“bolt”，如图 9-46 所示。

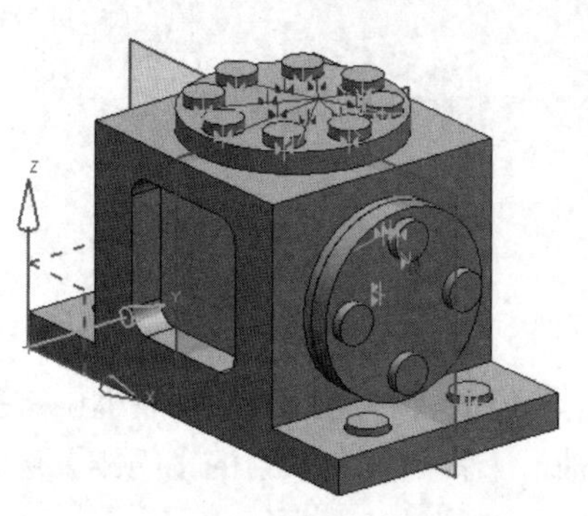

图 9-44　引用集替换为【整个部件】

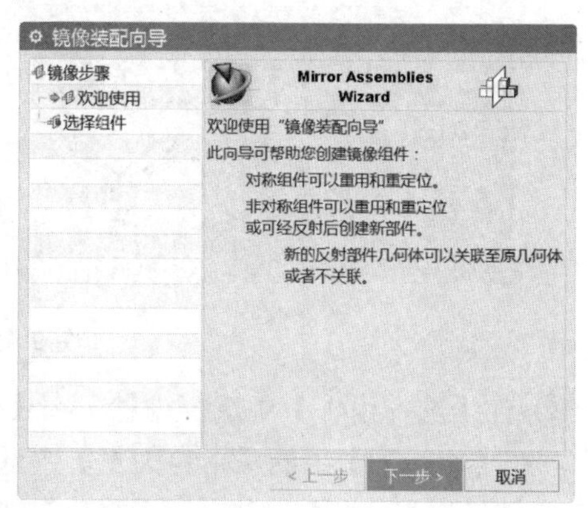

图 9-45　【镜像装配向导】对话框

图 9-46　选择镜像组件向导

④ 单击【下一步】按钮，进入“选择镜像基准面”向导，选择【镜像基准面】，如图 9-47 所示。

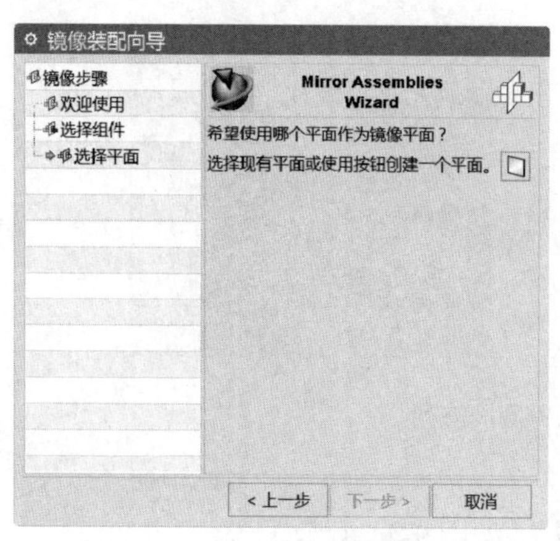

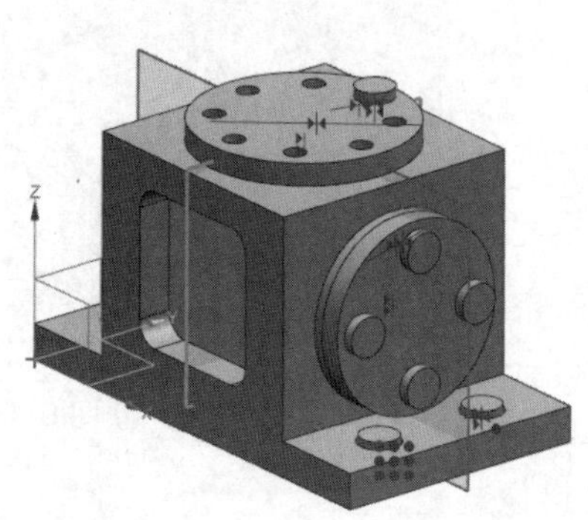

图 9-47　选择镜像基准面向导

⑤ 单击【下一步】按钮，进入“选择镜像类型”向导，默认设置为“指派重定位操作”，其选定组件的副本均置于平面的另一侧，该操作将不创建任何新组件，如图 9-48 所示。

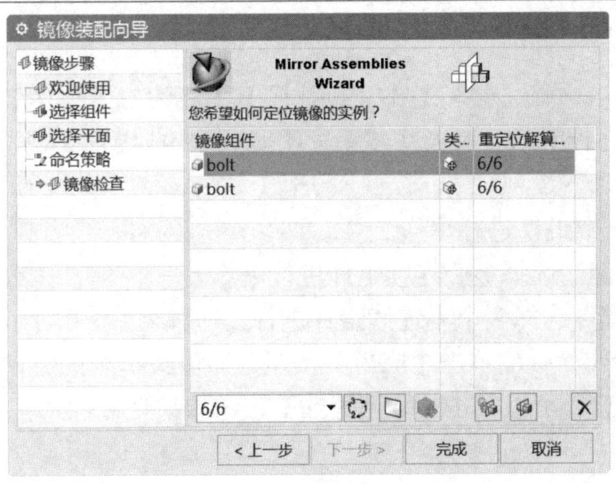

图 9-48　选择镜像类型向导

⑥ 单击【完成】按钮，完成创建镜像组件操作，并关闭【镜像装配向导】，如图 9-49 所示。

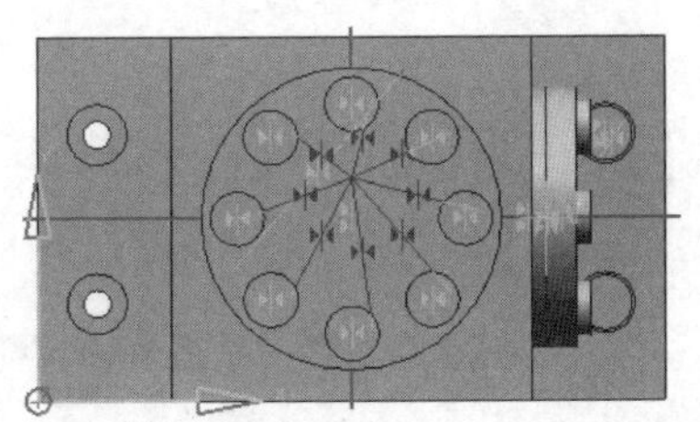
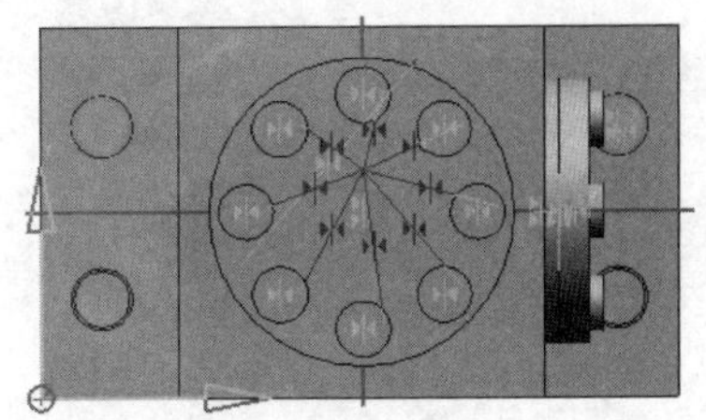

图 9-49　完成镜像组件创建

9.2.6　装配爆炸视图概述

爆炸视图是装配结构的一种图示说明。在这个视图上，各个组件或一组组件分散显示，就像各自从装配件的位置爆炸出来一样，用一条命令又能装配起来。利用装配爆炸视图可以清楚地显示装配或者子装配中各个组件的装配关系，以及所包含的组件数量。

1. 创建爆炸视图

选择【装配】|【爆炸图】|【新建爆炸】命令，出现【新建爆炸】对话框，如图 9-50 所示。在该对话框中输入爆炸视图名或单击【确定】按钮接受默认的爆炸视图名。系统命名并创建一个新的爆炸视图，不定义具体参数，以后用户可根据需要编辑该视图的参数和显示效果。

图 9-50　【新建爆炸】对话框

2. 编辑爆炸视图

编辑爆炸视图可以选择【装配】|【爆炸图】|【编辑爆炸图】命令，出现【编辑爆炸】对话框，如图 9-51 所示。可以从装配导航器(ANT)或图形区域选择要爆炸的组件。选择爆炸组件的方法有以下 3 种。

① 用左键选择一个组件进行爆炸。

② 用“Shift+左键”选择多个连续组件进行爆炸。

③ 用“Ctrl+左键”选择多个不连续组件进行爆炸。

完成爆炸参数的设置后，单击【应用】按钮，即可按指定的方向和距离移动组件。如果对产生的爆炸不满意，可以单击【取消爆炸】按钮使组件复位。

3. 自动爆炸视图

自动爆炸组件就是按组件的配对约束爆炸组件。选择【装配】|【爆炸图】|【自动爆炸组件】命令，出现【类选择】对话框，可以从装配导航器(ANT)或图形区域选择要爆炸的组件。选择完爆炸组件后，单击【确定】按钮，出现【自动爆炸组件】对话框，如图 9-52 所示。

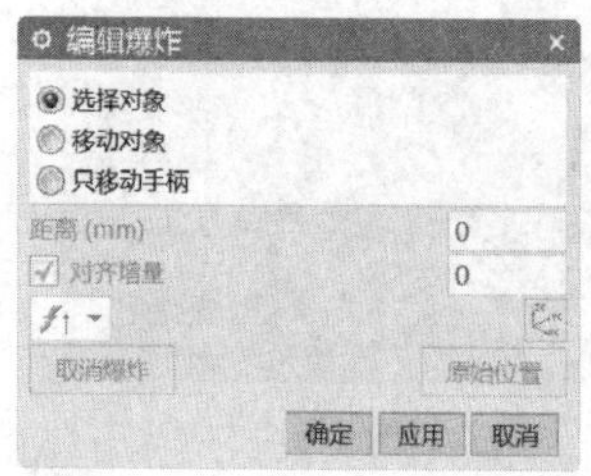

图 9-51 【编辑爆炸】对话框

图 9-52 【自动爆炸组件】对话框

【距离】文本框用于指定自动爆炸的距离值。

可以选择具有配对关系的多个组件进行自动爆炸。

9.2.7 实例：创建爆炸视图

1. 操作要求

创建轮架爆炸图，如图 9-53 所示。

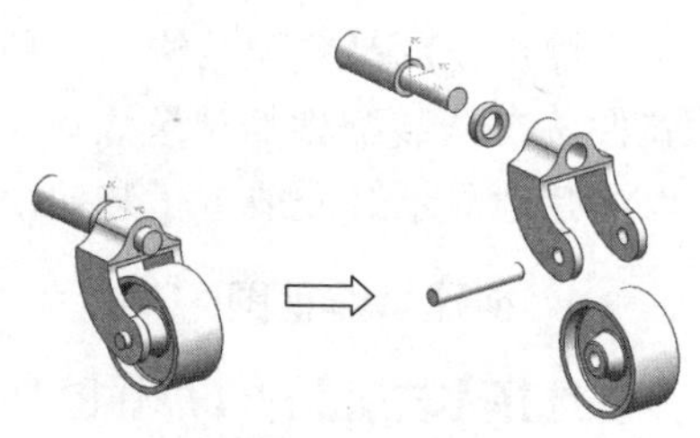

图 9-53 轮架爆炸图

2. 操作步骤

(1) 打开文件。

打开文件“Examples\ch9\Case9.2.7\Caster_Assembly.prt”。

(2) 创建爆炸图。

单击【爆炸图】工具栏上的【新建爆炸图】按钮，出现【新建爆炸】对话框，在【名称】文本框中保留默认的爆炸图名称“Explosion 1”，用户也可自定义其爆炸图名称，单击【确定】按钮，爆炸图“Explosion 1”即被创建。

(3) 编辑爆炸图。

① 单击【编辑爆炸图】按钮，出现【编辑爆炸】对话框，选择组件“Caster_Wheel”，

单击鼠标中键，出现【WCS 动态坐标系】，拖动原点图标到合适位置，如图 9-54 所示，单击【确定】按钮。

② 重复编辑爆炸图步骤，完成爆炸图创建，如图 9-55 所示。

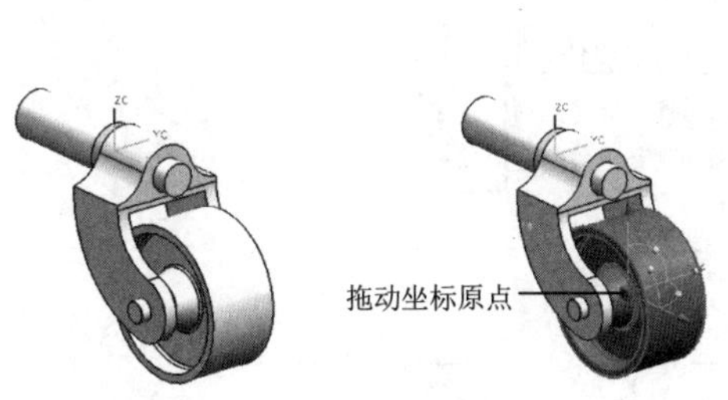

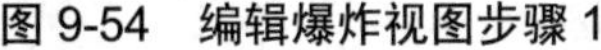

图 9-54　编辑爆炸视图步骤 1

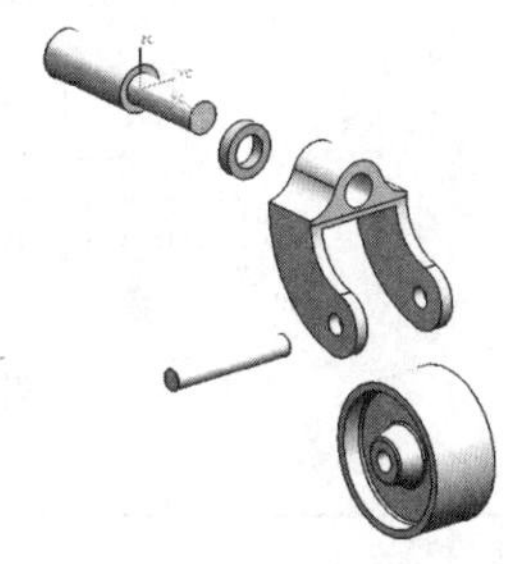

图 9-55　编辑爆炸视图步骤 2

(4) 隐藏爆炸图。

选择【装配】|【爆炸图】|【隐藏视图中的组件】命令，则爆炸效果不显示，模型恢复到装配模式。选择【装配】|【爆炸图】|【显示视图中的组件】命令，则组件进入爆炸状态。

9.3　装配上下文设计与 WAVE 技术

装配上下文设计是指在装配设计过程中，对一个部件进行设计时参照其他的零部件。例如，当对某个部件上的孔进行定位时，需要引用其他部件的几何特征来进行定位。自顶向下装配方法广泛应用于上下文设计中。利用该方法进行设计，装配部件为显示部件，但工作部件是装配中的选定组件，当前所做的任何工作都是针对工作部件的，而不是装配部件，装配部件中的其他零部件对工作部件的设计起到一定的参考作用。

在装配上下文设计中，如果需要某一组件与其他组件有一定的关联性，可用到 UG/WAVE 技术。该技术可以实现相关部件间的关联建模。利用 WAVE 技术可以在不同部件间建立链接关系。也就是说，可以基于一个部件的几何体或位置去设计另一个部件，两者存在几何相关性。它们之间的这种引用不是简单的复制关系，当一个部件发生变化时，另一个基于该部件的特征所建立的部件也会随之发生变化，两者是同步的。用这种方法建立关联几何对象可以减少修改设计成本，并保持设计的一致性。

9.3.1　自顶向下设计方法

UG NX 所提供的自顶向下装配方法主要有以下两种。

(1) 首先在装配中建立几何模型，然后创建一个新的组件，同时将该几何模型添加到该组件中去，如图 9-56 所示。

(2) 先建立包含若干空组件的装配体，此时不含有任何几何对象。然后，选定其中一个组件为当前工作部件，再在该组件中建立几何模型。并依次使其余组件成为工作部件，并建立几何模型，如图 9-57 所示。注意，既可以直接建立几何对象，也可以利用 WAVE 技术引用显示部件中的几何对象建立相关链接。

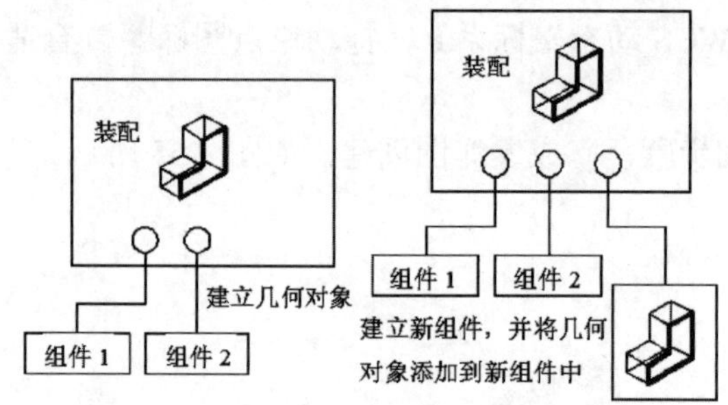

图 9-56　自顶向下装配方法一

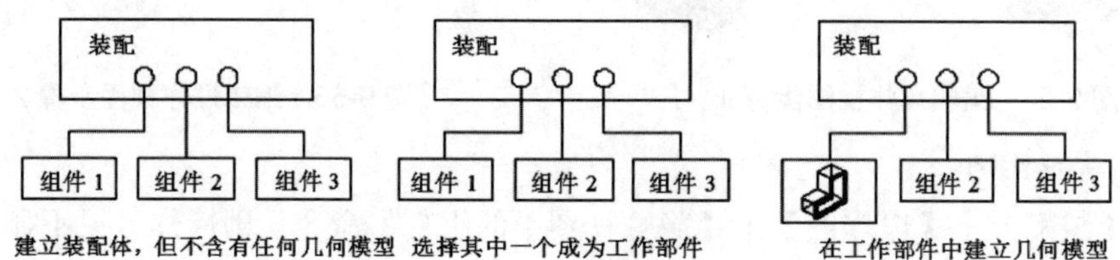

图 9-57　自顶向下装配方法二

9.3.2　WAVE 几何链接技术

在一个装配内，可以使用 WAVE 中的 WAVE Geometry Linker(WAVE 几何链接器)从一个部件相关复制几何对象到另一个部件中。在部件之间相关地复制几何对象后，即使包含了链接对象的部件文件没有被打开，这些几何对象也可以被建模操作引用。几何对象可以向上链接、向下链接或者跨装配链接，而且并不要求被链接的对象一定存在。

单击【装配】工具栏中的【WAVE 几何链接器】按钮，出现【WAVE 几何链接器】对话框，如图 9-58 所示。

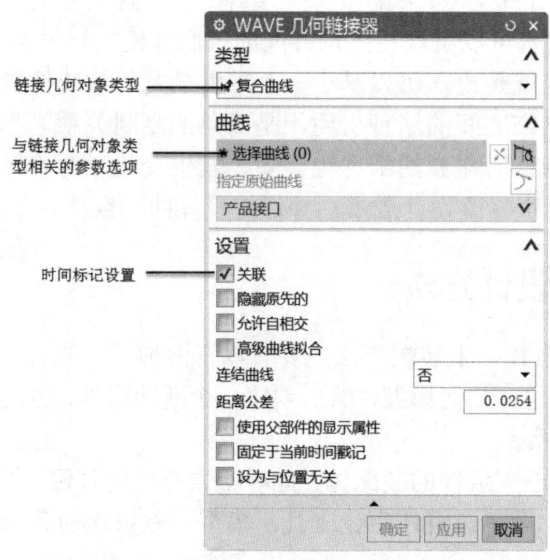

图 9-58　【WAVE 几何链接器】对话框

9.3.3　链接几何对象类型

复合曲线——从装配件中另一部件链接一曲线或边缘到工作部件。

点——链接在装配中另一部件中建立的点或直线到工作部件中。

基准——从装配件中另一部件链接一基准特征到工作部件。

面——从装配件中另一部件链接一个或者多个表面到工作部件。

面区域——在同一配件中部件之间链接区域。

体——链接整个体到工作部件。

镜像体——类似整个体，除去为链接选择的体通过一已存在平面被镜像。

管线布置对象——从装配件中另一部件链接一个或者多个走线对象到工作部件。

9.3.4　时间标记设置

关联：链接几何对象的时间标记。设置该选项，则在原几何对象上后续产生的特征将不会反映到链接几何对象上；否则，原几何对象上后续产生的特征将会在链接几何对象上反映出来。

9.3.5　实例：WAVE 技术及装配上下文设计

1. 操作要求

根据已存箱体去相关地建立一个垫片，如图 9-59 所示，要求垫片①来自箱体中的父面②，若箱体中父面的大小或形状改变时，装配④中的垫片③也相应改变。

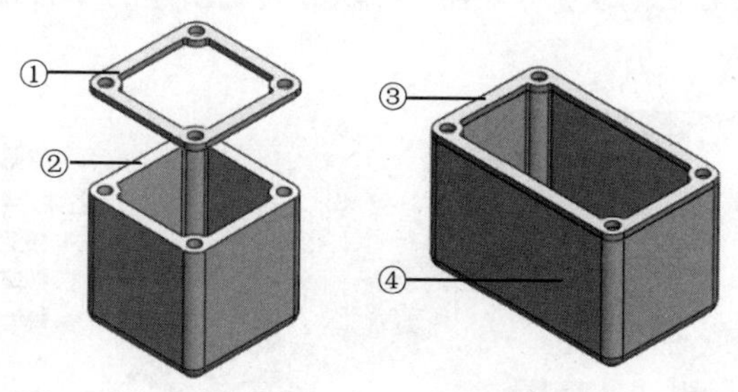

图 9-59　WAVE 技术实例

2. 操作步骤

(1) 打开文件。

打开“Examples\ch9\Case9.3.5\Wave_Assembly.prt”文件，如图 9-60 所示。

(2) 添加新组件。

选择【装配】|【组件】|【新建组件】命令，出现【新建组件文件】对话框，在【模板】选项卡中选择【模型】，在【名称】输入框中输入“washer.prt”，在【文件夹】中选择保存路径，单击【确定】按钮，出现【类选择】对话框，不做任何操作，单击【确定】按钮，展开【装配导航器】，如图 9-61 所示。

(3) 设为工作部件。

右击“Washer”组件，在弹出的快捷菜单中选择【设为工作部件】命令，如图 9-62 所示，将“Washer”组件设为工作部件。

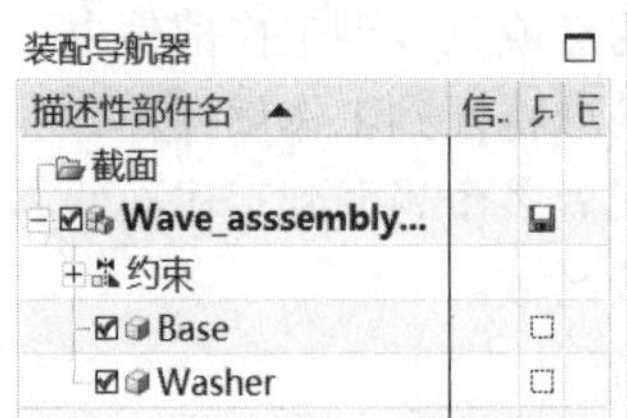

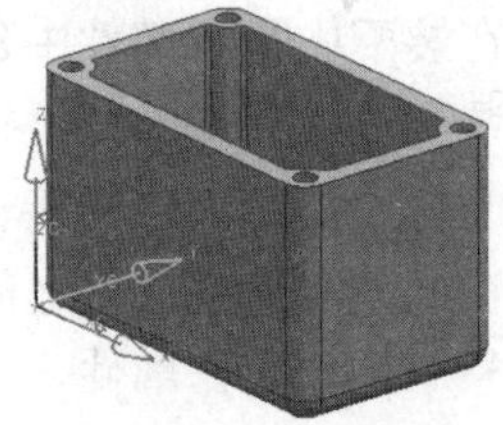

图 9-60　打开文件

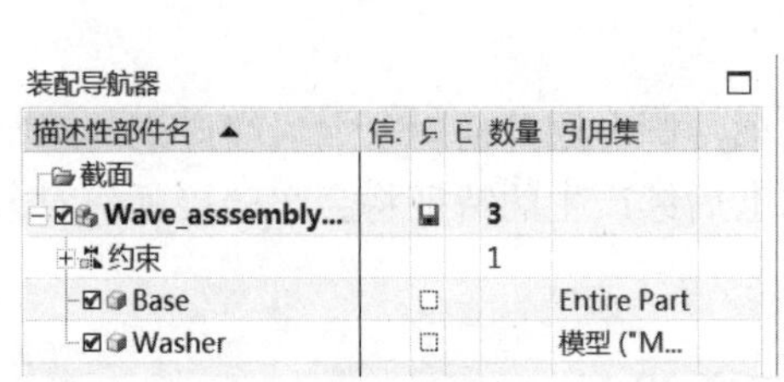

图 9-61　【装配导航器】对话框

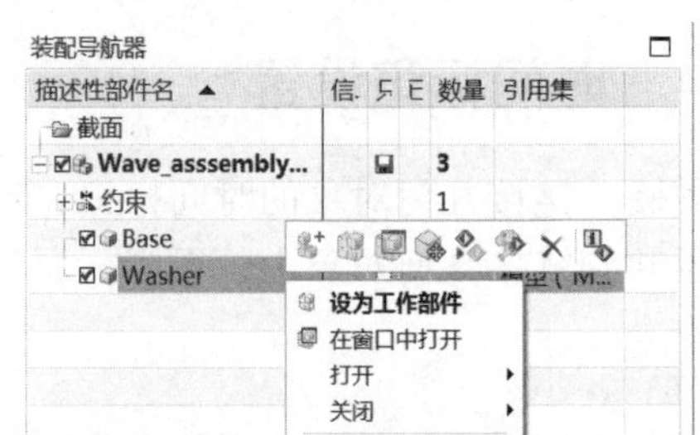

图 9-62　设为工作部件

(4) 建立 WAVE 几何链接。

单击【WAVE 几何链接器】按钮，出现【WAVE 几何链接器】对话框，在【类型】下拉列表框中选择【面】选项，选择面，单击【确定】按钮，创建“链接面(1)”。单击【部件导航器】，展开【模型历史记录】特征树，可以看到已创建的 WAVE 链接面“链接面(1)”，如图 9-63 所示。

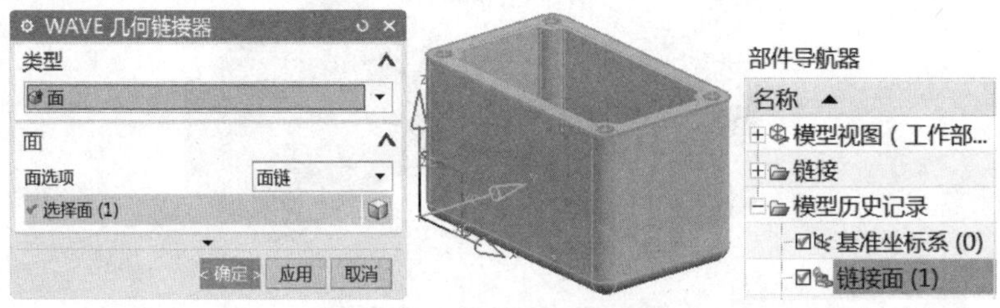

图 9-63　WAVE 面

(5) 建立垫圈。

单击【文件】按钮，选择【新建】选项，启动【建模】模块，单击【特征】工具栏上的【拉伸】按钮，出现【拉伸】对话框，在【选择意图】工具栏上选择【片体边缘】选项，选择已创建的 WAVE 链接面“链接面(1)”，在【结束】下拉列表框中选择【值】选项，在【距离】输入框中输入 5mm，如果拉伸方向指向基座内部，则单击【方向】组【反向】按钮，如图 9-64 所示，单击【确定】按钮，创建 WAVE 垫片。

(6) 保存文件。

展开【装配导航器】，右击“Wave_assembly”组件，在弹出的快捷菜单中选择【设为

工作部件】命令，结果如图 9-65 所示，选择【文件】|【保存】命令，保存文件。

(7) 修改箱体。

展开【装配导航器】，右击“Base”组件，在弹出的快捷菜单中选择【设为工作部件】命令，更改箱体形状，展开【装配导航器】，右击“Wave_assembly”组件，在弹出的快捷菜单中选择【设为工作部件】命令，结果如图 9-66 所示。

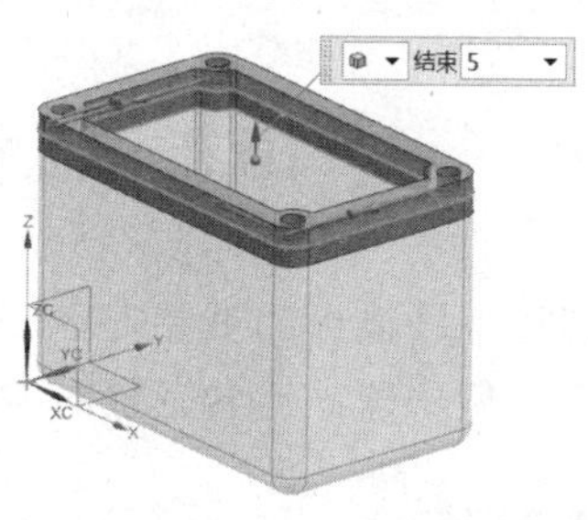

图 9-64　WAVE 垫片(1)

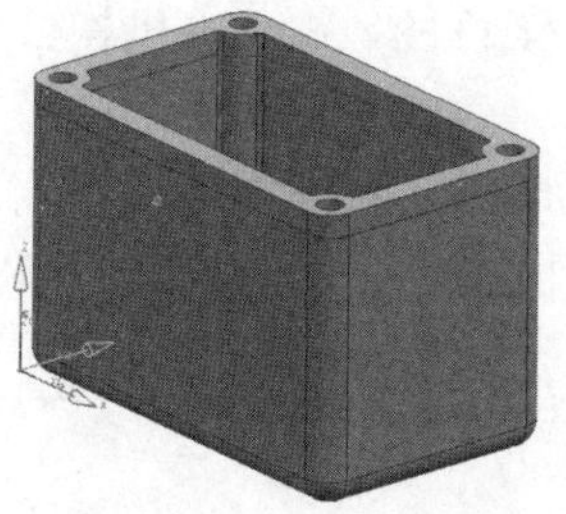

图 9-65　WAVE 垫片(2)

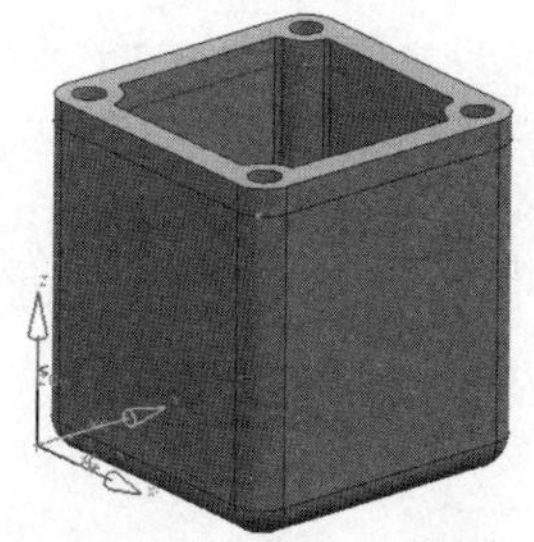

图 9-66　WAVE 垫片(3)

练　习　题

操作题

按照图 9-67 所示的装配图进行零件的装配。

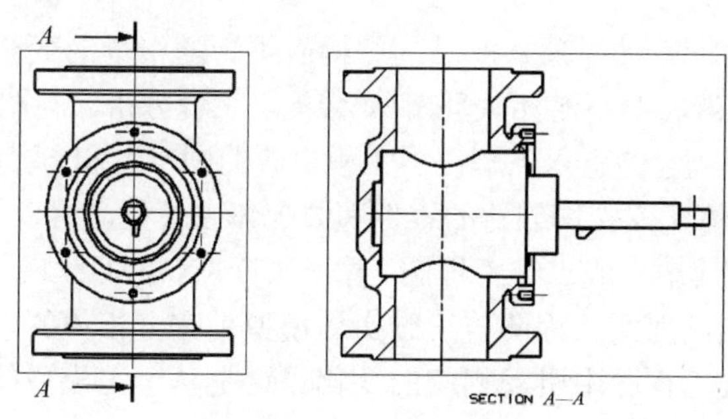

图 9-67　练习题用图

第 10 章　工程图的构建

绘制产品的平面工程图是从模型设计到生产的一个重要环节，也是从概念产品到现实产品的一座桥梁和描述语言。因此，在完成产品的零部件建模、装配建模及其工程分析之后，一般要绘制其平面工程图。

10.1　工程图概述

工程制图是计算机辅助设计的重要内容，是 UG NX 系统的应用模块之一。它按照各国不同标准可在同一个模型下建立一套完整的工程图。

10.1.1　主模型的概念

主模型是指可以提供给 UG NX 各个功能模块引用的部件模型，是计算机并行设计概念在 UG NX 中的一种体现。一个主模型可以同时被装配、工程图、加工、机构分析等应用模块引用。当主模型改变时，相关的应用会自动更新。

主模型的概念(Master Model Concept)框图如图 10-1 所示。从图中可以看到，下游用户使用主模型是通过“引用”而不是复制。下游用户对主模型只有读的权限，同时可以将意见与建议反馈给主模型的建立人员。

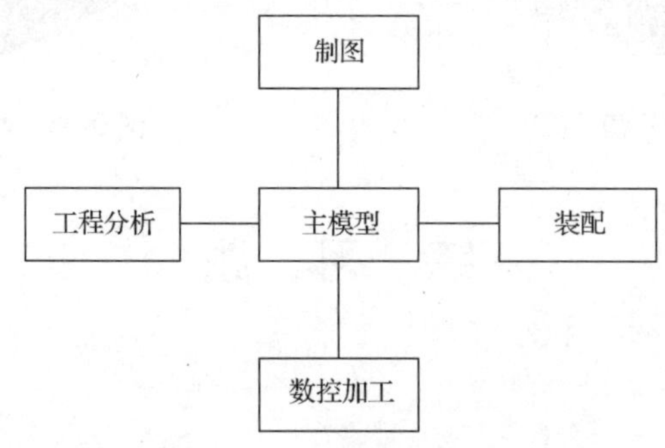

图 10-1　主模型的概念框图

按照产品的生命周期管理原理，产品的结构应不断随市场的变化和用户要求做出相应的改进。产品的工程更改将给下游相关环节(如装配、工程分析、制图和数控加工)带来一系列相应的更改。主模型概念的引入，解决了工程更改的同步性和一致性。

利用 UG NX 的实体建模模块创建的零件和装配体主模型，可以引用到 UG NX 的工程图模块中，通过投影快速地生成二维工程图。由于 UG NX 的工程图功能是基于创建的三维实体模型的投影所得到，因此工程图与三维实体模型是完全相关的，实体模型进行的任何编辑操作，都会在二维工程图中引起相应的变化。这是基于主模型的三维造型系统的重要特征，也是区别于纯二维参数化工程图的重要特点。

10.1.2　UG NX 工程制图流程

从一个已存的三维模型建立二维工程图的过程类似于在图板上绘制图纸的过程，主要流程大致如下。

(1) 建立新图纸页。设置图纸的尺寸、比例、单位、投影角等参数。

(2) 读入模型主视图。读入一模型视图作为建立其他正交视图的基础。选择【插入】|【视图】|【基本视图】命令，从视图选项中选择一个视图，该视图将决定其相关投射视图的正交空间和视图基准。

(3) 添加正交视图。在读入模型主视图之后，通过动态拖曳光标或者选择【插入】|【视图】|【投影视图】命令，选择相应的选项添加正交视图和向视图。正交视图与模型主视图按相同比例建立，并与其对准。

(4) 添加其他视图。添加各种反映模型形状所需的局部放大图、剖视图、轴侧视图等。

(5) 视图布局。移动、复制、对齐、删除以及定义视图边界等。

(6) 视图编辑。添加曲线、擦除曲线、修改剖视符号、自定义剖面线等。

(7) 添加制图符号。包括插入各种中心线、偏置点、交叉符号等。

(8) 添加尺寸。在图上建立各种尺寸，尺寸会自动与视图中的几何体相关，如对模型进行编辑修改则尺寸将自动更新。

(9) 添加注释与标记。插入表面粗糙度、文字注释等。

(10) 添加图框。添加图框、标题栏到图上。

10.2　工程图的管理

UG NX 专门提供了一组用于图纸管理的命令，包括新建图纸、打开图纸、删除图纸和编辑当前图纸等。

10.2.1　新建图纸页

选择【插入】|【图纸页】命令，出现【图纸页】对话框，在该对话框中，可以设置图纸页面名称、指定图纸尺寸(规格和高度、长度)、比例、单位和投影角度等参数，完成设置后单击【确定】按钮。这时在绘图区中会显示新设置的工程图，工程图名称显示于绘图区左下角的位置。

10.2.2　打开图纸页

打开已存在的图纸，使其成为当前图纸，以便对其进行编辑。

按下面方法打开图纸页。

(1) 在部件导航器中双击欲打开的图纸名称。

(2) 在部件导航器中右击欲打开的图纸名称，弹出快捷菜单，选择【打开】命令，如图 10-2 所示。

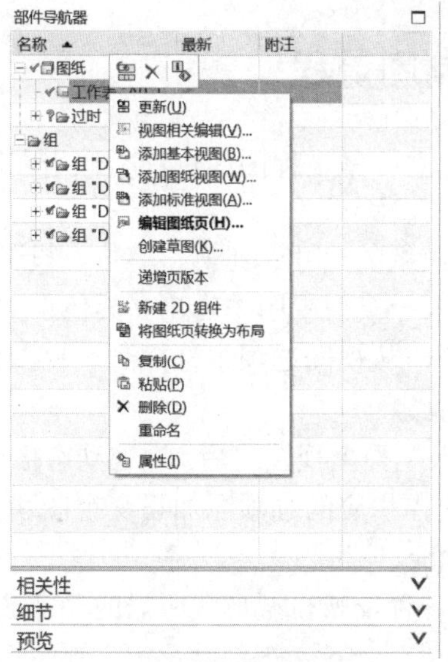

图 10-2　工程图的管理操作

注意：当打开一个图纸时，原先打开的图纸将自动关闭。

10.2.3　删除图纸页

删除不需要的图纸。

按下面的方法删除图纸页。

(1) 在【部件导航器】中选择欲删除的图纸名称，按 Delete 键。

(2) 在【部件导航器】中右击欲删除的图纸名称，弹出快捷菜单，选择【删除】命令。

10.2.4　编辑图纸页

编辑图纸页主要包括修改图纸页面名称、图纸尺寸(规格和高度、长度)、比例、单位等参数，不能编辑投影角度。

编辑图纸页的方法有以下几种。

(1) 在【部件导航器】中，右击欲编辑的图纸名称，弹出快捷菜单，选择【编辑图纸页】命令，出现【图纸页】对话框，修改相应参数，单击【确定】按钮。

(2) 在【部件导航器】中双击已打开的图纸名称，出现【图纸页】对话框，修改相应参数，单击【确定】按钮。

(3) 选择【编辑】|【图纸页】命令，出现【图纸页】对话框，修改相应参数，单击【确定】按钮。

10.3　视 图 操 作

视图是组成工程图的最基本和最重要的元素。一个工程图中可以包含若干个基本视图，这些视图可以是主视图、投影视图、剖视图等，通过这些视图的组合可进行三维实体造型的描述。

10.3.1　实例：添加基本视图、投影视图

1. 操作要求

本实例要求建立基本视图、投影视图和轴测图。

2. 操作步骤

(1) 新建工程图。

选择【文件】|【新建】命令，出现【文件新建】对话框，在【文件新建】对话框中选择【图纸】选项卡，在模板列表框中选定【空白】模板，在【名称】文本框中输入“Case10.3.1_dwg.prt”，在【文件夹】文本框中输入“E:\NX8.5\ch10\Study”，在【要创建图纸的部件】的【名称】文本框中选择文件“Case10.3.1”，单击【确定】按钮。

(2) 设置图纸格式。

出现【工作表】对话框中，在【大小】组选择【标准尺寸】，在【大小】下拉列表框中选择 A3-297×420 选项，选择【单位】为“毫米”，选择【第一角投影】，单击【确定】按钮。

(3) 添加基本视图。

单击【视图】工具栏上的【基本视图】按钮，出现【基本视图】对话框，从 Mode View to Use 选项卡中选择 FRONT 选择，在图纸区域左上角指定一点，添加前视图，如图 10-3 所示，单击鼠标中键。

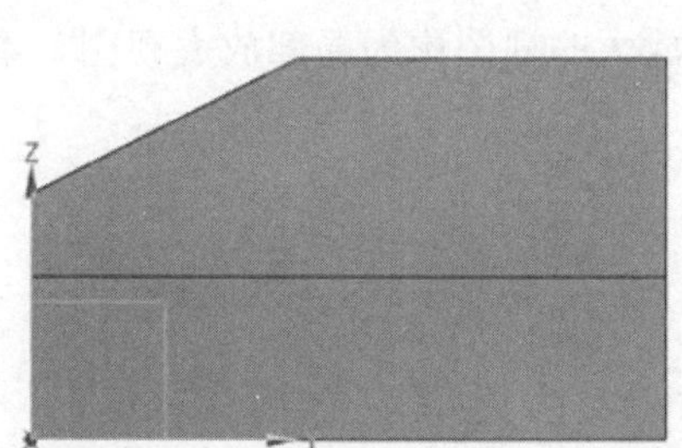

图 10-3　添加前视图

(4) 添加投影视图。

单击【视图】工具栏上的【投影视图】按钮，向右拖动鼠标，指定一点，添加【右视图】，向下垂直拖动鼠标，指定一点，添加【俯视图】，如图 10-4 所示。按 Esc 键完成基本视图的添加。

(5) 添加轴测视图。

单击【视图】工具栏上的【基本视图】按钮，出现【基本视图】对话框，从 Mode View to Use 选项卡中选择 TFR-ISO 选项，在图纸区域右下角指定一点，添加“轴测视图”，如图 10-5 所示。

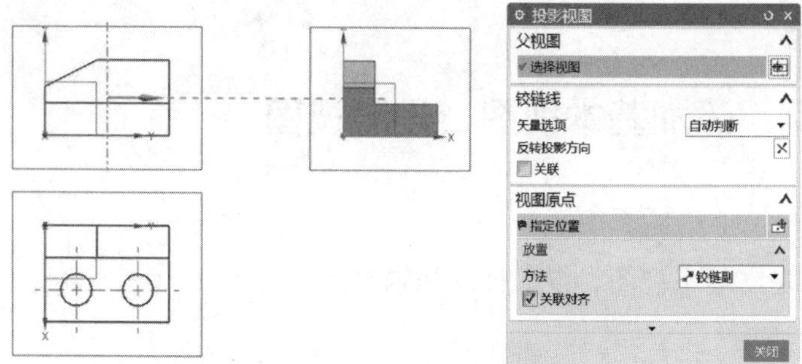

图 10-4　添加投影视图

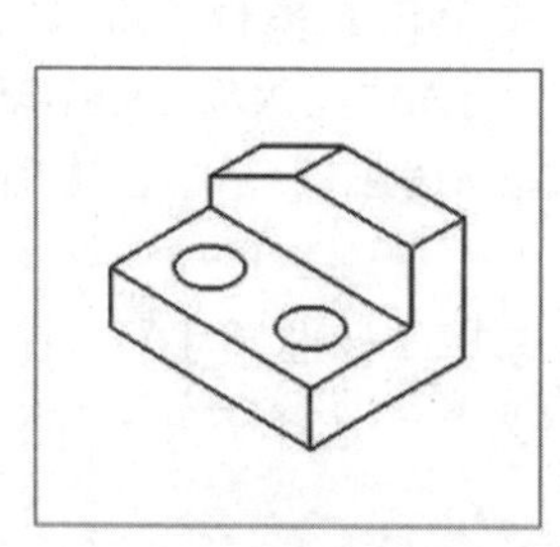

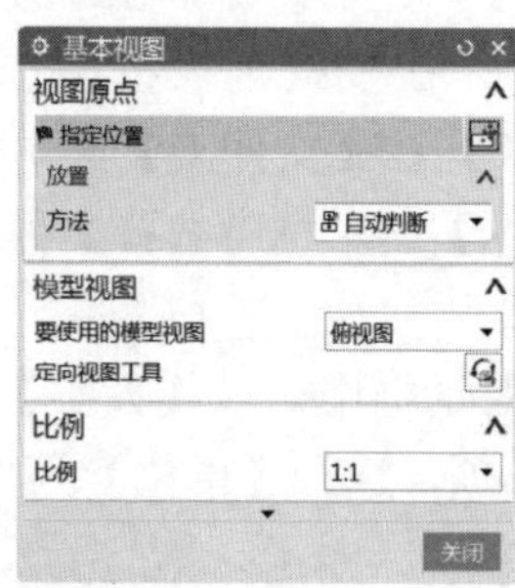

图 10-5　添加轴测视图

10.3.2　实例：创建局部放大视图

1. 操作要求

在图纸中对现有某个视图的局部进行放大的视图称为局部放大视图。本实例分别使用圆形边界创建局部放大视图。

2. 操作步骤

(1) 新建文件。

新建“Case10.3.2_dwg.prt”文件。

(2) 创建轴的基本视图。

(3) 定义局部放大视图。

单击【视图】工具栏中的【局部放大图】按钮，出现【局部放大图】对话框，默认边界类型为圆，在左侧沟槽下端中心位置拾取圆心，拖动光标，在适当的大小拾取半径。将比例自定义为 2∶1，在左侧沟槽正下方放置局部放大图，如图 10-6 所示，单击鼠标中键结束局部放大视图的操作。

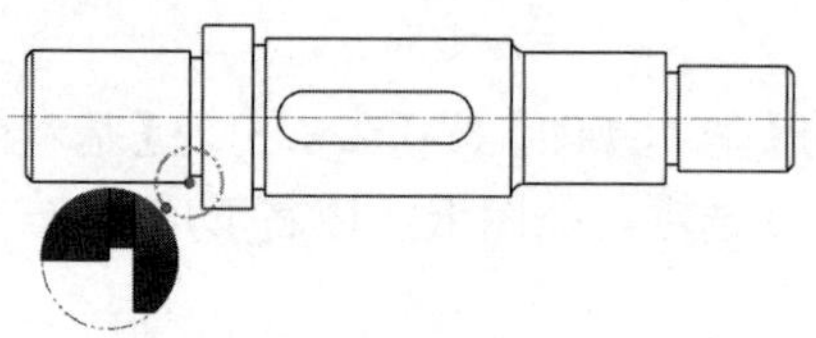

图 10-6　添加局部放大视图

10.3.3　实例：创建断开视图

1. 操作要求

对于细长的杆类零件或其他细长零件，按比例显示全部因比例太小而无法表达清楚，这时，可以采用断开视图，将中间完全相同的部分剖断掉。本实例创建断开视图，将一个细长杆截为 3 段，如图 10-11 所示。

2. 操作步骤

(1) 新建文件。

新建“Case10.3.3_dwg.prt”文件。

(2) 创建轴的基本视图。

(3) 创建断开视图。

单击【视图】工具栏中的【断开视图】按钮，出现【断开视图】对话框，按照以下 7 个步骤完成断开剖切视图。

① 确保【启动捕捉点】按钮激活，并且【点在曲线上】按钮处于激活状态。

② 在【样式】下拉列表框中选择【实心杆状线】。

③ 选择断裂曲线起始点：移动光标到图 10-7 所示位置，捕捉断裂曲线起始点。

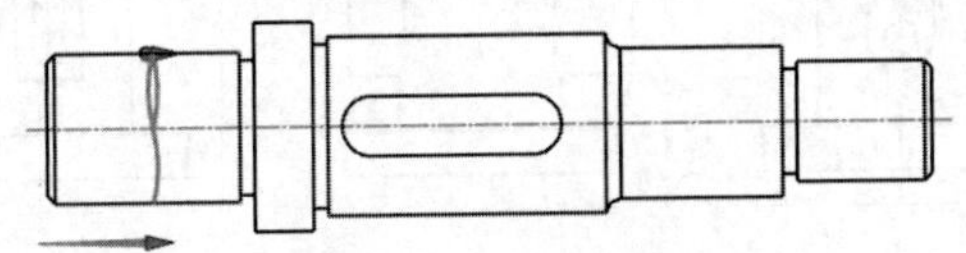

图 10-7　选择边界起始点

④ 选择断裂曲线终点：移动光标捕捉断裂曲线终点，如图 10-8 所示。

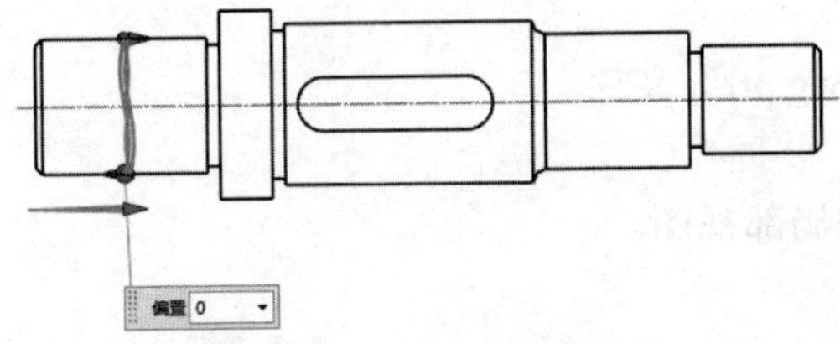

图 10-8　选择断裂曲线终点

⑤ 单击【应用】按钮，如图 10-9 所示。

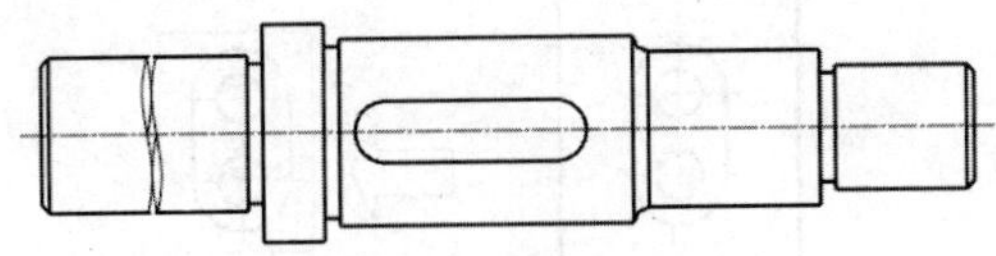

图 10-9　封闭断裂曲线

⑥ 重复①～⑤步，绘制第二个断裂区域，如图 10-10 所示。

⑦ 单击【确定】按钮，创建断开视图，如图 10-11 所示。

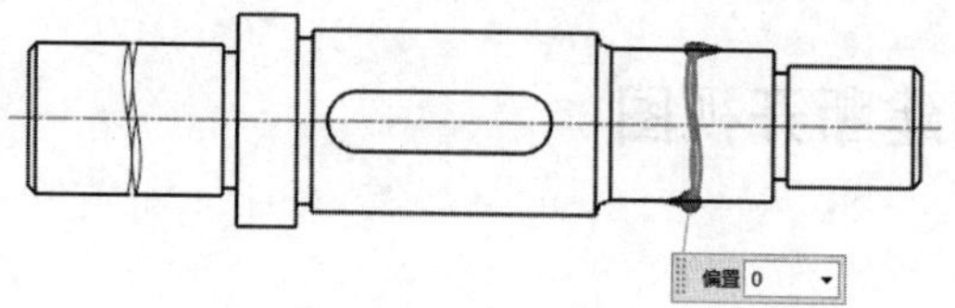

图 10-10　封闭断裂曲线

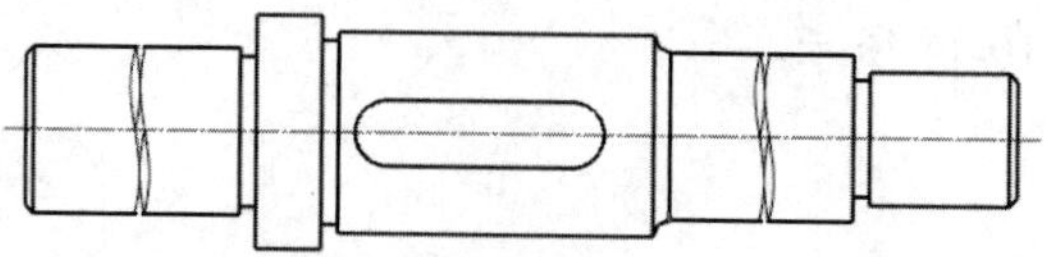

图 10-11　创建断开视图

10.3.4　实例：定义视图边界——创建局部视图

1. 操作要求

通过编辑视图边界，创建左、右视图中的局部视图，如图 10-12 所示。

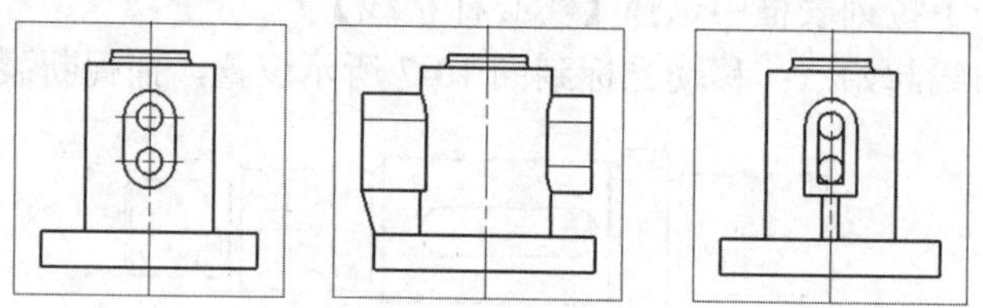

图 10-12　基本视图

2. 操作步骤

(1) 新建文件。

新建“Case10.3.4_dwg.prt”文件。

(2) 创建基本视图。

(3) 创建左视图中的局部视图。

① 选中左视图。

② 单击【视图】工具栏中的【视图边界】按钮，出现【视图边界】对话框，选择【手工生成矩形】，默认锚点位置，在左视图绘制矩形，如图 10-13 所示，创建局部视图。

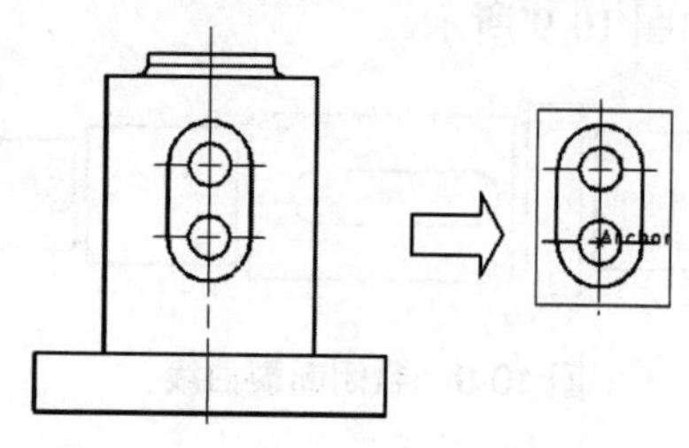

图 10-13　创建局部视图

(4) 创建右视图中的局部视图。

① 右键单击右视图，在快捷菜单中选择【活动草图视图】命令。

② 单击【草图工具】工具栏上的【艺术样条】按钮，出现【艺术样条】对话框，单击【指定点】按钮，设置【次数】为 3，勾选【封闭】复选框，在右视图中绘制封闭曲线，如图 10-14 所示。

③ 选中右视图，单击【视图】工具栏上的【视图边界】按钮，出现【视图边界】对话框，选择【截断线/局部放大图】，默认锚点位置，选中封闭曲线，单击【确定】按钮，如图 10-15 所示，创建局部视图。

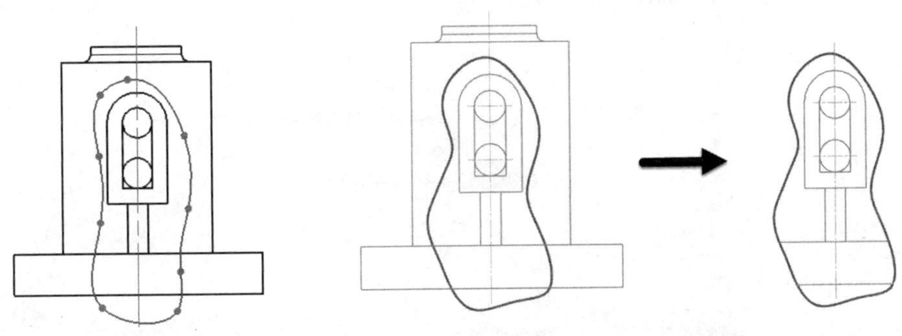

图 10-14　绘制封闭曲线　　　　图 10-15　创建局部视图

10.3.5　移动/复制视图

单击【视图】工具栏上的【移动/复制视图】按钮，出现【移动/复制视图】对话框，如图 10-16 所示。

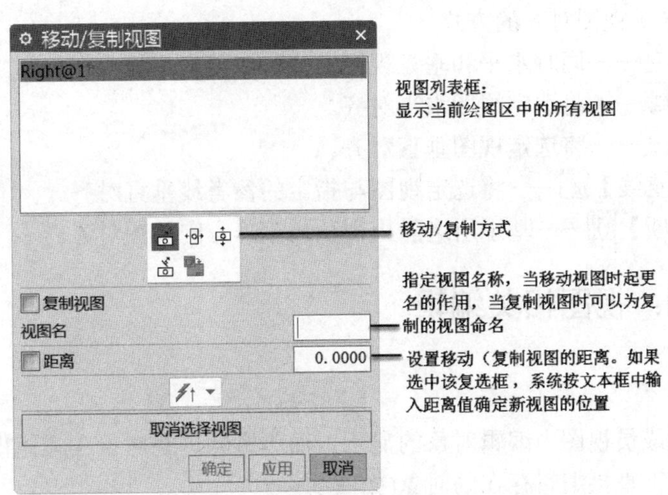

图 10-16　【移动/复制视图】对话框

系统提供了 5 种移动/复制视图的方式。

① 【至一点】——用于将视图移动或复制到图纸上新点的位置。

② 【水平】——用于沿着水平方向移动或复制视图。

【垂直于直线】——允许将视图移动或复制到与所定义的铰链线垂直。
【竖直】——用于沿着竖直方向移动或复制视图。
【至另一图纸】——用于将视图移动或复制到另一图纸上。

10.3.6 视图对齐

单击【视图】工具栏中的【视图对齐】按钮，出现【视图对齐】对话框，如图 10-17 所示。

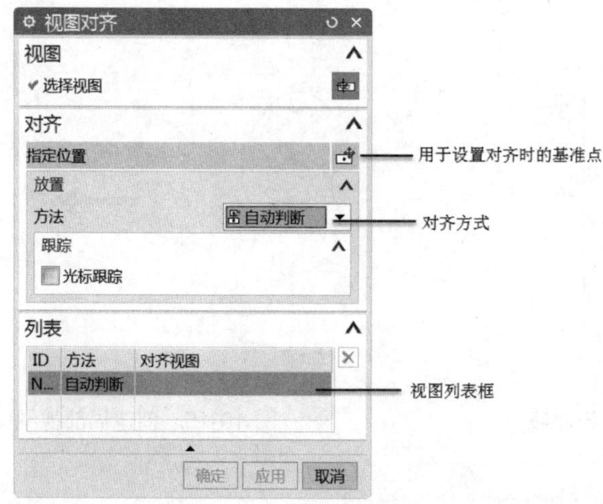

图 10-17 【视图对齐】对话框

1. 对齐方式

系统提供了 5 种视图对齐的方式。
① 【叠加】——同时水平和垂直视图对齐，以便它们重叠在一起。
② 【水平】——将选定视图水平对齐。
③ 【竖直】——将选定视图垂直对齐。
④ 【垂直于直线】——将选定视图与指定的参考线垂直对齐。
⑤ 【自动判断】——基于所选静止视图的矩阵方向视图对齐。

10.3.7 实例：视图相关编辑

1. 操作要求

(1) 在选定的成员视图中编辑对象的显示，而不影响这些对象在其他视图中的显示。
(2) 在图纸页上直接编辑存在的对象(如曲线)。
(3) 擦除或编辑完全对象或选定的对象部分。

2. 操作步骤

(1) 新建文件。
新建“Case10.3.7_dwg.prt”文件。

(2) 创建基本视图。

(3) 添加编辑。

① 选择俯视图(ORTHO@3)的边框并右击，从弹出的快捷菜单中选择【视图相关编辑】命令，出现【视图相关编辑】对话框。

② 单击【添加编辑】组中的【擦除对象】按钮，出现【类选择】对话框，选择代表孔的虚线，单击鼠标中键，选择虚线消失，如图 10-18 所示。

(4) 删除编辑。

单击【删除编辑】组中的【删除选择的擦除】按钮，出现【类选择】对话框，选择代表孔的虚线，单击鼠标中键，选择虚线显示，如图 10-19 所示。

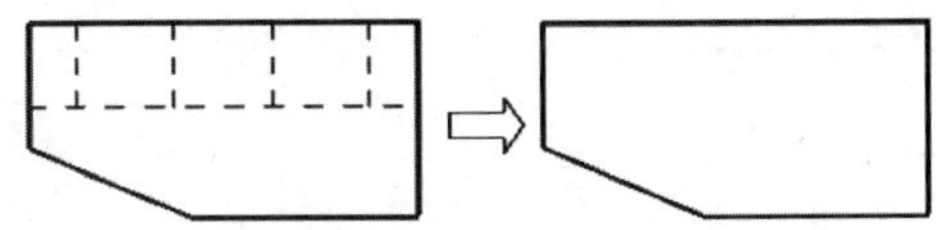

图 10-18 添加编辑

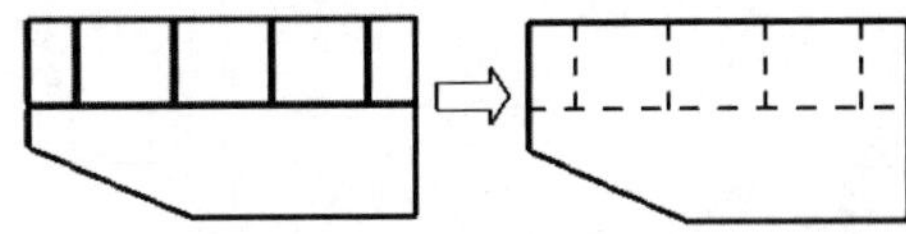

图 10-19 删除编辑

注意：

(1) 添加编辑。【添加编辑】组中的几个按钮说明如下。

① 【擦除对象】：可从选定的成员视图或图纸上擦除整个几何体对象(如曲线、边缘和样条等)。如果只希望擦除对象的一部分，则可以使用编辑对象段选项。使用该选项擦除的对象不被删除，它们只是在选定视图或图纸中“变得不可见”。可通过使用删除选择的擦除选项或删除所有修改选项重新显示擦除的对象。

② 【编辑完全对象】：该选项用于在选定视图或图纸中编辑完全对象(如曲线、边缘、样条等)的颜色、线型和宽度。要编辑对象的一部分，可使用编辑对象段选项。将选定视图水平对齐。

③ 【编辑着色对象】：该选项用于在图纸成员视图的多个面上提供局部着色。

(2) 删除编辑。【删除编辑】组中的几个按钮说明如下。

① 【删除选择的擦除】：该选项允许删除在以前可能使用擦除对象选项应用于对象的擦除。擦除可从单个成员视图的对象中删除，也可以从图纸页上的对象中删除。

② 【删除选择的修改】：该选项用于删除针对图纸上或者图纸成员视图中的对象进行的选定视图相关编辑。

③ 【删除所有修改】：该选项用于删除以前在图纸上或者图纸成员视图中进行的所有视图相关编辑。

(3) 转换相关性。两个转换按钮说明如下。

① 【模型转换到视图】：该选项用于将模型中存在的某些对象(模型相关)转换为单个成员视图中存在的对象(视图相关)。

② 【视图转换到模型】：该选项允许将单个成员视图中存在的某些对象(视图相关对象)转换为模型对象。

10.4　创建剖视图

在工程实践中，常常需要创建各类剖视图，UG NX 提供了 4 种剖视图的创建方法，其中包括全剖视图、半剖视图、旋转剖视图和其他剖视图。在创建剖视图时常出现的符号如图 10-20 所示。

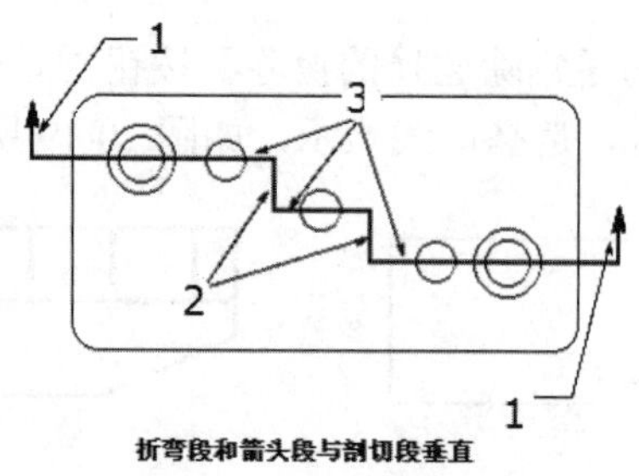

图 10-20　剖视图符号标记

(1) 箭头段：用于指示剖视图的投影方向。

(2) 折弯段：用在折弯线转折处，不指示折弯位置，只起过渡折弯线作用。

(3) 剖切段：用在剖切线转折处，不指示剖切位置，只起过渡剖切线作用。

10.4.1　实例：创建全剖视图

1. 操作要求

利用一个剖切面剖开模型建立剖视图，以清楚表达视图的内部结构。本实例创建全剖视图和轴测全剖视图。

2. 操作步骤

(1) 新建文件。

新建“Case10.4.1_dwg.prt”文件。

(2) 创建基本视图。

(3) 建立全剖视图。

① 单击【视图】工具栏中的【剖视图】按钮，出现【剖视图】对话框，在【方法】下拉列表框中选择【简单剖/阶梯剖】选项，如图 10-21 所示。

图 10-21　【剖视图】对话框

② 定义剖切位置，移动光标到视图，捕捉轮廓线圆心点，如图 10-22 所示。

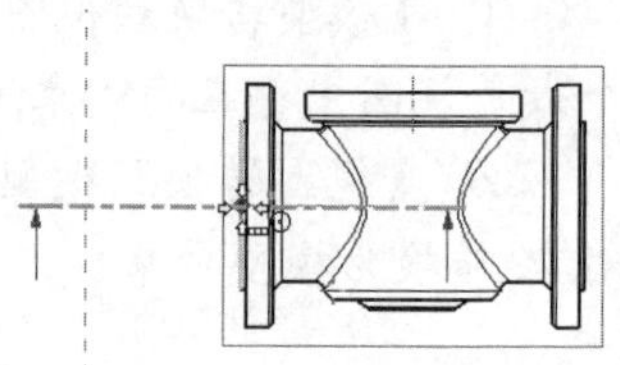

图 10-22　捕捉轮廓线圆心点

③ 确定剖视图的中心，移动光标到指定位置，如图 10-23 所示。

说明：单击【反向】按钮，可调整方向。

④ 单击鼠标，创建全剖视图，如图 10-24 所示。

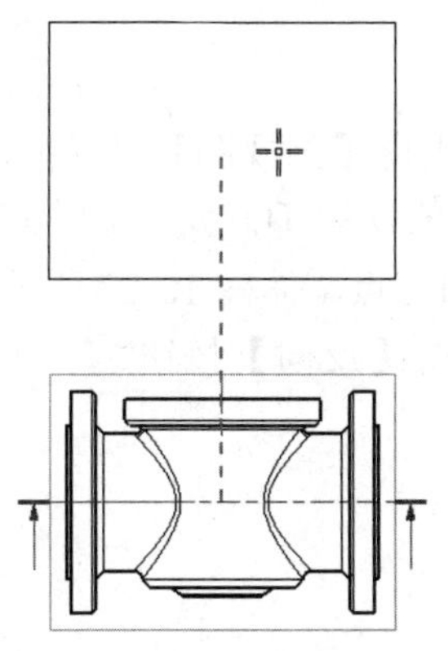

图 10-23　移动光标到指定位置

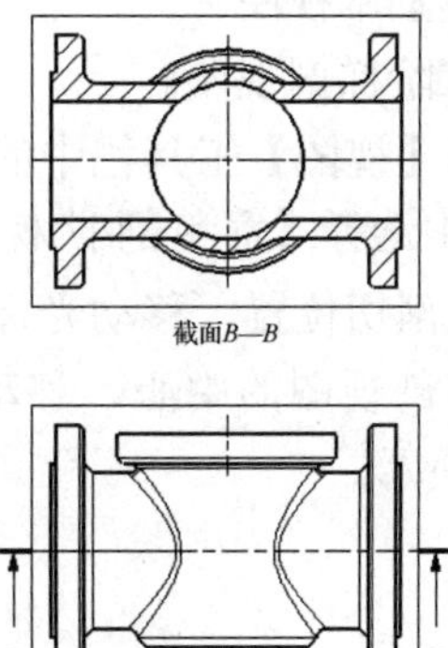

图 10-24　创建全剖视图

(4) 创建轴测全剖视图。

①～③ 同建立全剖视图。

④ 单击【剖视图】工具栏中的【预览】按钮，出现【剖视图工具】对话框，如图 10-25 所示，单击【确定】按钮。

⑤ 移动到指定位置，单击鼠标，创建轴测全剖视图，如图 10-26 所示。

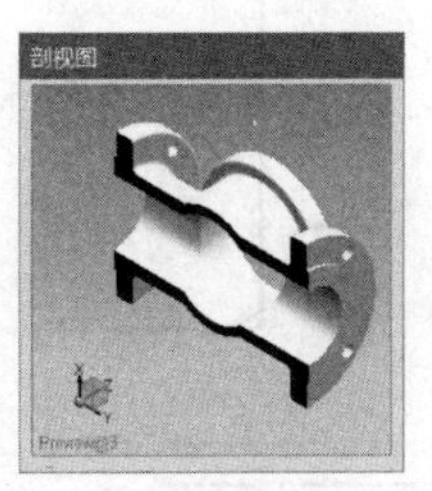

图 10-25　【剖视图工具】对话框

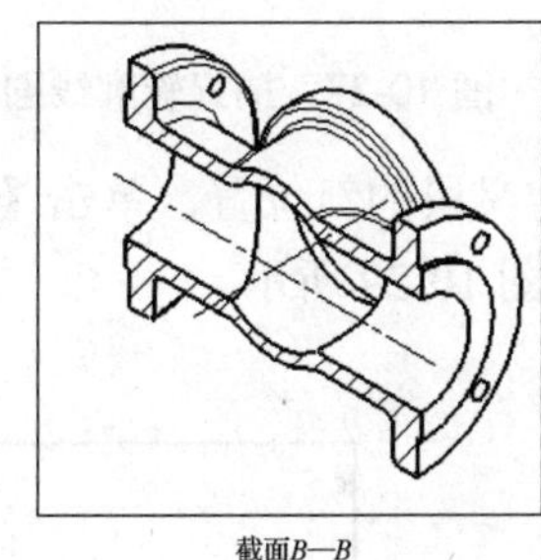

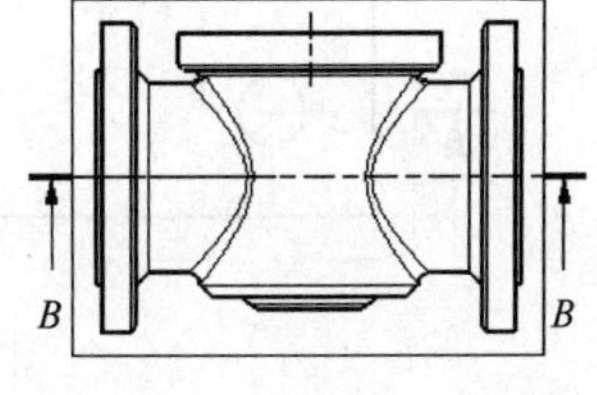

图 10-26　创建轴测全剖视图

10.4.2　实例：创建阶梯剖视图、阶梯轴测剖视图

1. 操作要求

创建阶梯剖视图、阶梯轴测剖视图。

2. 操作步骤

(1) 新建文件。

新建“Case10.4.2_dwg.prt”文件。

(2) 创建基本视图。

(3) 建立阶梯剖视图。

① 单击【视图】工具栏中的【剖视图】按钮，出现【剖视图】对话框，在【方法】下拉列表框中选择【简单剖/阶梯剖】选项，选择要剖视的视图 TOP@1，如图 10-27 所示。

② 定义剖切位置，移动光标到视图，捕捉轮廓线圆心点，如图 10-27 所示。

③ 确定剖视图的中心，移动光标到指定位置，单击【反向】按钮，可调整方向，如图 10-28 所示。

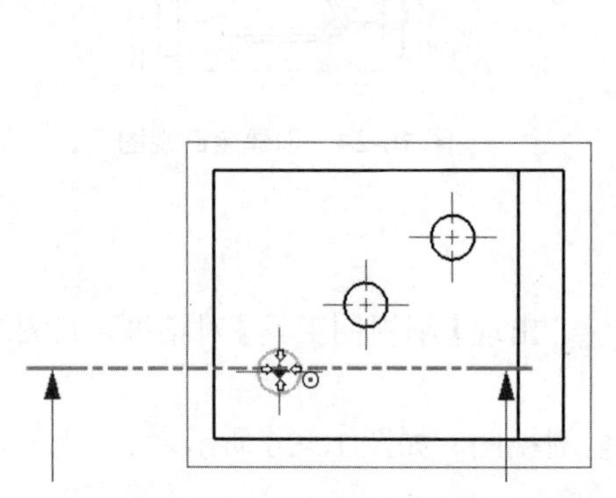

图 10-27　捕捉轮廓线圆心点

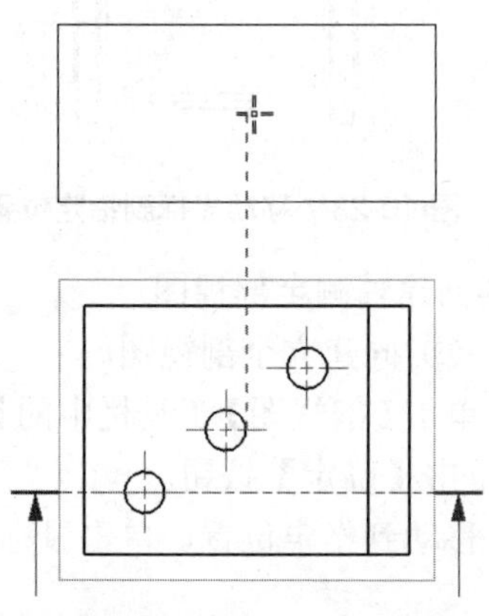

图 10-28　移动光标到指定位置

④ 定义段的新位置，单击【剖视图】工具栏中的【添加段】按钮，在视图上确定各剖切段，如图 10-29 所示。

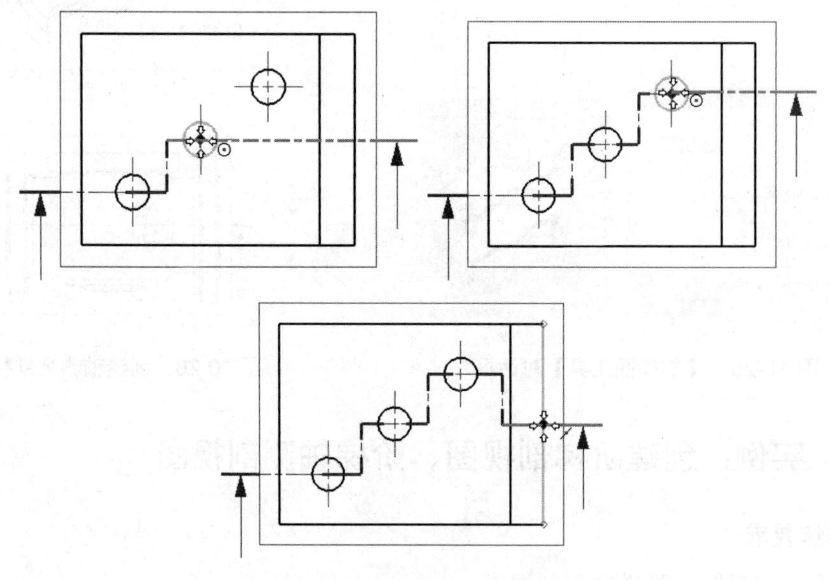

图 10-29　捕捉轮廓线中点

说明：单击【反向】按钮，可调整方向。

⑤ 单击鼠标中键，结束添加线段，移动光标到指定位置，单击鼠标左键，创建阶梯剖

视图，如图 10-30 所示。

(4) 创建轴测阶梯剖视图。

①～④ 同建立阶梯剖视图。

⑤ 单击【剖视图】工具栏中的【预览】按钮，出现【剖视图工具】对话框，单击【确定】按钮。移动到指定位置，单击鼠标左键，创建轴测阶梯剖视图，如图 10-31 所示。

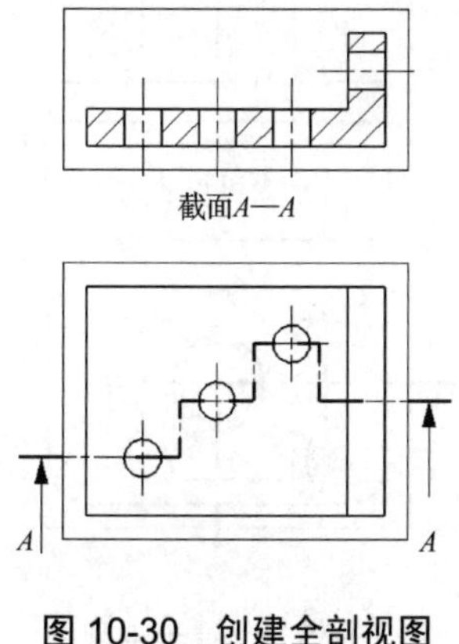

图 10-30 创建全剖视图

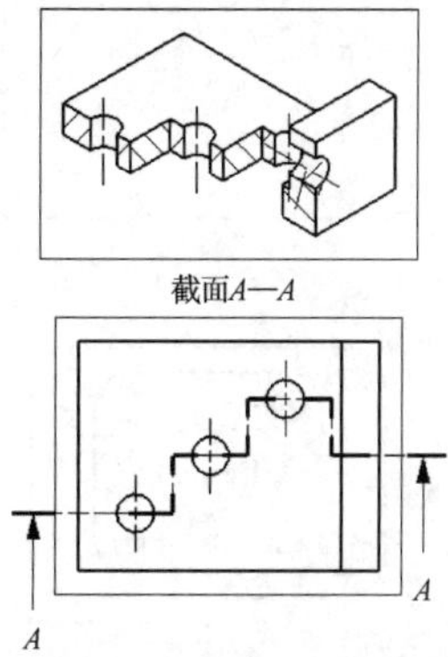

图 10-31 创建轴测阶梯剖视图

10.4.3 实例：创建半剖视图

1. 操作要求

本实例创建半剖视图和轴测半剖视图。

2. 操作步骤

(1) 新建文件。

新建“Case10.4.3_dwg.prt”文件。

(2) 创建基本视图。

(3) 建立半剖视图。

① 单击【视图】工具栏中的【剖视图】按钮，出现【剖视图】对话框，在【方法】下拉列表框中选择【半剖】选项，选择要剖视的视图 TOP@1。定义剖切位置，移动光标到视图，捕捉轮廓线中点，如图 10-32 所示。

② 定义折弯线位置，移动光标到视图，捕捉半剖位置轮廓线中点，如图 10-33 所示。

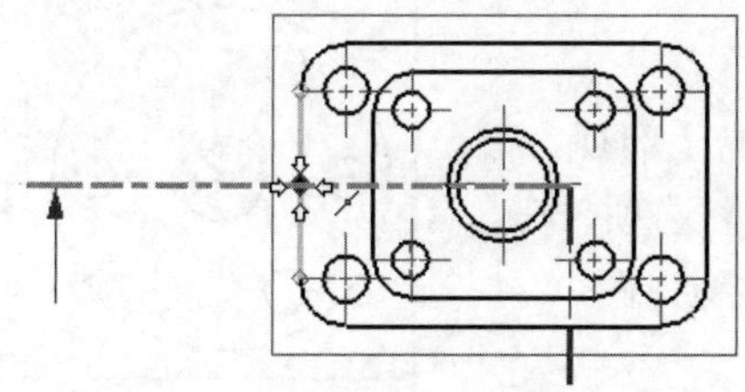

图 10-32 捕捉轮廓线中点

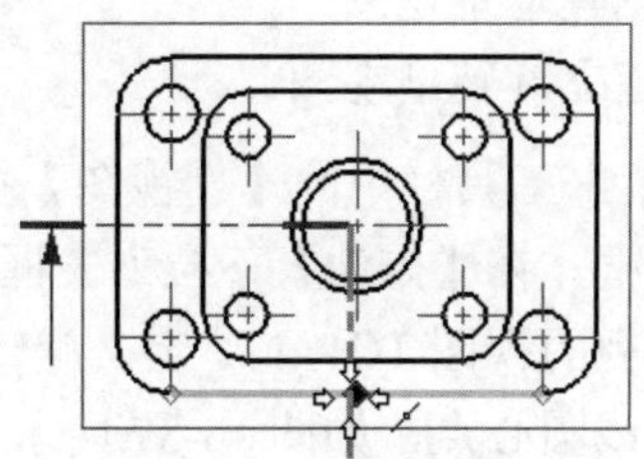

图 10-33 捕捉半剖位置轮廓线中点

说明：单击【反向】按钮，可调整方向。

③ 确定剖视图的中心，移动光标到指定位置，如图 10-34 所示。

④ 单击鼠标左键，创建半剖视图，如图 10-35 所示。

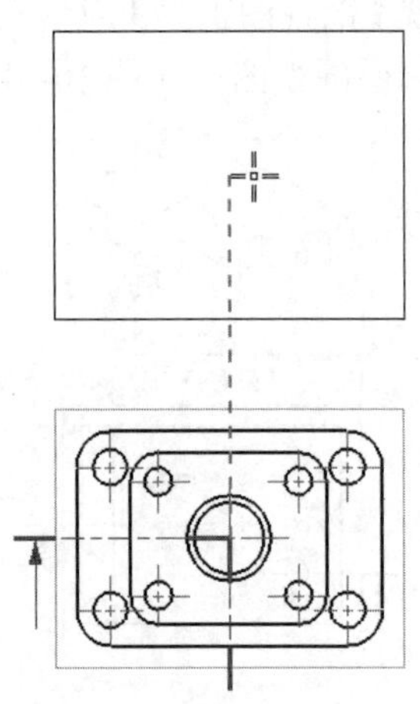

图 10-34　移动光标到指定位置

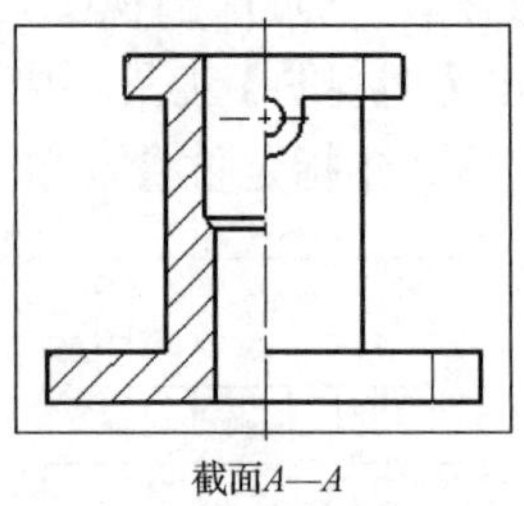

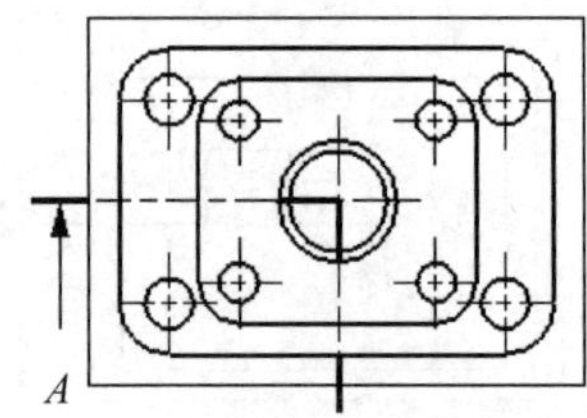

图 10-35　创建半剖视图

(4) 创建轴测半剖视图。

①～③ 同建立阶梯剖视图。

④ 单击【剖视图】工具栏中的【预览】按钮，出现【剖视图工具】对话框，预览无误后，单击【确定】按钮。移动到指定位置，单击鼠标，创建轴测半剖视图，如图 10-36 所示。

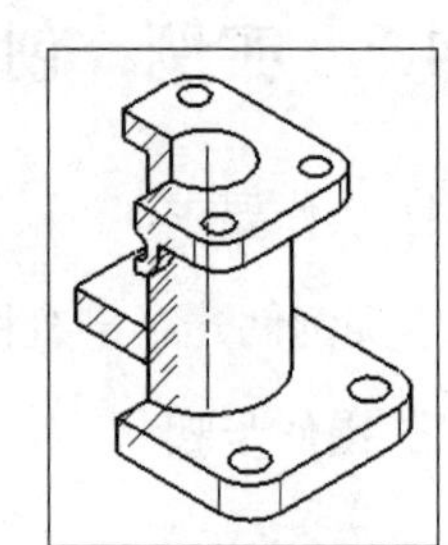

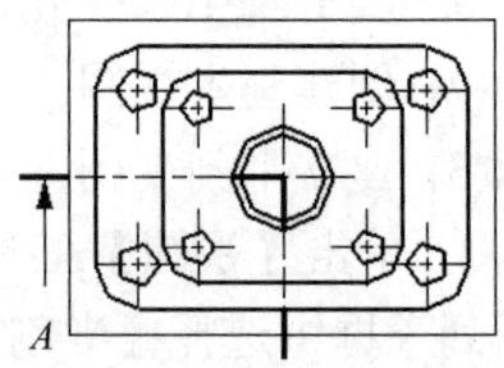

图 10-36　创建轴测阶梯剖视图

10.4.4　实例：创建旋转剖视图

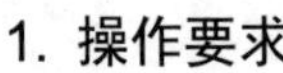

1. 操作要求

本实例创建旋转剖视图。

2. 操作步骤

(1) 新建文件。

新建“Case10.4.4_dwg.prt”文件。

(2) 创建基本视图。

(3) 建立旋转剖视图。

① 单击工具栏中的【剖视图】按钮，出现【剖视图】对话框，在【方法】下拉列表框中选择【旋转】选项，选择要剖视的视图 TOP@1。定义旋转点，移动光标到视图，捕捉轮廓线圆心点，如图 10-37 所示。

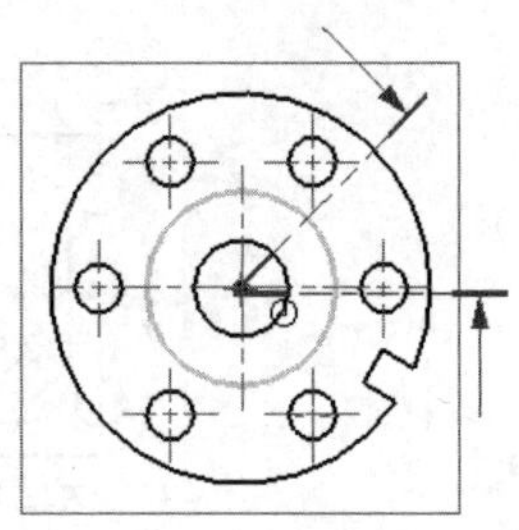

图 10-37　定义旋转点

② 定义线段新位置，移动光标到视图，分别捕捉轮廓线圆心点和轮廓线中点位置，如图 10-38 所示。

说明：单击【反向】按钮，可调整方向。

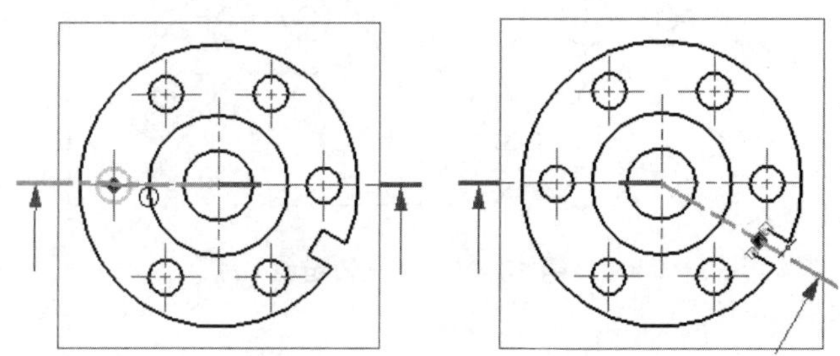

图 10-38　定义线段新位置

③ 确定剖视图的中心，移动光标到指定位置，如图 10-39 所示。

④ 单击鼠标左键，创建旋转剖视图，如图 10-40 所示。

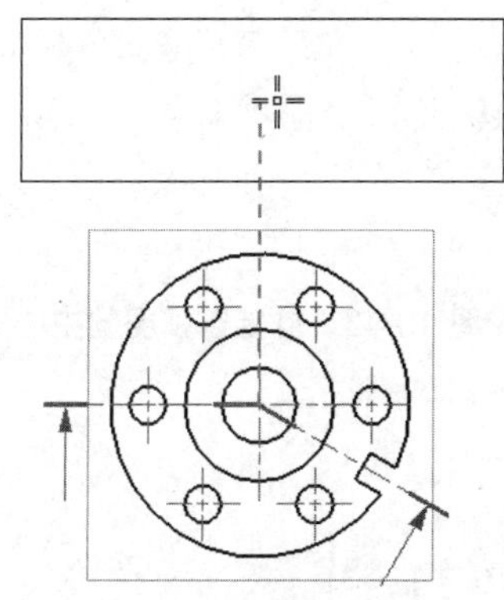

图 10-39　移动光标到指定位置

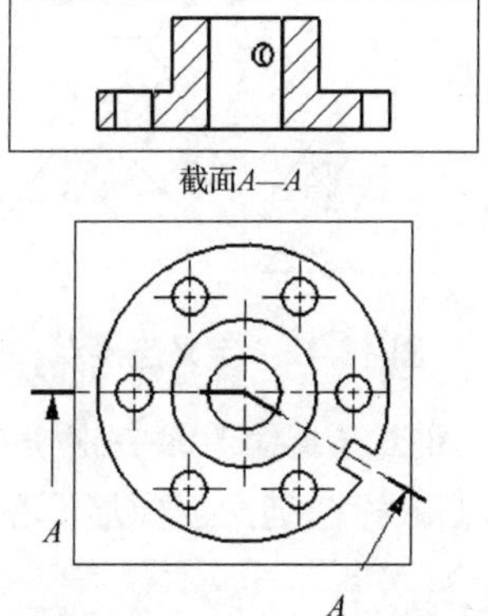

图 10-40　创建旋转剖视图

10.4.5　实例：创建展开剖视图

1. 操作要求

本实例创建展开视图。

2. 操作步骤

(1) 新建文件。

新建"Case10.4.5_dwg.prt"文件。

(2) 创建基本视图。

(3) 建立展开剖视图。

① 单击工具栏上的【剖视图】按钮，出现【剖视图】对话框，在【方法】下拉列表框中选择【点到点】选项，选择要剖视的视图 TOP@1。定义铰链线，选择一条水平边线，如图 10-41 所示。

② 定义连接点，移动光标到视图，捕捉轮廓线圆心点，如图 10-42 所示。

③ 放置视图，单击【放置视图】按钮，如图 10-43 所示。

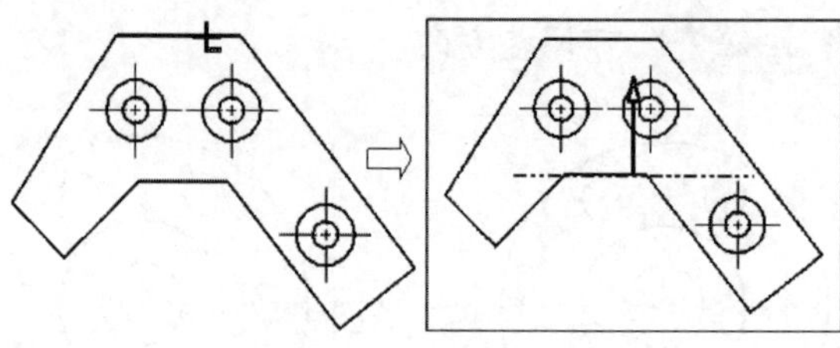

图 10-41　定义铰链线

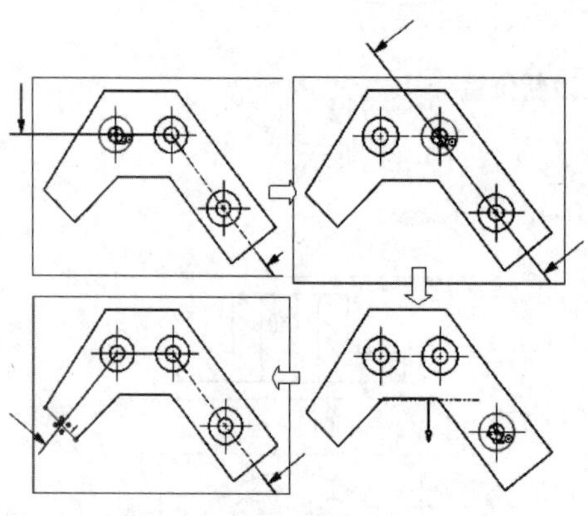

图 10-42　定义连接点

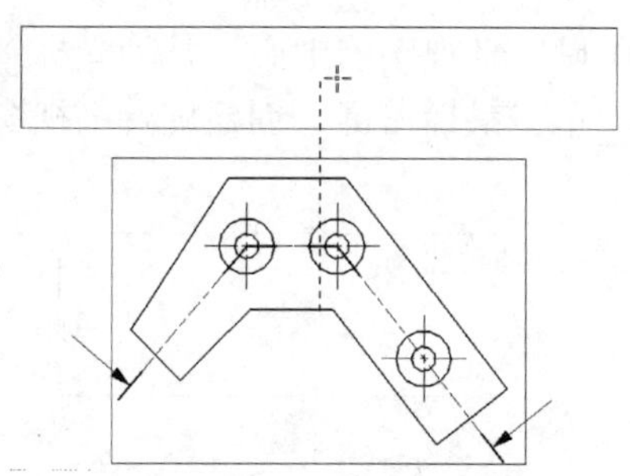

图 10-43　确定剖视图的中心

说明：单击【反向】按钮，可调整方向。

④ 单击鼠标左键，创建展开剖视图，如图 10-44 所示。

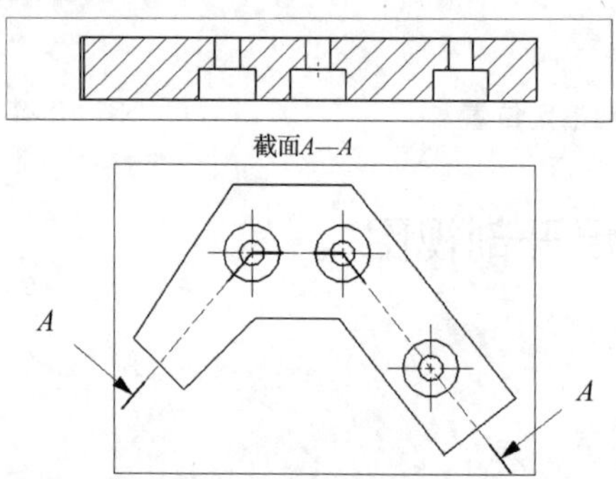

图 10-44　创建展开剖视图

10.4.6　实例：创建局部剖视图

1. 操作要求

本实例创建局部剖视图。

2. 操作步骤

(1) 新建文件。

新建“Case10.4.6_dwg.prt”文件。

(2) 创建基本视图。

(3) 建立展开剖视图。

① 右击主视图，在弹出快捷菜单中选择【活动草图视图】命令。

② 单击【草图工具】工具栏中的【艺术样条】按钮，出现【艺术样条】对话框，单击【通过点】按钮，设置【次数】为 3，勾选【封闭】复选框，在右视图中绘制封闭曲线，如图 10-45 所示。

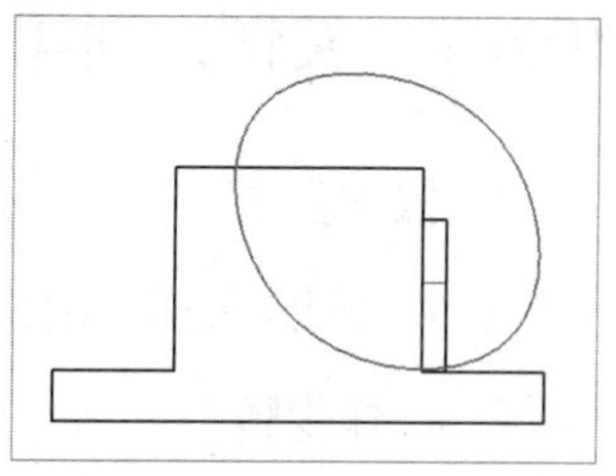

图 10-45　绘制封闭曲线

③ 选中主视图，单击【视图】工具栏中的【局部剖】按钮，出现【局部剖】对话框，定义基点，如图 10-46 所示。

④ 定义拉伸矢量，如图 10-47 所示。

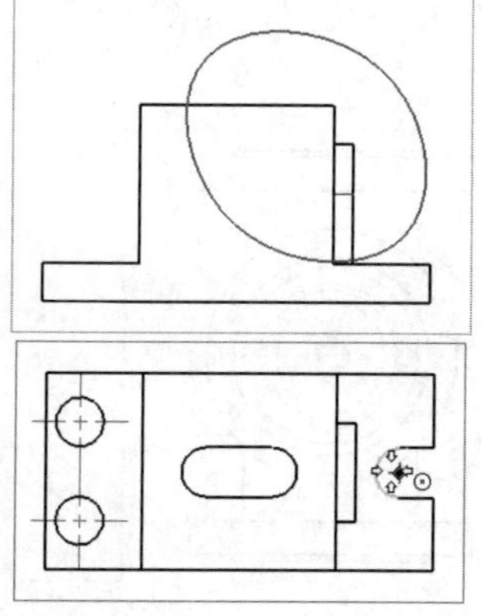

图 10-46　定义基点

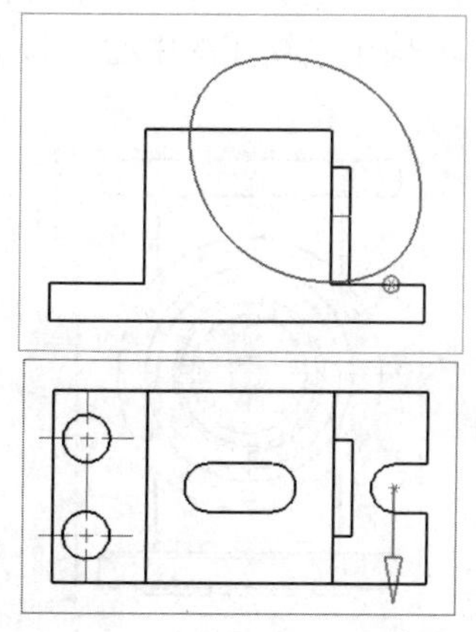

图 10-47　定义拉伸矢量

说明： 单击【矢量反向】按钮 矢量反向，可调整方向。

⑤ 选择截断线，如图 10-48 所示。

⑥ 单击【应用】按钮，如图 10-49 所示，创建局部剖视图。

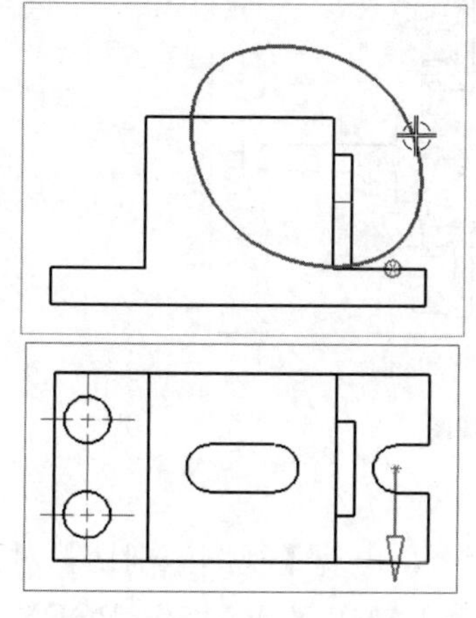

图 10-48　选择截断线

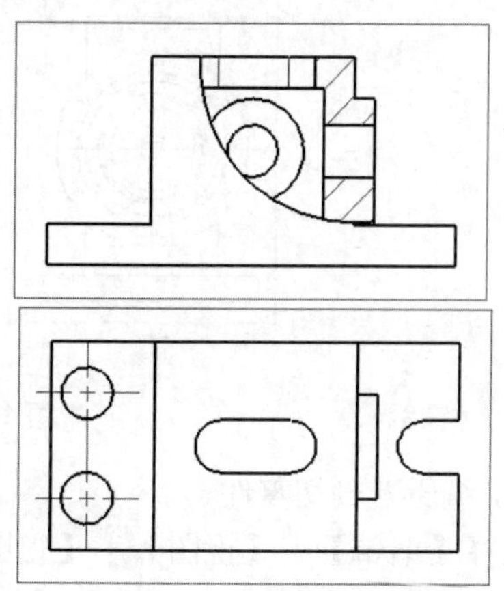

图 10-49　局部剖视图

10.4.7 实例：创建装配图剖视图

1. 操作要求

本实例创建装配图剖视图。

2. 操作步骤

(1) 打开文件。

打开“assm_family_valve_dwg.prt”文件。

(2) 建立全剖视图。

① 单击【视图】工具栏中的【剖视图】按钮，选择要剖视的视图 ORTHO@2。

② 定义剖切位置，移动光标到视图，捕捉轮廓线圆心点，如图 10-50 所示。

③ 确定剖视图的中心，移动光标到指定位置，如图 10-51 所示。

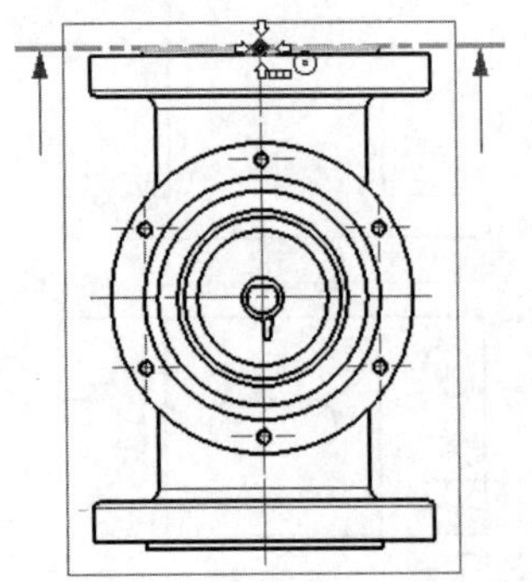

图 10-50 捕捉轮廓线圆心点

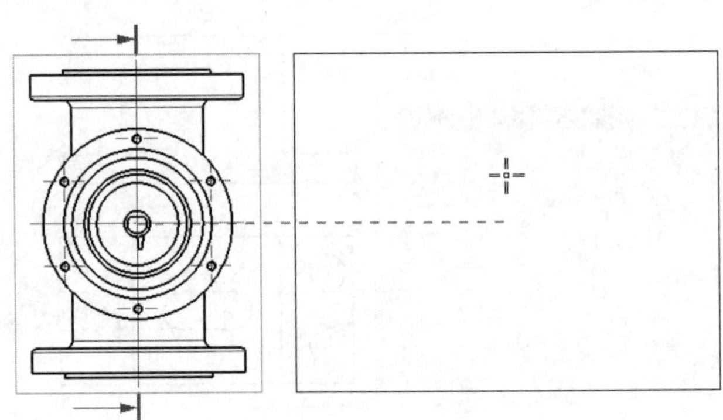

图 10-51 移动光标到指定位置

说明：单击【反向】按钮，可调整方向。

④ 单击鼠标，创建全剖视图，如图 10-52 所示。

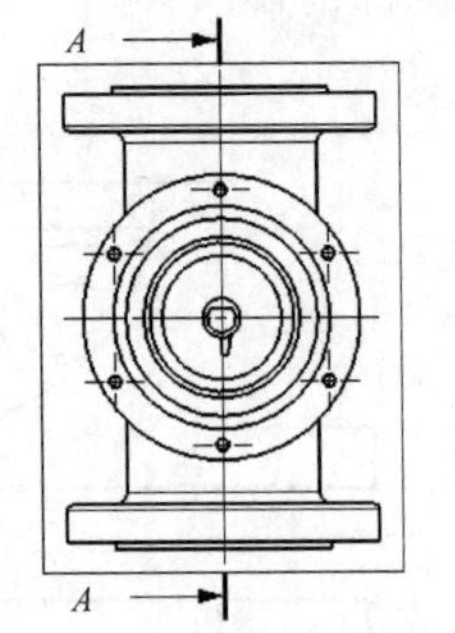

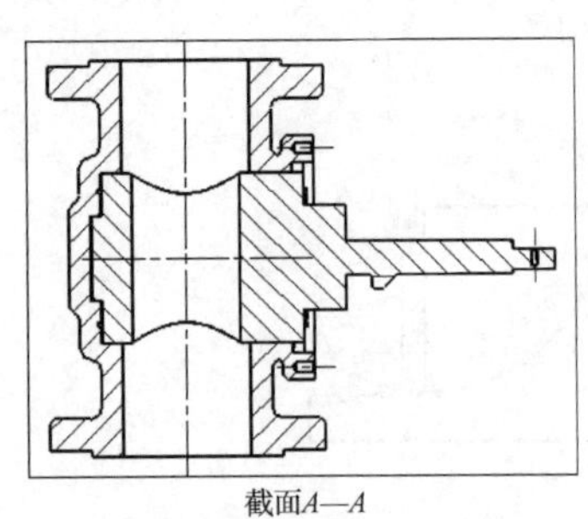

图 10-52 创建全剖视图

(3) 编辑非剖切零件。

选择【编辑】|【视图】|【视图中的剖切】命令，出现【视图中剖切】对话框，在【视图列表】中选中 SX@4，激活【选择对象】，选择 FAMILY_VALVE_BODY 选项，选中【变成非剖切】单选按钮，如图 10-53 所示，单击【确定】按钮。

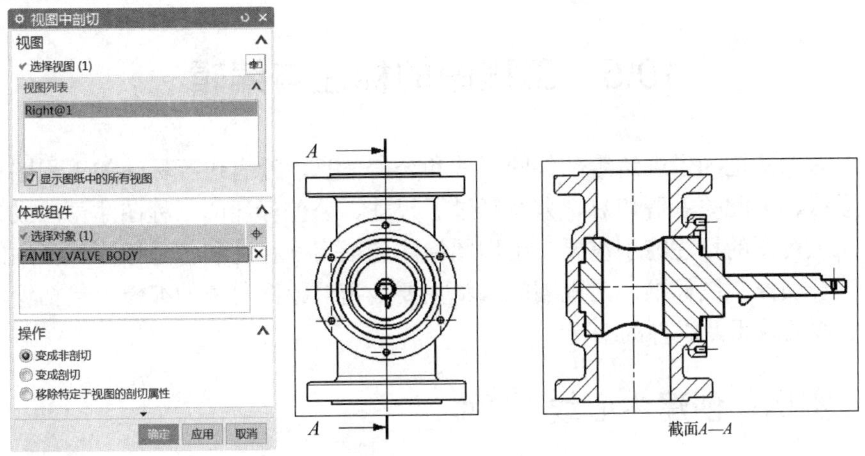

图 10-53　【视图中的剖切组件】对话框

(4) 更新视图。

选中 SX@4 并右击在弹出的快捷菜单中选择【更新】命令，“FAMILY_VALVE_BODY”更新为非剖切状态，如图 10-54 所示。

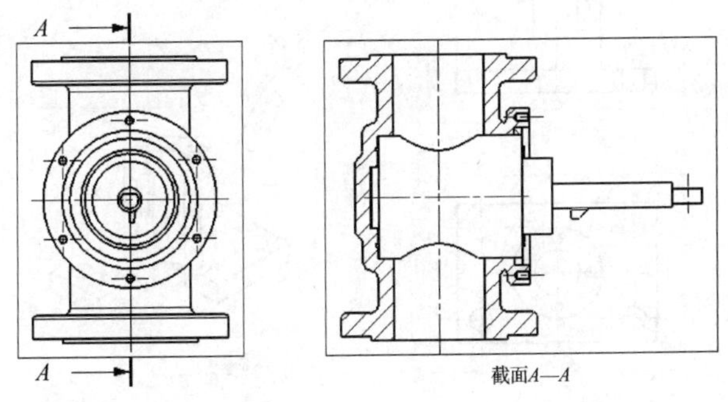

图 10-54　“FAMILY_VALVE_BODY”非剖切状态

(5) 编辑剖面线。

将光标移动至要剖切的视图 SX@4，双击剖面线，出现【剖面线】对话框，在【设置】组的【距离】文本框中输入 10，单击【确定】按钮，如图 10-55 所示。

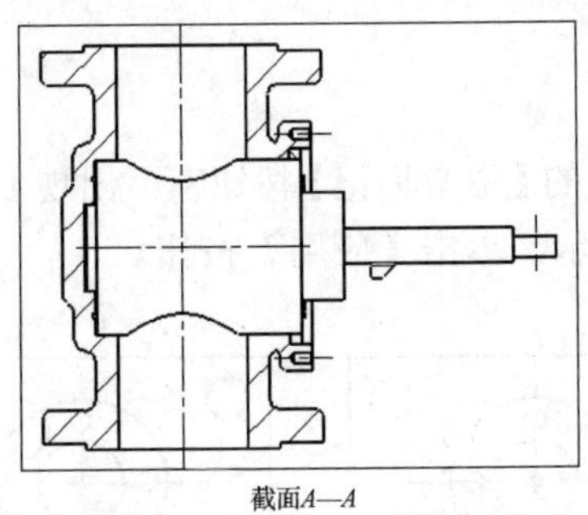

图 10-55　更新后的视图

10.5 工程图的标注与编辑

工程图的标注是为了表达零部件的尺寸和公差信息，没有进行标注的工程图只能表达零部件的形状、装配关系等信息，只有经过了尺寸、公差标注的工程图才可能成为加工的依据，因此工程图的标注特别重要。工程图标注包括尺寸标注和符号标注，标注的尺寸和符号应该符合国家制图标准。工程图的编辑主要是指对绘图对象的编辑，包括绘图对象的移动、指引线的编辑及组件的编辑。

10.5.1 实例：创建中心线

1. 操作要求

创建各种类型的中心线，如图 10-56 所示。

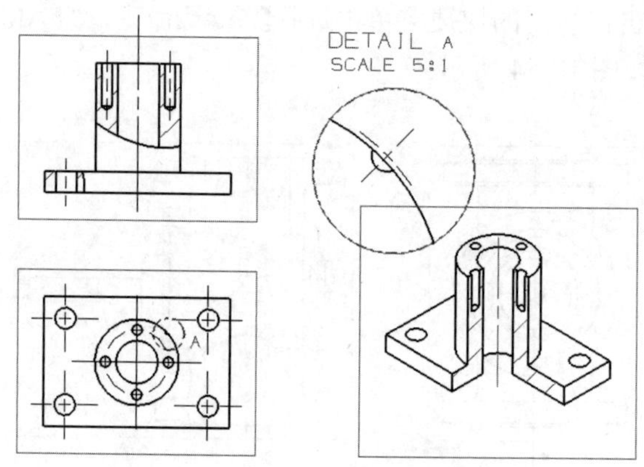

图 10-56 创建各种类型的实用符号

2. 操作步骤

(1) 新建文件。

新建“Case10.5.1_dwg.prt”文件。

(2) 创建基本视图。

(3) 创建中心标记。

① 单击【注释】工具栏中的【中心标记】按钮，出现【中心标记】对话框，在 TOP@1 视图上选择圆，如图 10-57 所示，单击【应用】按钮。

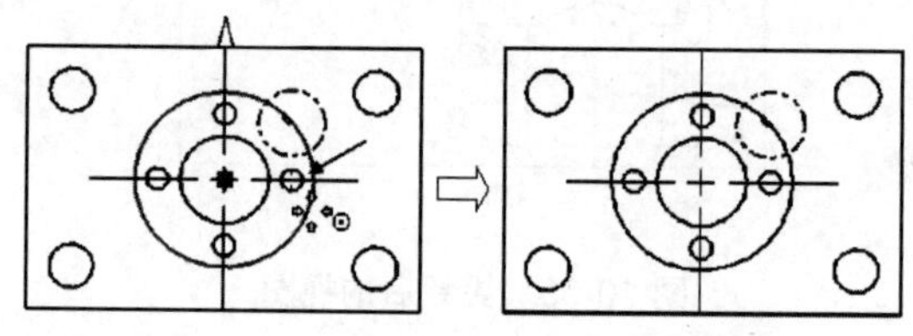

图 10-57 标记中心圆

② 选中【多个中心标记】复选框，选择四周 4 个圆，单击【应用】按钮，如图 10-58 所示。

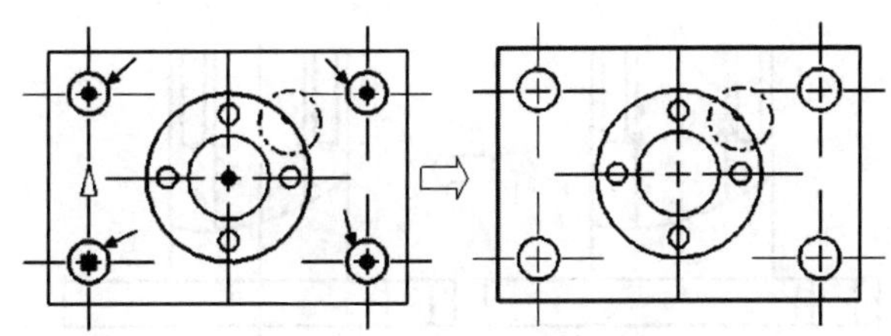

图 10-58　标记多个圆

(4) 创建螺栓圆中心线。

单击【注释】工具栏中的【螺栓圆中心线】按钮，出现【螺栓圆中心线】对话框，在【类型】下拉列表框中选择【通过 3 个或更多点】选项，选中【整圆】复选框，在 TOP@1 视图上选择圆，如图 10-59 所示，单击【应用】按钮。

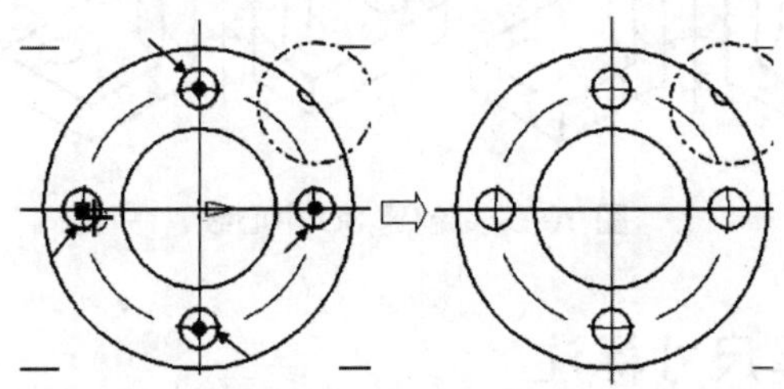

图 10-59　螺栓圆中心线

(5) 创建不完整螺栓圆。

单击【注释】工具栏中的【螺栓圆中心线】按钮，出现【螺栓圆中心线】对话框，在【类型】下拉列表框中选择【中心点】选项，取消选中【整圆】复选框，在“局部放大图”上选择圆，如图 10-60 所示，单击【应用】按钮。

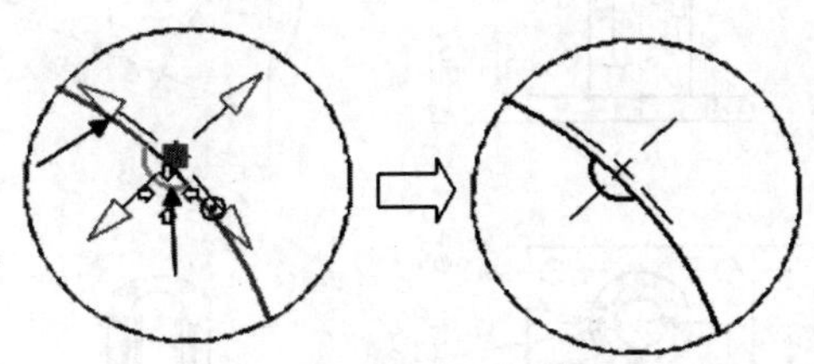

图 10-60　不完整螺栓圆中心线

(6) 创建 2D 中心线。

单击【注释】工具栏中的【2D 中心线】按钮，出现【2D 中心线】对话框，在【类型】下拉列表框中选择【从曲线】选项，在 ORTHO@2 视图上选择两边线，如图 10-61 所示，单击【应用】按钮。

(7) 创建 3D 中心线。

单击【注释】工具栏中的【3D 中心线】按钮，出现【3D 中心线】对话框，在【类

型】下拉列表框中选择【从曲线】选项，在 ORTHO@2 视图上选择两边线，如图 10-62 所示，单击【应用】按钮。

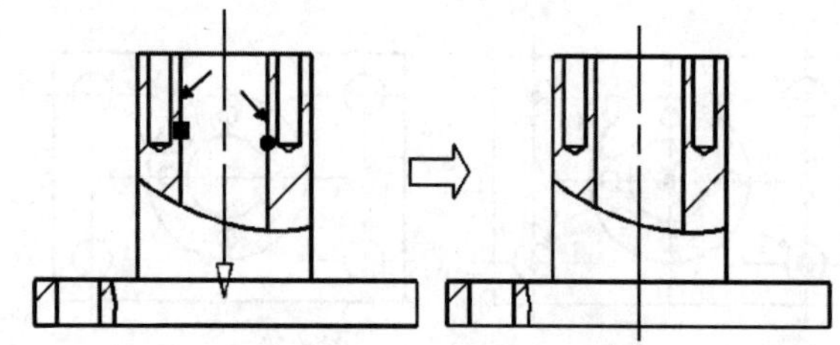

图 10-61　创建 2D 中心线

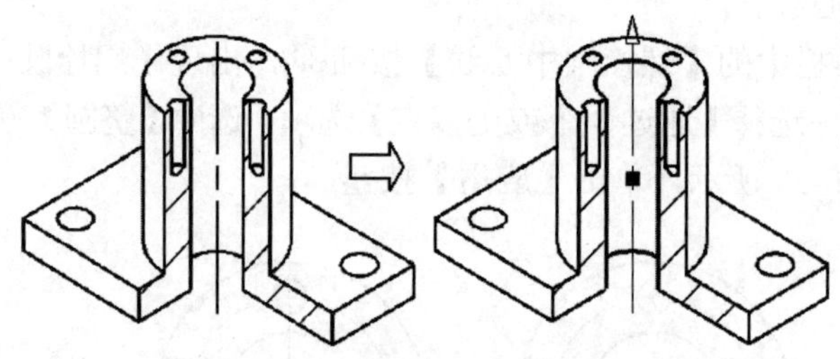

图 10-62　创建 3D 中心线

10.5.2　实例：创建尺寸标注

1. 操作要求

创建各种类型的尺寸标注，如图 10-63 所示。

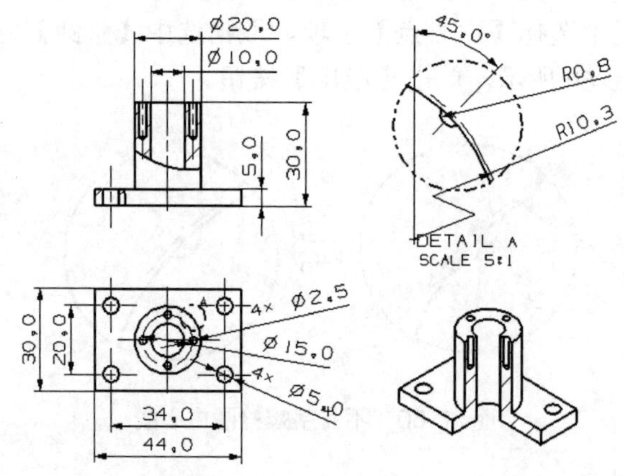

图 10-63　创建各种类型的尺寸标注

2. 操作步骤

(1) 新建文件。

新建“Case10.5.2_dwg.prt”文件。

(2) 创建基本视图。

(3) 使用自动判断的尺寸标注水平和竖直尺寸。

① 单击【尺寸】工具栏中的【自动判断】按钮，选择下边两个孔的中心线符号，标注水平距离尺寸，选择左、右边缘下端，标注长度尺寸，如图 10-64 所示。

② 单击【尺寸】工具栏中的【自动判断】按钮，选择左边两个孔的中心线符号，标注竖直距离尺寸，选择上、下边缘左端，标注宽度尺寸，如图 10-65 所示。

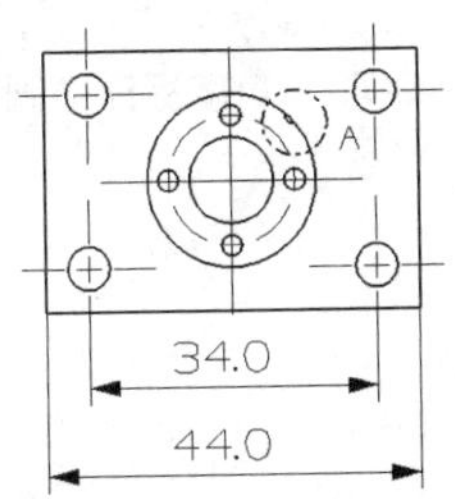

图 10-64　标注长度尺寸

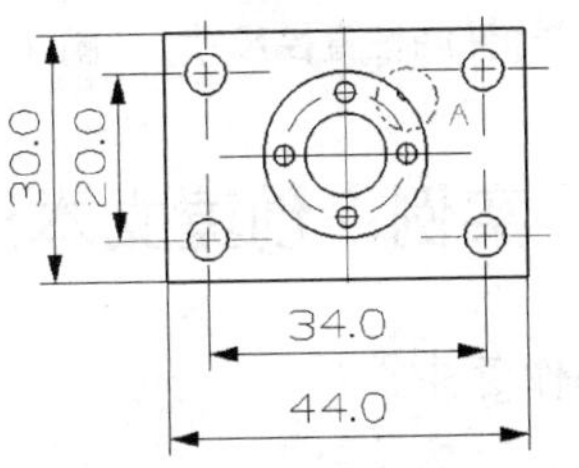

图 10-65　标注宽度尺寸

(4) 使用直径尺寸标注 8 个孔的直径。

单击【尺寸】工具栏中的【直径】按钮，选择底孔和螺栓孔标注孔直径，如图 10-66 所示。

(5) 使用竖直基准线标注高度尺寸。

单击【尺寸】工具栏中的【竖直基线】按钮，从下到上依次选择水平边缘左端，标注竖直基准线，如图 10-67 所示。

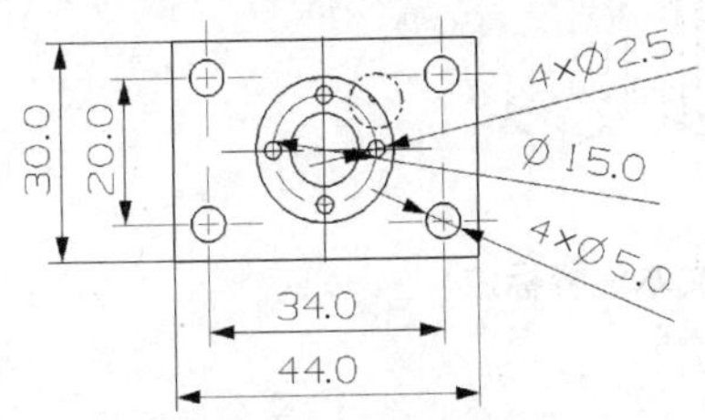

图 10-66　标注直径尺寸

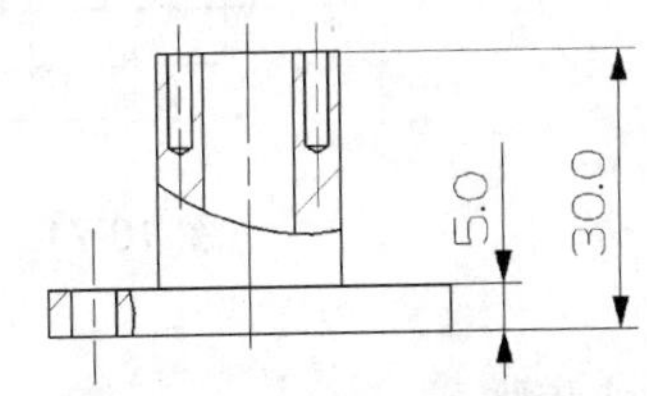

图 10-67　标注高度尺寸

(6) 使用圆柱形标注圆柱直径尺寸。

单击【尺寸】工具栏中的【圆柱形】按钮，依次选择圆柱内径、外径直线的上端，如图 10-68 所示。

(7) 使用带折线的半径标注半圆孔的半径位置。

单击【注释】工具栏中的【偏置中心点符号】按钮，出现【偏置中心点符号】对话框，选择【圆弧】，在【距离】下拉列表框中选择【从圆弧算起的水平距离】选项，在【距离】文本框中输入“5”，单击【确定】按钮，建立偏置中心点，如图 10-69 所示。

(8) 使用角度标注半圆孔的角度尺寸。

单击【尺寸】工具栏中的【成角度】按钮，选择半圆孔的不完整螺栓圆符号中心线上端，选择圆弧的偏置中心线符号上端，放置角度尺寸文本，如图 10-70 所示。

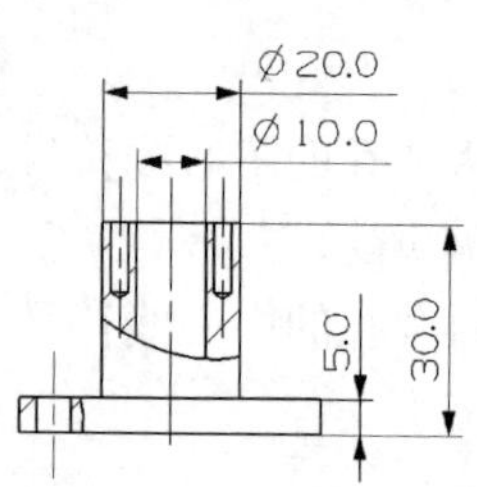

图 10-68　标注圆柱直径尺寸

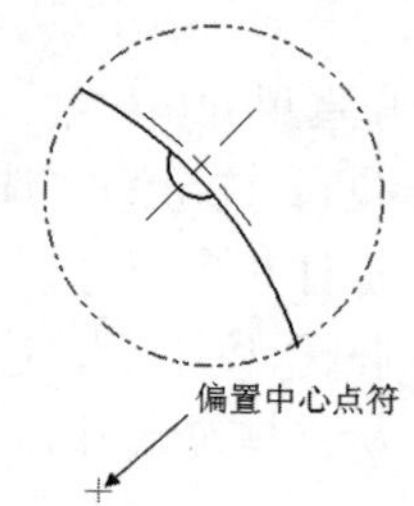

图 10-69　建立偏置中心点

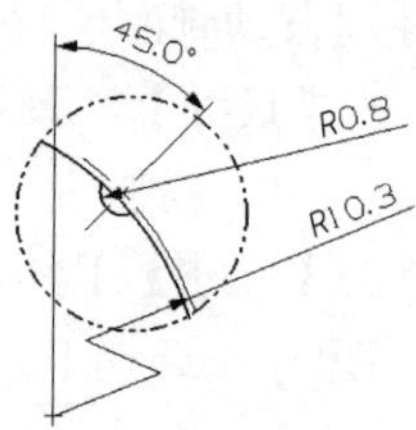

图 10-70　角度标注半圆孔的角度尺寸

10.5.3　实例：创建文本注释

1. 操作要求

创建各种类型的文本注释标注，如图 10-71 所示。

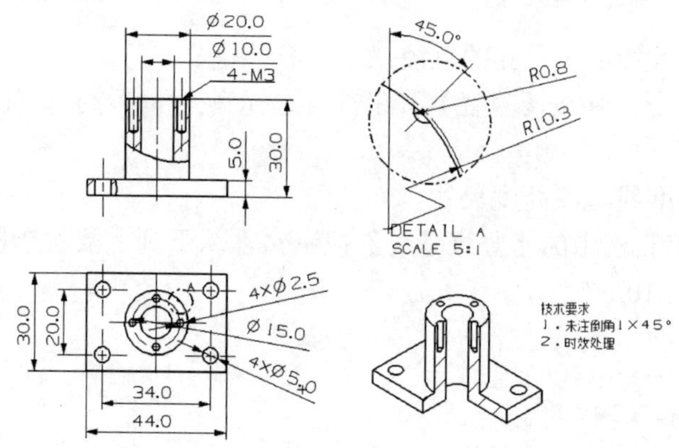

图 10-71　创建各种类型的文本注释标注

2. 操作步骤

(1) 新建文件。

新建“Case10.5.3_dwg.prt”文件。

(2) 创建基本视图。

(3) 引线标注一个文本注释。

单击【注释】工具栏上的【注释】按钮，出现【注释】对话框，确定引线箭头位置，在文本输入界面中输入文本“4-M3”，确定文本注释位置，单击【关闭】按钮，如图 10-72 所示。

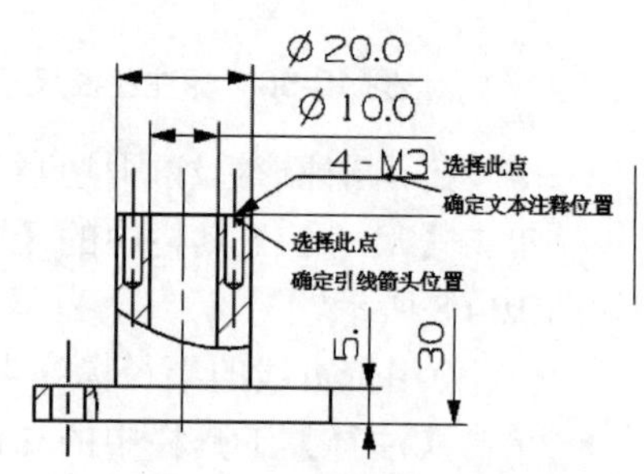

图 10-72　引线标注文本注释

(4) 创建不带引线的文本注释。

单击【注释】工具栏上的【注释】按钮，出现【注释】对话框，在文本输入界面中输入文本“技术要求”，展开【设置】组，单击【设置】按钮，出现【注释设置】对话框，选择【字体】为“Chinesef”，单击【关闭】按钮，返回【注释】对话框，确定文本注释位置，单击【关闭】按钮，如图 10-73 所示。

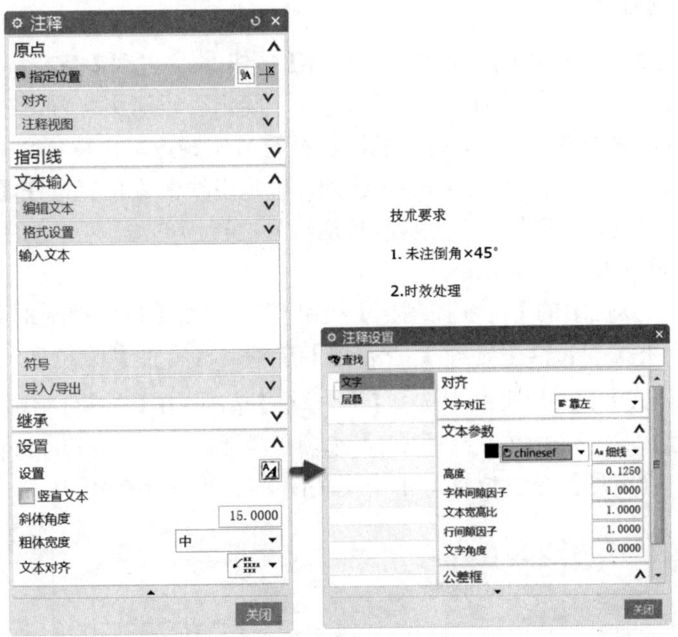

图 10-73　创建不带引线的文本注释

10.5.4　实例：创建形位公差标注

1. 操作要求

创建各种类型的形位公差标注，如图 10-74 所示。

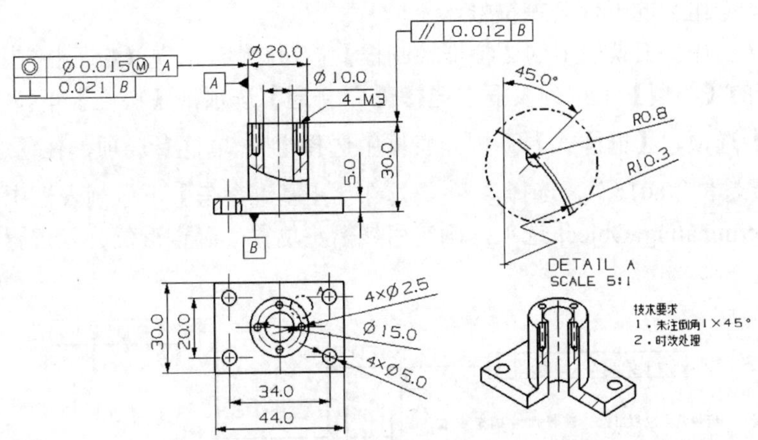

图 10-74　创建各种类型的形位公差标注

2. 操作步骤

(1) 新建文件。

新建“Case10.5.4_dwg.prt”文件。

(2) 创建基本视图。

(3) 创建基准特征符号。

① 单击【注释】工具栏中的【基准特征符号】按钮，出现【基准特征符号】对话框，激活 Select Terminating Object(选择终止对象)选项，确定引线箭头位置，在【基准标识符】组的【字母】文本框输中入“A”，确定基准特征符号位置，单击鼠标。

② 再次激活 Select Terminating Object 选项，确定引线箭头位置，在【基准标识符】组的【字母】文本框中输入“B”，确定基准特征符号位置，单击鼠标，如图 10-75 所示。

(4) 创建一个单行形位公差符号。

单击【注释】工具栏中的【特征控制框】按钮，出现【特征控制框】对话框，在【指引线】的【类型】下拉列表框中选择【普通】选项，【特性】下拉列表框中选择【//平行度】选项，【框样式】下拉列表框中选择【单框】选项，在【公差】组输入文本“0.012”，在【第一基准参考】下拉列表框中选择【B】选项，激活 Select Terminating Object 选项，确定引线箭头位置，确定形位公差位置，单击【关闭】按钮，如图 10-76 所示。

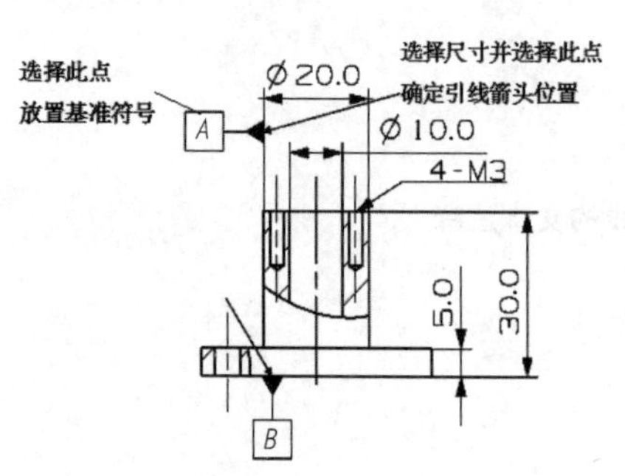

图 10-75　创建基准特征符号

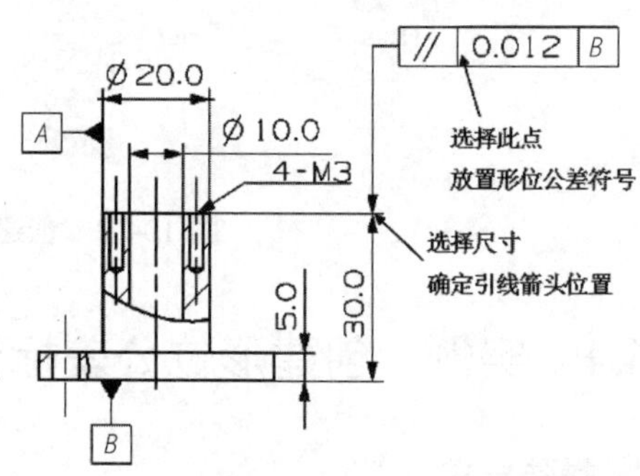

图 10-76　创建一个单行形位公差符号

(5) 创建一个组合的形位公差符号。

① 单击【注释】工具栏中的【特征控制框】按钮，出现【特征控制框】对话框，在【指引线】的【类型】下拉列表框中选择【普通】选项，【特性】下拉列表框中选择【◎同轴度】选项，【框样式】下拉列表框中选择【单框】选项，在【公差】组选择“Ø”，输入文本“0.015”，选择“Ⓜ”，在【主基准参考】下拉列表框中选择 A 选项，激活 Select Terminating Object 选项，确定引线箭头位置，确定形位公差位置，如图 10-77 所示。

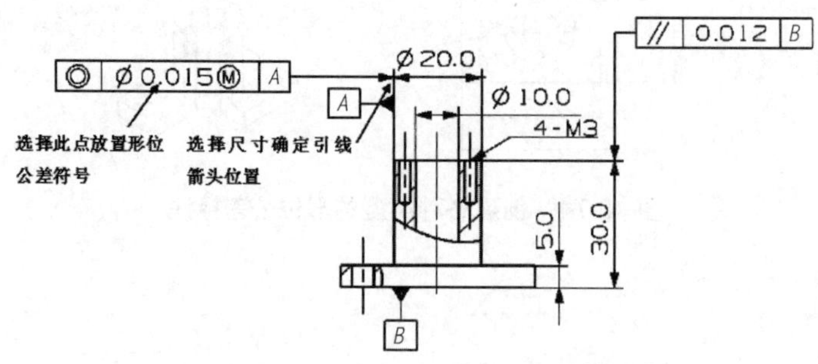

图 10-77　创建一个单行形位公差符号

② 在【帧】组的【特性】下拉列表框中选择【⊥垂直度】选项，【框样式】下拉列表框中选择【⊞单框】选项，在【公差】组输入文本“0.021”，在【主基准参考】下拉列表框中选择 B 选项，确定形位公差位置，如图 10-78 所示。

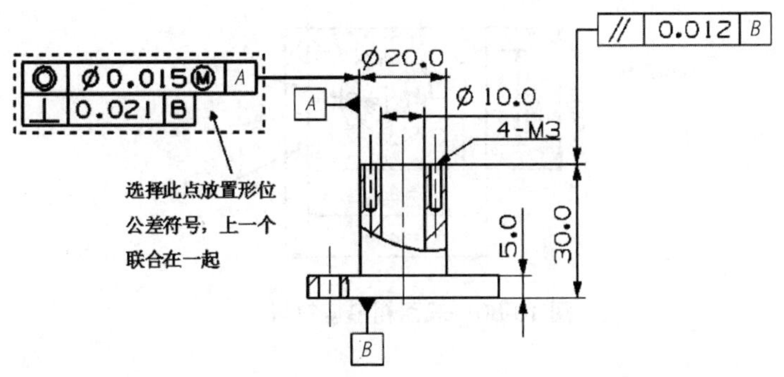

图 10-78　创建一个组合的形位公差符号

10.5.5　实例：标注表面粗糙度符号

1. 操作要求

创建各种类型的表面粗糙度符号，如图 10-79 所示。

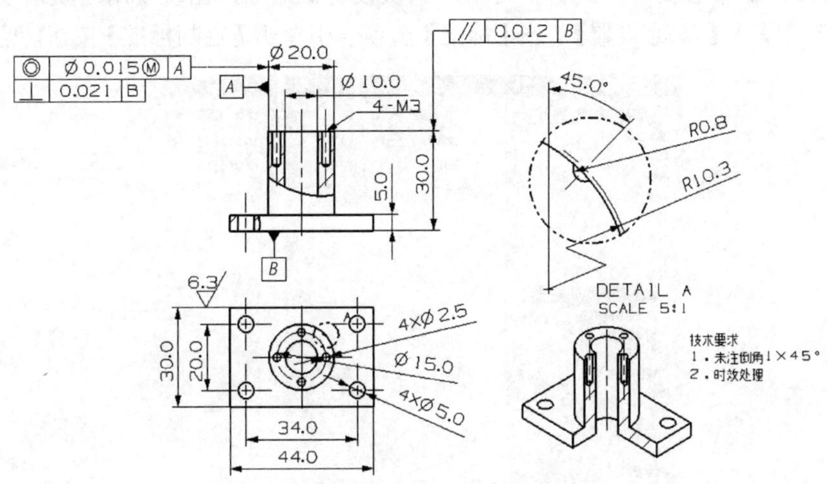

图 10-79　创建各种类型的表面粗糙度符号

2. 操作步骤

(1) 新建文件。

新建“Case10.5.5_dwg.prt”文件。

(2) 创建基本视图。

(3) 创建表面粗糙度符号。

选择【注释】|【表面粗糙度符号】命令，出现【表面粗糙度符号】对话框，单击【需

要除料】按钮√，在【加工】下拉列表框中选择“3.5”，在 a2 文本框中输入公差最大值 6.3。在适当位置拾取一点，定位表面粗糙度符号，如图 10-80 所示。

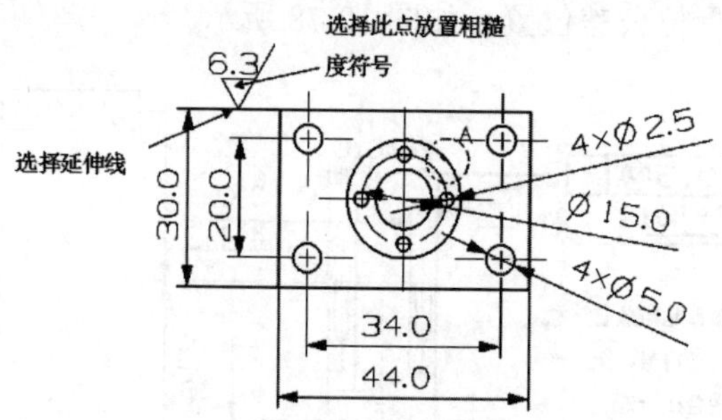

图 10-80　表面粗糙度符号

10.6　制图模块参数预设置

制图模块参数预设置主要应用于制图中一些默认控制参数的设置。

10.6.1　制图标准的概念

选择【文件】|【实用工具】|【用户默认设置】命令，出现【用户默认设置】对话框，选择【制图】|【常规/设置】，在【标准】选项卡中单击【定制标准】按钮，见图 10-81。

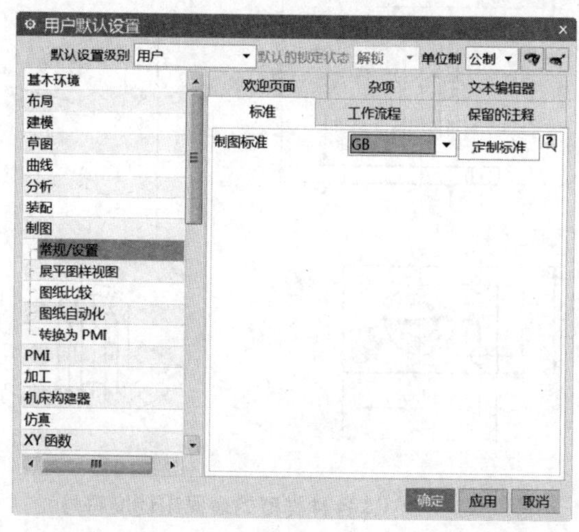

图 10-81　【用户默认设置】对话框

在【定制绘图标准】对话框中进行设置，当用户完成设置后，单击【另存为】按钮，并为该设置自定义一个名称，该设置会被存储为 nxX_YYY_<my_standard>_ZZZ.dpv，<my_standard>是用户自定义的名称。

10.6.2　制图参数预设置

制图首选项允许控制以下几项。

(1) 视图和注释的版本。

(2) 剖切线是作为单独符号创建的还是带剖视图创建的。

(3) 在创建期间显示成员视图的预览式样。

(4) 抽取的边缘面、小平面视图和视图边界的显示。

(5) 保留注释的显示。

选择【首选项】|【制图】命令，出现【制图首选项】对话框，如图 10-82 所示，共有 11 个属性页，其中【视图】与【注释】两个属性页最为常用。

图 10-82　【制图首选项】对话框

10.6.3　注释参数预设置

在进行尺寸标注前，应对尺寸相关的尺寸精度、箭头类型、文字大小、尺寸位置、单位等参数进行设置。

1. 【公差】设置

为类型和值、限制和拟合、显示和单位、公差和精度格式设置首选项，如图 10-83 所示。

2. 【直线/箭头】样式设置

为指引线、箭头以及尺寸的延伸线和其他注释设置首选项，【箭头】属性页如图 10-84 所示。

3. 【文字】样式设置

为尺寸、附加文本、公差和一般文本(注释、ID 符号等)的文字设置首选项，如图 10-85 所示。

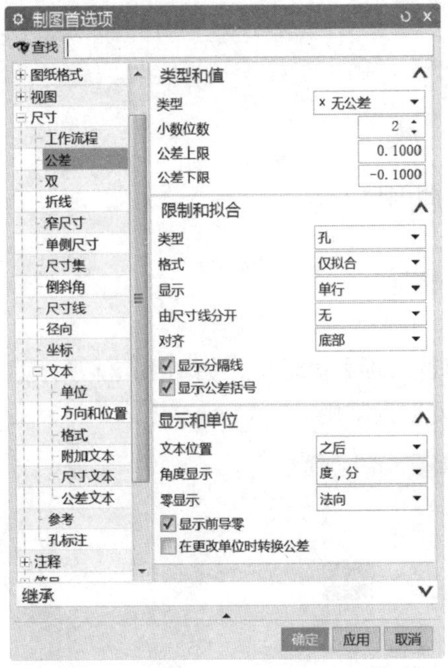

图 10-83 【公差】属性页

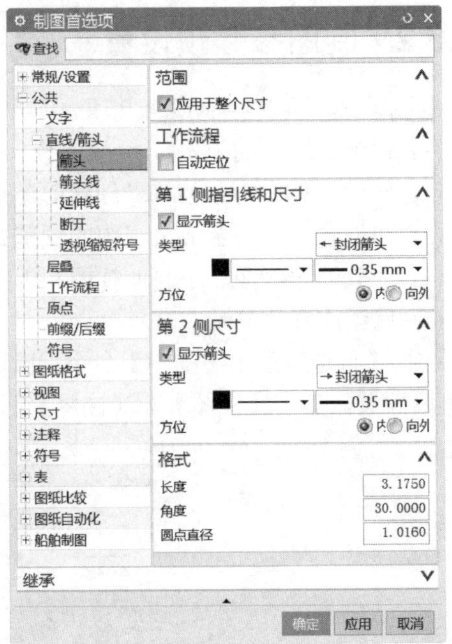

图 10-84 【箭头】属性页

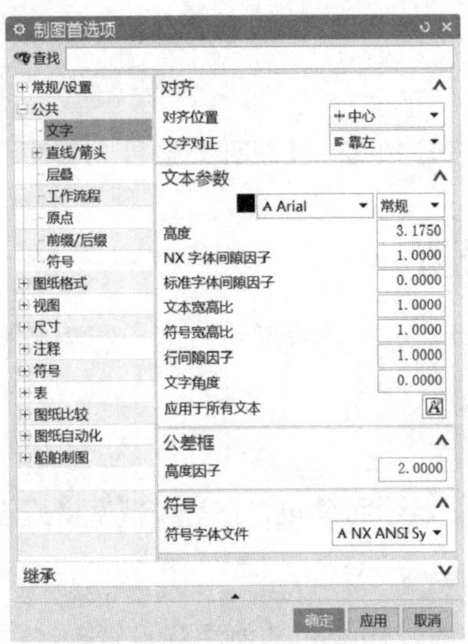

图 10-85 【文字】属性页

4. 【单位】样式设置

为线性尺寸、角度尺寸和双尺寸的单位和显示方式设置首选项，如图 10-86 所示。

5. 【径向】样式设置

为带折线半径尺寸的位置设置角度，默认值为 45°，如图 10-87 所示。

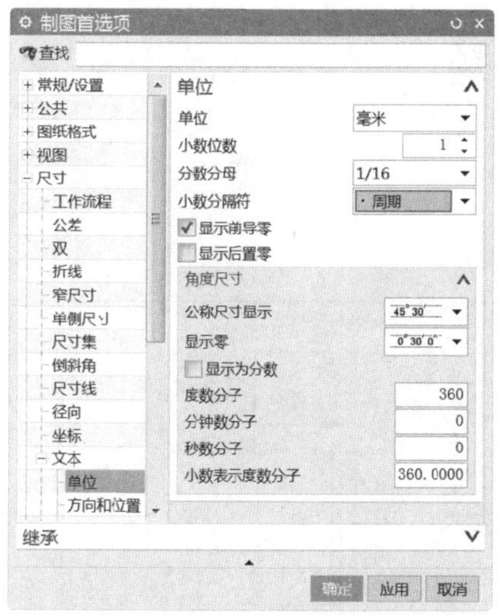

图 10-86　【单位】属性页

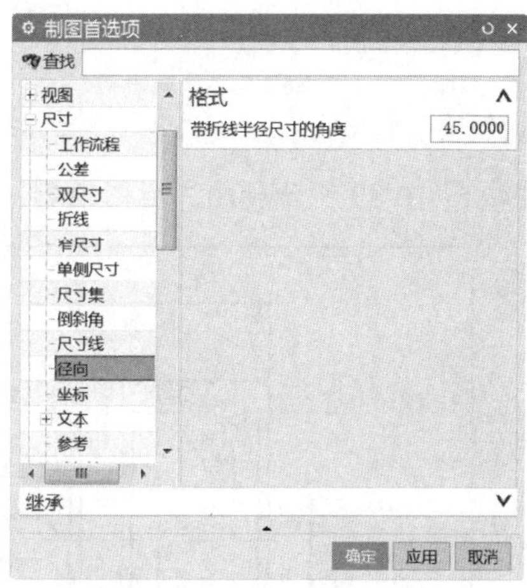

图 10-87　【径向】属性页

10.6.4　剖切线样式设置

剖切线样式设置可以控制以后添加到图纸中的剖切线显示。选择【视图】|【截面线】命令，如图 10-88 所示。用于设置截面线的箭头、颜色、线型和文字等参数。

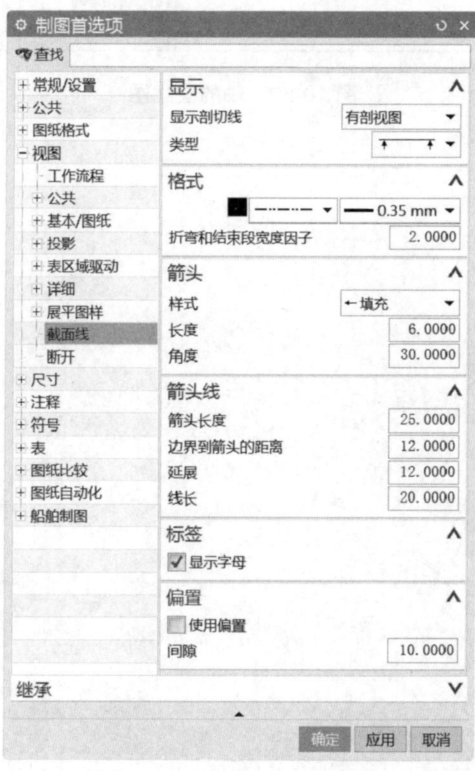

图 10-88　【截面线】样式设置

练　习　题

操作题

完成图 10-89 所示轴的工程图绘制。

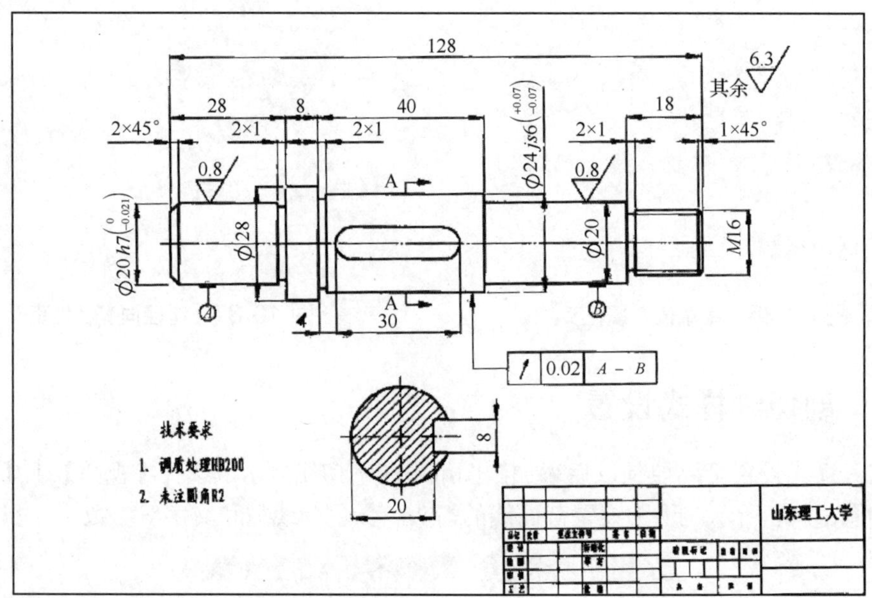

图 10-89　轴的工程图

第 11 章　CAE 模型分析

在经过模型的建立之后，需要对产品零件进行有限元分析及运动仿真，来模拟出零件在实际应用环境中的情况。UG NX 中的运动分析模块(Scenario For Motion)用于建立运动机构模型，分析其运动规律。运动分析模块自动复制主模型的装配文件，并建立一系列不同的运动分析方案，每个运动分析方案均可独立修改，而不影响装配主模型，一旦完成优化设计方案后，可直接更新装配主模型以反映优化设计的结果。

运动分析模块可以进行机构的干涉分析，跟踪零件的运动轨迹，分析机构中零件的速度、加速度、作用力、反作用力和力矩等。运动分析模块的分析结果可以指导修改零件的结构设计(加长或缩短构件的力臂长度、修改凸轮型线、调整齿轮比等)，或零件的材料(减轻或加重或增加硬度等)。设计更改可以反映在装配主模型的复制品分析方案(Scenario)中，再重新分析，一旦确定优化的设计方案，设计更改可直接反映到装配主模型中。

11.1　模型分析概述

11.1.1　高级仿真介绍

高级仿真是一种综合性有限元建模和结果可视化产品，旨在满足资深分析员的需要。高级仿真包括一整套前处理和后处理工具，并支持多种产品性能评估解法。图 11-1 所示为高级仿真界面。

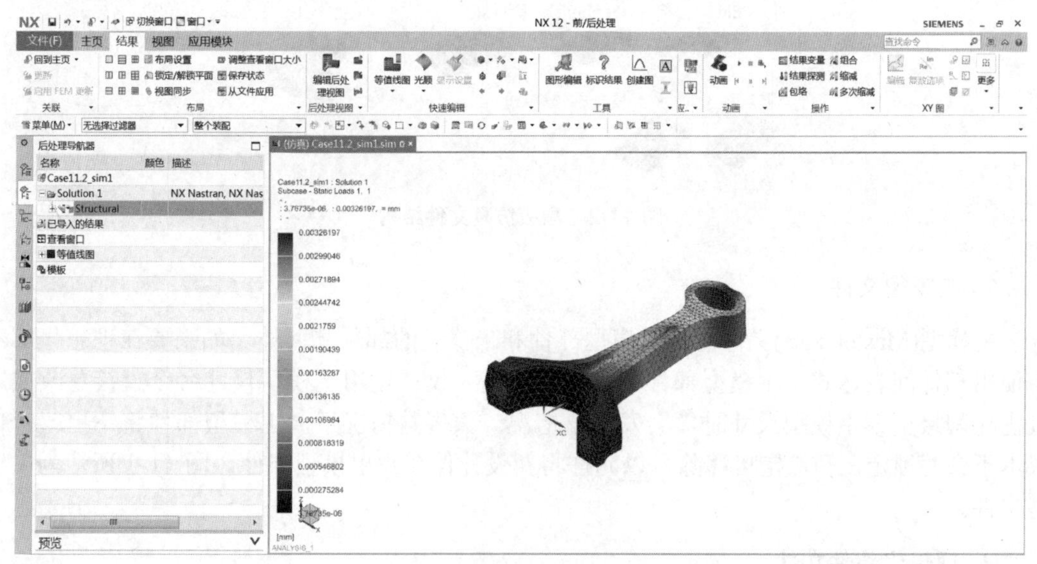

图 11-1　高级仿真界面

高级仿真提供对许多业界标准解算器的无缝、透明支持，这样的解算器包括 UG NX

Nastran、MSC Nastran、ANSYS 和 ABAQUS 等。在高级仿真中创建网格或解法，需要指定用于解算模型的解算器和将要执行的分析类型；UG NX 软件使用该解算器及分析类型来展示所有如网格划分、边界条件和解法选项。另外，还可以解算用户的模型并直接在高级仿真中查看结果，而不必首先导出解算器文件或导入结果。

高级仿真会提供设计仿真中可用的所有功能，以及支持高级分析流程的众多其他功能。

(1) 高级仿真的数据结构很有特色，如具有独立的仿真文件和 FEM 文件，这有利于在分布式工作环境中开发 FE 模型。这些数据结构还允许分析员轻松地共享 FEM 数据，以执行多种分析。

(2) 高级仿真提供世界级网格划分功能。UG NX 软件旨在使用经济的单元计数来产生高质量网格。高级仿真支持补充完全的单元类型(0D、1D、2D 和 3D)。另外，高级仿真使分析员能够控制特定网格公差，这些公差控制着软件如何对复杂几何体(如圆角)划分网格。

(3) 高级仿真包括很多几何体抽取工具，使分析员能够根据其分析需要来量身定制 CAD 几何体。例如，分析员可以使用这些工具提高其网格的整体质量，方法是消除所有有问题的几何体(如微小的边)。

11.1.2 高级仿真文件结构

高级仿真在 4 个独立而关联的文件中管理仿真数据。要在高级仿真中高效工作，需要了解哪些数据存储在哪个文件中，以及在创建哪些数据时哪个文件必须是活动的工作部件，如图 11-2 所示。

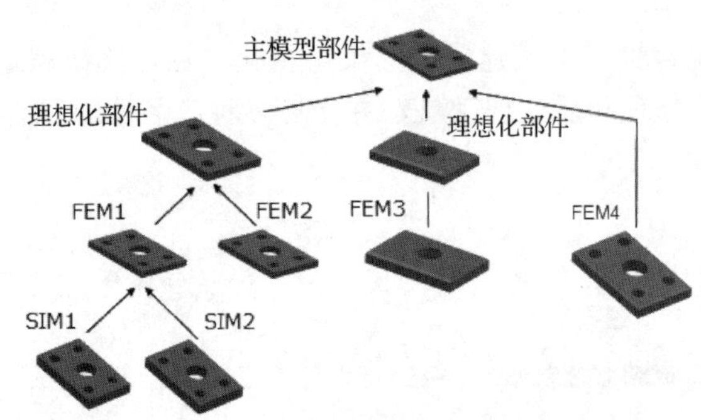

图 11-2 高级仿真文件结构

1. 主模型文件

主模型(Master Part)文件包含主模型部件和未修改的部件几何体。如果要在理想化部件中使用部件间表达式，主模型部件则具有写锁定。仅在使用主模型尺寸命令直接更改或通过优化间接更改主模型尺寸时，会发生该情况。大多数情况下，主模型部件将不更改，也根本不会写锁定。写锁定可移除，以允许将新设计保存到主模型部件，图 11-3 所示为主模型文件。

2. 理想化部件文件

理想化部件(Idealize Part)文件包含理想化部件，理想化部件是主模型部件的装配实例。理想化工具(如抑制特征或分割模型)允许使用理想化部件对模型的设计特征进行更改。可以按照需要对理想化部件执行几何体理想化，而不用修改主模型部件。图 11-4 所示为理想化模型。

图 11-3　主模型文件

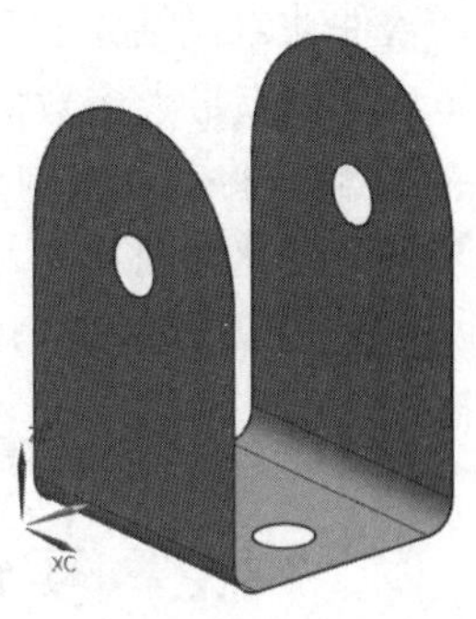

图 11-4　理想化模型

3. 有限元模型文件

有限元模型(FEM)文件包含网格(节点和单元)、物理属性和材料。FEM 文件中的所有几何体都是多边形几何体。如果对 FEM 进行网格划分，则会对多边形几何体做进一步几何体抽取操作，而不是理想化部件或主模型部件。FEM 文件与理想化部件相关联，可以将多个 FEM 文件与同一理想化部件相关联。图 11-5 所示为有限元模型。

4. 仿真文件

仿真(SIM)文件包含所有仿真数据，如解法、解法设置、解算器特定仿真对象(如温度调节装置、表格、流曲面等)、载荷、约束、单元相关联数据和替代。可以创建许多与同一个 FEM 部件相关联的仿真文件。图 11-6 所示为仿真模型。

5. 装配文件

装配(PRT)文件是一个可选文件类型，可用于创建由多个 FEM 文件组成的系统模型。装配文件包含所引用的 FEM 文件的实例和位置数据以及连接单元和属性覆盖。图 11-7 所示为装配文件。

图 11-5　有限元模型

图 11-6　仿真模型

图 11-7　装配文件

11.1.3 高级仿真工作流程

高级仿真软件非常灵活，它可以根据建模问题、组织标准以及个人偏好启用多种工作流。以下工作流可以满足大多数情况下的使用，并且应用十分广泛。

创建新的 FEM→将部件几何体理想化→定义模型使用材料→创建物理属性表→创建网格捕集器→网格几何化同时指定相应的目标捕集器→检查网格质量，必要时修整网格→创建行的仿真文件和解算方法→应用边界条件→指定输出请求→解算模型→对结果进行后处理并生成报告。

11.2 实例：连杆的线性静态分析

1. 设计要求

在本实例中将利用三维实体网格，分析连接杆部件，了解线性静态分析的工作流程。

2. 设计思路

(1) 打开文件并建立 FEM 和仿真文件。

(2) 给网格定义材料。

(3) 理想化模型。

(4) 划分网格。

(5) 作用载荷和约束到部件。

(6) 解算模型和观察分析结果。

3. 操作步骤

(1) 打开文件。

① 在 UG NX 中打开“Examples\ch11\Case11.2.prt”文件，如图 11-8 所示。

② 在【应用模块】选择【仿真】|【前/后处理】。

(2) 创建 FEM 和仿真文件。

① 在仿真导航器中右击 Case11.2.prt，在弹出的快捷菜单中选择【新建 FEM 和仿真文件】命令，弹出【新建 FEM 和仿真】对话框。求解器选择 NX NASTRAN，分析类型选择【结构】，单击【确定】按钮。

② 在弹出的【解算方案】对话框中，解算方案类型选择【SOL 101 线性静力学 - 全局约束】，其他选项保持默认，单击【确定】按钮。

(3) 指定材料到部件。

当指定材料到部件时，网格将继承定义的材料。这里将定义钢材料给模型部件。

在【属性】工具栏中单击【更多】|【指派材料】按钮，弹出【指派材料】对话框。在【材料】列表框中选择 Steel，再选择连杆模型，单击【确定】按钮。

(4) 划分网格。

为了给部件划分网格，必须显示 FEM 文件。

① 在仿真导航器的仿真文件视图中双击 Case11.2_ fem1，使其成为当前工作部件。

② 在【网格】工具栏中单击【3D 四面体】按钮，弹出对话框。选择零件实体，单元属性设置为 CTETRA(10)，单元大小设置为 4mm，单击【确定】按钮。生成的网格如图 11-9 所示。

图 11-8　Case11.2.prt

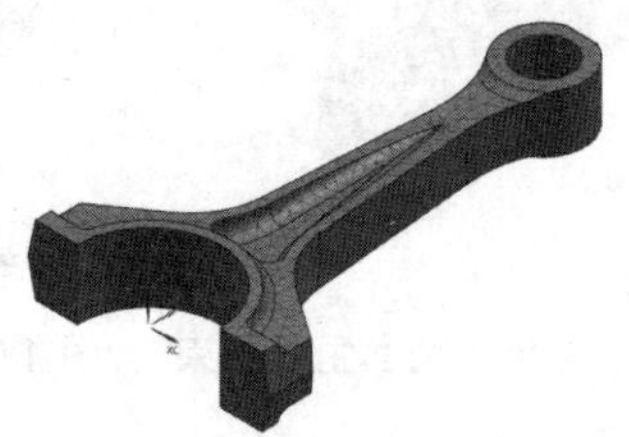

图 11-9　生成 3D 四面体网格

(5) 施加轴承载荷。

① 在仿真导航器的仿真文件视图中双击 Case11.2_siml，使其成为当前工作部件。

② 在仿真导航器中关闭 Solid(l)节点，如图 11-10 所示。

③ 在【载荷和条件】工具栏中的【载荷类型】中选择【轴承】，弹出【轴承】对话框。选择如图 11-11 所示的圆柱面并指定矢量方向为-*Y* 轴，在【属性】选项组中指定力的大小为 1000 N，单击【确定】按钮。

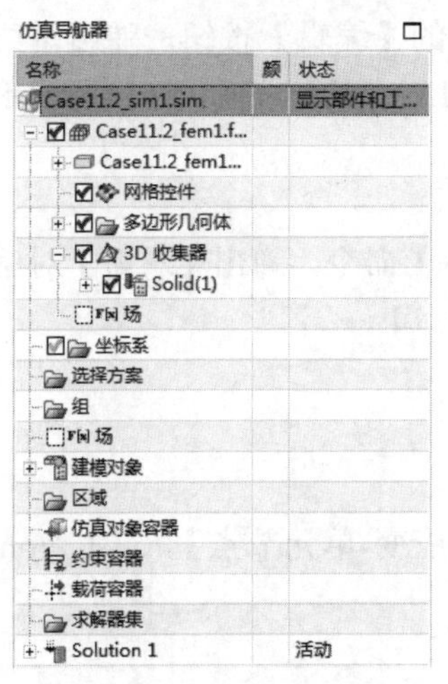

图 11-10　关闭 Solid(1)节点

图 11-11　选择圆柱面生成载荷

(6) 施加销钉约束。

在【载荷和条件】工具栏中的【约束类型】中选择【销柱约束】，弹出对话框。选择如图 11-12 所示的面，单击【确定】按钮，生成销柱约束。生成效果如图 11-13 所示。

(7) 施加第二个约束。

这个模型已经约束了，但是仍有绕 *Z* 轴旋转的自由度。在模型的顶部添加另一个约束以防止刚性移动。

在【载荷和条件】工具栏中单击【约束类型】|【用户定义的约束】按钮，弹出对话框。在【方向】选项组中的【位移坐标系】下拉列表框中选择【现有】选项，在【自由度】选项组中将 DOF1 设定为【固定】，选择图 11-14 所示模型上的点，单击【确定】按钮。

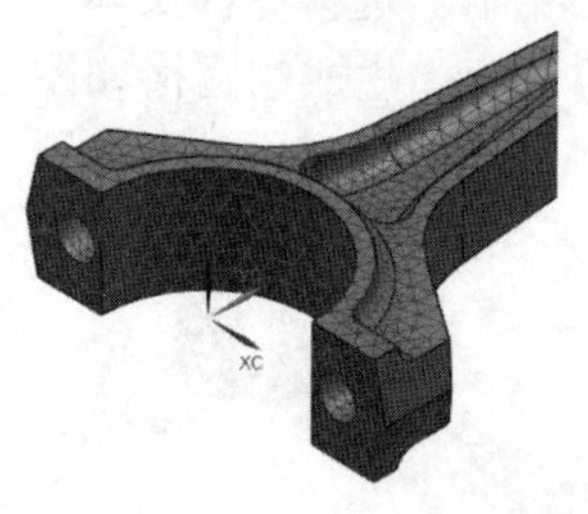

图 11-12　选择半圆面生成约束

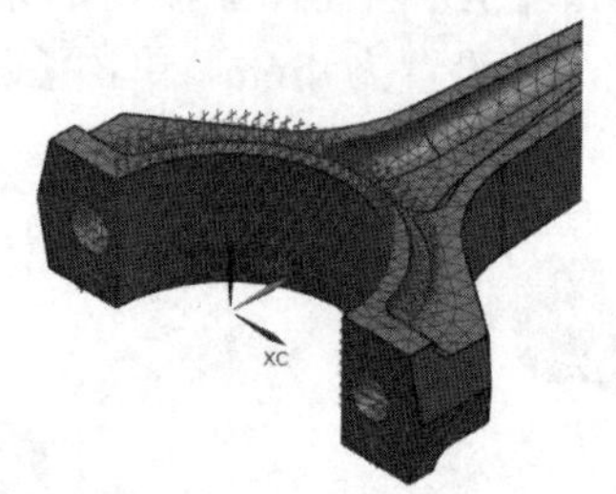

图 11-13　载荷和约束生成完成

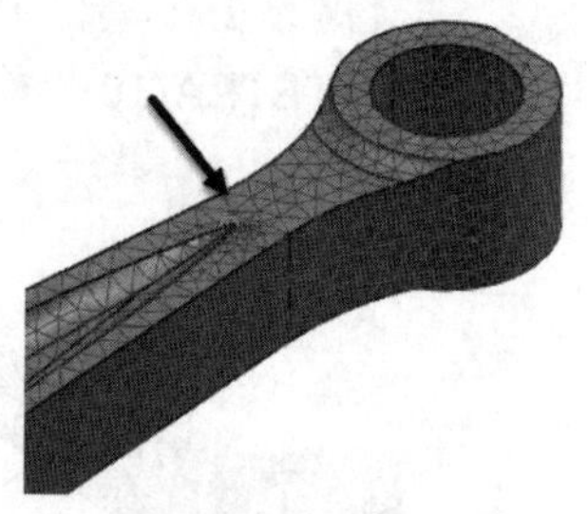

图 11-14　选择用户自定义约束点

(8) 检查模型。

现在已经定义了网格、材料、载荷和约束，将准备解算模型，使用【模型设置检查】命令验证解算之前的模型。

① 在仿真导航器中选择 Solution 1 并右击，在弹出的快捷菜单中选择【模型设置检查】命令，弹出信息窗口。

② 观察信息并关闭窗口。

(9) 修改输出请求。

① 在仿真导航器中选择 Solution 1 并右击，在弹出的快捷菜单中选择【编辑】命令，弹出对话框。

② 选择【工况控制】选项卡，单击【输出请求】旁的【编辑】按钮，弹出【结构输出请求】对话框。选择【应变】选项卡，单击【启动 STRAIN 请求】按钮，连续两次单击【确定】按钮，关闭对话框。

(10) 解算模型。

① 右击 Solution 1，在弹出的快捷菜单中选择【求解】命令，弹出【求解】对话框。连续两次单击【确定】按钮。解算完成后关闭信息和命令窗口。

② 取消【解算监视器】。

(11) 观察分析结果。

① 在仿真导航器中双击结果。

② 打开后处理导航器，展开 Solution_1 节点，展开【应变-单元节点】，双击 Von-Mises。仿真结果如图 11-15 所示。

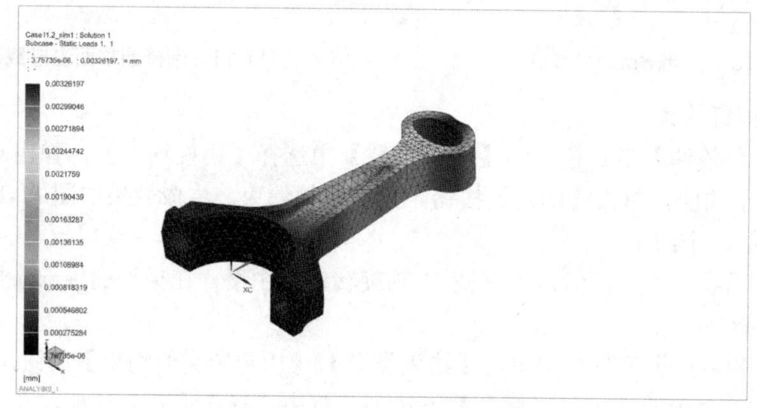

图 11-15　应力-单元节点仿真

③ 展开【位移-节点】，双击 Y，仿真结果如图 11-16 所示。

④ 单击【动画】工具栏中的【播放】按钮，观察模型变化前后的状态。

(12) 保存并关闭所有文件。

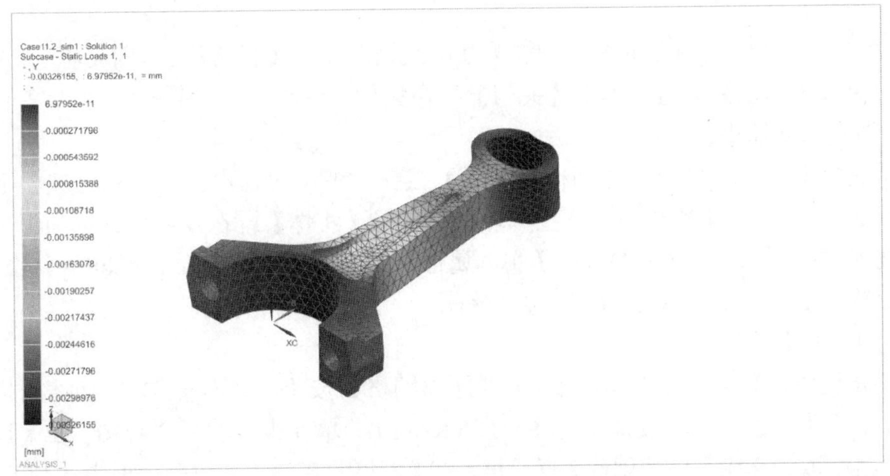

图 11-16　位移-节点图

11.3　实例：螺旋桨的疲劳分析

1. 设计要求

在本实例中将对螺旋桨进行耐久性(疲劳)分析，了解耐久性分析的工作流程。

2. 设计思路

(1) 为模型指定疲劳材料。

(2) 运行线性静态分析，决定加载事件的应力条件。

(3) 利用从初始解法及疲劳材料特性得到的应力，去计算疲劳分析结果。

3. 操作步骤

(1) 打开文件。

① 在 UG NX 中打开“Examples\ch11\Case11.3.prt”文件，如图 11-17 所示。

② 在【应用模块】选择【仿真】|【前/后处理】。

(2) 创建 FEM 和仿真文件。

① 在仿真导航器中右击 Case11.3.prt，从弹出的快捷菜单中选择【新建 FEM 和仿真文件】命令，弹出对话框。求解器选择 NX NASTRAN，分析类型选择【结构】，单击【确定】按钮。

② 在弹出的【创建解算方案】对话框中，所有选项保持默认，直接单击【确定】按钮，创建仿真文件。

③ 在仿真导航器中双击 Case11.3_feml，使其成为当前工作部件。

(3) 创建 PSOLID 物理属性。

① 在【属性】工具栏中单击【物理属性】按钮，弹出【物理属性表管理器】对话框。在【类型】下拉列表框中选择 PSOLID，在【名称】输入框中输入 Durability，单击【创建】按钮。

② 在弹出的 PSOLID 对话框中单击【材料】按钮，弹出【材料列表】对话框。选择 Steel。连续单击两次【确定】按钮，单击【关闭】按钮关闭对话框。

(4) 创建网格捕集器。

在【属性】工具栏中单击【网格捕集器】按钮，弹出对话框。在【单元族】下拉列表框中选择 3D，在【收集器类型】下拉列表框中选择【实体】，在【属性】选项组中的【类型】下拉列表中框选择 PSOLID，在【实体属性】下拉列表框中选择 Durability，在【名称】输入框中输入 Durability，单击【确定】按钮。

(5) 划分网格。

在【高级仿真】工具栏中单击【3D 四面体网格】按钮，弹出【3D 四面体网格】对话框。在【单元类型】下拉列表框中选择 CTETRA(10)，单元大小输入 0.4730，在【目标捕集器】选项组中取消选中【自动创建】复选框，在【网格收集器】下拉列表框中选择 Durablity，单击【确定】按钮。生成的 3D 四面体网格如图 11-18 所示。

图 11-17　Case11.3.prt

图 11-18　创建 3D 四面体网格

(6) 施加固定移动约束。

① 在仿真导航器的仿真文件视图中双击 Case11.3_siml，使其成为当前工作部件。

② 在【载荷和条件】工具栏中的【约束类型】中选择【固定平移约束】，弹出对话框。在【类选择过滤器】下拉列表框中选择【多边形面】，选择如图 11-19 和图 11-20 所示的两个约束面，单击【确定】按钮。创建固定平移约束。

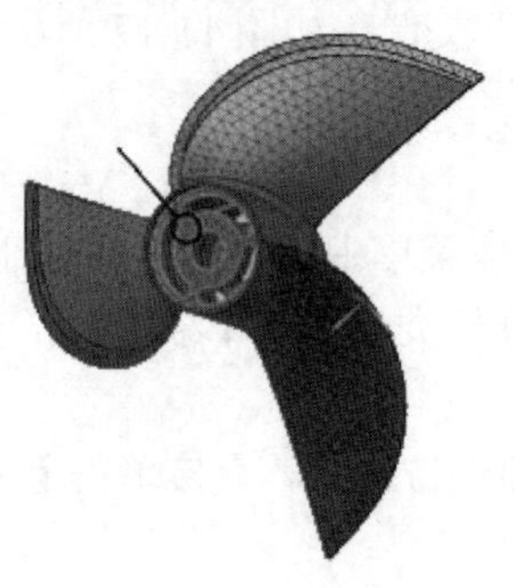

图 11-19　选择约束面 1

图 11-20　选择约束面 2

(7) 施加压力。

在【载荷和条件】工具栏中的【载荷类型】中选择【压力】，弹出对话框。类型选择【2D 单元或 3D 单元面上的法向压力】，选择如图 11-21 所示的螺旋桨面，在【幅值】选项组中将【压力】指定为 27，单击【确定】按钮。创建的压力载荷如图 11-22 所示。

(8) 施加离心载荷。

在【约束和载荷】工具栏中的【载荷类型】中选择【旋转】，弹出对话框。指定矢量轴为+Z 轴，指定点为如图 11-23 所示的圆心点，在【属性】选项组中的【角速度】中输入 12000 rev/min，单击【确定】按钮，创建旋转载荷。

图 11-21　选择施加载荷面

图 11-22　创建压力载荷

图 11-23　选择圆心点

(9) 解算模型。

① 右击 Solution 1，在弹出的快捷菜单中选择【求解】命令，弹出【求解】对话框。单击【确定】按钮。解算完成后关闭信息和命令窗口。

② 取消【解算监视器】。

(10) 显示分析结果。

① 在仿真导航器中双击结果节点。

② 打开后处理导航器，展开 Solution 1 节点，双击【应力-单元节点】，在后处理导航器中打开云图绘图中的注释节点，选中最大及最小注释按钮，屏幕显示当前最大和最小的应力单元节点。仿真结果如图 11-24 所示。

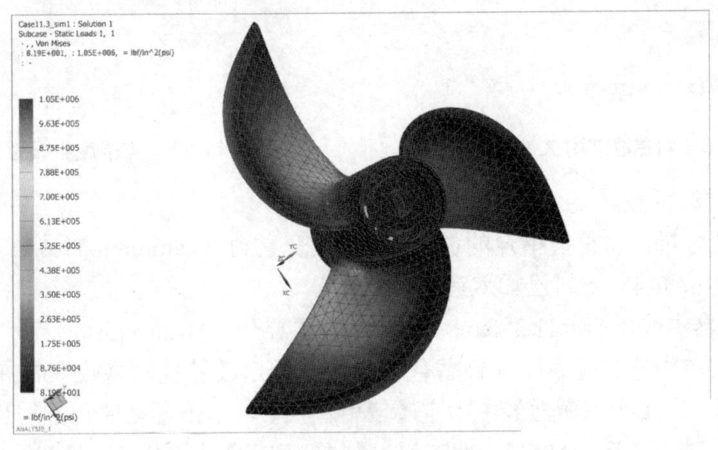

图 11-24　应力-单元节点仿真结果

③ 观察完仿真结果后退出后处理，右击 Solution 1 节点，选择在弹出的快捷菜单中Unload(卸载)命令。

(11) 克隆解法。

克隆解法允许分析一新的条件组而不改变原来(Solution l)的分析。

在此分析中，将对疲劳分析部分改变材料，并作用一个变化的载荷到载荷组。

在仿真导航器中右击 Solution 1，在弹出的快捷菜单中选择【克隆】命令，右击 Copy of Solution 1，在弹出的快捷菜单中选择【重命名】命令，命名为 Titanium。

(12) 建立耐久性解法。

耐久性是一种解法处理，它使用线性静态解法应力结果以解算疲劳寿命。

在仿真导航器中右击 Case11.3_siml.sim1，在弹出的快捷菜单中选择【新建解算过程】|【耐久性】命令，弹出【创建耐久性解算方案】对话框。【名称】输入 Durability Solution 1，单击【确定】按钮。

在仿真导航器中一个新的解算 Durability Solution 1 节点被创建。

(13) 加入载荷变化参数。

在仿真导航器中右击 Durability Solution 1，在弹出的快捷菜单中选择【新建事件】→【静态…】命令，弹出对话框，如图 11-25 所示。

在静态解列表框中选择 Titanium-SOL 101 SCS，然后选择【强度】选项卡，单击【编辑强度设置】按钮，弹出【强度】设置对话框，在【应力准则】下选中【极限应力】单选按钮，在【强度输出】下选中【强度安全系数】和【安全裕度】复选框，单击【确定】按钮，如图 11-26 所示。选择【疲劳】选项卡，单击【编辑疲劳设置】按钮，弹出【疲劳】设置对话框，在【失效圈数】中输入 le6，【K-因子】中输入 1，如图 11-27 所示，连续两次单击【确定】按钮关闭对话框。

图 11-25 新建静态耐久性事件

图 11-26 【强度】设置对话框

(14) 替换材料特性。

对于耐久性分析，将替换指定的材料(Steel)改变它到 Titanium_ TI-6AL-4V。在材料库中，Titanium TI-6AL-4V 材料已加入疲劳值。

在仿真导航器中展开 Case11.3_feml .fem 节点，再展开 3D Collectors 节点，右击 Durability，在弹出的快捷菜单中选择【编辑属性替代】命令，弹出【替代网格收集器属性】对话框，如图 11-28 所示。在【物理属性】中指定【应用替代】，单击【创建物理属性】按钮，弹出 PSOLID 对话框。单击【选择材料】按钮，弹出【材料列表】对话框。右击 Titanium TI-6AL-4V 材料，在弹出的快捷菜单中选择【将库材料加载到文件中】命令。单击 3 次【确定】按钮，完成属性替换。

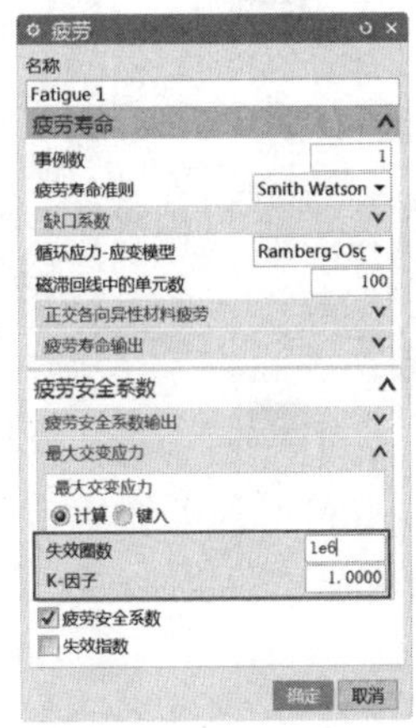

图 11-27　【疲劳】设置对话框

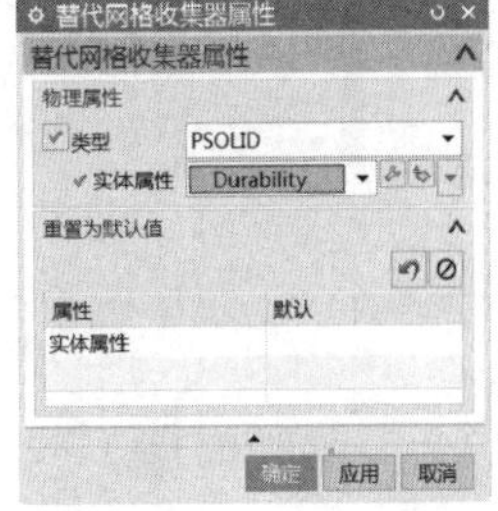

图 11-28　替代物理属性

(15) 新建激励。

在仿真导航器的 Durability Solution 1 节点下，右击 Stastic Event 1，在弹出的快捷菜单中选择【新建激励】命令，弹出【载荷图样】对话框，在【模式类型】下指定缩放函数为【全单位周期】，单击【确定】按钮。

(16) 编辑输出请求。

在仿真导航器中右击 Titanium，在弹出的快捷菜单中选择【编辑】命令，弹出对话框。选择【工况控制】选项卡，单击 Output Requests 旁的【修改选定的】按钮，弹出【结构输出请求】对话框；选择【应变】选项卡，选中【启用 STRAIN 请求】复选框。单击两次【确定】按钮，关闭所有对话框。

(17) 解算模型。

① 在仿真导航器中右击 Titanium，在弹出的快捷菜单中选择【激活】命令。

② 右击 Titanium，在弹出的快捷菜单中选择【求解】命令，弹出【求解】对话框，单击【确定】按钮。解算完成后关闭信息和命令窗口。

③ 取消【解算监视器】。

(18) 解算疲劳。

① 右击 Durability Solution 1，在弹出的快捷菜单中选择【求解】命令，弹出【耐久性求解器】对话框。取消选中【检查耐久性模型】复选框，单击【确定】按钮。解算完成后关闭信息和命令窗口。

② 取消【解算监视器】。

(19) 在后处理中创建疲劳结果视图。

① 在仿真导航器中展开 Durability Solution 1 节点，双击 Result 节点。

② 打开后处理导航器，展开 Durability Solution 1 节点，双击【疲劳寿命-单元节点】节点，右击 Post View 节点，在弹出的快捷菜单中选择【编辑】命令，弹出【后处理视图】对话框。选择【图例】选项卡，在【频谱】下拉列表框中选择【红灯】，选中【翻转频谱】复选框，单击【确定】按钮。仿真结果如图 11-29 所示。

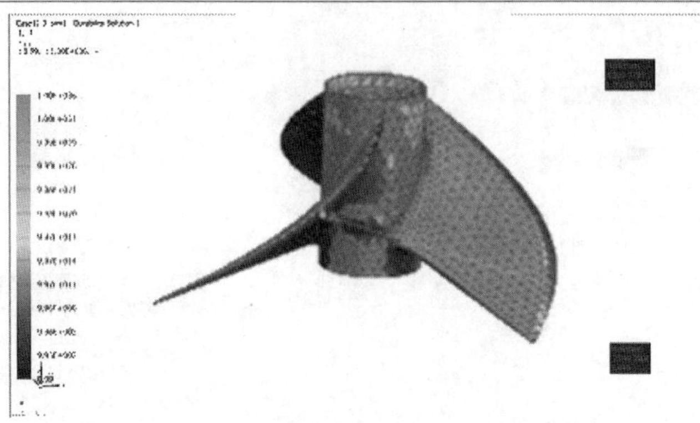

图 11-29　疲劳寿命-单元节点仿真结果

(20) 标识致命失效区域。

在后处理导航器中右击 Post View 节点，选择【标示】命令，弹出对话框。在【单元节点结果】下拉列表框中选择【N 个最小结果值】选项，在【标记选择】下拉列表框中选择【无标记】选项，N 输入 10，单击【应用数字】按钮，结果如图 11-30 所示。单击【信息】按钮，弹出如图 11-31 所示的信息窗口，从中可以检查疲劳安全系数和强度安全系数的结果，以确定安全区域并改进设计。

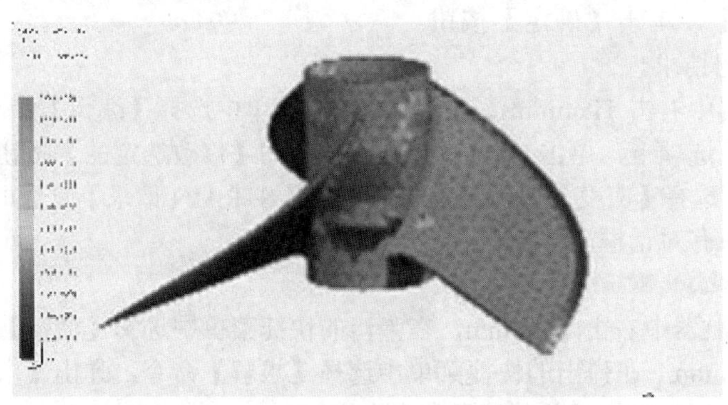

图 11-30　显示疲劳分析结果：疲劳寿命

```
------------------------------------------------------------
                    查询信息
------------------------------------------------------------
    解算方案名称: Unknown

    载荷工况:  载荷工况 1
    迭代:  静态步长 1
    结果:  疲劳寿命 - 单元节点，非平均
    单位:  工作周期
    坐标系:  绝对直角坐标系
------------------------------------------------------------
单元 ID : 节点 ID          标量
------------------------------------------------------------
    2596 : 3891           0.995
    2596 : 3892           0.995
    2596 : 3900           0.995
    2596 : 6948           0.995
    2596 : 7379           0.995
    2596 : 7381           0.995
   2596 : 16662           0.995
   2596 : 16904           0.995
   2596 : 16905           0.995
   2596 : 16922           0.995
------------------------------------------------------------
单元 ID : 节点 ID  2596 : 3891
        最小值          0.995

单元 ID : 节点 ID  2596 : 3891
        最大值          0.995

        列总和          9.949
       列平均值         0.995
------------------------------------------------------------
```

图 11-31　信息窗口

(21) 当观察完分析结果时，退出后处理并关闭所有文件。

11.4　实例：四连杆机构运动仿真

1. 设计要求

在本实例中利用四连杆机构，了解运动仿真的工作流程。

2. 设计思路

(1) 打开文件及建立运动仿真文件。

(2) 环境设置。

(3) 观察运动仿真导航器结构。

(4) 初步了解运动驱动含义。

(5) 了解创建方案。

(6) 求解模型。

(7) 观察分析结果。

3. 操作步骤

(1) 打开文件文件并启动运动仿真模块。

① 在 UG NX 中打开“Examples\ch11\Case11.4\Fourbar.prt”文件，结果如图 11-32 所示。

② 启动【运动仿真】模块。选择【文件】|【运动】命令。

(2) 新建运动仿真。

在运动仿真导航器中，右击 Fourbar.prt，从弹出的快捷菜单中选择【新建仿真】命令，弹出【环境】对话框。在【分析类型】选项组中选中【动力学】单选按钮，选中【基于组件的仿真】复选框，如图 11-33 所示，单击【确定】按钮。

图 11-32　Fourbar.prt

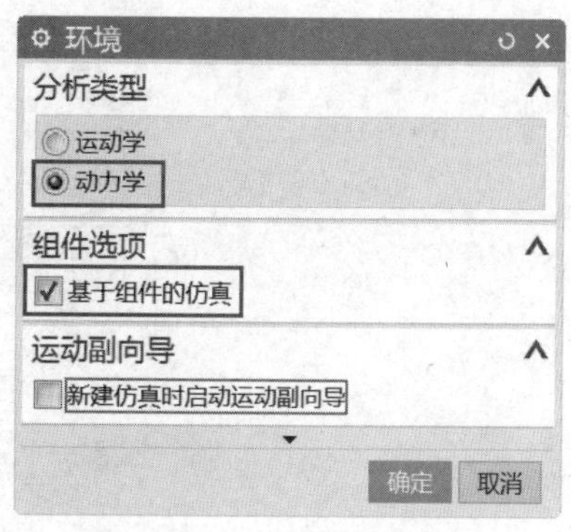

图 11-33　【环境】对话框

(3) 创建连杆。

① 在【运动仿真】工具栏中单击【连杆】按钮，弹出【连杆】对话框。

② 选择底部黄色底座，在【质量属性选项】下拉列表框中选择【自动】选项，在【名称】文本框中输入 L001，选中【无运动副固定连杆】复选框，其余保持默认，如图 11-34

所示。单击【应用】按钮。

③ 选择曲柄 link，在【质量属性选项】下拉列表框中选择【自动】选项，在【名称】文本框中输入 L002，其余保持默认。单击【应用】按钮。

④ 选择连架杆 link2，在【质量属性选项】下拉列表框中选择【自动】选项，在【名称】文本框中输入 L003，其余保持默认。单击【应用】按钮。

⑤ 选择摇杆 link3，在【质量属性选项】下拉列表框中选择【自动】选项，在【名称】文本框中输入 L004，其余保持默认。单击【应用】按钮。

创建完连杆后，运动导航器如图 11-35 所示。

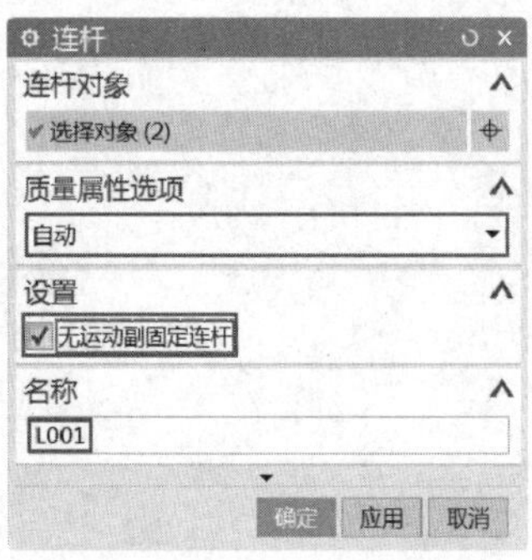

图 11-34 【连杆】对话框

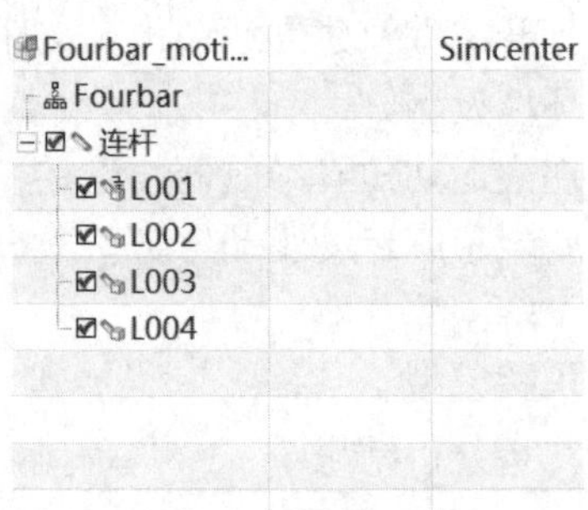

图 11-35 Fourbar 导航器

(4) 创建运动副。

① 在【运动仿真】工具栏中单击【运动副】按钮，弹出【运动副】对话框，如图 11-36 所示。

图 11-36 【运动副】对话框

② 在【类型】下拉列表框中选择【旋转副】选项，在【操作】选项组的【选择连杆】中选择曲柄，【指定原点】选择曲柄孔的中心，【指定矢量】选择平行于孔轴线方向，在【基本】选项组的【选择连杆】中选择机架连杆。【名称】保持默认。单击【应用】按钮。

注意：一般地，【操作】选项组中的【选择连杆】为主动部件，【基本】选项组中【选择连杆】为从动部件。

③ 在【类型】下拉列表框中选择【旋转副】选项，在【操作】选项组的【选择连杆】中选择连架杆，【指定原点】选择曲柄与连架杆连接的中心，【指定矢量】选择平行于连架杆孔轴线方向。在【底数】选项组的【选择连杆】中选择曲柄，其余保持默认，单击【应用】按钮。

④ 在【类型】下拉列表框中选择【旋转副】选项，在【操作】选项组的【选择连杆】中选择摇杆，【指定原点】选择摇杆与连架杆连接的中心，【指定矢量】选择平行于连架杆孔轴线方向。在【底数】选项组的【选择连杆】中选择连架杆，其余保持默认。单击【应用】按钮。

⑤ 在【类型】下拉列表框中选择【旋转副】选项，在【操作】选项组的【选择连杆】中选择摇杆，【指定原点】选择摇杆与机架连接的中心，【指定方位】选择平行于机架孔轴线方向。在【底数】选项组的【选择连杆】中选择机架，其余保持默认。单击【确定】按钮。

(5) 定义驱动。

① 在【运动仿真】工具栏中单击【驱动】按钮，弹出【驱动】对话框。

② 在【驱动对象】选项组中选择旋转副 J002，选择【驱动】选项组的【旋转】下拉列表框中的【恒定】选项，在【初速度】文本框中输入 60，单位选择 rad/s，即此旋转副的角速度为 60rad/s，如图 11-37 所示。单击【确定】按钮，定义运动驱动。此时在旋转副上出现旋转符号，如图 11-38 所示。

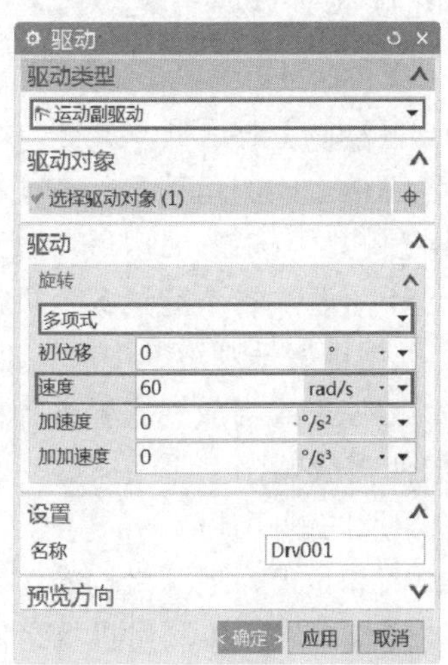

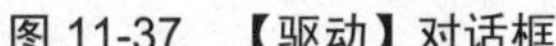

图 11-37　【驱动】对话框

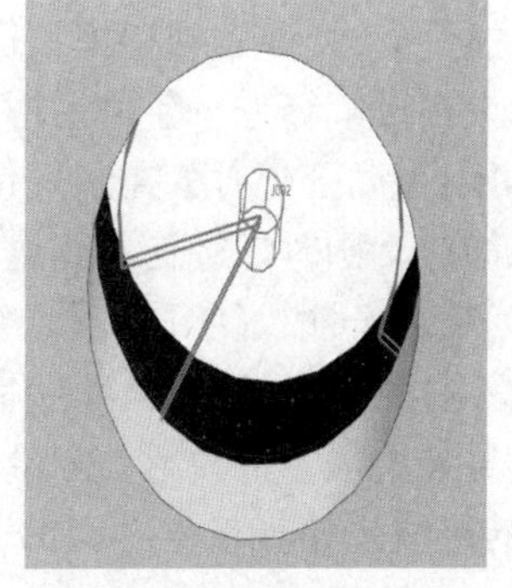

图 11-38　运动驱动运动副

注意：上文中旋转副的驱动定义还可以在【驱动】对话框中选择【驱动】选项组的【旋转】为【恒定】选项，在【初速度】文本框中输入 60，其余保持默认。

对旋转副、滑动副、圆柱副定义运动驱动可直接在其各自【运动副】对话框中的【驱动】选项卡中定义，如图 11-39 所示。

(6) 新建解算方案并求解。

① 在【运动仿真】工具栏中单击【解算方案】按钮，弹出【解决方案】对话框。

② 打开【解算方案选项】选项组，在【解算类型】下拉列表框中选择【常规驱动】选项，在【分析类型】下拉列表框中选择【运动学/动力学】选项，在【时间】文本框中输入5，在【步数】文本框中输入350，选中【按“确定”进行求解】复选框。其余选项保持默认，单击【确定】按钮进行求解，如图11-40所示。

注意：在【解算方案】对话框中，可以取消选中【按“确定”进行求解】复选框，在【运动仿真】工具栏中单击【解算方案】按钮，软件自行解算。

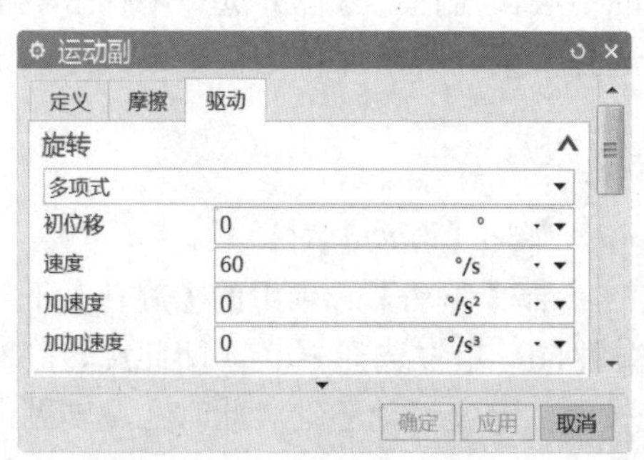

图11-39　【驱动】选项卡

图11-40　【解算方案】对话框

(7) 动画演示。

① 在【运动仿真】工具栏中单击【动画】按钮，弹出【动画】对话框，如图11-41所示。

② 单击【动画控制】按钮，演示运动仿真，观察各部件之间的运动。单击【播放】按钮，连杆进行联动，注意观察模型运动变化情况。单击【停止】按钮，连杆停止运动。

③ 如果在【解算方案】对话框中设置的【时间】过于短暂，看不清楚各个机构的运动关系时，可用【动画延时】控制尺使机构的运动变慢，以便更好地观察其中的运动关系。

④ 在播放动画时，想使动画达到连续播放的效果，可使用【播放模式】进行控制。播放模式分为播放一次、循环播放、往返播放。循环播放使播放顺序按照生成的动画顺序重复播放。往返播放先按照正常顺序播放动画，然后按照相反的顺序播放。

⑤ 【封装选项】主要用于测量机构在某一时间的距离和角度，追踪机构的运动位移和运动轨迹的路线，检查机构之间的干涉关系，通过干涉检查可以间接测量机构之间干涉的体积。

(8) 运动仿真后处理。

① 在运动导航器中右击运动场景motion_1，在弹出的快捷菜单选择【导出】|MPEG命令或者TIF命令。

② 在弹出的MPEG对话框(图11-42)或者【动画TIF】对话框中，在各种动画输出格式中选择MPEG，可以输出一个mpg文件，选择【动画GIF】将会输出一个gif文件。不论选择哪一种格式，系统都将弹出【动画文件设置】对话框。

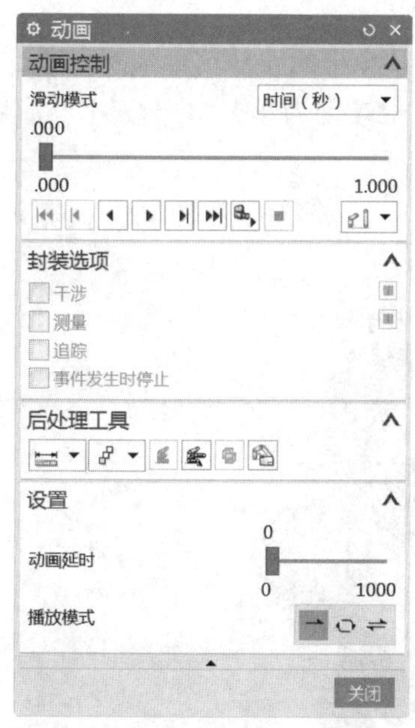

图 11-41　【动画】对话框

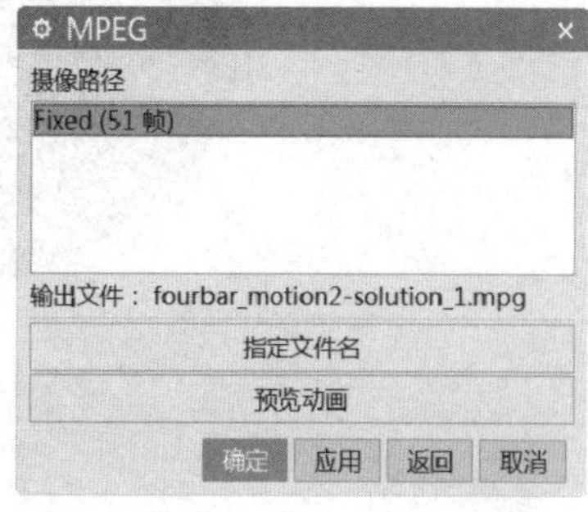

图 11-42　MPEG 对话框

③ 软件把要生成的动画已经按照默认设置，如要生成的文件名、动画的帧数。

④ 可以通过【预览动画】来观察生成动画的效果，可以改变生成动画的视角，使动画的观察效果达到最优。

(9) 保存并关闭所有文件。

11.5　实例：挖掘机模型运动仿真

1. 设计要求

在本实例中将为挖掘机模型创建运动仿真，综合利用各种运动副创建挖掘机挖起重物的运动仿真。

2. 设计思路

(1) 各种运动副的创建步骤。

(2) 各种载荷的创建。

(3) 运行动画仿真，调试各个运动副之间的关系。

3. 操作步骤

(1) 打开部件文件并启动运动仿真模块。

① 在 UG NX 中打开“Examples\ch11\Case11.5\excavator_assem.prt”文件，结果如图 11-43 所示。

② 启动【运动仿真】模块。选择【文件】|【运动】命令。

(2) 新建运动仿真。

在运动仿真导航器上，右击 excavator_assem.prt，从弹出的快捷菜单中选择【新建仿真】命令，弹出【环境】对话框。在【分析】选项组中选中【动力学】单选按钮，选中【基于组件的仿真】复选框，单击【确定】按钮。

图 11-43　excavator_assem.prt

(3) 创建连杆。

① 在【机构】工具栏中单击【连杆】按钮，弹出【连杆】对话框。

② 选择挖掘机的主臂 boom，在【质量属性选项】下拉列表框中选择【自动】选项，在【名称】文本框中输入 boom。其余保持默认。单击【应用】按钮。

③ 选择挖掘机的前臂 stick，在【质量属性选项】下拉列表框中选择【自动】选项，在【名称】文本框中输入 stick。其余保持默认。单击【应用】按钮。

④ 选择挖掘机的铲斗 bucket，在【质量属性选项】下拉列表框中选择【自动】选项，在【名称】文本框中输入 bucket。其余保持默认。单击【应用】按钮。

⑤ 选择挖掘机的主臂右边的液压缸 CYL1_right，在【质量属性选项】下拉列表框中选择【自动】选项，在【名称】文本框中输入 CYL1_right。其余保持默认。单击【应用】按钮。

⑥ 选择挖掘机的主臂左边的液压缸 CYL1_left，在【质量属性选项】下拉列表框中选择【自动】选项，在【名称】文本框中输入 CYL1_left。其余保持默认。单击【应用】按钮。

⑦ 选择挖掘机的主臂右边的液压杆 ROD1_right，在【质量属性选项】下拉列表框中选择【自动】选项，在【名称】文本框中输入 ROD1_right。其余保持默认。单击【应用】按钮。

⑧ 选择挖掘机的主臂左边的液压杆 ROD1_left，在【质量属性选项】下拉列表框中选择【自动】选项，在【名称】文本框中输入 ROD1_left。其余保持默认。单击【应用】按钮。

⑨ 选择挖掘机的主臂顶部的液压缸 CLY2，在【质量属性选项】下拉列表框中选择【自动】选项，在【名称】文本框中输入 CLY2。其余保持默认。单击【应用】按钮。

⑩ 选择挖掘机的主臂顶部的液压杆 ROD2，在【质量属性选项】下拉列表框中选择【自动】选项，在【名称】文本框中输入 ROD2。其余保持默认。单击【应用】按钮。

⑪ 选择挖掘机的前臂顶部的液压缸 CLY3，在【质量属性选项】下拉列表框中选择【自动】选项，在【名称】文本框中输入 CLY3。其余保持默认。单击【应用】按钮。

⑫ 选择挖掘机的前臂顶部的液压杆 ROD3，在【质量属性选项】下拉列表框中选择【自动】选项，在【名称】文本框中输入 ROD3。其余保持默认。单击【应用】按钮。

⑬ 选择挖掘机的前臂前部的中间拉杆 compression_link，在【质量属性选项】下拉列表框中选择【自动】选项，在【名称】文本框中输入 compression_link。其余保持默认。单击【应用】按钮。

⑭ 选择挖掘机的前臂前部的右边拉杆 idler_link_right，在【质量属性选项】下拉列表框中选择【自动】选项，在【名称】文本框中输入 idler_link_right。其余保持默认。单击【应用】按钮。

⑮ 选择挖掘机的前臂前部的左边拉杆 idler_link_left，在【质量属性选项】下拉列表框中逸择【自动】选项，在【名称】文本框中输入 idler_link_left。其余保持默认。单击【应用】按钮。

⑯ 选择最顶部的球 ball_1，在【质量属性选项】下拉列表框中选择【自动】选项，在【名称】文本框中输入 ball_1。其余保持默认。单击【应用】按钮。

⑰ 选择最前部的球 ball_2，在【质量属性选项】下拉列表框中选择【自动】选项，选中【固定连杆】，在【名称】文本框中输入 ball_2。其余保持默认。单击【应用】按钮。

⑱ 选择右后方的球 ball_3，在【质量属性选项】下拉列表框中选择【自动】选项，选中【固定连杆】，在【名称】文本框中输入 ball_3。其余保持默认。单击【应用】按钮。

⑲ 选择左后方的球 ball_4，在【质量属性选项】下拉列表框中选择【自动】选项，选中【固定连杆】，在【名称】文本框中输入 ball_4。其余保持默认。单击【应用】按钮。

(4) 创建运动副。

① 在【机构】工具栏中单击【运动副】按钮，弹出【运动副】对话框。

② 在【类型】下拉列表框中选择【旋转副】，在【操作】选项组的【选择连杆】中选择挖掘机主臂连杆 boom，【指定原点】选择主臂后部的固定孔中心，【指定方位】选择平行于孔轴线方向，如图 11-44 所示。其余保持默认。单击【应用】按钮。

③ 在【类型】下拉列表框中选择【柱面副】选项，在【操作】选项组的【选择连杆】中选择主臂 boom，【指定原点】选择主臂前部和前臂连接部分的孔中心，【指定方位】选择平行于连接孔轴线方向，在【基本】选项组的【选择连杆】中选择前臂 stick，如图 11-45 所示。其余保持默认。单击【应用】按钮。

④ 在【类型】下拉列表框中选择【旋转副】，在【操作】选项组的【选择连杆】中选择挖掘机铲斗，【指定原点】选择前臂前部和铲斗连接部分的孔中心，【指定方位】选择平行于连接孔轴线方向，在【基本】选项组的【选择连杆】中选择前臂 stick，如图 11-46 所示。其余保持默认。单击【应用】按钮。

⑤ 在【类型】下拉列表框中选择【球坐标系】选项，在【操作】选项组的【选择连杆】中选择挖掘机主臂右边的液压缸 CYL1_right，【指定原点】选择液压缸底部中心，【指定方位】选择平行于液压缸轴线方向，如图 11-47 所示。其余保持默认。单击【应用】按钮。主臂左边的液压缸也按照右边的创建球坐标系。

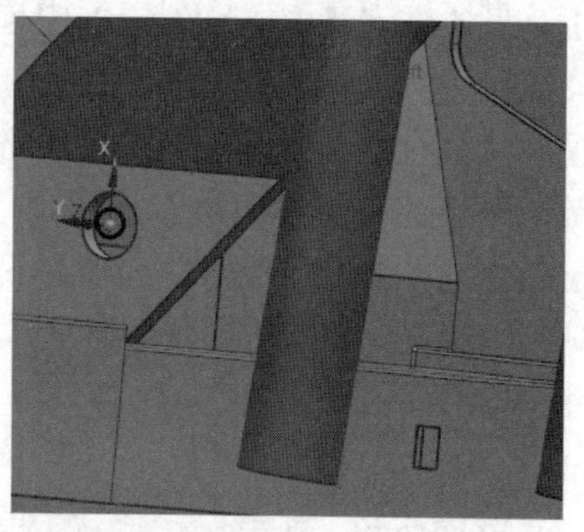

图 11-44　指定原点和方位 1

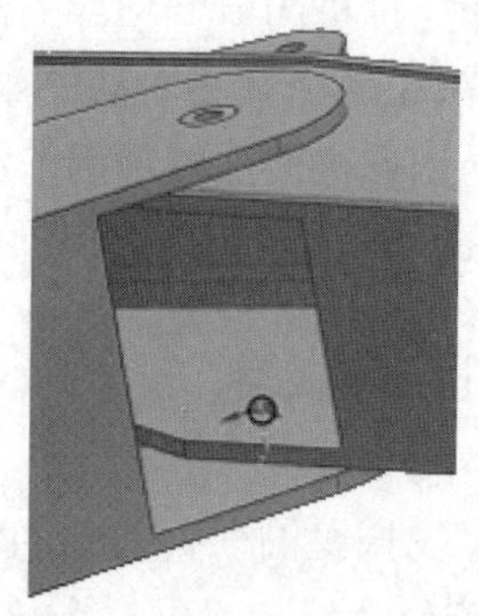

图 11-45　指定原点和方位 2

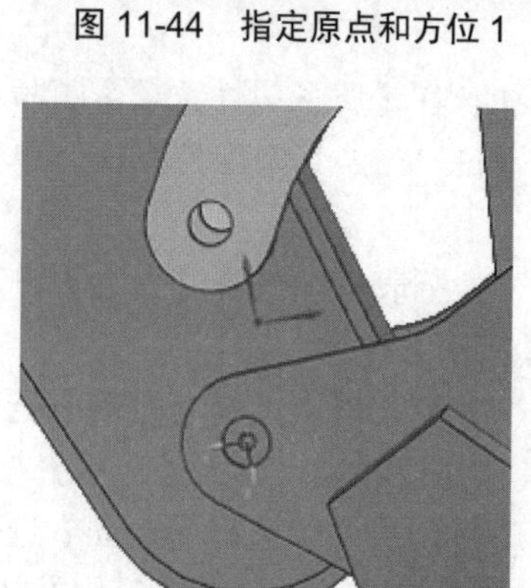

图 11-46　指定原点和方位 3

图 11-47　指定原点和方位 4

⑥ 在【类型】下拉列表框中选择【球面副】选项，在【操作】选项组的【选择连杆】中选择挖掘机主臂右边的液压杆 ROD1_right，【指定原点】选择液压杆顶部中心，【指定方位】选择平行于液压杆轴线方向，在【基本】选项组的【选择连杆】中选择挖掘机主臂，如图 11-48 所示。其余保持默认。单击【应用】按钮。主臂左边的液压杆也按照右边的创建球面副。

⑦ 在【类型】下拉列表框中选择【球面副】选项，在【操作】选项组的【选择连杆】中选择挖掘机主臂顶部的液压缸 CLY2，【指定原点】选择液压缸底部中心，【指定方位】选择平行于液压缸轴线方向，在【基本】选项组的【选择连杆】中选择挖掘机主臂，如图 11-49 所示。其余保持默认。单击【应用】按钮。

⑧ 在【类型】下拉列表框中选择【球面副】选项，在【操作】选项组的【选择连杆】中选择挖掘机主臂顶部的液压杆 ROD2，【指定原点】选择液压杆顶部中心，【指定方位】选择平行于液压杆轴线方向，在【基本】选项组的【选择连杆】中选择挖掘机前臂，如图 11-50 所示。其余保持默认。单击【应用】按钮。

⑨ 在【类型】下拉列表框中选择【柱面副】选项，在【操作】选项组的【选择连杆】中选择挖掘机前臂顶部的液压缸 CLY3，【指定原点】选择液压缸底部与前臂的连接孔中心，【指定方位】选择平行于连接孔轴线方向，在【基本】选项组的【选择连杆】中选择挖掘机前臂，如图 11-51 所示。其余保持默认。单击【应用】按钮。

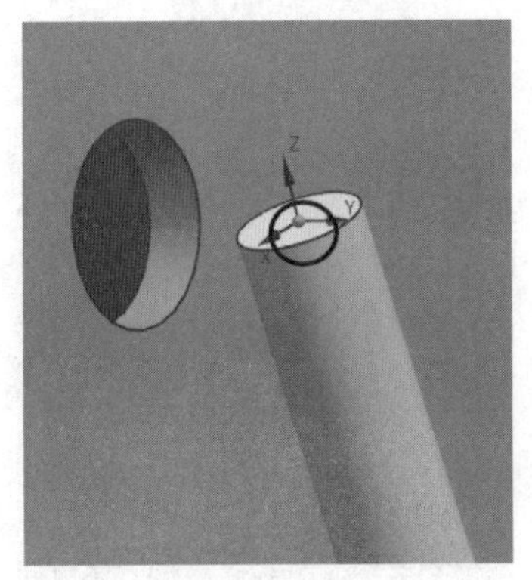

图 11-48 指定原点和方位 5

图 11-49 指定原点和方位 6

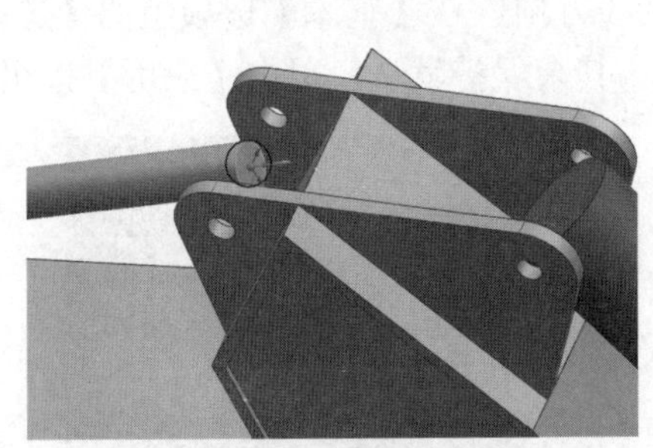

图 11-50 指定原点和方位 7

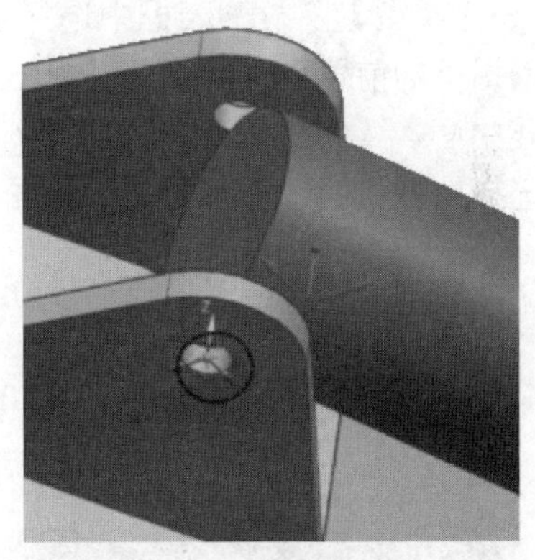

图 11-51 指定原点和方位 8

⑩ 在【类型】下拉列表框中选择【球面副】选项，在【操作】选项组的【选择连杆】中选择挖掘机前臂顶部的液压杆 ROD3，【指定原点】选择液压杆顶部中心，【指定方位】选择平行于液压杆轴线方向，在【基本】选项组的【选择连杆】中选择挖掘机前臂前部的中间拉杆 compression_link，如图 11-52 所示。其余保持默认。单击【应用】按钮。

⑪ 在【类型】下拉列表框中选择【柱面副】选项，在【操作】选项组的【选择连杆】中选择挖掘机的前臂前部的右边拉杆 idler_link_right，【指定原点】选择右边拉杆与前臂的连接孔中心，【指定方位】选择平行于连接孔轴线方向，在【基本】选项组的【选择连杆】中选择挖掘机前臂，如图 11-53 所示。其余保持默认。单击【应用】按钮。前臂左边的拉杆也按照右边的创建柱面副。

⑫ 在【类型】下拉列表框中选择【球面副】选项，在【操作】选项组的【选择连杆】中选择挖掘机的前臂前部的右边拉杆 idler_link_right，【指定原点】选择右边拉杆与中间拉杆连接孔中心，【指定方位】选择平行于连接孔轴线方向，在【基本】选项组的【选择连杆】中选择挖掘机前臂前部的中间拉杆 compression_link，如图 11-54 所示。其余保持默认。单击【应用】按钮。主臂左边的拉杆也按照右边的创建球面副。

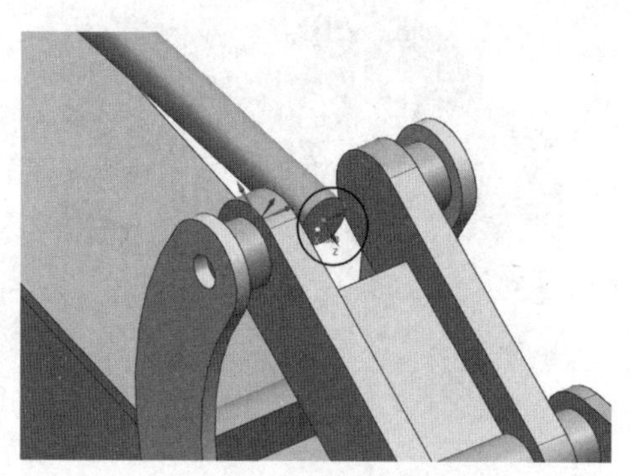

图 11-52　指定原点和方位 9

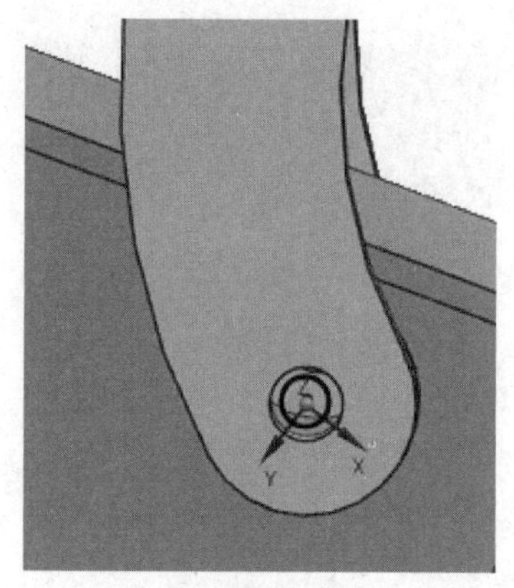

图 11-53　指定原点和方位 10

⑬ 在【类型】下拉列表框中选择【柱面副】选项，在【操作】选项组的【选择连杆】中选择挖掘机的前臂前部的中间拉杆 compression_link，【指定原点】选择中间拉杆与铲斗的连接孔中心，【指定方位】选择平行于连接孔轴线方向，在【基本】选项组的【选择连杆】中选择挖掘机的铲斗 bucket，如图 11-55 所示。其余保持默认。单击【应用】按钮。

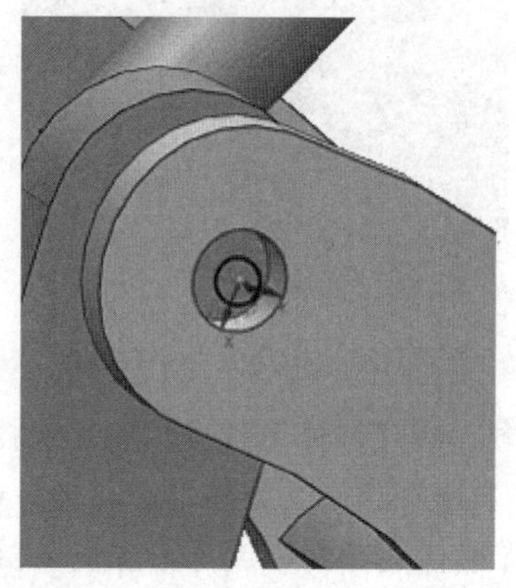

图 11-54　指定原点和方位 11

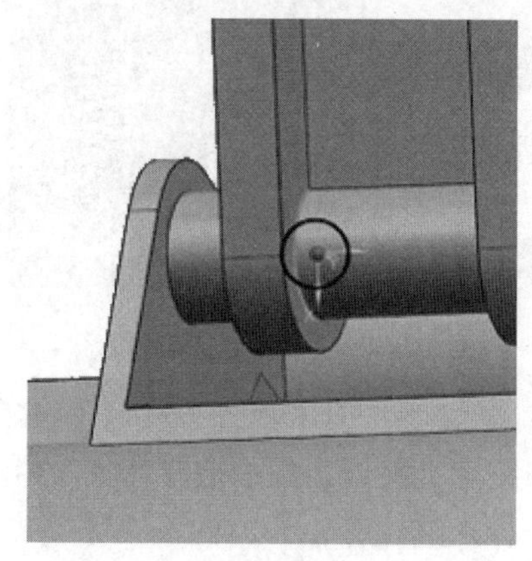

图 11-55　指定原点和方位 12

⑭ 在【类型】下拉列表框中选择【滑块】选项，在【操作】选项组的【选择连杆】中选择挖掘机主臂右边的液压杆 ROD1_right，【指定原点】选择液压杆底部中心，【指定方位】选择平行于液压缸轴线方向，在【基本】选项组的【选择连杆】中选择挖掘机主臂右边的液压缸 CYL1_right，如图 11-56 所示。在【驱动】选项卡中的【平移】选项组中选择【函数】，【函数数据类型】设置为【位移】，在【函数】选项组中选择【函数管理器】。设置【函数属性】为【AFU 格式的表】。其余保持默认。单击【新建函数】按钮，弹出【XY 函数编辑器】对话框，AFU 格式的函数有 3 个创建步骤，如图 11-57 所示。具体参数设置如下。

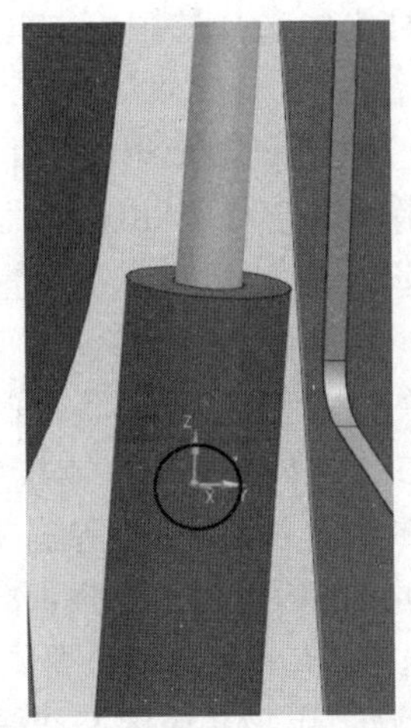

图 11-56 指定原点和方位 13

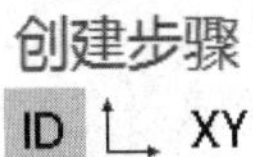

图 11-57 AFU 函数的创建步骤

- ID 信息，在【名称】文本框中输入 jack1a_boom。其余保持默认，如图 11-58 所示。
- XY 轴定义，在【横坐标】|【间距】选项中选择【等距】选项。其余保持默认。
- XY 数据，在【X 最小值】文本框中输入 0.0，在【X 向增量】文本框中输入 0.1，【点数】文本框中输入 131。单击【从文本编辑器键入】按钮，弹出文本编辑器。软件自动填充数据，一列名称为 X(代表 X 的值)，另一列名称为 Y(代表 Y 的值)。在 X 列软件自动填充 0.0～13.0 的数据，代表 13 秒的时间段。Y 轴按照文件中的 jack1_boom.txt 中的数据填写，图 11-59 所示为填充数据表。

图 11-58 【XY 函数编辑器】对话框

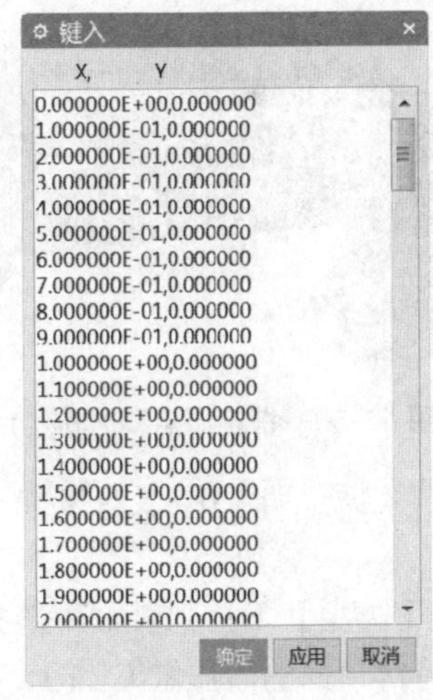

图 11-59 jack1a_boom 数据表格

单击【确定】按钮，退出【XY 函数编辑器】对话框。单击【确定】按钮退出【XY 函数管理器】。其余保持默认，单击【应用】按钮。主臂左边的液压装置也按照右边液压缸的创建滑动副，两者运动同步，故 AFU 函数数据一样。

⑮ 在【类型】下拉列表框中选择【滑动副】，在【操作】选项组的【选择连杆】中选择挖掘机主臂顶部的液压缸 CLY2，【指定原点】选择液压杆底部中心，【指定方位】选择

平行于液压缸轴线方向，在【基本】选项组的【选择连杆】中选择挖掘机主臂顶部的液压杆 ROD2，如图 11-60 所示。

在【驱动】选项卡中的【平移】选项组中选择【函数】，【函数数据类型】设置为【位移】，在【函数】选项组中选择【函数管理器】，设置函数属性为【AFU 格式的表】。其余保持默认。单击【新建函数】按钮，弹出【XY 函数编辑器】。具体参数设置如下。

- ID 信息，在【名称】文本框中输入 jack2_stick。其余保持默认。
- XY 轴定义，【横坐标】|【间距】选项中选择【等距】选项。其余保持默认。
- XY 数据，在【X 最小值】文本框中输入 0.0，在【X 向增量】文本框中输入 0.1，在【点数】文本框中输入 131。单击【从文本编辑器键入】按钮，弹出文本编辑器。Y 轴按照文件 jack2_stick.txt 中的数据填写，图 11-61 所示为填充数据表。单击【确定】按钮退出文本编辑器，单击【确定】按钮退出【XY 函数编辑器】，单击【确定】按钮退出【XY 函数管理器】。其余保持默认，单击【应用】按钮。

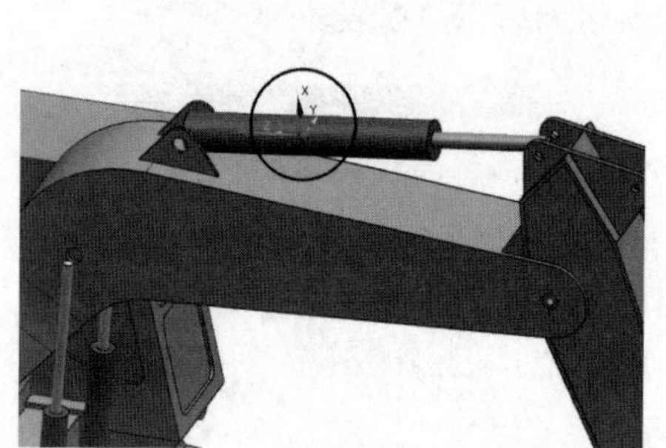

图 11-60　指定原点和方位 14

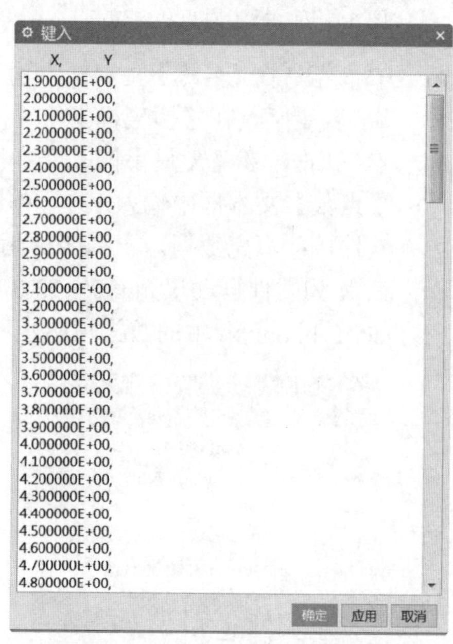

图 11-61　jack2_stick 数据表格

注意：数据说明：0～2.2s Y 轴数据为 0，3.9～9.5s Y 轴数据为 60，11.5～13s Y 轴数据为 40。

⑯ 在【类型】下拉列表框中选择【滑动副】，在【操作】选项组的【选择连杆】中选择挖掘机前臂顶部的液压缸 CLY3，【指定原点】选择液压杆底部中心，【指定方位】选择平行于液压缸轴线方向，在【基本】选项组的【选择连杆】中选择挖掘机前臂顶部的液压杆 ROD3，如图 11-62 所示。

在【驱动】选项卡中的【平移】选项组中选择【函数】，【函数数据类型】设置为【位移】，在【函数】选项组中选择【函数管理器】，设置函数属性为【AFU 格式的表】。其余保持默认。单击【新建函数】按钮，弹出【XY 函数编辑器】。具体参数设置如下。

- ID 信息，在【名称】文本框中输入 jack3_bucket。其余保持默认。

- XY 轴定义，【横坐标】|【间距】选项中选择【等距】选项。其余保持默认。
- XY 数据，在【X 最小值】文本框中输入 0.0，在【X 向增量】文本框中输入 0.1，在【点数】文本框中输入 131。单击【从文本编辑器键入】按钮，弹出文本编辑器。Y 轴按照文件 jack3_bucket.txt 中的数据填写，图 11-63 所示为填充数据表。单击【确定】按钮，退出文本编辑器，单击【确定】按钮，退出【XY 函数编辑器】，单击【确定】按钮，退出【XY 函数管理器】。其余保持默认。单击【应用】按钮。

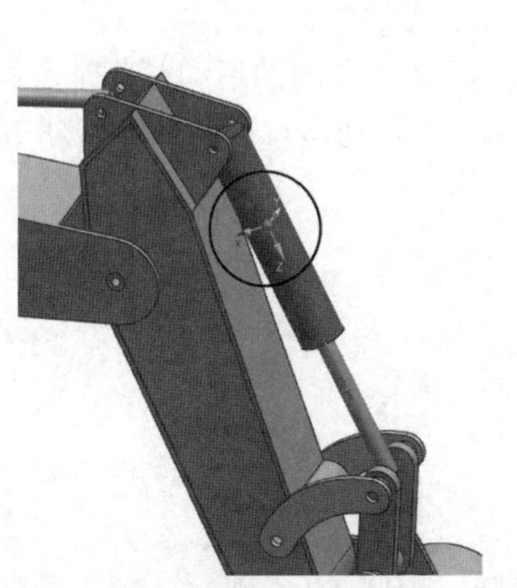

图 11-62　指定原点和方位 15

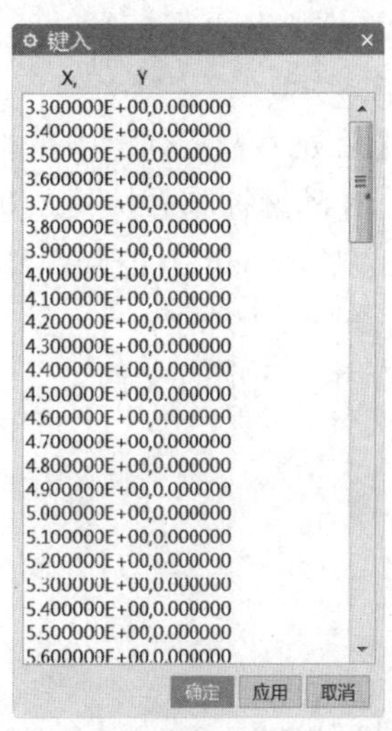

图 11-63　jack3_bucket 数据表格

注意：数据说明：0～3.7s Y 轴数据为 0，9～10.2s Y 轴数据为 675。

(5) 创建 3D 接触按钮。

① 在【接触】工具栏中单击【3D 接触】按钮，弹出【3D 接触】对话框。

② 在【操作】选项组的【选择体】中选择挖掘机铲斗 bucket，在【基本】选项组的【选择体】中选择最高的球 ball_1，【参数】选项组的【类型】下拉列表框中选择【小平面】选项，在【刚度】文本框中输入 10 000 000，在【刚度指数】文本框中输入 2.0，在【材料阻尼】文本框中输入 10。其余保持默认。单击【应用】按钮。

注意：刚度越大，两者之间的干涉会越小，本题设置为千万级别时两者干涉可忽略不计。

③ 在【操作】选项组的【选择体】中选择球 ball_1，在【基本】选项组的【选择体】中选择球 ball_2，在【参数】选项组的【类型】下拉列表框中选择【小平面】选项，在【刚度】文本框中输入 100 000，在【刚度指数】文本框中输入 2.0，在【材料阻尼】文本框中输入 10。其余保持默认。单击【应用】按钮。

④ 在【操作】选项组的【选择体】中选择球 ball_1，在【基本】选项组的【选择体】中选择球 ball_3，在【参数】选项组的【类型】下拉列表框中选择【小平面】选项，在【刚度】文本框中输入 100 000，在【刚度指数】文本框中输入 2.0，在【材料阻尼】文本框中输入 10。其余保持默认。单击【应用】按钮。

⑤ 在【操作】选项组的【选择体】中选择球 ball_1，在【基本】选项组的【选择体】中选择球 ball_4，在【参数】选项组的【类型】下拉列表框中选择【小平面】选项，在【刚

度】文本框中输入 100 000，在【刚度指数】文本框中输入 2.0，在【材料阻尼】文本框中输入 10。其余保持默认。单击【应用】按钮。

(6) 新建解算方案并求解。

① 在【解算方案】工具栏中单击【解算方案】按钮，弹出【解算方案】对话框。

② 选择【解算方案类型】为【常规驱动】选项，选择【分析类型】为【运动学/动力学】选项，在【时间】文本框中输入 20，在【步数】文本框中输入 500，选中【按“确定”进行求解】复选框。其余保持默认。单击【确定】按钮进行求解。

(7) 动画演示。

① 在【后处理】工具栏中单击【动画】按钮，弹出【动画】对话框。

② 单击【动画控制】按钮，演示运动仿真，观察各部件之间的运动。此时可以看到挖掘机把最上边的球 ball_1 挖起，然后球在铲斗里随着铲斗运动，直到铲斗翻转球 ball_1 自由落体掉在另外 3 个球上。

(8) 保存并关闭所有文件。

练 习 题

操作题

(1) 打开“Examples\ch11\Case11.6\ibeam.prt”文件，如图 11-64 所示。给工字钢两端面分别施加固定约束，工字钢顶面施加 500N 的力。求工字钢变形后的最大位移和最大应力，观察不同模式下工字钢变形后的仿真结果。

(2) 打开“Examples\ch11\Case11.6\proj_7.prt”文件，如图 11-65 所示。添加必要的运动副创建剪刀式千斤顶的运动仿真。

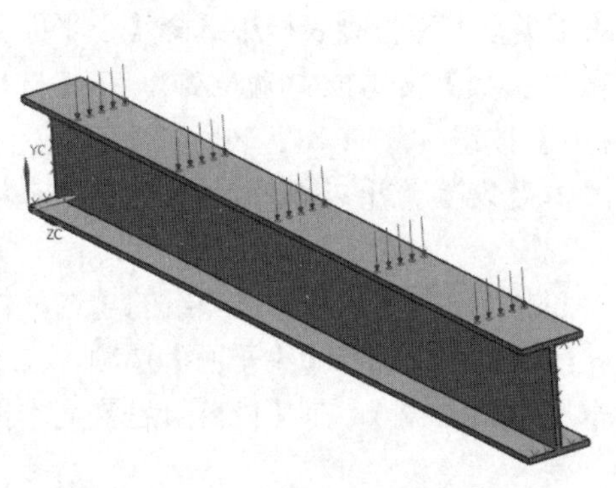

图 11-64 ibeam.prt 模型

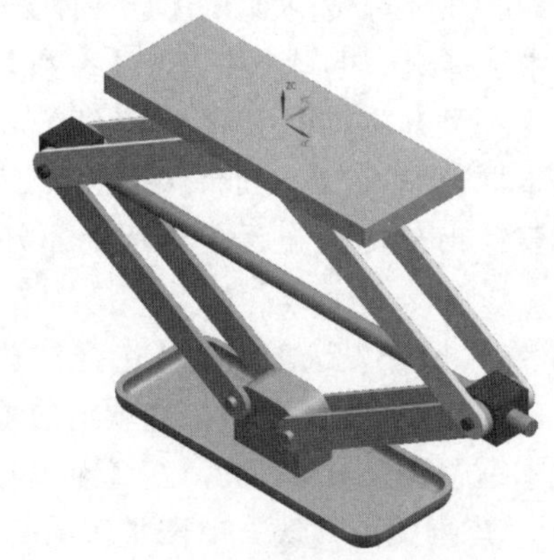

图 11-65 proj_7.prt 部件

第 12 章　工业设计实例——减速器设计

减速器(又称为减速箱或减速机)是一种由封闭在刚性壳体内的齿轮传动、蜗杆传动或齿轮传动与蜗杆传动组成的独立部件，常用作原动件与工作机之间的减速传动装置。减速器在现代机械传动领域占有重要的地位，它们的结构形式很多，已有标准化的系列产品由专业工厂成批制造。而在本书中则选用最基本的一级圆柱齿轮减速器来进行讲解，通过对减速器的造型设计、虚拟装配、力学分析以及运动仿真与干涉检测来简单列举现代工业设计的基本流程，并且对本书所讲述的知识进行一个系统的总结，使大家更好地理解 UG NX 的功能与使用。

12.1　减速器零部件建模设计

12.1.1　箱体造型设计

操作步骤如下。

(1) 打开文件。

在 UG NX 中，新建“Examples\ch12\xiangti.prt”文件。

(2) 创建箱盖主体。

① 选择【插入】|【草图】命令进入建模模块。选择 YC-ZC 坐标平面为草图平面建立草图，绘制草图并标注，如图 12-1 所示。

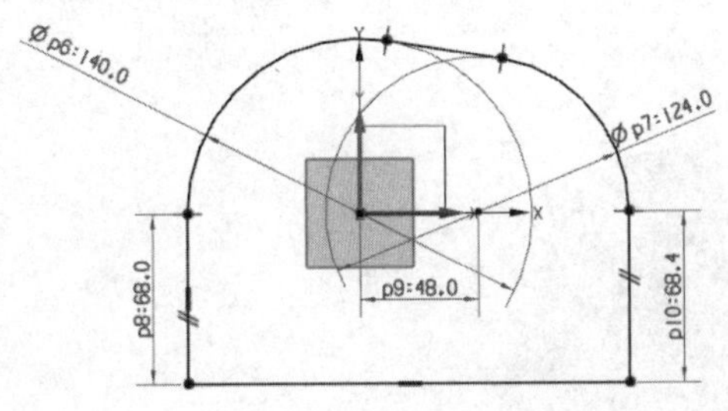

图 12-1　箱体外形草图

② 选择【完成草图】，选择【拉伸】命令，参数输入 26mm，选择【对称值】，如图 12-2 所示。

③ 选择【插入草图】命令进入建模模块。选择箱体底部平面为草图平面，建立草图，绘制草图并标注，如图 12-3 所示。

④ 选择【完成草图】，选【拉伸】，输入距离参数 12，视图如图 12-4 所示。

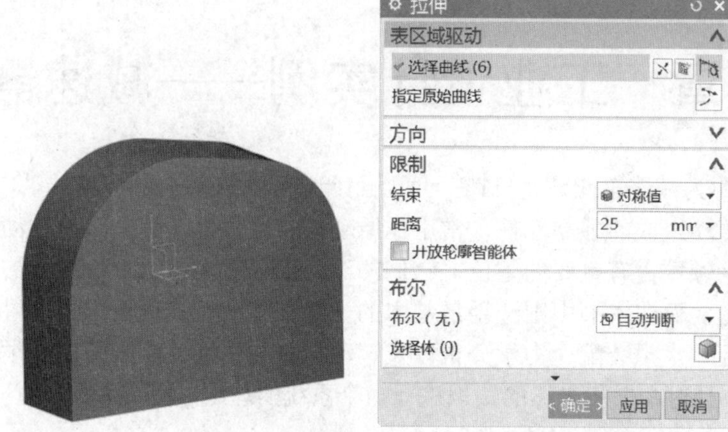

图 12-2　拉伸箱体外形草图

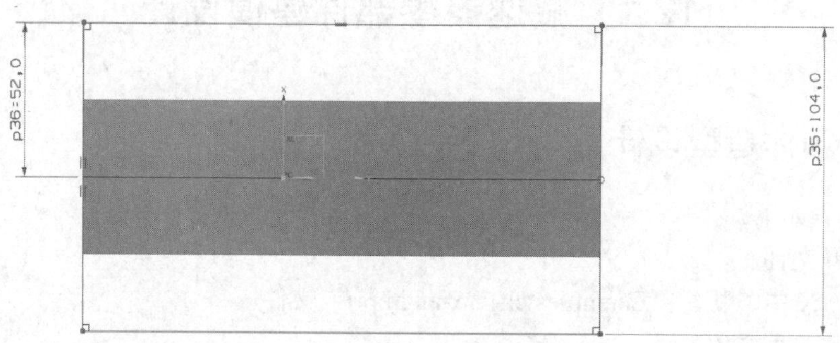

图 12-3　箱体底座草图

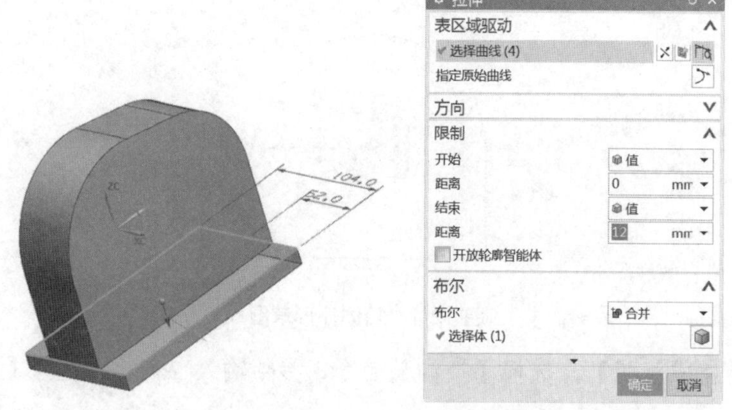

图 12-4　箱体底座拉伸

⑤ 选择第一次绘制草图时的平面，创建草图，选择【偏置移动曲线】，并调整每条线的偏置距离，偏置后效果如图 12-5 所示。

⑥ 选择箱体外形轮廓的两个圆心，分别创建圆柱，参数分别为直径 80mm、高度 104mm 和直径 70mm、高度 104mm，并对箱体进行布尔运算求和。完成后视图如图 12-6 所示。

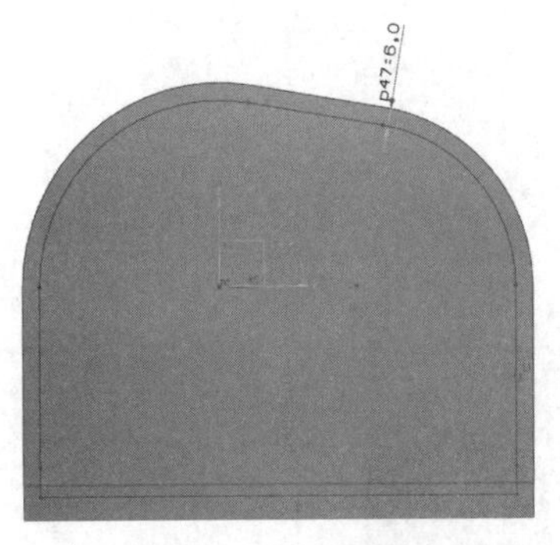

图 12-5　偏置曲线

图 12-6　创建圆柱

⑦ 选择箱体的一侧平面创建草图，以小圆柱的圆心为一边的中点，创建正方形，并使正方形的上、下两边与小圆柱相切，完成后效果如图 12-7 所示。

⑧ 将正方形拉伸至圆柱一顶面，并与箱体进行布尔运算求和，然后以箱体的中间基准面镜像拉伸的特征，完成后如图 12-8 所示。

⑨ 创建与箱体底面平行的基准面，距底面距离为 80mm，在该基准面上创建草图，完成草图后效果如图 12-9 所示。

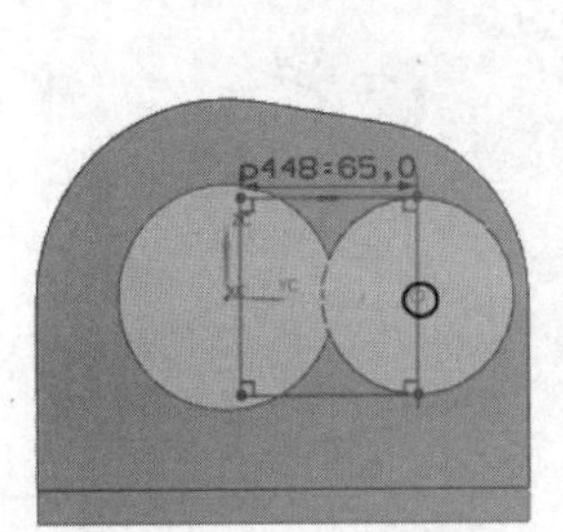

图 12-7　创建草图

图 12-8　拉伸并镜像特征

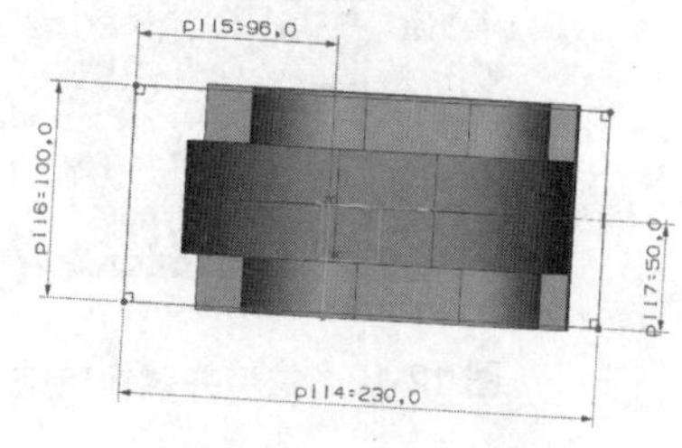

图 12-9　创建草图

⑩ 选择第⑨步所画的草图，执行【拉伸】命令，选择对称值，输入距离为 7，并与箱体进行布尔运算求和，完成后如图 12-10 所示。

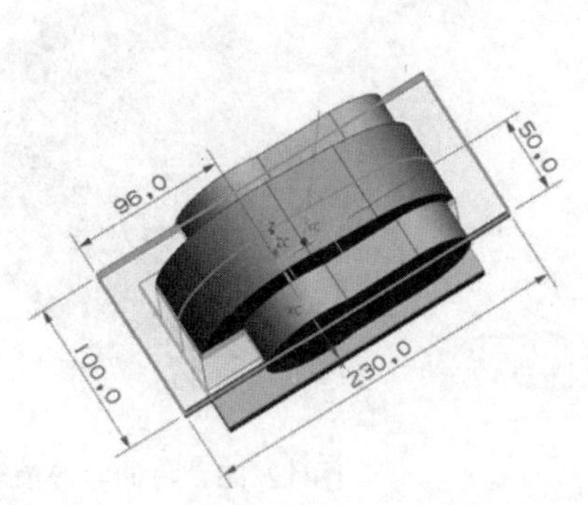

图 12-10　进行拉伸

⑪ 选择箱体的一侧面创建草图，草图完成后如图 12-11 所示。

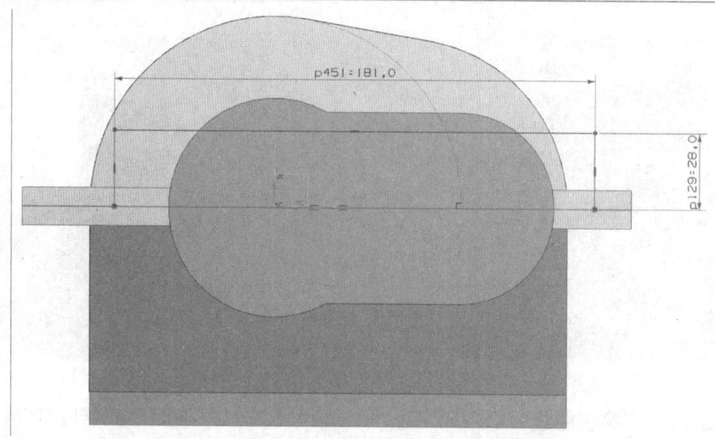

图 12-11 在箱体的一个侧面创建草图

⑫ 选择第⑪步所创建的草图，选择【拉伸】命令，输入参数为 24mm，并进行布尔运算与箱体求和，然后以箱体中间基准面进行【镜像特征】，完成后如图 12-12 所示。

⑬ 选择箱体的中间部分进行边倒圆，输入参数 23mm，完成后如图 12-13 所示。

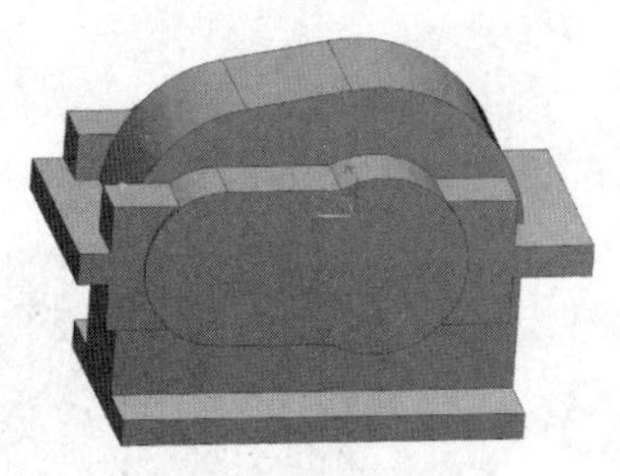

图 12-12 拉伸并镜像特征

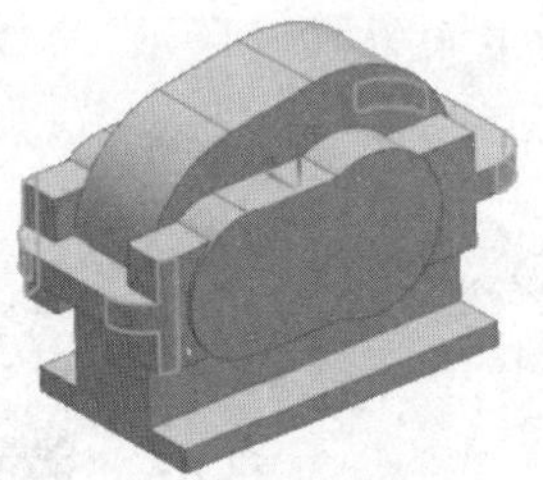

图 12-13 边倒圆

⑭ 选择箱体的一个侧面创建草图，过两圆柱中心分别建立直线连接箱体的顶部和底面，并垂直于底面，如图 12-14 所示。

⑮ 拉伸第⑭步创建的草图，拉伸距离为 26mm，选择【偏置】选项卡，偏置类型为对称值，参数为 2.5mm。然后以箱体中间基准面进行【镜像特征】，完成后如图 12-15 所示。

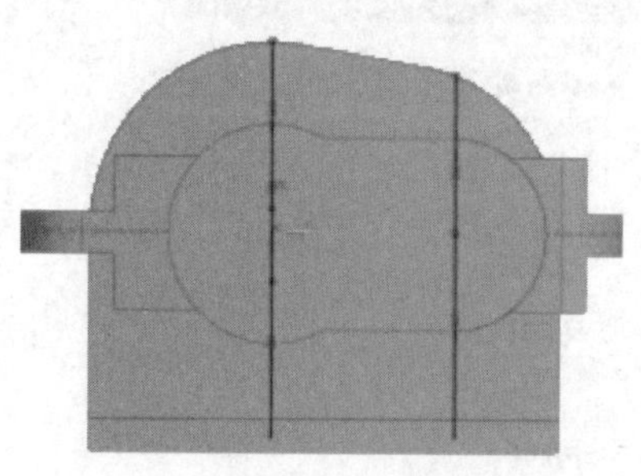

图 12-14 创建草图

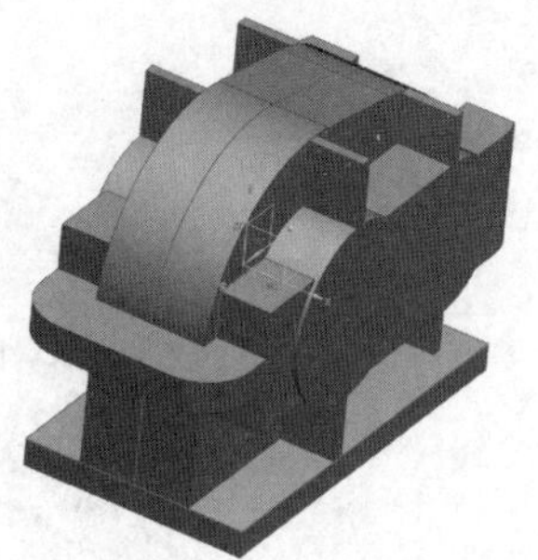

图 12-15 拉伸并镜像特征

⑯ 在箱体的顶部倒斜角，在【横截面】选项卡中选择非对称，输入参数分别为 22mm、26mm 和 26mm、29mm，完成后如图 12-16 所示。

⑰ 对图 12-17 所示的边进行边倒圆，输入参数为 13mm，完成后如图 12-18 所示。

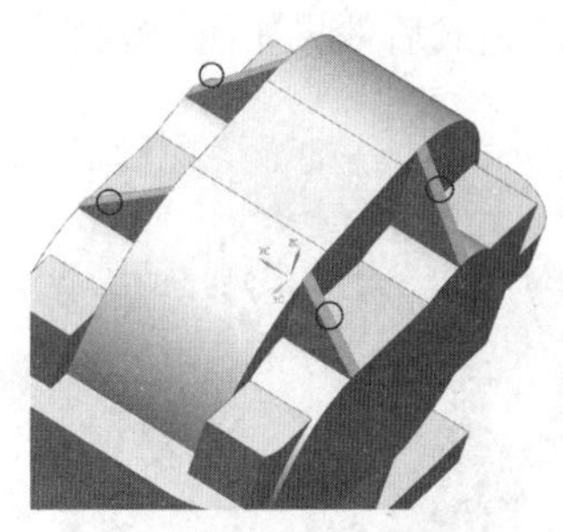

图 12-16　倒斜角

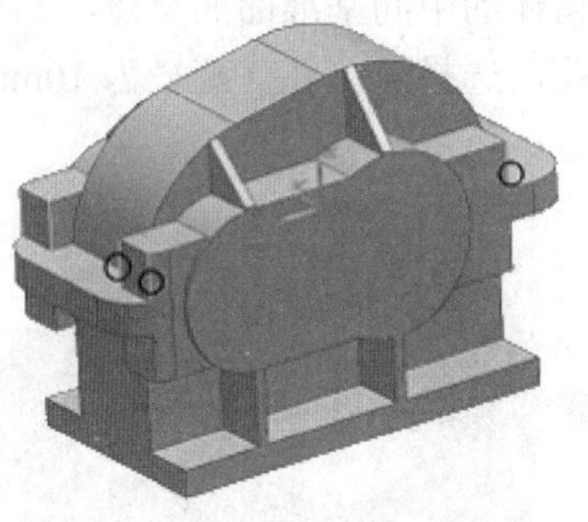

图 12-17　需要进行边倒圆的边

⑱ 选择【镜像特征】，要镜像的特征选择第⑰步所进行的边倒圆特征，中间面选择箱体中间基准面，完成镜像后如图 12-19 所示。

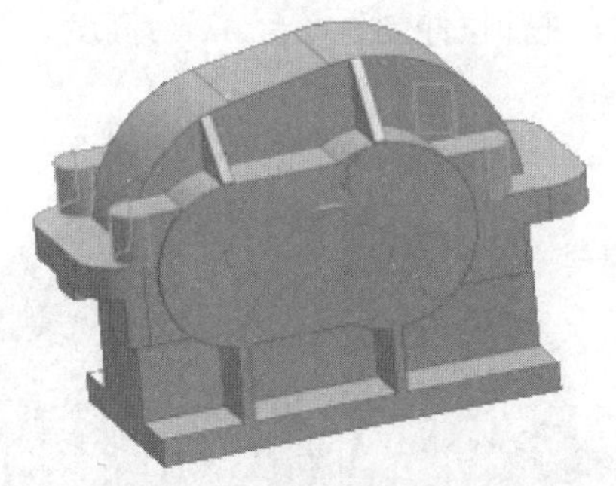

图 12-18　进行边倒圆后的效果

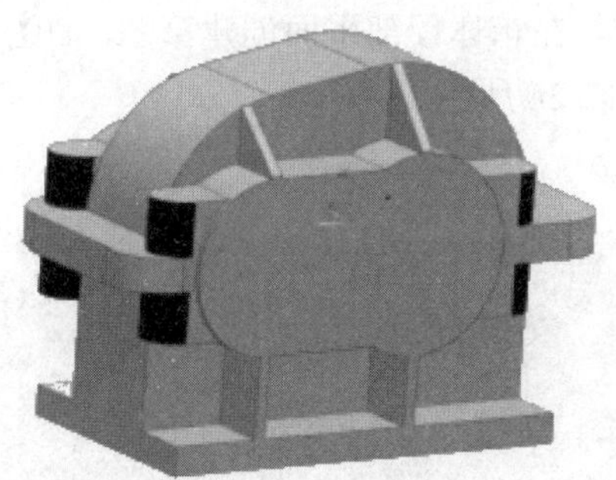

图 12-19　镜像特征

⑲ 选择第⑤步时创建的草图，选择【拉伸】，在【限制】选项卡中选择对称值，输入距离为 20，并与箱体进行布尔运算求差，过程如图 12-20 所示。

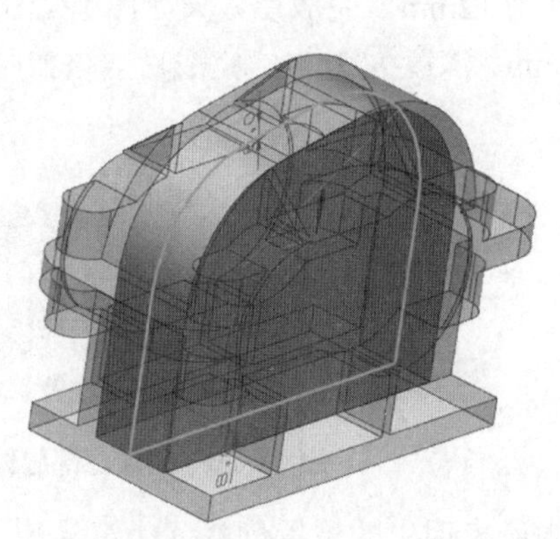

图 12-20　拉伸创建腔体

⑳ 选择【孔】命令，位置为箱体的一侧面的两个圆心点，在【形状和尺寸】选项卡中，选择简单孔，直径分别为 62mm、47mm，深度输入 1000mm，完成后效果如图 12-21 所示。

㉑ 在箱体后面，选择【插入】|【设计特征】|【凸台】命令，凸台的原点在底座的顶面和箱体的中间基准面的交点，凸台直径为 17mm、高度为 2mm。完成后在选择凸台的圆心打孔，选择简单孔，直径为 10mm、深度为 12mm，完成后效果如图 12-22 所示。

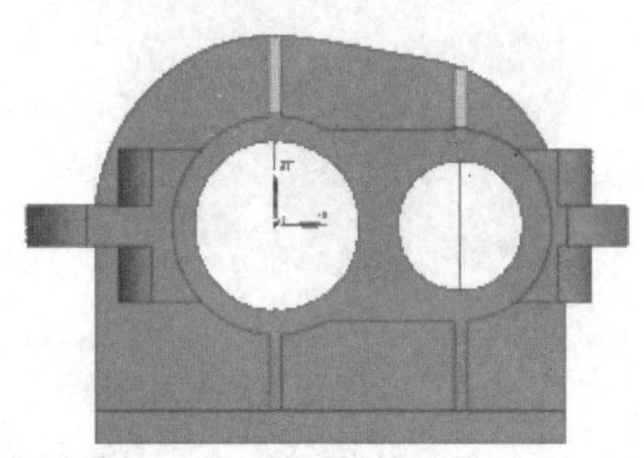

图 12-21　创建简单孔

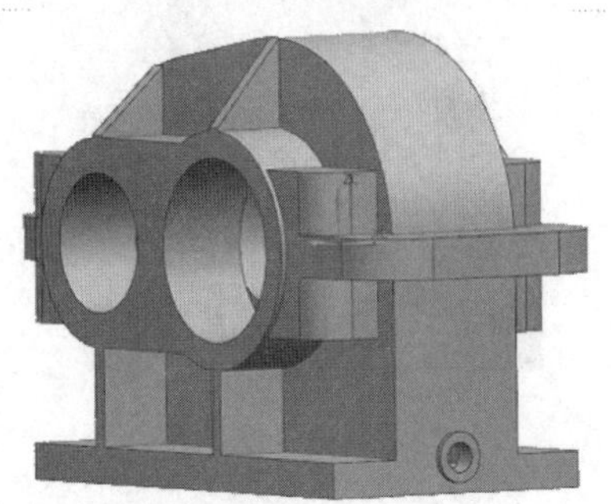

图 12-22　创建出油口

㉒ 在箱体顶部平面创建草图，如图 12-23 所示，进行拉伸创建凸台，凸台高度为 2mm，如图 12-24 所示。

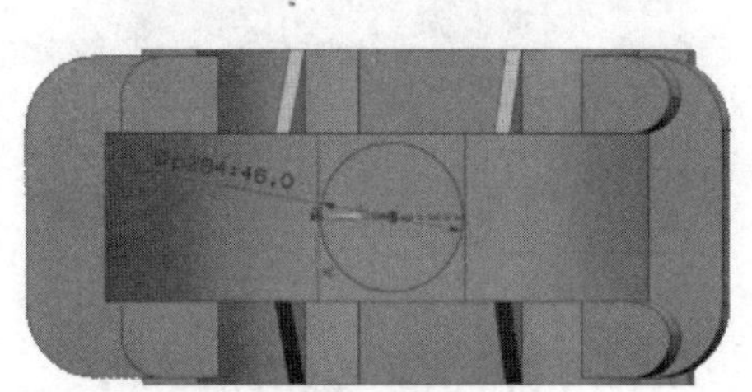

图 12-23　创建草图

图 12-24　创建凸台

㉓ 在第㉒步创建的凸台上创建孔，观察孔的位置为凸台的圆心，直径为 28mm、深度为 12mm。两侧的安装孔直径为 3mm、深度为 12mm。完成后效果如图 12-25 所示。

㉔ 在箱体底部创建腔体，参数长为 90mm、深度为 3mm，完成后效果如图 12-26 所示。

图 12-25　在凸台上创建观察孔

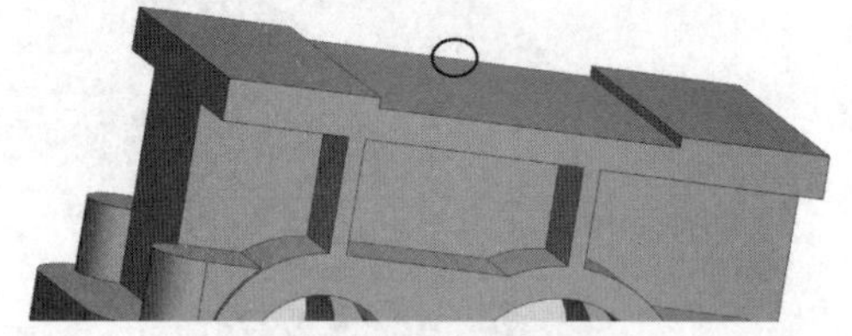

图 12-26　创建底部腔体

㉕ 创建上、下箱连接孔。在图 12-27 中所表现出的位置创建 4 个沉头孔，沉头孔直径为 17mm，沉头孔深度为 2mm，孔径为 11mm，孔深为 18mm，完成后如图 12-27 所示。

㉖ 创建地脚螺栓孔。在图 12-28 中所表现出的位置创建沉头孔，沉头孔直径为 15mm，沉头孔深度为 2mm，孔径为 9mm，孔深为 10mm，然后选择【镜像特征】，以箱体中间基准面为中心面，将沉头孔特征镜像到箱体的另一侧，完成后如图 12-28 所示。

图 12-27　创建上、下箱连接螺栓孔

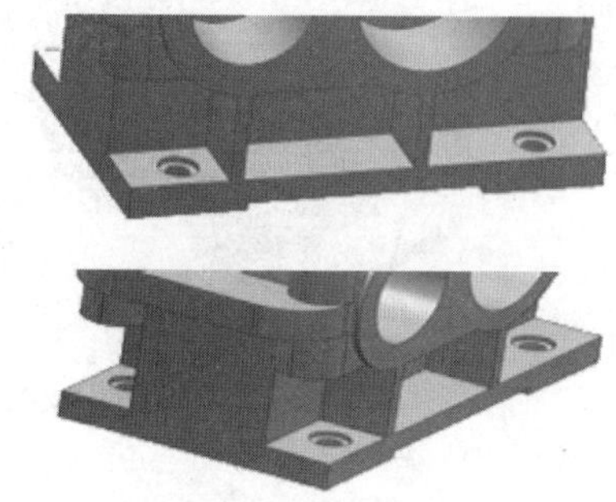

图 12-28　创建地脚螺栓孔

㉗ 在图 12-29 中所表现出的位置创建简单孔，孔的直径分别为 9mm、3mm，限制选项都为贯通体。

㉘ 在箱体的一侧面的圆柱面上创建矩形槽，槽的参数分别为直径 70mm、宽度 3mm 和直径 56mm、宽度 3mm，距圆环面的距离为 4mm，完成后如图 12-30 所示。

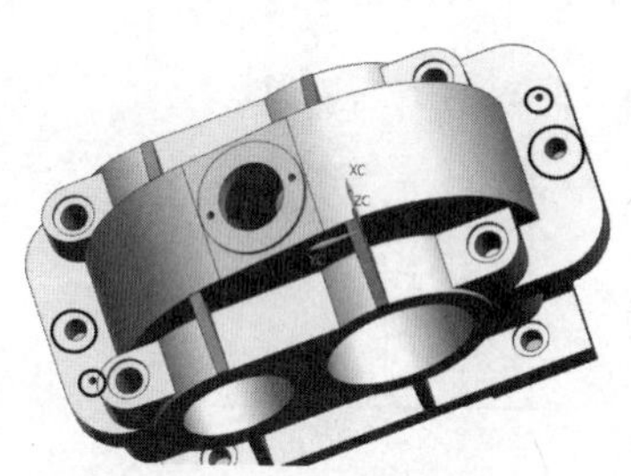

图 12-29　创建简单孔

图 12-30　创建矩形槽

㉙ 在图 12-31 所示位置创建凸台，凸台直径为 16mm，高度为 20mm，在凸台的圆心处创建油标尺孔，类型选择沉头孔，沉头孔直径为 6mm，沉头孔深度为 10mm，孔径为 4mm，孔深设置为贯通体。完成后效果如图 12-32 所示。

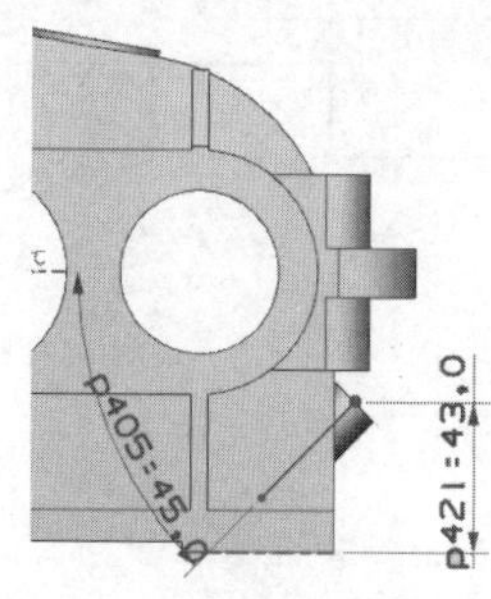

图 12-31　创建凸台

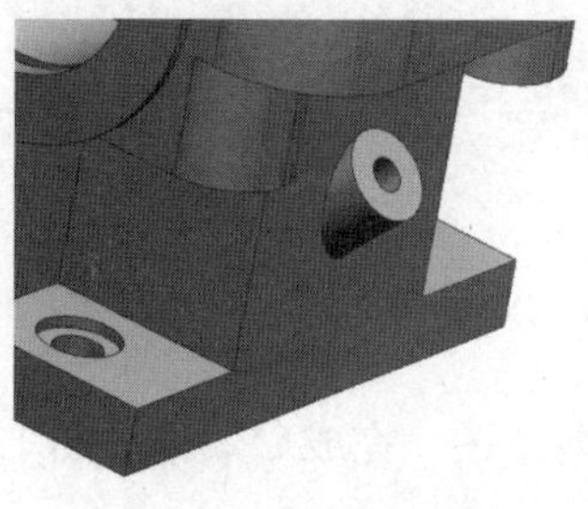

图 12-32　创建油标尺孔

㉚ 选择【修剪体】命令，工具面选择箱体中间基准面，将箱盖与箱体分开，完成后如图 12-33 所示。

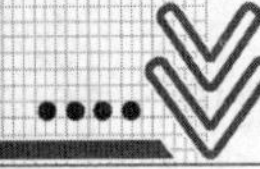

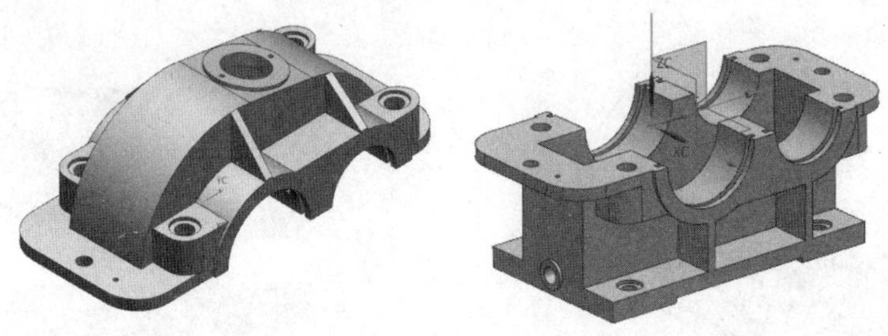

图 12-33　修剪过的箱体和箱盖

12.1.2　主动轴造型设计

操作步骤如下。

(1) 打开文件。

在 UG NX 中，新建“Examples\ch12\zhudongzhou.prt”文件。

(2) 创建齿轮。

① 创建草图，如图 12-34 所示(左侧草图由右侧草图镜像得出)。

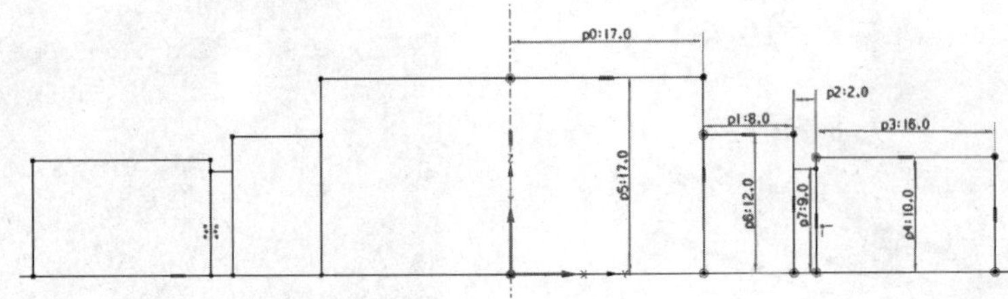

图 12-34　创建草图(1)

② 在第①步草图的右侧部分创建草图，如图 12-35 所示。

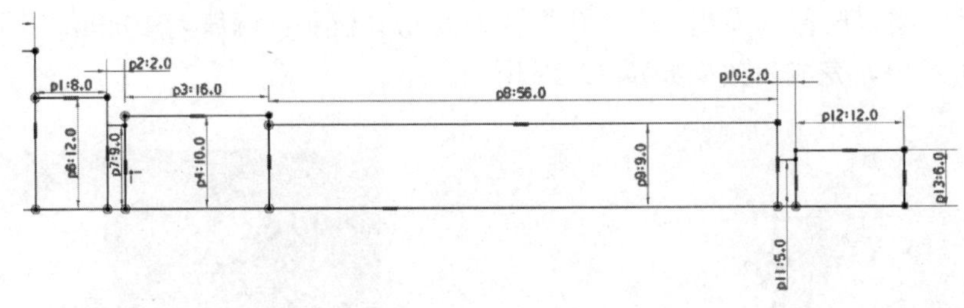

图 12-35　创建草图(2)

③ 修剪草图，完成后效果如图 12-36 所示。

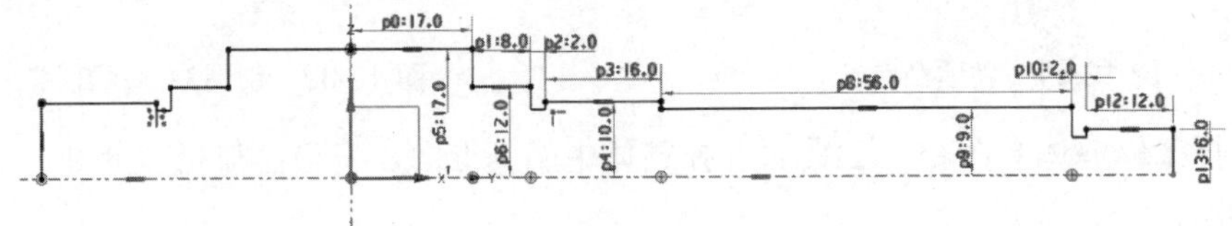

图 12-36　修剪草图

④ 选择【旋转】命令，将第③步创建的草图旋转，完成后效果如图 12-37 所示。

⑤ 选择【倒斜角】命令，在图 12-38 所示位置创建斜角。

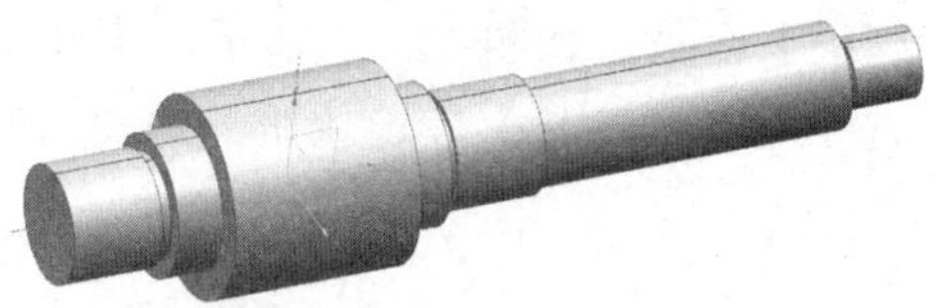

图 12-37　旋转草图截面

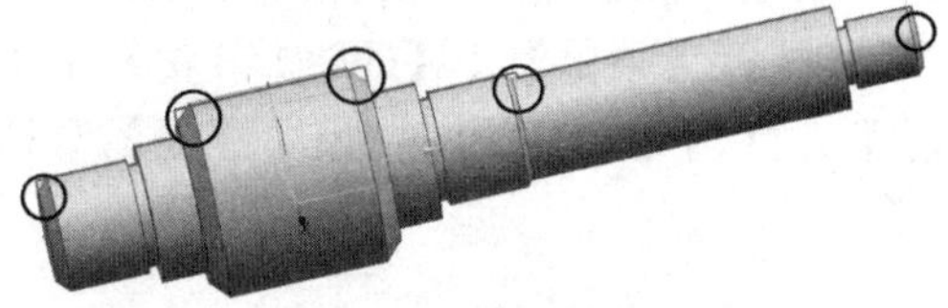

图 12-38　创建斜角

⑥ 在第①步草图中的镜像中心线处创建草图，草图形状及尺寸如图 12-39 所示。

⑦ 完成草图，选择【拉伸】，在【限制】选项卡中选择对称值，距离为 30mm，并运行布尔运算进行求差，完成后如图 12-40 所示。

⑧ 选择【阵列特征】命令，布局为圆形，选择第⑦步中的拉伸切除特征，阵列数目为 15 个，完成后即完成齿轮的创建，如图 12-41 所示。

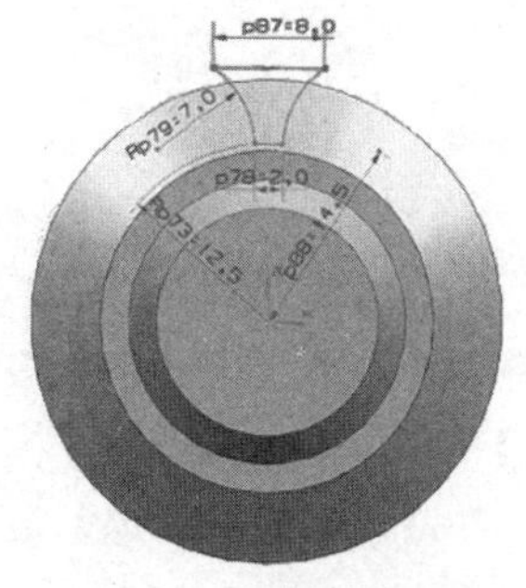

图 12-39　创建草图

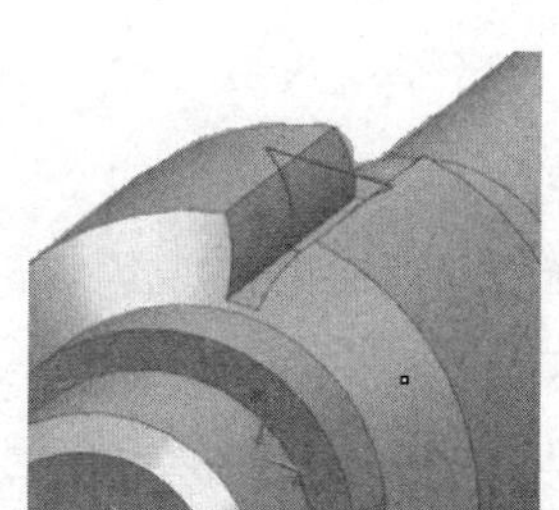

图 12-40　拉伸切除

图 12-41　圆形阵列

⑨ 在圆柱面上创建矩形键槽，键槽参数为长度 30mm、宽度 6mm、深度 3mm，完成后如图 12-42 所示。

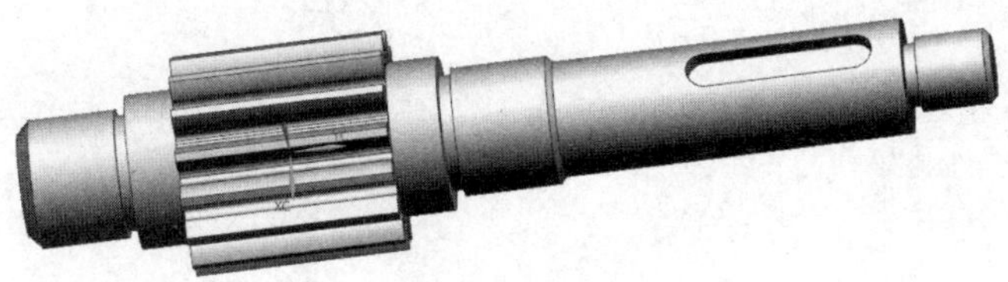

图 12-42　完成键槽

12.1.3　从动轴齿轮造型设计

操作步骤如下。

(1) 打开文件。

在 UG NX 中，新建“Examples\ch12\chilun.prt”文件。

(2) 创建齿轮。

从动轴齿轮将通过使用 UG NX 的 GC 工具箱建造，这是一种更加方便的齿轮建造方法，并且在装配时能够更好地啮合。

① 执行【菜单】|【GC 工具箱】|【齿轮建模】命令，如图 12-43 所示，选择【柱齿轮】，弹出【渐开线圆柱齿轮建模】对话框，选中【创建齿轮】单选按钮，如图 12-44 所示。

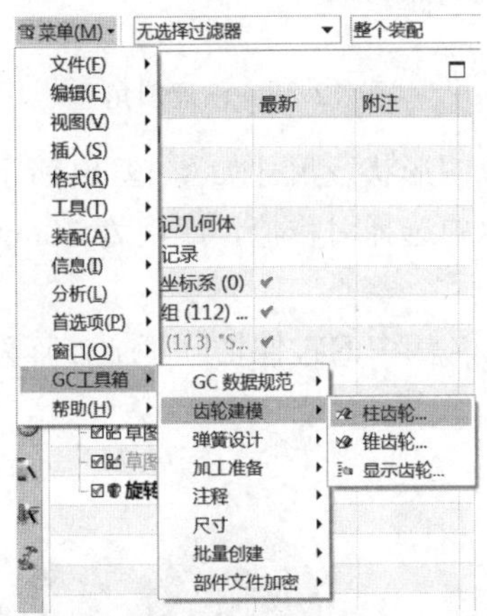

图 12-43　打开 GC 工具箱

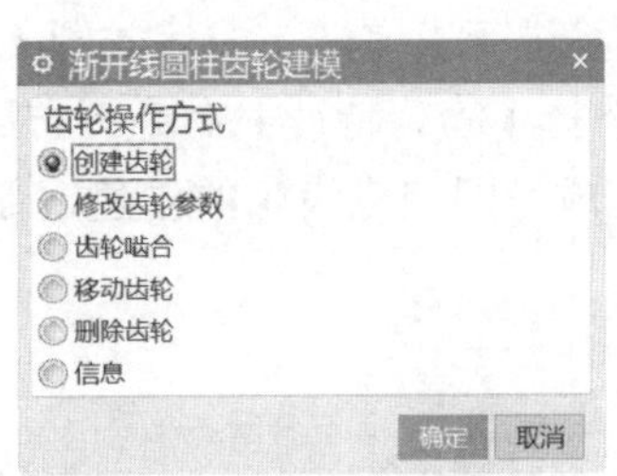

图 12-44　创建齿轮

② 弹出【渐开线圆柱齿轮类型】文本框中，选中直齿轮、外啮合，单击【确定】按钮，弹出【渐开线圆柱齿轮参数】文本框，如图 12-45 所示。【名称】输入“chilun”，【模数】为 2，【牙数】为 55，【齿宽】为 26mm，【压力角】为 20°，完成后单击【确定】按钮。

③ 完成弹出的矢量对话框和原点对话框后，系统自动生成齿轮，如图 12-46 所示。

图 12-45　【渐开线圆柱齿轮参数】对话框

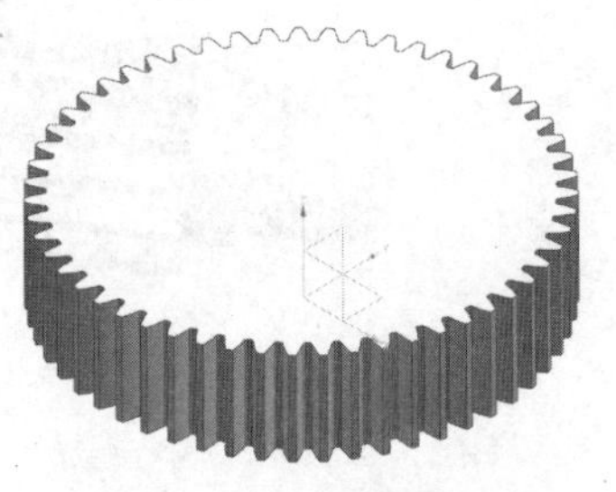

图 12-46　自动生成齿轮

④ 在齿轮的一个侧面创建草图，如图 12-47 所示。

⑤ 选择【拉伸】命令，限制选项卡选择【贯通体】，并进行布尔运算与齿轮求差，完成后如图 12-48 所示。

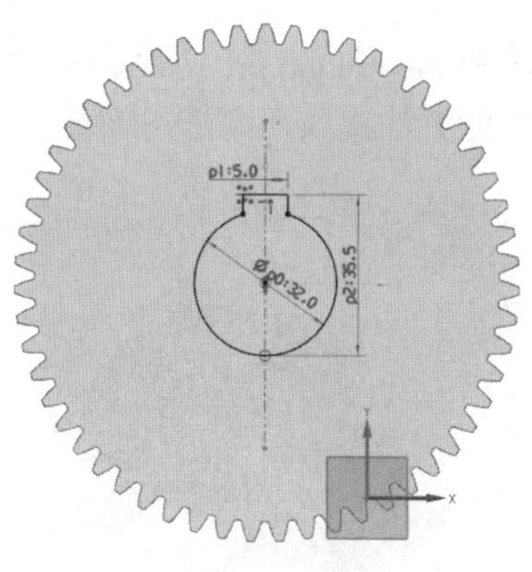

图 12-47　创建草图 1

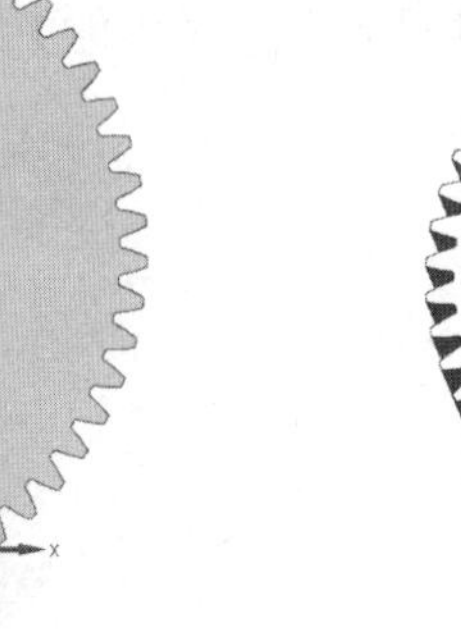

图 12-48　进行拉伸

⑥ 创建一过齿轮轴线的基准面，在该基准面上创建草图，如图 12-49 所示。

⑦ 完成草图，将草图以齿轮轴线为中心进行旋转切除，完成后如图 12-50 所示。

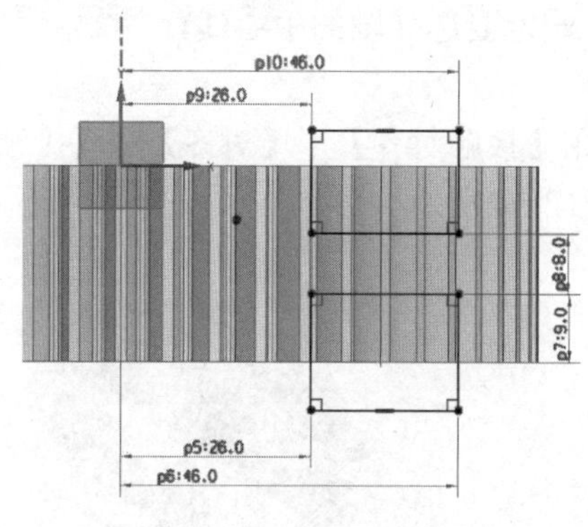

图 12-49　创建草图 2

图 12-50　旋转切除

12.2　减速器虚拟装配设计

1. 操作要求

将所建立的减速箱零部件进行装配，并生成爆炸视图。

2. 操作步骤

(1) 打开文件。

在 UG NX 中新建“Examples\ch12\zpt.prt”文件。

(2) 进行装配。

① 选择【添加组件】，打开“Examples\ch12\jiansuxiang\xiangti(1).prt”文件，在【放置】选项卡中定位选项设置为绝对原点。

② 分别添加 jiansuxiang 文件夹中的 daduangai.prt 和 xiaoduangai.prt 文件，分别依次使用【接触对齐】|【对齐】约束和【接触对齐】|【接触】约束将两个端盖连接在箱体上，

完成后如图 12-51 所示。

③ 分别添加 jiansuxiang 文件夹中的 datougai.prt 和 xiaotougai.prt 文件，分别依次使用【接触对齐】|【对齐】约束和【接触对齐】|【接触】约束将两个透盖连接在箱体上，完成后如图 12-52 所示。

图 12-51　装配端盖

图 12-52　装配透盖

④ 添加 zhudongzhou.prt，使用【接触对齐】|【对齐】约束，分别选择箱体端盖或透盖的中心线和主动轴的中心线完成约束(注意：一定要选择轴的中心线)。完成后如图 12-53 所示。

⑤ 添加两个 zhoucheng2.prt 组件，分别使用【接触对齐】|【对齐】和【接触对齐】|【接触】与小端盖和小透盖约束，完成后如图 12-54 所示。

图 12-53　装配主动轴

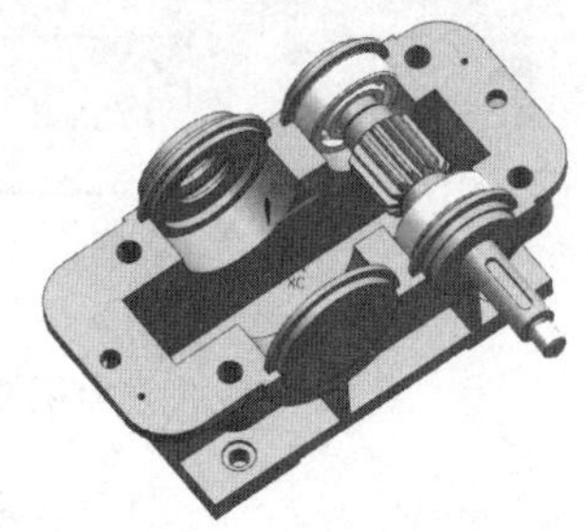
图 12-54　装配主动轴轴承

⑥ 添加 tiaozhengquan(xiao).prt，分别使用【接触对齐】|【对齐】和【接触对齐】|【接触】与轴承及箱体约束，完成后如图 12-55 所示。

⑦ 添加两个 dangyouh.prt 组件，分别使用【接触对齐】|【对齐】和【接触对齐】|【接触】与轴承、调整圈和箱体约束，完成后如图 12-56 所示。

⑧ 添加 tiaozhengquan.prt 和 congdongzhou.prt，使调整圈和大端盖对齐约束，和圆柱面接触约束，从动轴的中心线和箱体的中心线对齐约束，完成后如图 12-57 所示。

⑨ 添加 jian.prt，选择键的半圆面和从动轴键槽的半圆边使用对齐约束，键的底面和键槽的底面接触约束，如图 12-58 所示。

⑩ 添加 chilun.prt，齿轮的键槽底面与键顶面使用平行约束，齿轮的一侧面与轴的轴肩侧面使用接触约束，完成后如图 12-59 所示。

⑪ 打开 UG NX GC 工具箱，打开【渐开线圆柱齿轮建模】，选中【齿轮啮合】选项，弹出【选择齿轮啮合】对话框，如图 12-60 所示，设置从动齿轮、主动齿轮和中心连线，完成

后如图 12-61 所示。

图 12-55　装配调整圈

图 12-56　装配挡油环

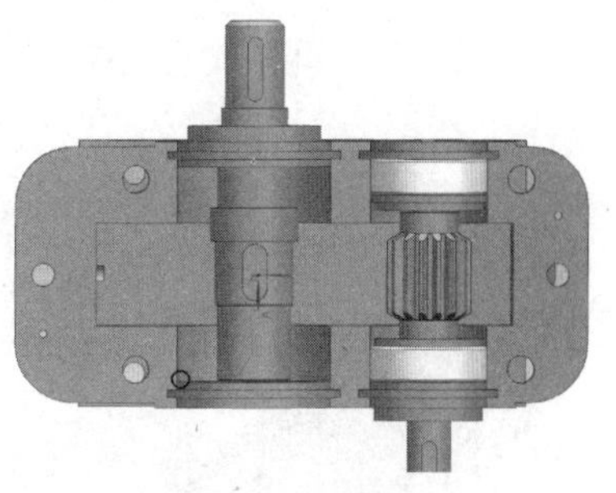
图 12-57　装配从动轴

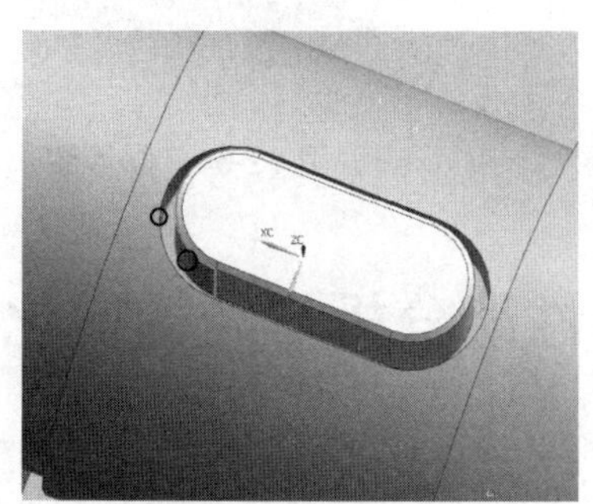
图 12-58　装配键

图 12-59　装配齿轮

图 12-60　选择【齿轮啮合】对话框

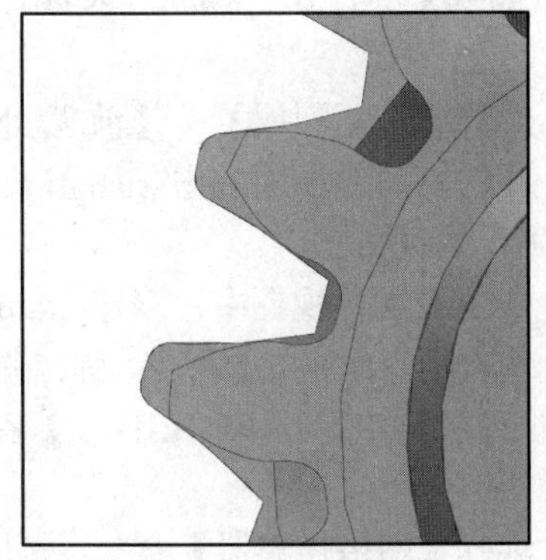
图 12-61　啮合后效果

⑫ 分别添加 tiaozhenghuang.prt 和两个 zhoucheng.prt 组件，约束后位置如图 12-62 所示。

⑬ 添加 xianggai.prt，使箱体上和箱盖上的定位销对齐约束，并且箱体和箱盖的接触面接触约束，完成后箱体合成。

⑭ 将剩下的螺母、螺栓、密封盖和油塞分别约束完成，最后完成效果如图 12-63 所示。另爆炸图如图 12-64 所示。

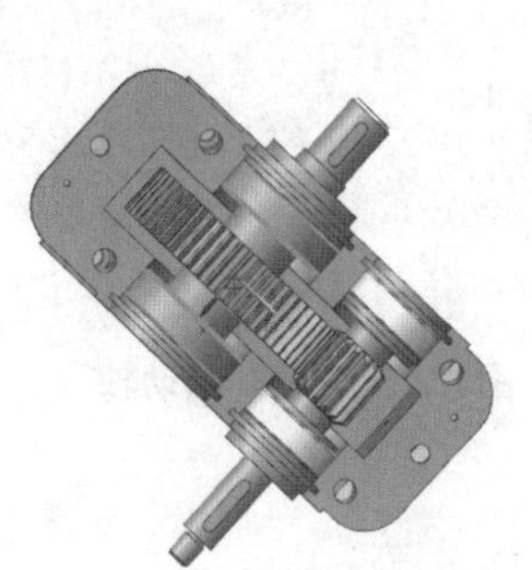

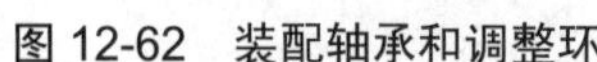
图 12-62 装配轴承和调整环

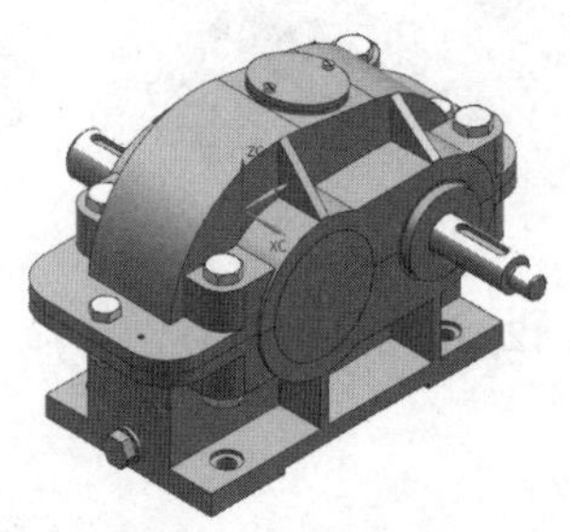

图 12-63 装配完成效果

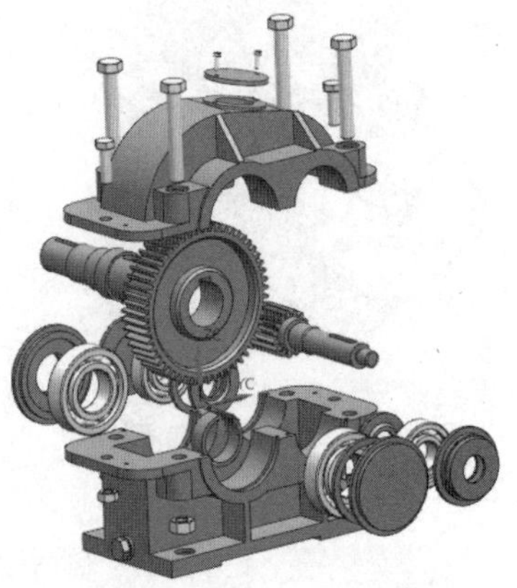

图 12-64 爆炸图

12.3 减速器关键零部件力学性能分析与结构优化

12.3.1 箱体的力学分析

1. 操作要求

对箱体进行有限元分析。

2. 操作步骤

(1) 打开文件。

在 UG NX 中打开“Examples\ch12\jiansuxiang\xiangti.prt”文件。

(2) 高级仿真。

① 选择【应用模块】|【前/后处理】命令，进入高级仿真模块。

② 在仿真导航器中右击 xiangti.prt，在弹出的快捷菜单中选择【新建 FEM 和仿真文件】命令，确定解算方案。

③ 在仿真文件视图中，双击 xiangti_fem1，选定为工作状态。

④ 选择【物理属性】命令，弹出物理属性表管理器对话框，创建新的物理属性。在【类型】下拉列表框中选择 PSOLID，【名称】输入框中输入 Steel，选择材料为 Steel，完成物理属性的创建。

⑤ 选择【网格捕集器】命令，弹出对话框。在【单元族】下拉列表框中选择 3D，【收集器类型】下拉列表框中选择【实体】，【类型】下拉列表框中选择 PSOLID，【名称】输入框中输入 Steel，完成网格捕集器的创建。

⑥ 在【网格】工具栏中单击【3D 四面体网格】按钮，弹出对话框。选择零件实体，单元属性设置为 CTETRA(10)，单元大小设置为自动单元大小，在【目标收集器】选项组中

取消选中【自动创建】复选框，选择 Steel，完成网格划分后如图 12-65 所示。

⑦ 在仿真文件视图中双击 xiangti_sim1，使其成为当前工作部件。在【约束类型】中选择【固定约束】，选择箱体底部的 4 个角，如图 12-66 所示。

⑧ 在【载荷类型】中选择轴承载荷，选择箱体的大圆柱面和小圆柱面，输入数值分别为 500N 和 300N，完成后如图 12-67 所示。

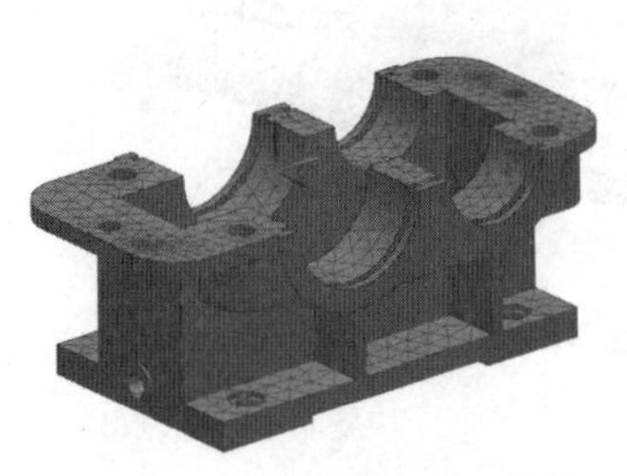

图 12-65　3D 四面体网格划分

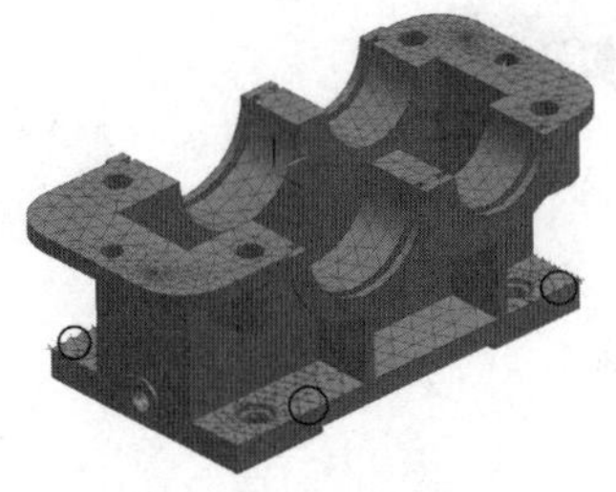

图 12-66　添加约束

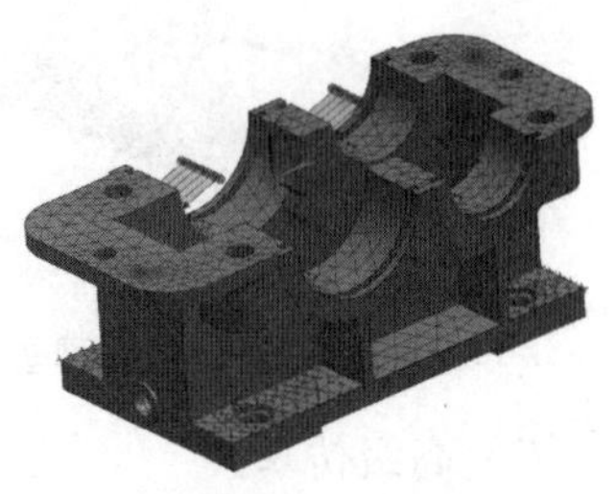

图 12-67　添加载荷

⑨ 完成后进行求解，得到有限元分析结果如图 12-68 所示。由图可知，当箱体在工作状态时，箱体的两肋和一端变形最大，由此可以在相应位置增加刚度，如加厚加强筋的厚度。

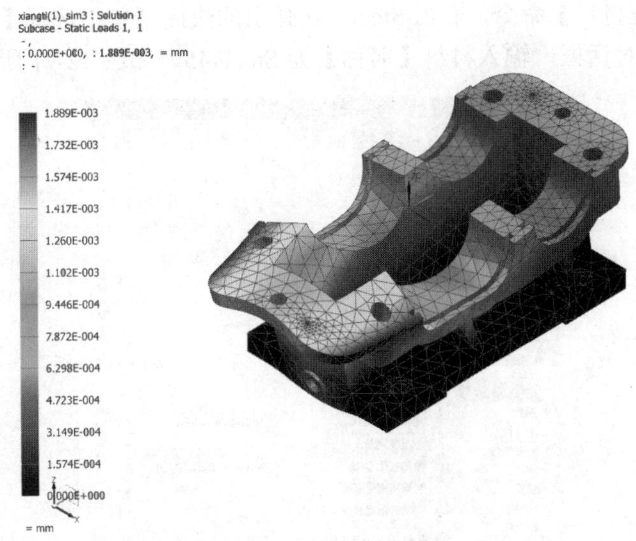

图 12-68　箱体的分析结果

12.3.2　从动轴的力学分析

1. 操作要求

对从动轴进行有限元分析。

2. 操作步骤

(1) 打开文件。

在 UG NX 中打开“Examples\ch12\congdongzhou.prt”文件。

(2) 模型准备。

① 在轴的一端创建基准面，分割出轴承作用面的宽度。基准面距轴端面距离为 16mm，完成后如图 12-69 所示。

② 选择【分割面】命令，将轴的一端分割，完成后如图 12-70 所示。

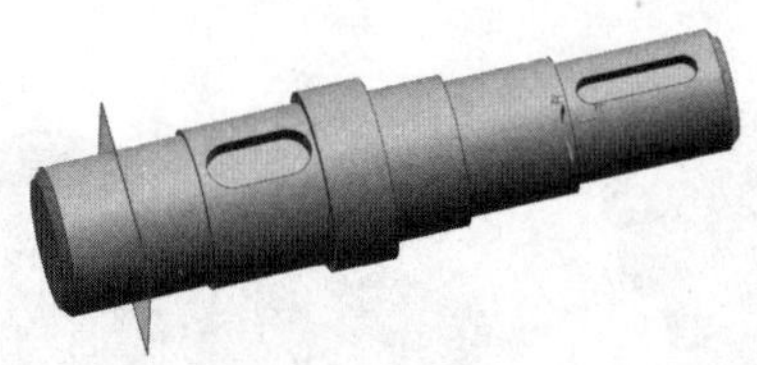
图 12-69　创建基准面

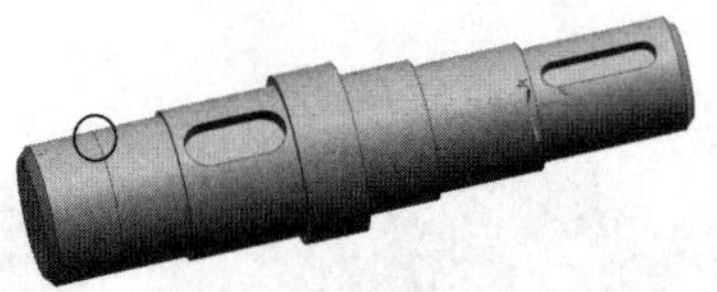
图 12-70　拆分体

(3) 高级仿真。

① 选择【应用模块】|【前/后处理】命令，进入高级仿真模块。

② 在仿真导航器中右击 congdongzhou.prt，在弹出的快捷菜单中选择【新建 FEM 和仿真文件】命令，确定解算方案。

③ 在仿真文件视图中，双击 congdongzhou_fem1，选定为工作状态。

④ 单击【管理材料】命令，右击 Steel，在弹出的快捷菜单中选择【复制】命令，弹出【各向同性材料】对话框，输入材料【名称】为 Steel#45，如图 12-71 所示。

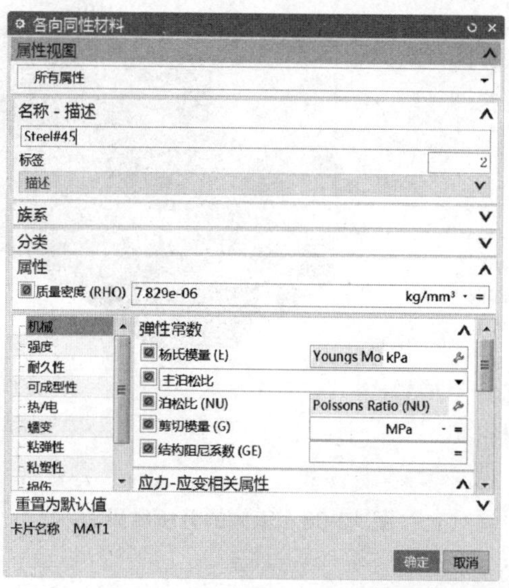

图 12-71　编辑材料属性对话框

⑤ 分别在【强度】和【耐久性】选项卡中输入参数，如图 12-72 所示。

⑥ 在【属性】工具栏中单击【指派材料】按钮，弹出【指派材料】对话框。在【材料】列表中选择 Steel#45，再选择连杆模型，单击【确定】按钮。

⑦ 在【网格】工具栏中单击【3D 四面体】按钮，弹出对话框。选择零件实体，单元属性设置为 CTETRA(10)，单元大小设置为自动单元大小，在【目标收集器】选项组中取消选中【自动创建】复选框，选择 Steel#45，完成网格划分后如图 12-73 所示。

⑧ 在仿真导航器的仿真文件视图中双击 congdongzhou_siml，使其成为当前工作部件。在【载荷和类型】工具栏中的【约束类型】中选择【固定约束】，选择如图 12-74 所示的圆柱面，单击【确定】按钮。

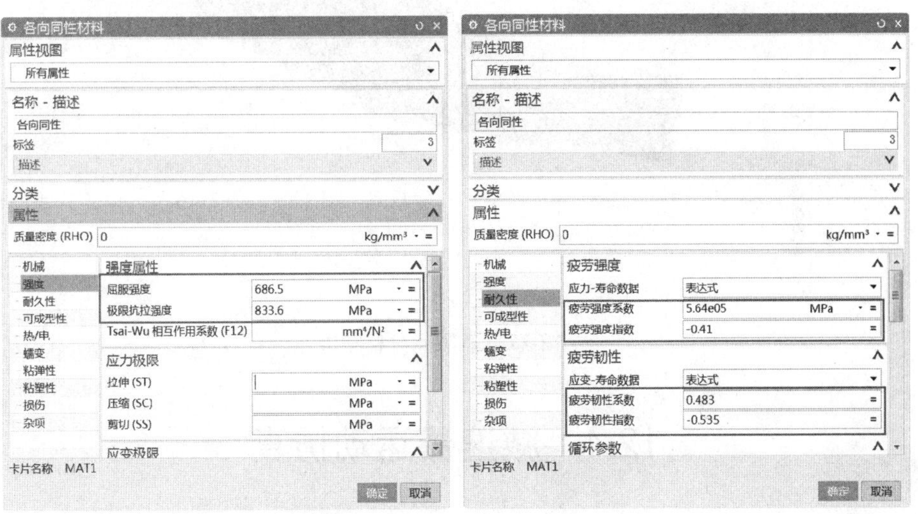

图 12-72　输入各项材料属性

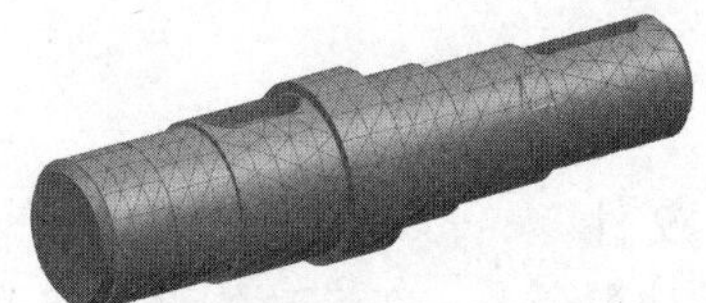

图 12-73　划分网格

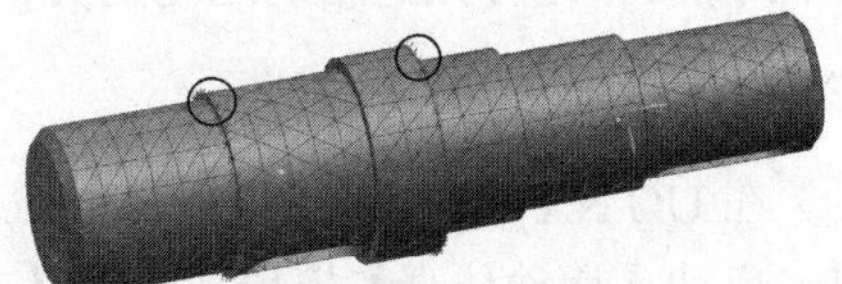

图 12-74　添加约束

⑨ 在【载荷和条件】工具栏中的【载荷类型】中选择【轴承】，弹出【轴承】对话框。选择图 12-75 所示的圆柱面，在【属性】选项组中指定力的大小为 100N，单击【确定】按钮。

⑩ 在【载荷和条件】工具栏中的【载荷类型】中选择【压力】，选择图 12-76 所示键槽的侧面。注意两个键槽为相反的侧面，在【属性】选项组中指定力的大小为 50N/mm^2(MPa)，单击【确定】按钮。

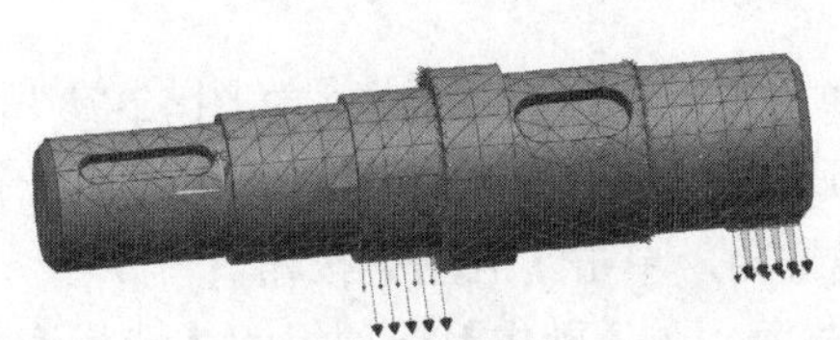

图 12-75　添加轴承载荷

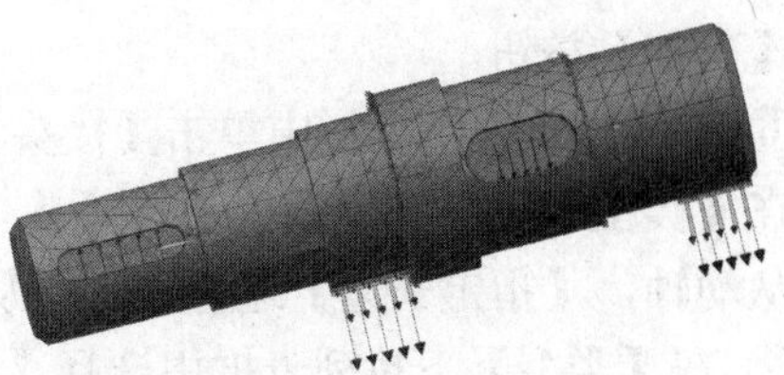

图 12-76　添加压力载荷

⑪ 右击 Solution 1，在弹出的快捷菜单中选择【求解】命令，弹出【求解】对话框。连续两次单击【确定】按钮。解算完成后关闭信息和命令窗口。从动轴的有限元分析结果如图 12-77 所示。

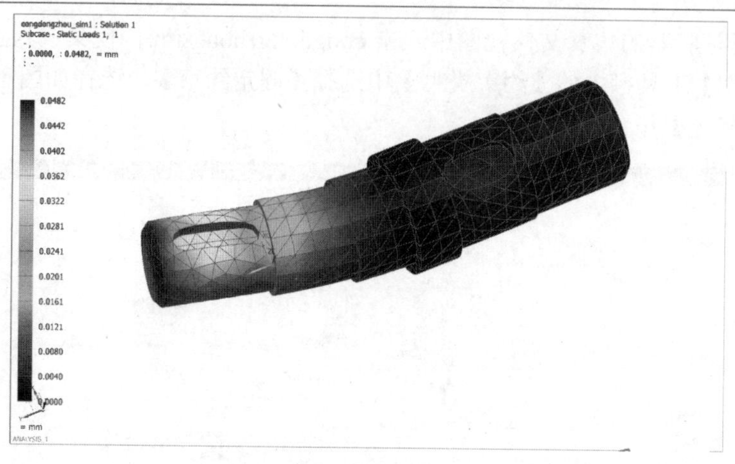

图 12-77　有限元分析结果

12.4　减速器运动仿真

1. 设计要求

在本练习中进行减速箱的运动仿真。

2. 操作步骤

① 在 UG NX 中，打开“Examples\ch12 \zpt.prt”文件。

② 启动【运动仿真】模块。选择【文件】｜【运动】命令。在运动仿真导航器中，右击 zpt.prt，从弹出的快捷菜单中选择【新建仿真】命令，弹出【环境】对话框。在【分析类型】选项组中选中【动力学】单选按钮，单击【确定】按钮。

③ 在【机构】工具栏中单击【连杆】按钮，弹出【连杆】对话框。选择箱体底座，在【名称】输入框中输入 L001，选中【固定连杆】复选框，其余保持默认。单击【应用】按钮。

④ 分别将主动轴、主动轴齿轮设置为连杆，在【名称】输入框中输入 L002，其余保持默认，单击【应用】按钮。

⑤ 将从动轴、从动轴齿轮设置为连杆，在【名称】输入框中输入 L003，其余保持默认，单击【确定】按钮。

⑥ 在【机构】工具栏中单击【接头】按钮，弹出【运动副】对话框，如图 12-78 所示。

在【类型】下拉列表框中选择【旋转副】选项，在【操作】选项组的【选择连杆】中选择从动轴，【指定矢量】选择平行于从动轴轴线方向，单击【应用】按钮。

⑦ 在【类型】下拉列表框中选择【旋转副】选项，在【操作】选项组的【选择连杆】中选择主动轴，【指定矢量】选择轴线方向。在【驱动】选项组中的【旋转】下拉列表框中选择【多项式】选项，在【速度】文本框中输入 100，单位选择 rad/s，即此旋转副的角速度为 100rad/s，单击【应用】按钮。

⑧ 在【耦合副】工具栏中选择【齿轮耦合副】，弹出【齿轮耦合副】对话框，第一个

运动副选择主动轴与箱体的运动副 L002，在【齿轮半径】中输入 35，【第二个运动副】选择从动轴与箱体的运动副 L003，在【齿轮半径】中输入 105，如图 12-79 所示。完成后单击【确定】按钮。齿轮副的表示如图 12-80 所示。

图 12-78　【运动副】对话框

图 12-79　【齿轮耦合副】对话框

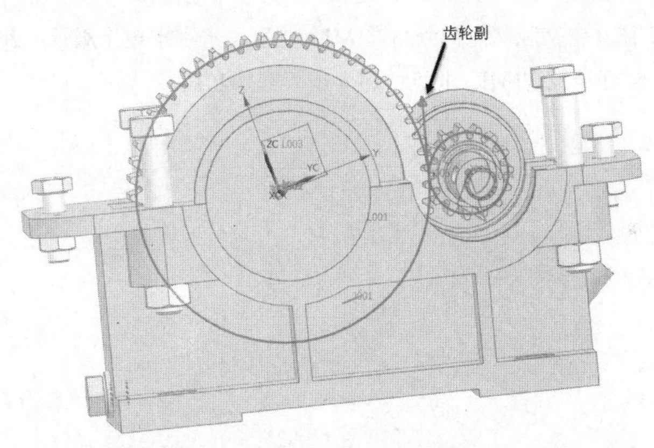

图 12-80　齿轮副

⑨ 在【解算方案】工具栏中单击【解算方案】按钮，弹出【解算方案】对话框。打开【解算方案选项】选项组，在【解算方案类型】下拉列表框中选择【常规驱动】选项，在【分析类型】下拉列表框中选择【运动学/动力学】选项，在【时间】文本框中输入 10，在【步数】文本框中输入 300，选中【按“确定”进行求解】复选框。其余选项保持默认，单击【确定】按钮进行求解。

⑩ 单击【动画】按钮，弹出【动画】对话框，单击【动画控制】按钮，演示运动仿真，观察各部件之间的运动。单击【播放】按钮，连杆进行联动。注意观察模型运动变化情况。单击【停止】按钮，连杆停止运动。如果在【解算方案】对话框中设置的时间道过于短，看不清楚各个机构的运动关系时，可用【动画延时】控制尺使机构的运动变慢，以便更好地观察其中的运动关系。

参 考 文 献

[1] 于文强，杜泽生．UG NX 9.0 机械设计教程[M]．北京：电子工业出版社，2015.

[2] 于文强，赵相路．机械设计基础[M]．北京：电子工业出版社，2014.

[3] 魏峥．工业产品类 CAD 技能二、三级(三维几何建模与处理)UG NX 培训教程[M]．北京：清华大学出版社，2011.

[4] 魏峥．UG NX 基础与实例应用[M]．北京：清华大学出版社，2010.

[5] 魏峥，江洪．UG NX 3 基础教程[M]．北京：机械工业出版社，2006.

[6] 丁源，李秀峰．UG NX 8.0 中文版从入门到精通[M]．北京：清华大学出版社，2013.

[7] 展迪优．UG NX 8.0 快速入门教程[M]．北京：机械工业出版社，2013.

[8] 北京兆迪科技有限公司．UG NX 8.5 宝典[M]．北京：水利水电出版社，2013.

[9] 钟日铭．UG NX 9.0 入门 进阶 精通[M]．北京：机械工业出版社，2014.

[10] 刘昌丽，周进．UG NX 8.0 中文版完全自学手册[M]．北京：人民邮电出版社，2012.

[11] 胡仁喜．UG NX 8.0 动力学与有限元分析从入门到精通[M]．北京：机械工业出版社，2012.

[12] 邵为龙．UG NX 1926 快速入门与深入实战[M]．北京：清华大学出版社，2021.

[13] CAD/CAM/CAE 技术联盟．UG NX 12.0 中文版从入门到精通[M]．北京：清华大学出版社，2019.

[14] 天工在线．UG NX 12.0 中文版从入门到精通[M]．北京：水利水电出版社，2018.

[15] 宋昌才．UG NX 8.5 标准教程[M]．北京：科学出版社，2014.